智慧多功能杆规划与建设

姚云龙　竹　影◎主编
屈海宁　王　敏　尹炳承　顾啸辰　赵家兴　廖尚金◎副主编

人民邮电出版社
北　京

图书在版编目（CIP）数据

智慧多功能杆规划与建设 / 姚云龙，竹影主编. -- 北京 : 人民邮电出版社，2024.7
ISBN 978-7-115-64210-3

Ⅰ. ①智… Ⅱ. ①姚… ②竹… Ⅲ. ①智慧城市一城市公用设施一研究 Ⅳ. ①TU998

中国国家版本馆CIP数据核字(2024)第073778号

内容提要

本书通过对智慧多功能杆进行透彻分析，梳理智慧多功能杆规划与建设应用思路。书中提供了智慧多功能杆规划方法，探讨了智慧多功能杆方案设计、杆体建设、基础建设、线路建设，进而阐述了智慧多功能杆在规划和建设中的全过程管理思路和方法。本书结合实际工程给出规划实施案例与建设实施案例，覆盖规划、设计、施工、运维、后评估全生命周期。

本书可作为城市管理、城乡规划、土木工程、通信工程、市政工程等相关专业学生学习智慧多功能杆规划与建设应用的参考书，可以供以上领域的技术人员参考使用，还可以供相关领域的政府部门、规划单位、建设单位、设计单位、施工单位、运维单位管理者参考使用。

◆ 主　　编　姚云龙　竹　影
副 主 编　屈海宁　王　敏　尹炳承
顾啸辰　赵家兴　廖尚金
责任编辑　张　迪
责任印制　马振武

◆ 人民邮电出版社出版发行　北京市丰台区成寿寺路 11 号
邮编　100164　电子邮件　315@ptpress.com.cn
网址　https://www.ptpress.com.cn
固安县铭成印刷有限公司印刷

◆ 开本：787×1092　1/16
印张：22　2024 年 7 月第 1 版
字数：395 千字　2024 年 7 月河北第 1 次印刷

定价：129.00 元

读者服务热线：(010)53913866　印装质量热线：(010)81055316
反盗版热线：(010)81055315
广告经营许可证：京东市监广登字 20170147 号

编 委 会

徐　阳（中国铁塔股份有限公司浙江省分公司）
于江涛（华信咨询设计研究院有限公司）
杨　烁（华信咨询设计研究院有限公司）
朱旦阳（东阳市城市建设项目前期服务中心）
张　珩（华信咨询设计研究院有限公司）
张琼方（中国电建集团华东勘测设计研究院有限公司）
张　帆（中国铁塔股份有限公司）
张　平（浙江德宝通讯科技股份有限公司）
张宇纬（浙江大华技术股份有限公司）
赵佳岚（华信咨询设计研究院有限公司）
周　诚（杭州罗莱迪思科技股份有限公司）

如果留心，您在不少城市都可以看到智慧多功能杆。它们挂载着多种传感器和设备，一体化地提供了交通、照明、通信、安防、环保、联动等多种功能。一根智慧多功能杆，背后融合了各类城市基础设施，可以有效解决重复投资建设、空间资源与公共资源浪费、杆件林立、多头管理等一系列问题。

智慧多功能杆的数量正在增加，必将成为数字城市基础设施的重要组成部分。由于其多功能性，关于智慧多功能杆的规划、设计、建设、运营，需要贯通多个专业、多个行业的认知和知识，一体化地加以审视和研究。

您现在看的这本书，就是从建设全过程、建设全专业两个维度阐述智慧多功能杆的规划与建设：全过程包括专项规划、方案设计、施工、全过程管理和后评估；全专业则包含规划、交通、建筑结构、电气、电源、传输、无线、信息化等。本书以建设全过程为主要框架，各个专业围绕建设全过程中的重点展开论述，既有理论研究，又有实践案例、实际算例和工程实践经验总结，例如在杆体建设和基础建设篇章中均结合实践算例详细说明理论计算公式，帮助读者加深理解。

本书编写者来自华信咨询设计研究院有限公司，他们在智慧多功能杆领域有着多年的实践经验。华信咨询设计研究院有限公司是中国通信服务股份有限公司的全资子公司，成立于1984年，作为国家级高新企业，始终致力于通信、建筑、网络信息安全及行业信息化的研究、咨询、设计与实施，综合实力位居全国同行业前列，连续11年位列住房和城乡建设部全国工程勘察设计企业勘察设计收入前50名，积极参与数字城市的建设与运营。

前言

在数字中国的推动下，智慧化、数字化、智能化已成为城市发展的要素，随着“双碳”、循环经济等理念的提出，城市基础设施共建共享，实现多功能已成为数字城市发展的必由之路。然而，目前多数城市已有的城市道路杆件在建设时并未考虑规划多种功能，在实施中又归属多个部门管理，导致道路基础设施建设重复，迫切需要探索新的规划和建设路径。

华信咨询设计研究院有限公司（以下简称“华信公司”）多年深耕智慧城市、智慧多功能杆。2012 年，华信公司成立课题组开始研究智慧城市；2017 年，华信公司组建项目组参与多杆合一、智慧多功能杆项目，智慧多功能杆项目组涵盖规划、咨询、建筑结构、电气、电源、传输、无线、信息化、智能化、工程管理、工程经济、数字经济等多个专业；参与的项目遍及上海、杭州、广州、武汉、宁波、东阳、雄安等地，积累了大量的理论经验和工程实践经验；发表了多篇相关论文，申请了相关发明专利，主参编 T/CSA 070—2021《多功能杆结构设计规范》、DB 33/T 1238—2021《智慧灯杆技术标准》、DB3301/T 0402—2023《智慧多功能灯杆建设与管理规范》等。2021 年，华信公司的“智慧多功能杆项目”获得浙江省通信学会科学技术奖二等奖；2023 年，“数字城市智慧多功能杆规划与建设新方法研发”获得浙江省优秀 QC 成果奖二等奖，同时华信公司的智慧多功能杆入选 2023 年杭州市优质产品推荐目录。

2023 年，在华信公司建筑设计研究院、智慧信息研究院、技术发展部、智慧多功能杆产品中心专家团队的共同努力下，数字城市建设丛书应运而生。本书为数字基建丛书的第一本，本书共分为 8 章：第 1 章从智慧城市角度出发，结合数字中国理念，分析目前城市基础设施中存在的缺陷，提出智慧多功能杆概念，并分析国家政策及建设需求；第 2 章从国土空间规划角度出发，详细剖析智慧多功能杆专项规划的实施全过程；第 3 章结合市政道路基础设施要求与智慧城市发展要求，提出智慧多功能杆方案设计、需要实现的功能及各功能的整合原则，从而给出整合后的杆件类型；第4章和第5章阐述了杆件和基础的常见类型、计算模型、典型算例、施工及验收相关内容；第6章阐述了智慧多功能杆涉及的线路相关内容；第7章依据全过程管理理念，从多维度出发对智慧多功能杆建设全过程进行管理分析；第8章总结典型规划实施案例和建设实施案例，从不同角度阐述相关解决方案，可作为同类规划和建设的参考。本书对智慧多功能杆的全生命周期各阶段应用进行探讨，有助于促进智慧多功能杆在全国城市更新中进行规划并建设实施。

本书由任青担任编委会主任，姚云龙和竹影策划统稿，姚云龙编写第1章、第2章、第7章第7.1、7.2、7.8节，屈海宁编写第3章，王敏编写第4章，尹炳承编写第5章，赵家兴编写第6章第6.1、6.2、6.3节，廖尚金编写第6章第6.4、6.5节，顾啸辰编写第7章第7.3、7.4、7.5、7.6、7.7节，编委会各编委联合编写第8章，全书由陆皞和章坚洋主审。

本书在编写过程中得到中国通信服务股份有限公司、华信咨询设计研究院有限公司领导和同事的支持和帮助，特别感谢赵旭、王鑫荣、朱东照、任青、陆皞、沈梁、彭宇、章跃军、章坚洋、田大年、严国军、边勇等给予的帮助。感谢编委会各位编委为本书付出的心血，感谢家人给予的鼓励和支持。

虽然本书汇集了对智慧多功能杆规划和建设实践的总结，以及对全过程管理的思考，但由于时间比较仓促，以及作者的理论水平和实践经验有限，难免有错误出现，期待读者提出宝贵的意见和建议，也希望就智慧多功能杆的规划和建设，以及本领域标准制定和广大读者继续探讨，对此不胜感激。

主编

2023年12月

第1章　绪　论 ……………………………………………… 1

1.1　智慧城市发展进程 ……………………………………… 2
1.2　数字道路发展趋势 ……………………………………… 6
1.3　城市道路杆件现状 ……………………………………… 9
1.4　数字道路杆件需求 ……………………………………… 10
1.5　智慧多功能杆建设 ……………………………………… 13
1.6　智慧多功能杆数字化应用 ……………………………… 17

第2章　专项规划 ……………………………………………… 23

2.1　规划构成和基本特征 …………………………………… 24
2.1.1　专项规划构成 ……………………………………… 24
2.1.2　专项规划基本特征 ………………………………… 26
2.2　信息采集与数据管理 …………………………………… 30
2.2.1　信息采集 …………………………………………… 31
2.2.2　数据管理 …………………………………………… 35
2.3　规划编制 ………………………………………………… 36
2.3.1　照明交通规划 ……………………………………… 36
2.3.2　通信规划 …………………………………………… 45
2.3.3　感知交互规划 ……………………………………… 59
2.3.4　其他相关规划 ……………………………………… 65

2.4 规划融合与协调 …… 71
2.4.1 规划融合 …… 72
2.4.2 规划协调 …… 73
2.5 规划实施与后评估 …… 74
2.5.1 规划实施 …… 74
2.5.2 规划后评估 …… 77

第3章 方案设计 …… 79

3.1 总体需求 …… 80
3.2 功能要求 …… 81
3.2.1 挂载服务功能 …… 81
3.2.2 杆体要求 …… 82
3.2.3 杆体分层设计 …… 85
3.3 设备设置规范要求 …… 86
3.3.1 交通标志 …… 87
3.3.2 交通信号灯 …… 96
3.3.3 监控系统 …… 98
3.3.4 道路照明 …… 100
3.3.5 其他设备 …… 102
3.4 前期工作 …… 102
3.4.1 道路概况 …… 102
3.4.2 资料收集 …… 103
3.4.3 需求收集 …… 107
3.4.4 现场勘察 …… 108
3.4.5 勘察工作要点与成果 …… 109
3.5 杆体方案设计与选型 …… 110
3.5.1 杆体方案编制原则 …… 110
3.5.2 杆体布设原则 …… 111
3.5.3 杆件方案编制及输出 …… 111

3.5.4 杆体选型 …… 113

第4章 杆体建设 …… 117

4.1 杆体属性 …… 118

4.1.1 杆体类型 …… 118

4.1.2 杆体特性 …… 120

4.2 杆体计算 …… 123

4.2.1 荷载分类与组合 …… 123

4.2.2 杆体内力组成 …… 128

4.2.3 杆体稳定性计算 …… 130

4.2.4 复合受力强度计算 …… 132

4.2.5 连接计算 …… 133

4.2.6 开孔补强计算 …… 140

4.3 算例实践 …… 142

4.3.1 计算分析 …… 143

4.3.2 设计优化 …… 149

4.4 杆体制造施工与验收 …… 151

4.4.1 杆体制造 …… 151

4.4.2 杆体施工 …… 153

4.4.3 杆体验收 …… 155

第5章 基础建设 …… 159

5.1 基础类型 …… 160

5.2 计算原理 …… 162

5.2.1 基本规定 …… 162

5.2.2 地基计算 …… 165

5.2.3 扩展基础 …… 171

5.2.4 刚性短柱基础 …… 176

5.2.5 钢桩基础 …… 179

5.2.6 整体基础 …… 185
5.3 算例实践 …… 189
5.4 基础施工及验收 …… 193
5.4.1 基础施工 …… 193
5.4.2 基础验收 …… 196

第6章 线路建设 …… 201

6.1 配电方案 …… 202
6.1.1 配电设计 …… 202
6.1.2 电气保护 …… 208
6.2 配电控制系统 …… 210
6.3 节能措施 …… 212
6.4 光缆方案 …… 214
6.4.1 光缆技术指标 …… 214
6.4.2 光缆布放要求 …… 217
6.4.3 光缆敷设要求 …… 218
6.4.4 光缆接续要求 …… 220
6.5 管道方案 …… 220
6.5.1 管道设计 …… 221
6.5.2 管道开挖 …… 224
6.5.3 管道敷设 …… 228
6.5.4 人（手）孔 …… 232

第7章 全过程管理 …… 235

7.1 项目管理策划与风险管理 …… 236
7.1.1 管理策划 …… 236
7.1.2 风险管理 …… 239
7.2 项目设计管理 …… 240
7.2.1 设计管理流程 …… 241

7.2.2 设计过程管理 …… 242
7.2.3 设计精细化管理 …… 244
7.2.4 设计管理优化措施 …… 246
7.3 项目采购管理 …… 249
7.3.1 采购计划 …… 249
7.3.2 供应商选择与管理 …… 251
7.3.3 采购实施与控制 …… 253
7.4 项目进度管理 …… 256
7.4.1 设计进度管理 …… 257
7.4.2 施工准备阶段进度管理 …… 259
7.4.3 施工阶段进度管理 …… 260
7.4.4 进度计划变更控制 …… 263
7.5 项目质量管理 …… 264
7.5.1 质量保证体系与管理原则 …… 265
7.5.2 质量总体管理措施 …… 265
7.6 项目费用管理 …… 268
7.6.1 费用管理计划 …… 268
7.6.2 费用管理的3个阶段控制措施 …… 271
7.7 项目HSE管理 …… 274
7.7.1 安全管理 …… 274
7.7.2 职业健康管理 …… 278
7.7.3 环境管理 …… 279
7.8 项目其他管理 …… 281
第8章 典型实施案例 …… 285
8.1 规划实施案例 …… 286
8.1.1 规划总则 …… 286
8.1.2 现状分析 …… 288
8.1.3 规划方案 …… 289

8.1.4 近期建设规划 …… 293
8.1.5 规划实施保障措施 …… 293
8.2 建设实施案例 …… 294
8.2.1 建设流程与管理要点 …… 295
8.2.2 工程实施流程 …… 296
8.2.3 实施案例 …… 298
8.2.4 技术应用案例 …… 318
参考文献 …… 336

第1章 绪论

数字经济是继农业经济和工业经济之后的主要经济形态，将会影响全球经济结构，改变全球竞争格局。我国在《中华人民共和国国民经济和社会发展第十四个五年规划和2035年远景目标纲要》（以下简称“十四五”规划）中提出加快建设数字经济、数字社会、数字政府，以数字化转型驱动生产方式、生活方式和治理方式变革。随着数字中国的发展，智慧城市已成为城市建设发展的必然趋势。在智慧城市建设中，应充分发挥物联网、云计算、人工智能、数据挖掘等技术，构建智慧技术高度集成、智慧产业高端发展、智慧服务高效便民、以人为中心、持续创新的智慧城市。

城市国土空间规划编制中单独考虑交通、通信或其他城市基础设施专项规划的做法还不能满足智慧城市对道路基础设施发展的需求。在城市更新的进程中，不宜继续采用老旧的规划与建设思路，应在智慧城市框架中，积极探索新的规划与建设方法，在国土空间规划中引入智慧多功能杆专项规划，实现数字化、网络化、智能化理念，推动智慧城市建设发展。智慧多功能杆广泛应用于城市道路基础设施领域，作为智慧城市数字道路重要的组成部分，可为智慧城市信息资源感知设备提供基础支撑作用。作为智慧城市入口端，智慧多功能杆具有密度大、数量多，以及“有网、有点、有杆”三位一体的特点，可根据城市道路与街道进行分布，以智慧多功能杆作为智慧城市数字道路建设的关键节点，可避免城市道路杆件重复建设造成的资源浪费。

此外，智慧多功能杆建设符合“数字中国”“双碳”“循环经济”等国家战略，我国各地应按照绿色、低碳、集约、高效的原则，持续推进智慧多功能杆建设，加快推进老旧城市道路基础设施改造和新建城市道路基础设施建设，持续提升城市道路基础设施的共建共享和数字化水平，引导城市道路基础设施走数字化、网络化、智能化、高效节能、集约循环的绿色发展道路。

1.1 智慧城市发展进程

智慧城市指在城市规划、设计、建设、管理与运营等领域中，通过物联网、云计算、大数据、空间地理信息集成等智能技术的应用，使城市管理、教育、医疗、房地产、交通运输、公用事业和公众安全等城市关键基础设施组件和服务更互联、高效和智能，从而为公众提供更美好的生活和工作服务，为企业创造更有利的商业发展环境，助力政府更高效地运营与管理。

“智慧城市”概念最早来自 IBM 于 2008 年发布的《智慧地球：下一代领导人议程》主题报告中的“智慧地球”理念，即把新一代信息技术充分运用在各行各业中，同时其他类似的、被广泛讨论的概念还包括数码村、数字城市、电子社区、信息城市、智能城市等。*From Intelligent to Smart Cities*（《从智能到智慧城市》）这本书将“智慧城市”定义为利用 ICT 满足市场需求，并且注重社区参与的城市。因此，智慧城市不仅要拥有先进的信息通信技术及基础设施，更要发挥公众在建设和使用城市基础设施中的作用。

1. 智慧城市发展

（1）全球智慧城市发展

智慧城市理念在世界范围内悄然兴起，许多发达国家积极开展智慧城市建设，将城市公共服务资源信息通过互联网连接起来，并通过智能化做出响应，服务于公众各方面的需求，改善了交通管理和环境控制等领域的面貌。

2013 年，全球超过 400 个城市竞争“最有智慧城市”的头衔，最终选出 7 个城市：美国俄亥俄州哥伦布市、芬兰奥卢市、加拿大斯特拉特福市、中国台湾省台中市、爱沙尼亚塔林市、中国台湾省桃园县（2014 年改制为桃园市）、加拿大多伦多市。全球智慧城市发展势不可挡，欧洲智慧城市更多关注信息通信技术在城市生态环境、交通、医疗、智能建筑等民生领域的作用，希望借助知识共享和低碳战略来实现减排目标，推动城市低碳、绿色、可持续发展，投资建设智慧城市；发展低碳住宅、智能交通、智能电网，提升能源效率，应对气候变化，建设绿色智慧城市。北美洲则构建以用户为中心、面向应用的用户创新制造环境，展现智慧城市以人为本、可持续创新的内涵。瑞士洛桑国际管理发展学院公布《2023 年智慧城市指数报告》，瑞士苏黎世、挪威奥斯陆和澳大利亚堪培拉位列前三。

（2）中国智慧城市发展

2012 年，我国提出的首批国家智慧城市试点名单包含 90 个城市，2013 年提出的国家“智慧城市”技术和标准试点城市包括 20 个城市，分别为济南、青岛、南京、无锡、扬州、太原、阳泉、大连、哈尔滨、大庆、合肥、武汉、襄阳、深圳、惠州、成都、西安、延安、咸阳的杨凌农业高新技术产业示范区和克拉玛依。此后，智慧城市在政策的支持下快速发展，2023 年 2 月，中共中央、国务院印发了《数字中国建设整体布局规划》，指出建设数字中国是数字时代推进中国式现代化的重要引擎，是构筑国家竞争新优势的有力支撑，将数字安全屏障和数字技术创新体系并列为强化数字中国的两大能力。IDC发布《中国智慧城市市场预测2023—2027》，2023年中国智慧城市ICT市场投资规模为8754.4亿元，预计到2027年，中国智慧城市ICT市场投资规模将达到11858.7亿元。

2. 数字技术赋能作用

信息通信技术的快速发展和广泛应用，引发了大范围、深层次的科技革命和产业变革，数字化转型已成为社会发展的必然趋势。“十四五”规划提出“迎接数字时代，激活数据要素潜能，推进网络强国建设，加快建设数字经济、数字社会、数字政府，以数字化转型整体驱动生产方式、生活方式和治理方式变革”，我国应打造数字经济新优势、加快数字社会建设步伐、提高数字政府建设水平和营造良好数字生态环境。

在加快数字社会建设领域，应适应数字技术全面融入社会交往和日常生活的新趋势，促进公共服务和社会运行方式的创新，构筑全民畅享的数字生活，具体提出以下3点建议。

（1）提供智慧便捷的公共服务

聚焦教育、医疗、养老、抚幼、就业、文体、助残等重点领域，推动数字化服务普惠应用，持续提升公众的获得感。推进学校、医院、养老院等公共服务机构资源数字化，加强智慧法院建设，加大开放共享和应用的力度。推进线上＋线下公共服务共同发展、深度融合，积极发展在线课堂、互联网医院、智慧图书馆等，支持高水平公共服务机构对接基层、边远和欠发达地区，扩大优质公共服务资源的辐射覆盖范围。鼓励社会力量参与“互联网＋公共服务”，创新提供服务模式和产品。

（2）建设智慧城市和数字乡村

以数字化助推城乡发展和治理模式创新，全面提高运行效率和宜居度。分级分类推进新型智慧城市建设，将物联网感知设施、通信系统等纳入公共基础设施统一规划建设，推进市政公用设施、建筑等物联网应用和智能化改造。完善城市信息模型平台和运行管理服务平台，构建城市数据资源体系，推进城市数据大脑建设。探索建设数字孪生城市。加快推进数字乡村建设，构建面向农业农村的综合信息服务体系，建立涉农信息普惠服务机制，推动乡村管理服务数字化。

（3）构筑美好数字生活新图景

推动购物消费、居家生活、旅游休闲、交通出行等各类场景数字化，打造智慧共享、和睦共治的新型数字生活。推进智慧社区建设，依托社区数字化平台和线下社区服务机构，建设便民惠民的智慧服务圈，提供线上＋线下融合的社区生活服务、社区治理及公共服务、智能小区等服务。丰富数字生活体验，发展数字家庭。加强全民数字技能教育和培训，提升公众的数字素养。加快信息无障碍建设，帮助老年人、残疾人等共享数字生活。

在打造数字经济新优势和营造良好的数字生态领域提出加快推动数字产业化，培育壮大人工智能、大数据、区块链、云计算、网络安全等新兴数字产业，提升通信设备、核心电子元器件、关键软件等产业水平。构建基于通信的应用场景和产业生态，在智能交通、智慧物流、智慧能源、智慧医疗等重点领域开展试点示范。鼓励企业开放搜索、电商、社交等数据，发展第三方大数据服务产业。促进共享经济、平台经济健康发展。在智能交通领域提出发展自动驾驶和车路协同的出行服务，推广公路智能管理、交通信号联动、公交优先通行控制，并建设智能铁路、智慧民航、智慧港口、数字航道和智慧停车场。

3. 智慧城市道路基础设施规划

"十四五"时期，我国数字经济转向深化应用、规范发展、普惠共享的新阶段。为应对新挑战，把握数字化发展新机遇，拓展经济发展新空间，推动我国数字经济健康发展，依据"十四五"规划制定了《"十四五"数字经济发展规划》，规划中关于智慧城市道路基础设施领域的主要内容包括以下3个方面。

（1）有序推进基础设施智能升级

稳步构建智能高效的融合基础设施，提升基础设施网络化、智能化、服务化和协同化的水平。高效布局人工智能基础设施，提升支撑"智能＋"发展的行业赋能能力。加快推进能源、交通运输、水利、物流、环保等领域基础设施的数字化改造。推动新型城市基础设施建设，提升市政公用设施和建筑智能化的水平。构建先进普惠、智能协作的生活服务数字化融合设施。

（2）推动数字城乡融合发展

统筹推动新型智慧城市和数字乡村建设，协同优化城乡公共服务。深化新型智慧城市建设，推动城市数据整合共享和业务协同，提升城市综合管理服务能力，完善城市信息模型平台和运行管理服务平台，因地制宜地构建数字孪生城市。加快城市智能设施向乡村延伸覆盖，完善农村地区信息化服务供给，推进城乡要素双向自由流动，合理配置公共资源，形成以城带乡、共建共享的数字城乡融合发展格局。构建城乡常住人口动态统计发布机制，利用数字化手段助力提升城乡基本公共服务的水平。

（3）打造智慧共享新型数字生活

加快对既有住宅和社区基础设施的数字化改造，鼓励新建小区同步规划建设智能系统，打造智能楼宇、智能停车场、智能充电桩、智能垃圾箱等公共设施。引导智能家居产品互联互通，促进家居产品与家居环境智能互动，丰富“一键控制”“一声响应”等数字家庭生活应用。

《“十四五”数字经济发展规划》对新型智慧城市和数字乡村建设工程提出要求：结合新型智慧城市评价结果和实践成效，遴选新型智慧城市示范工程，围绕惠民服务、精准治理、产业发展、生态宜居、应急管理等领域打造高水平新型智慧城市样板，着力突破数据融合难、业务协同难、应急联动难等痛点；加强新型智慧城市总体规划与顶层设计，建立新型智慧城市建设、应用、运营模式，建立完善智慧城市绩效管理、发展评价、标准规范体系，推进智慧城市规划、设计、建设、运营一体化、协同化，建立智慧城市长效发展的运营机制。

智慧城市建设正在全国如火如荼地开展，建设过程中既需要进行顶层数字规划，也需要进行基础信息采集、处理和发布。通过集成信息通信技术及各种物联网设备，智慧城市可以优化城市运营和服务的效率，增强公众之间的连接性，使城市管理者能够直接与公众、社区和城市基础设施实时互动，追踪城市动态，通过不同类型的传感器采集信息，并利用这些信息对城市资产与资源进行有效管理。经过分析和处理的数据可用于监控、管理和提升交通运输系统、水电网络、废物处理、行政执法、城市信息系统和社区服务设施。充分运用信息通信技术手段感测、分析、整合城市运行核心系统的各项关键信息，从而对包括民生、城市服务、工商业活动在内的各种需求做出智能响应。城市道路具有分布密度高、间距均衡、建设方便等优点，城市道路数字化、网络化、智能化有助于推动智慧城市的发展，因此需要重点研究城市道路的发展路径。

1.2 数字道路发展趋势

数字道路是信息通信技术在交通行业的先行落地基础，更是交通、信息、汽车三大行业的全面融合。数字道路在传统道路地基路面、基础设施的基础上，新增信息采集、信息处理、信息发布等设施。数字道路采用云图筑底，构成数字道路的地基和路面；融合感知、实时孪生、C 端触达等技术能力，构成基础设施；通过串联运维、运营和管理的开放平台，开发丰富的应用平台实现场景应用，实现服务的广泛实时触达，满足人民群众的需求。

数字道路产生的数据要素，将重建人们对城市道路的认知和理解，数字道路把城市道路领域从有限的物理空间拓展到无限的数字空间。以下措施可以加快构建数字道路，助力打造数字城市智慧体系。

① 打造数字道路构架，形成可实时计算的基础数字底座和数字道路的地基路面，融合实时的车流数据、遥感、BIM[1]、CIM[2] 和高精地图等数字信息。

② 实现多源融合感知的利旧与融合，借助广泛的 C 端触达能力，探索“以人为中心”的应用场景，为公众提供高效顺畅的数字服务。

③ 数字道路后端运营中心与智能网联车辆深度协同，提供个性化、场景化和实时化的服务。

④ 推进城市道路基础设施规划先行、科学选址和规范建设，进一步推进共建共享工作，为融合感知、实时孪生、C 端触达等技术提供物理支撑，通过构建一体化的运维体系，实现全生命周期数据服务，为规划、建设和数字化应用提供数据支持。

⑤ 搭建“一网统管”应用场景，采用数字道路统一应用平台进行管理，打造城市智能数据底座，打通物理世界与数字世界，对城市状态实时监测和分析，实现互联互通、共建共享、协调联动，形成的数字道路统一应用平台可以作为数字基础设施运维、养护及场景应用开发的工具平台。

数字道路主要包含基础载体、感知和应用设施，以及应用平台建设。其中，基础载体的实现形式优选智慧多功能杆，该设施是感知和应用设施的挂载与应用载体，属于优先建设的内容。结合城市需求采用多种设备采集数据，利用高精地图、BIM 和 CIM，形成图端。以数字道路为底座，实现智能网联和双智建设，采用云计算为数据存储、分析、治理等提供算力支撑，结合 C 端触达实现实际应用。

1 BIM（Building Information Model，建筑信息模型）。
2 CIM（City Information Model，城市信息模型）。

在城市道路两侧分布的基础设施，地面以上部分以照明交通设施为主，照明交通设施作为城市道路中密度最大、数量最多的基础设施，需要作为基础载体承载感知和应用设施。根据数字道路的不同功能需求，设置具备通用挂载能力的智慧多功能杆作为数字道路的载体。对具有特殊功能的城市道路，可根据不同的业务场景需求量身定做并集成相应的功能。通过引进数字化、网络化、智能化的规划方案，使照明交通工程、通信工程等深入融合，为城市道路实现车路协同、物联网、通信等功能提供技术支撑，推进数字道路发展。在数字道路领域通过合理规划整合，将传统仅考虑单独功能的路灯杆、交通杆等杆件进行功能整合，统一规划形成智慧多功能杆，合理利用此类设施推进数字道路的发展。从规划层面与建设层面对数字道路领域广泛使用的智慧多功能杆分析如下。

1. 规划层面

通过编制智慧多功能杆专项规划，结合一路一方案的设计理念，可使专项规划更好地适应城市发展和具体道路建设的需求，既能满足上位规划传导和城市风貌延续的需求，又能为实现数字道路提供有力支撑。结合通信网络规划，精准建设，从而优化建设成本。按照“统筹规划，科学布局；政府引导，市场主导；集约建设，绿色节能；安全可靠，规范发展”的原则，结合城市规划改革创新，统筹各类通信基础设施和公共基础设施，结合城市数字化需求，在城市国土空间规划的引领下编制智慧多功能杆专项规划，并提出城市近期、中期及远期智慧多功能杆规划布局，在总体规划布局范围内分期分批实施智慧多功能杆建设。在城市国土空间规划中引入智慧多功能杆专项规划，融入数字化、网络化、智能化理念，推动数字城市的建设和发展。

2. 建设层面

智慧多功能杆作为数字城市的重要组成部分，是最有效的切入路径之一，且发展空间巨大。根据不同业务场景的需求，可量身定做智慧多功能杆并集成相应的功能。通过科学规划，贯彻新发展理念，立足全生命周期，统筹各类基础设施布局，根据数字道路的要求，对城市道路传统路灯进行多杆合一的智能化升级改造，将传统仅考虑单独功能的路灯杆、交通杆等杆件进行功能整合，统一规划形成智慧多功能杆。建设内容包括智慧多功能杆杆体及其配套的基础、管网、手井、电缆、光缆等，同时包含智慧交通、智慧安防、智慧城管、通信基站、智慧照明、智慧环保、车路协调、智慧停车、一键报警、信息发布、智能 Wi-Fi、边缘计算网关等智慧应用模块，使其成为新一代城市数字基础设施的重要入口与节点。充分结合智能网联技术，实现多杆合一、多感合一、多网合一、多箱合一，实现数字道路统筹规划、建设运营智能化，从城市道路数字化推进到城市智慧化。在数字道路的发展中，智慧多功能杆将成为其重要的组成部分，为数字道路感知和应用设施提供基础支撑。

1.3 城市道路杆件现状

城市道路杆件包括照明杆、信号灯杆、电子警察杆、卡口杆、交通标志标牌杆等，并归属不同的使用单位及管理部门。在规划、设计、施工及运维中存在多头管理与实施的情况，导致出现重复建设和风格各异等现象。重复建设不仅反复破坏道路、增加工程投资，而且给公众带来不便。目前，城市道路杆件主要存在以下不足。

1. 缺乏总体规划

不同的管理部门单独规划各自管辖的内容，导致同一位置建设众多杆件。单根杆件实际挂载的设备数量是有限的，具备同杆挂载的可行性，应促使智慧多功能杆在城市道路中广泛应用，并利用其多功能的特点实现数字道路的相关要求。

2. 缺乏整合管理

在传统建设模式中，城市道路杆件由各管理部门或单位组织建设，其功能仅考虑各自的需求，不能兼容其他部门或单位的客观需求。现阶段迫切需要梳理整合思路，寻找方便可行的整合方案。

3. 反复开挖道路

各管理部门单独建设实施时间不同，导致反复开挖城市道路，不仅影响交通通行、增加工程投资，还会造成不良的社会影响。通过寻找不重复开挖道路、共享现有杆件或采用总体规划分步实施等措施，避免重复建设已成为必然趋势。

4. 维护工作重复

城市道路杆件涉及不同业务，维护工作由不同部门负责。维护工作量较大，且存在较多的重复性工作，造成社会资源的浪费。各个系统相互独立，需要多个平台进行管理，具有集成度低、操作麻烦等缺点，缺乏统一的平台进行有效管理。

5. 能耗管理不足

传统路灯的控制是定时开启、关断，无法进行功率调节和单灯精细控制，且传统路灯多采用高压钠灯，功率较大，能耗较高。传统路灯能耗管理已无法满足现状要求，因此城市道路照明系统迫切需要更新，以满足能耗管理的相关要求。

6. 缺乏后评估

在城市道路基础设施规划与建设的过程中，通常以实现当前阶段的功能为主，较少考虑后期功能扩展的需求，且在使用期限内也较少进行后评估，这会导致使用需求与杆件实现功能出现偏差。

针对城市道路杆件规划与建设中存在的上述问题，应探索数字城市导向下的智慧多功能杆规划与建设新方法，通过智慧多功能杆专项规划，覆盖城市道路基础设施领域，做到统一规划分步实施。既能覆盖原有城市道路基础设施功能的需求，又能满足数字城市发展的新需求，从源头上解决城市基础设施管理水平不足的问题。在解决以上问题的同时，采用全过程管理理论和方法不断对规划与建设方法进行调整与更新，从而提高城市道路杆件规划与建设的水平。

1.4 数字道路杆件需求

智慧城市产业市场前景广阔，云计算、大数据和传感技术等相关配套技术领域有望实现爆发式增长。数字道路作为智慧城市的重要组成部分，基于数字道路建设的智慧多功能杆范围及设备要求实现数字化、网络化和智能化。

1. 功能需求

（1）智慧照明

智慧照明包括功能照明与景观照明。其中，功能照明是指挂载照明设备和智能照明管理设备，通过智能化设计与精细化管控，支持路灯照明的智慧远程集中控制、自动调节等功能；景观照明是指挂载景观照明设备和智能照明管理设备，支持景观照明的远程集中控制、自动调节等功能。

（2）智慧通信

智慧通信包括移动通信、公共无线网和物联网通信。其中，移动通信指挂载移动通信基站设备，支持移动通信网络的信号覆盖和容量提升；公共无线网指公共无线网络区域覆盖，用户可实现区域内接入网络；物联网通信指为物联网系统提供通信连接的功能。

智慧多功能杆预留了安装通信基站的位置，为信息覆盖提供便捷的基站站址。通信基站布局在超高流量、超高连接密度、超高移动性的场景中，可以与物联网及各行业领域实现直接对接，所以高密度的站址资源将成为通信基站建设和发展的首选。智慧多功能杆的建设，为通信设施的大规模推广和建设提供了必要的条件和基础，也为后续通信技术发展、设备更新预留了安装条件。在预留通信基站安装条件的同时实现了无线网、物联网、车联网等相关网络设备的同步预留。

（3）智慧安防

智慧安防包括图像信息采集与电子信息采集。其中，图像信息采集指通过监控摄像机采集图像信息，支持城市交通、公共安全服务，以及其他场景的智能化管理和运行；电子信息采集指通过智能感知设备采集人员、物体等的电子信息，支持城市交通、公共安全服务，以及其他场景的智能化管理和运行。

（4）智慧交通

智慧交通包括道路交通信号指示、道路交通标志、道路交通智能化管理、车路协同，以及智能停车。其中，道路交通信号指示是以红、黄、绿三色（或红、绿两色）信号灯向车辆和行人发出通行或者停止的交通信号；道路交通标志是指导道路使用者有序使用道路的交通标志指示信息，明示道路交通禁止、限制、通行状况、告示道路状况和交通状况等信息；道路交通智能化管理是通过挂载智能设备实现交通流信息、交通事件、交通违法事件等交通状态感知，支持道路交通智能化管理；车路协同是通过挂载道路环境的多源感知单元，与车载终端、蜂窝车联网云平台等联合支持车路协同一体化交通体系；智能停车是通过停车诱导设备等协助停车。

（5）智慧环保

智慧环保包括对大气环境数据、气象环境数据和声光环境数据等进行监测采集。实时采集环境气象信息，包括全天候现场监测风向、风速、降雨量、气温、相对湿度、气压、太阳辐射等气象要素，以及 PM2.5、CO、CO_2、NO、SO_2 浓度等环境指标。可根据环境保护局或其他部门的需求建设智慧多功能杆的功能模块或者预留模块接口，实时监测城市环境的温度、湿度、空气质量和噪声等数据，并可同步推送数据至智慧多功能杆 LED 屏实时发布。

（6）智慧联动

通过边缘计算、物联网模块、分布式存储等实现互联互通。

（7）智能市政

通过对道路井盖、垃圾桶上加装各类感应模块，实现对道路井盖、垃圾桶等城市市政单元的智能化管理，部分新建灯杆附近没有垃圾桶，需要新增垃圾桶解决垃圾投放问题。

（8）一键报警

人员遇到紧急情况时可按“一键报警”按键，管理中心收到求助信号与求助人员通话，联动附近智慧多功能杆的监控摄像头，定位求助人员的位置，协助掌握现场情况。

（9）其他

支持公共信息导向、信息发布、能源供配服务、有/无轨电车供电线网、无线电监测、空间定位等其他功能。

2. 数据需求

通过部署前端感知设备拓展城市数据采集的来源，同时运用大数据采集、转换、存储、分析、可视化等技术手段对数据深入加工、处理及应用，为政府管理部门在公共服务决策、城市智慧管理等方面提供数据及应用支撑。

智慧城市要求充分运用信息通信技术手段感测、分析、整合城市运行核心系统的各项关键信息，且需要信息采集、信息处理、信息发布的载体。照明交通设施作为城市道路中密度最大、数量最多的基础设施之一，适合作为智慧城市的信息设施载体。智慧多功能杆是有效的切入路径之一，可融合道路交通、照明、监控、城管、环保、充电桩等设施，避免传统建设中各自建设、杆件林立的情况，同时满足数字道路对杆件的需求。

以智慧多功能杆作为信息设备的载体，可满足智慧城市对分布广度和密度的需求，它是城市最密集的基础设施之一，便于信息采集和发布。在此基础上构建智慧城市系统平台，采集物联网的重要信息，通过集成传感器采集城市信息，收集智慧城市所需的各种数据。数据上传到云端形成大数据，这些数据可与政府内部的交通系统、警务管理系统、财政管理系统和采购系统交互，为智慧城市的大数据应用提供基础支撑。

通过规划与建设智慧多功能杆，能够实现以下目标。

（1）完善基础配套设施，提高居民生活品质

智慧多功能杆是城市重要的基础设施，是完善城市道路的基础配套设施，是城市社会

活动和经济活动的纽带，是构成优美居住环境和城市功能的基础，能够进一步提高城市居民的生活品质。

（2）有效提高资源利用率和城市管理效率

智慧多功能杆集成交通、安防、市政、照明、通信、环境监测等设备设施，配合综合管沟、系统平台管理，可有效提高社会资源利用率和城市管理效率。

（3）助力智慧城市建设

智慧多功能杆遵循城市道路与街道分布，是通信基站、车联网及物联网设备的有效载体，结合城市道路布设有助于拓展信息采集和信息发布的范围，助力智慧城市建设。

1.5 智慧多功能杆建设

自 2014 年初步提出智慧多功能杆以来，在智慧城市和通信建设的双重驱动下，全国多个城市纷纷开展智慧多功能杆示范项目或示范工程，智慧多功能杆得到了广泛认可。GB/T 40994—2021《智慧城市　智慧多功能杆　服务功能与运行管理规范》指出智慧多功能杆是由杆体、综合箱和综合管道组成，与系统平台联网，挂载各类设施设备，提供城市管理与智慧服务的系统装置。此外，全国多个省（自治区、直辖市）已编制行动计划，推动智慧城市与智慧多功能杆的发展。智慧城市与智慧多功能杆政策示例见表 1-1。

表1–1　智慧城市与智慧多功能杆政策示例

发布单位	文件名称	主要内容
中共中央　国务院	《扩大内需战略规划纲要（2022—2035 年）》	优化城市交通网络布局，大力发展智慧交通。推进汽车电动化、网联化、智能化
住房和城乡建设部 国家发展和改革委员会	《“十四五”全国城市基础设施建设规划》	智能化城市基础设施建设改造。预计建设智慧多功能灯杆 13 万基以上
住房和城乡建设部	《关于全面推进城市综合交通体系建设的指导意见》	实施城市交通基础设施智能化改造。推动“多杆合一、多箱合一”，建设集成多种设备及功能的智慧杆柱，感知收集动态、静态交通数据。推进智慧城市基础设施与智能网联汽车协同发展，改造升级路侧设施，建设支持多元化应用的智能道路，在重点区域探索建设“全息路网”。支持智能道路工程关键技术研究，研究制订相关的标准规范，满足城市道路智能化建设和车路协同项目的需要

续表

发布单位	文件名称	主要内容
工业和信息化部等七部门	《信息通信行业绿色低碳发展行动计划（2022—2025 年）》	全面开展与社会资源共建共享。加强跨行业沟通合作，促进与市政、交通、公安、电力等领域在管孔、杆塔、站址、机房等资源的双向开放共享，鼓励在有条件区域规模部署室外一体化机柜、智慧灯杆等资源共享性载体，提高资源的集约利用
上海市人民政府	《上海市进一步推进新型基础设施建设行动方案（2023—2026 年）》	到 2026 年年底，上海市新型基础设施建设水平和服务能级迈上新台阶，人工智能、区块链、5G、数字孪生等新技术更加广泛融入和改变城市生产生活，支撑国际数字之都建设的新型基础设施框架体系基本建成。主要任务包括：构建泛在互联的高水平网络基础设施，建设云网协同的高性能算力基础设施，建设数智融合的高质量数据基础设施，打造开放赋能的高能级创新基础设施，打造便捷智敏的高效能终端基础设施
广东省人民政府办公厅	《广东省推进新型基础设施建设三年实施方案（2020—2022 年）》	建成全国领先的基础和专用网络体系。打造高水平的创新基础设施集群。构筑经济社会智慧化运行的基础设施体系。推进城市管理公共设施与 5G、物联网、传感技术融合建设，充分利用智慧灯杆、智慧井盖、智慧管网等载体，部署城市数据采集智慧感知节点，并推动发展成为具备边缘存储、计算等能力的感知终端
深圳市人民政府办公厅	《深圳市推进新型信息基础设施建设行动计划（2022—2025 年）》	按照“并杆减量、能合则合”的原则，在全市范围内，对道路、路口区域现有杆件进行集约化整合，实现多杆合一、共建共享。在全市范围内，推动多功能智能杆及配套设施建设，实现全市主要市政道路，以及重点园区、社区等区域多功能智能杆全覆盖，2025 年年底达到 4.5 万根。建设多功能智能杆综合管理平台，实现对全市多功能智能杆和挂载设备的集中管理和控制，实时监测运行状态，对特殊情况及时告警，汇集杆体采集到的数据，为信息共享提供便利，支撑 5G、车联网及社会治理等不同业务场景应用

智慧多功能杆不仅集成智慧照明功能，还可实现对灯杆的智能控制、Wi-Fi 覆盖、视频监控及预留未来通信基站等智能服务，实现物联网基础设施的共杆建设，以及后台统一管理和数据共享，同时，智慧多功能杆融合了市政类设施，例如信号灯、电子警察、卡口、交通标志标牌等，因此，智慧多功能杆不仅可以避免重复建设，降低建设成本，还可以避免各类网络、电力、智能集成控制设备遍布城市大街小巷、杆件林立的情况，这既改善了城市景观，又释放了城市公共资源。

智慧多功能杆被称为“末梢神经元”，通过挂载各类设备提供智能照明、移动通信、城市监测、交通管理、信息交互和城市公共服务等功能，通过运营管理系统进行远程监测、控制、管理等网络通信和信息化服务，全方位助力智慧城市建设。智慧多功能杆功能如图 1-1 所示。

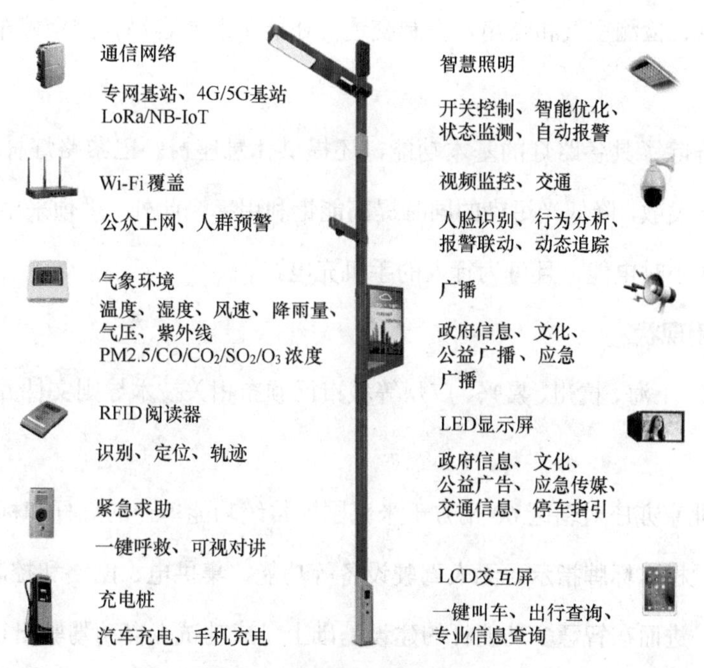

图1–1　智慧多功能杆功能

1. 国外应用现状

目前，全球多个城市进行了智慧多功能杆的建设和改造，具有良好的效果和借鉴意义。

（1）新加坡

在智慧城市规划与实施方面，新加坡大力发展“智慧国家 2025”，利用路灯智能化升级组网，搭建城市共享基础设施，提出对公共照明进行“智能化 + LED”升级改造，计划将全国 110000 套现有的高压钠灯改造成含智能控制系统的 LED 智能路灯，计划安装 60 万个智慧城市传感设备。

（2）芝加哥

芝加哥通过路灯杆安装传感器进行城市数据挖掘。通过灯柱传感器，收集城市路面信息，检测环境数据，例如空气质量、光照强度、噪声水平、温度、风速等。

（3）洛杉矶

洛杉矶的城市管理部门利用该市大范围的智能互联路灯设施，布设新技术和物联网功能，为路灯配备传感器，安装软件以收集数据、分析信息，让城市运行更透明。

（4）海牙

海牙席凡宁根海滩的上千根智能灯柱安装有摄像头、传感仪和数据传输网络设备，能够调节灯光亮度、检测空气和噪声、控制交通，还能帮助游客寻找空余停车位。

（5）巴黎

巴黎路灯杆除了具备路灯的基本功能，还提供休息座椅。巴黎路灯杆采用铝制拱顶，使灯光直接向下发散，降低光污染的同时提高能量利用率。此外，拱顶采用太阳能电池板，可为路灯提供 3 小时电能，且可为行人的手机充电。

2. 国内应用现状

目前，北京、上海、杭州、嘉兴、广州等城市已颁布相关技术导则文件并实施试点项目。

（1）北京

2021 年，北京亦庄对辖区 60 平方千米范围内传统功能单一的灯杆和标志杆进行升级，集成照明、交通标志标牌指示、无人驾驶设备等功能，集供电、网络和控制于一体，形成智慧多功能杆，进而在智慧多功能杆的建设基础上，成功试点自动驾驶出行服务。

（2）上海

上海开展深化推进城市精细化管理，推动架空线入地和道路合杆整治工作，布设了具备复合功能的智慧多功能杆。从 2018 年开始至今，上海已完成多条道路的合杆整治工作。上海市智慧多功能杆如图 1-2 所示。

（a）交通信号杆

（b）监控杆

（c）道路交通标志标牌杆

图1–2　上海市智慧多功能杆

（3）杭州

杭州梦想小镇入口处建设智慧多功能杆，将原有的 6 根普通杆件整合为 1 根智慧多功能杆，成为整合标杆的案例，具有典型的示范作用。从 2019 年起，余杭区、萧山区、桐庐等地区相继开展了智慧多功能杆建设。杭州市智慧多功能杆如图 1-3 所示。

（a）交通信号杆

（b）电子警察杆

（c）道路交通标志标牌杆

图1–3　杭州市智慧多功能杆

（4）嘉兴

2019 年，嘉兴开始启动老旧小区、背街小巷和一环四路改造工程，采用智慧多功能杆对道路进行合杆整治。从 2019 年起，嘉兴逐渐对多条道路实施了合杆整治，例如海塘路、中环西路等。

（5）广州

2018 年，广州启动智慧多功能杆工程，颁发多份智慧多功能杆文件。2019 年，临江大道、南大干线、齐富路、天河南二路开展智慧多功能杆试点工程。目前，珠江东路、花城广场等已经开展了智慧多功能杆建设。

1.6　智慧多功能杆数字化应用

智慧多功能杆在建设完成杆件、基础、电力、光缆和管道后，需要建设应用平台、网络，以及搭建设备等，组合硬件及软件设施，形成完善的生态链，为智慧城市提供信息采集、信息处理和信息发布的平台。

1. 通信应用

随着通信设备更新迭代，移动通信基站建设需求大量增加，对健康、环保等要求越来越高，移动通信基站建设向“集约化”和“景观化”的方向发展已成为业界共识。结合我国提出的“建设资源节约型、环境友好型社会”的发展战略，研究与智慧城市基础设施融合的通信基站建设模式成为必然选择，其中智慧多功能杆与通信基站的结合是最佳的突破口。

（1）通信站址资源问题和应对

通信设备更新迭代导致基站越来越密集，然而，部分地区尤其是老城区新增的建筑资源较少，导致新增基站站址非常困难。传统的基站建设方式的成本越来越高，已严重影响通信基站的部署进度。通信基站建设中后期需要增加更多的站址，采用超密集部署获得更高频谱的复用效率，从而实现百倍量级的系统容量提升。

（2）智慧多功能杆作为通信载体优势明显

通信热点高容量典型场景采用宏微异构的超密集组网架构部署，以实现通信网络高容量密度、高峰值速率性能。为满足热点高容量场景的高流量密度、高峰值速率和用户体验等性能指标要求，将进一步缩小基站间距。

在智慧城市规划与建设中，智慧多功能杆因具备通电、联网、广泛分布的优势而成为物联网在城市中的重点布设领域，在满足应用功能的同时可兼顾集约性和景观性，能够满足建设 5G 微站配套设施的需求。

智慧多功能杆具有以下优势。

① 智慧多功能杆作为分布最广、最密集的基础设施之一，可满足通信超密集组网的站址需求。智慧多功能杆间距通常在 20 ～ 30m，通信基站覆盖范围的半径根据不同功率在 100 ～ 250m，按每根灯杆集成一套通信系统估算，智慧多功能杆的数量至少可以满足 3 家运营商建站的需求。

② 智慧多功能杆供电系统可为通信基站供电。

③ 智慧多功能杆作为常见的市政设施，外形和谐美观，可以减少因电磁辐射、市容风貌带来的社会问题。

④ 采用智慧多功能杆作为通信基站载体，可避免城市基础设施重复资金投入造成的资源浪费问题，同时降低人工巡检、管理维护等费用开支。

通过以上分析可知，智慧多功能杆作为通信载体的优势非常明显，不仅可以解决通信基站建设的难题，还可以降低城市建设成本并提升城市运维效率。

（3）通信基站为智慧多功能杆提供应用支持

现阶段，智慧多功能杆已实现硬件级的功能叠加，但还未实现软件级和系统级的智慧叠加。要实现智慧多功能杆的智能照明、智能安防、无线城市、智能感知、智慧交通、智慧市政等诸多应用，需要通信基站为其提供网络保障。国际电信联盟描绘了可以预见的通信应用场景，其中与数字道路相关的应用场景详述如下。

① 增强型移动宽带（enhanced Mobile Broadband，eMBB），目前无线通信下行峰值速率（20Gbit/s）可以满足很多应用的需求，例如，增强现实（Augmented Reality，AR）、虚拟现实（Virtual Reality，VR）等。

② 海量机器类通信（massive Machine Type of Communication，mMTC），即物联网应用。

③ 低时延高可靠通信（ultra Reliable Low Latency Communication，uRLLC），包括人工智能、自动驾驶和交通控制等。

这 3 个应用场景必将加速智慧城市的发展，进一步实现智慧多功能杆软件级与系统级的智慧叠加，因而智慧多功能杆应结合通信进行数字化应用，它的发展离不开通信的建设与发展。

2. 智慧应用模块

智慧多功能杆作为基础设施用于挂载多种智慧应用模块的前端感知设备和信息发布设施。智慧多功能杆的整体性能架构如图 1-4 所示，智慧多功能杆的智慧应用模块如图 1-5 所示。

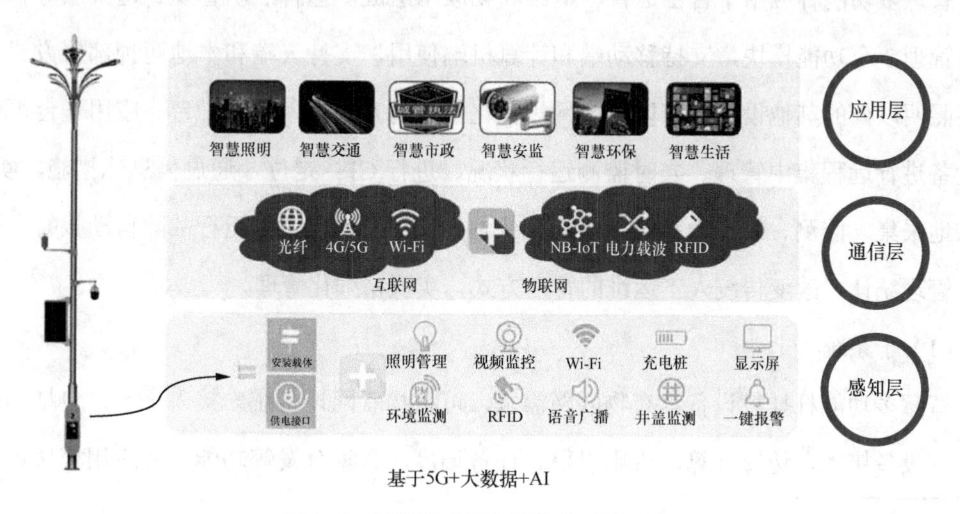

图1-4　智慧多功能杆的整体性能架构

前端感知层是加载在智慧多功能杆上的前端设备，包括LED灯、Wi-Fi、视频监控、信息发布屏、一键报警、环境监测、物联网传感器等，负责接收前端基础模块的各类信息，包括状态信息、报警信息、异常信息等，同时感知层接收后台指令后可对前端设备进行控制。

智慧多功能杆建设初期建议主要考虑5G、照明、监控、交通、广播、气象等常用功能模块

图1–5 智慧多功能杆的智慧应用模块

通信层为感知层与应用层之间的纽带，感知层的管理数据及业务应用数据均通过通信层发送到平台，同时，平台下发各类指令经过通信层传送到感知层。通信层接收来自应用层的请求，验证请求数据，并调用相应的业务逻辑处理数据，将处理结果返回给应用层。此外，需要提供接口平台接入其他第三方相关系统。

应用层根据不同应用部门分配不同的权限和账号，目的是各个应用部门可以方便地管理本部门业务。

智慧多功能杆项目整体部署在两张网内，即感知前端系统部署在本项目自建的局域网，前端感知设备接入杆体自带的网关，网关经光纤汇聚至汇聚网关并上行处理，局域网通过安全边界接入政务网。

3. 应用平台

智慧多功能杆应用平台由运营、运维和物联网组成，包含照明管理、运维服务和运营服务管理3个功能模块，支持移动端和计算机端使用，支持云端和本地两种部署方式。除公共照明以外的其他设备，应以物联网规范化接口的方式接入应用平台。应用平台可对接入设备进行远程集中管理、实时监测运行状况、进行GIS[1]定位，通过信息化措施，实时、动态地采集、监测、统计物联网设备运行状态的数据，实现设备运行故障自动报警、设备资产管理统计，改变传统人工运维的管理方式，实现精细化管理。

（1）子系统

智慧多功能杆挂载设备具有物联网需求，可将物联网设备统一接入平台，包括物模型定义、设备接入、边缘计算、规则引擎、任务调度、数据分发等功能。各应用模块可在整

1 GIS（Geographic Information System，地理信息系统）。

体平台架构下开发子系统，智慧多功能杆应用平台包含以下 6 个子系统。

① 照明管理系统。基于统一的地理信息系统，展现城市照明设施的基本组成信息（电源、配电、线路、灯具及其配套、相关监控设备）、各类动态业务数据。

② 信息发布系统。具备远程控制、节目清单管理、文件管理与内容审核、设备管理、参数配置等功能。

③ 公共广播系统。具备远程控制、节目清单管理、音频文件审核、设备管理、广播等功能。

④ 环境监测管理系统。具备环境采集、环境数据管理、自定义推送等功能。

⑤ 一键呼叫系统。具备呼叫策略配置、策略管理、呼叫接听、呼叫记录、呼叫统计等功能。

⑥ 视频监控系统。具备实时监控画面、结合 GIS 的物理位置显示、图像电子放大、全功能远程控制前端云台镜头、在线截屏监控画面等功能。

（2）运维服务及管理要求

智慧多功能杆运维系统包括系统管理、应用管理、告警管理、运维统计、系统监控、系统日志等。在实施过程中应保障平台健康，满足日常系统维护、具体运维服务及管理要求。

① 维护管理功能。具备电子工单全生命周期管理、日常巡检任务管理等功能，对维护管理过程中的人、车安全提供轨迹监测等功能。

② 安全用电管理功能。具备用电数据采集、用电安全管理、用电能耗管理等功能。

③ 运维服务及管理平台宜建立统一平台，并纳入管理部门统一管理。

此外，物联网平台采用虚拟化云架构，可以根据管理容量、响应要求、并发量等要求规划和部署服务器。当平台需要扩容时，可做到灵活扩展和平滑升级。平台采用模块化部署结构，可根据实际需要实现平台功能扩展和平台容量扩容，为今后平台升级 / 扩建留有空间。

第 2 章

专项规划

随着新一代信息技术的快速发展和广泛应用，建设智慧城市已成为社会发展的必然趋势。近年来，智慧城市新政频出并在全国如火如荼地开展建设。智慧城市要求充分运用信息通信技术手段，感测、分析、整合城市运行核心系统的各项关键信息，对民生、城市服务、工商业活动等的各种需求做出智能响应。智慧城市建设过程中既需要进行顶层数字规划，也需要进行基础信息采集、信息处理和信息发布。在城市道路中分布最广泛的基础设施是路灯和交通杆，合理利用此类设施有助于推进智慧城市的发展。国内部分城市和地区已完成顶层数字规划和应用，并建设了智慧数字规划平台。

传统国土空间规划中的交通专项规划，包含城市交通基础设施的相关内容，例如道路等级、起终点、横断面、交叉口、交通设施、管线布设、排水设施等，关注点主要集中在交通工程领域。智慧城市的建设强调与城市发展布局、经济发展状态、人口规模及分布范围的协调，通过对通行能力、承载能力、安全控制要求及防灾减灾要求的研究来满足通行的预期要求。例如，GB/T 51328—2018《城市综合交通体系规划标准》规定城市道路信息化仅考虑交通地理信息、土地使用信息、交通参与者信息、交通出行信息、交通事件和交通环境信息等，以上信息属于单独的交通信息平台。

除了交通专项规划，城市道路还涉及城市照明专项规划和通信专项规划。城市照明专项规划包含城市照明设施，根据照明对象可以分为功能照明和景观照明两大类，其中道路照明设施属于功能照明。在传统城市道路规划中，一般会同步规划照明设施和交通设施，却很少考虑通信设施。根据 GB/T 50853—2013《城市通信工程规划规范》规定，城市通信规划仅考虑传统通信设施，并未针对城市道路进行专项的通信规划。

2.1 规划构成和基本特征

2.1.1 专项规划构成

在国土空间规划中，单独考虑交通领域、通信领域或其他城市基础设施单项领域，已不能满足智慧城市发展的需求，传统规划方法和规划内容已不能满足现实需求，因此有必要研究在数字化发展的趋势下，在国土空间规划的交通专项规划中融入数字化、网络化、智能化等新要求，或提出更加具有针对性的智慧城市道路基础设施专项规划，在此情况下，智慧多功能杆专项规划应运而生，目前已在部分城市完成专项规划的编制，在编制的过程中形成科学的规划方法，并在规划实施的过程中验证了方法的科学性和通用性。

针对国土空间规划出现的新领域，在总结已完成智慧多功能杆专项规划的基础上，提出了具有针对性的智慧多功能杆布局规划方法，该方法在传统设计方法的基础上，引进了数字化、网络化、智能化等理念。通过集成规划成果采集单元，纳入规划实施自动收集反馈单元，并可采用收集到的数据分析指导规划实施与调整，从而使传统交通专项规划与数字化要求良好衔接。利用信息化可充分提高交通专项规划的迭代速度和统计精度，在城市道路的范围内，将交通专项规划与通信专项规划相结合，形成满足数字化浪潮中的新型交通专项规划，或形成单独的智慧多功能杆专项规划，从而指导实际工程中交通工程与通信工程的深度融合，为城市道路实现车路协同、物联网、通信等功能提供技术保障。在规划过程中，除了考虑交通专项规划与通信专项规划，还应考虑用于支撑智慧城市数字道路各类应用需求的电力规划布局。

在智慧多功能杆专项规划中，着重考虑照明交通信息规划、通信信息规划、感知交互信息规划、生活圈信息规划，以及与之配套的电力规划。智慧城市道路基础设施主要包含道路交通、照明、监控、城管、环保、充电桩等设施，需要为行业提供智慧交通、智慧照明、智慧通信、超高清视频、视频监控、VR/AR、无人机、展示媒体、广告、环境监测、GIS 定位等应用功能。在传统建设过程中，各功能独立规划建设，导致城市建设中出现杆件林立、杂乱无章、影响城市风貌等情况，且各行业建设时间不同，智慧化程度也不同，部分行业存在缺乏智慧城市应用等情况，普遍存在行业间数据标准不相同、平台接口不统一的现象，无法实现数据互通，不能满足智慧城市发展的需求。

无论是从承接上位规划中的智慧城市平台信息，还是从终端承载设施来看，现有城市道路基础设施已落后于智慧城市发展的需求。根据数字化、网络化、智能化的要求，对智慧城市道路基础设施进行有机更新，实现统一规划、统一部署势在必行。

在智慧多功能杆体系中，首先应建设智慧多功能杆总体架构，该总体架构分为终端层、数据层、平台层和应用层。智慧多功能杆总体架构如图 2-1 所示。

终端层包含承载设施和感知交互设施，其中感知交互设施均需要以承载设施作为承载体挂载安装。在规划中选择分布最密集的智慧多功能杆作为基础设施载体，以其为“末梢神经元”，通过挂载各类感知交互设备实现信息的采集、管理和发布。

根据国家规范建立统一的数据标准，并构建数据层和平台层，确保智慧多功能杆专项规划符合国土空间规划的要求，从而满足国土空间规划对智慧多功能杆专项规划的传导指导和约束要求，符合国土空间规划全周期管理的信息化要求，符合“共建、共用、互联、共享”的原则，通过提供基础服务、数据服务、专题服务和业务应用服务，为应用层提供智慧交通、智慧照明、智慧通信、智慧安防、智慧市政、智慧媒体、智慧环境、智慧地图等信息交互和城市公共服务等功能，从而提升城市道路领域的治理体系和治理能力现代化水平。

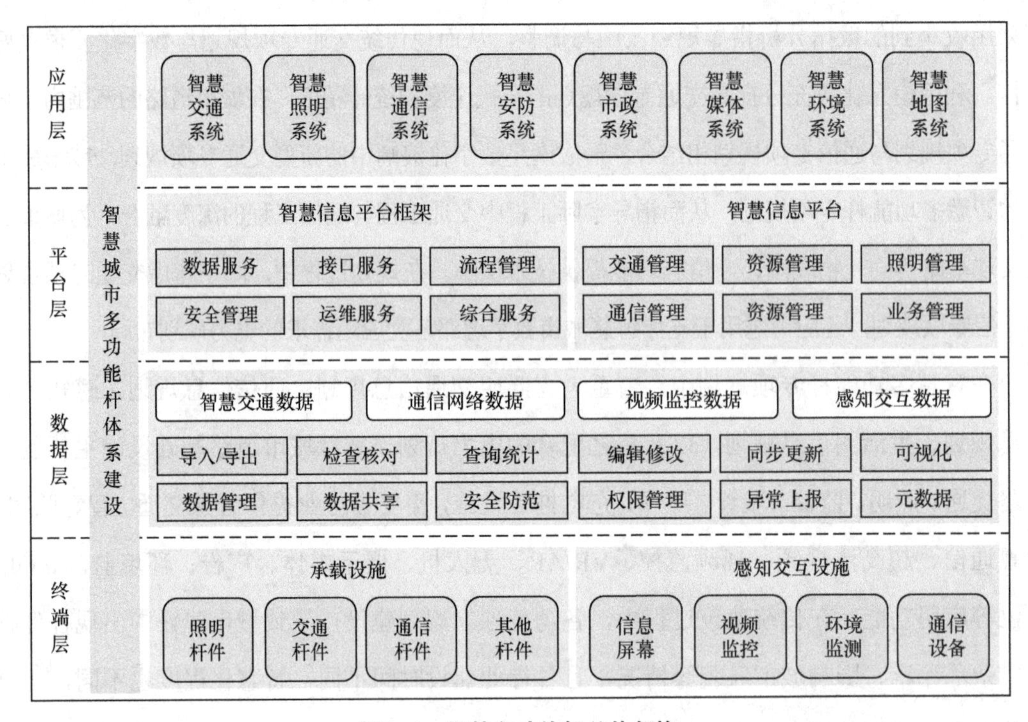

图2-1 智慧多功能杆总体架构

智慧信息平台可汇集整理各种数据并上传到云端形成大数据。数据收集、上传及应用过程应满足各行各业的加密需求。上传数据与政府内部的智慧大脑、智慧政务系统、城市资源管理系统、交通管理系统、照明管理系统、警务管理系统、市政管理系统、通信管理系统和第三方业务管理系统等进行交互，为智慧城市大数据应用提供数据支持。

智慧多功能杆专项规划除了照明交通信息规划、通信信息规划、感知交互信息规划、生活圈信息规划，以及与之配套的电力规划，还应注意规划融合后形成的杆件功能，对杆件功能进行分类并形成杆件功能规划，具体规划方法详见本书第3章。

2.1.2 专项规划基本特征

智慧多功能杆专项规划涉及空间利用、网络规划及城市管理各方的需求，涵盖交通、城建、公安、市政、气象、环保、通信等多个行业，在实际操作中存在协调困难、落地困难的情况，需要政府引导、统筹规划布局。此外，传统建设模式下各单位独自建设，造成城市道路存在风格各异的杆件，给城市风貌带来不良的影响。将智慧多功能杆专项规划纳入国土空间规划体系，以国土空间规划和中心城区控制性详细规划为依据，结合城市基础设施通信专项规划和交通专项规划进行规划分析。智慧多功能杆专项规划构建高速、移动、安全、泛在的新一代信息基础设施，能够满足未来智慧生活、智慧社会和智慧工业等信息化需求，积极推动智慧多功能杆快速、合理、有序建设，实现通信网络全覆盖，助力数字智慧化城市的建设。

智慧多功能杆专项规划与其他专项规划存在区别，主要体现在规划思路、规划原则、总体目标和规划流程 4 个方面，详细论述如下。

1. 规划思路

智慧多功能杆专项规划编制应满足城市设计相应的规划思路和规划方法，通过对人居环境多层级空间特征的系统性辨识，结合交通环境、数字道路的发展要求进行多尺度要素内容的统筹协调，以及对自然、文化保护与发展的整体认识，借助形态组织和环境营造方法等实现城市道路空间的辅助建设，从而积极营造美好的人居环境和宜人的空间场所。

智慧多功能杆主要依托城市道路建设，深入街道和园区，布局均匀、密度适宜，可以提供分布广、位置优、成本低的通信基站站址资源和终端，是智慧城市建设的重要载体，能够完善与补充智慧城市感知设备的覆盖范围。智慧多功能杆布局方法主要包括以下两种。

（1）以主导功能需求组合为导向确定智慧多功能杆布局

智慧多功能杆汇集通信基站设备主导功能，充分考虑智慧多功能杆在后续智慧城市中的重要作用。由于各种设备的设置位置有一定的差异，智慧多功能杆专项规划将位置基本接近且具备一定灵活性的设备进行整合并集中设置智慧多功能杆，同时也保持功能要求特殊、位置需求特殊的杆体的独立性，但留有接入其他功能设备的可能。

（2）采取差异化思路确定不同功能城区（道路）的智慧多功能杆布局

针对不同覆盖场景，区分重点层次，结合通信网络的覆盖能力、智慧城市管理进行全网融合站址规划布局。后续结合电信运营商现有和未来通信基站站点及城市规划调整分布进行站点优化排布，根据技术发展和网络演进情况完善站址规划。

规划思路分析如图 2-2 所示。

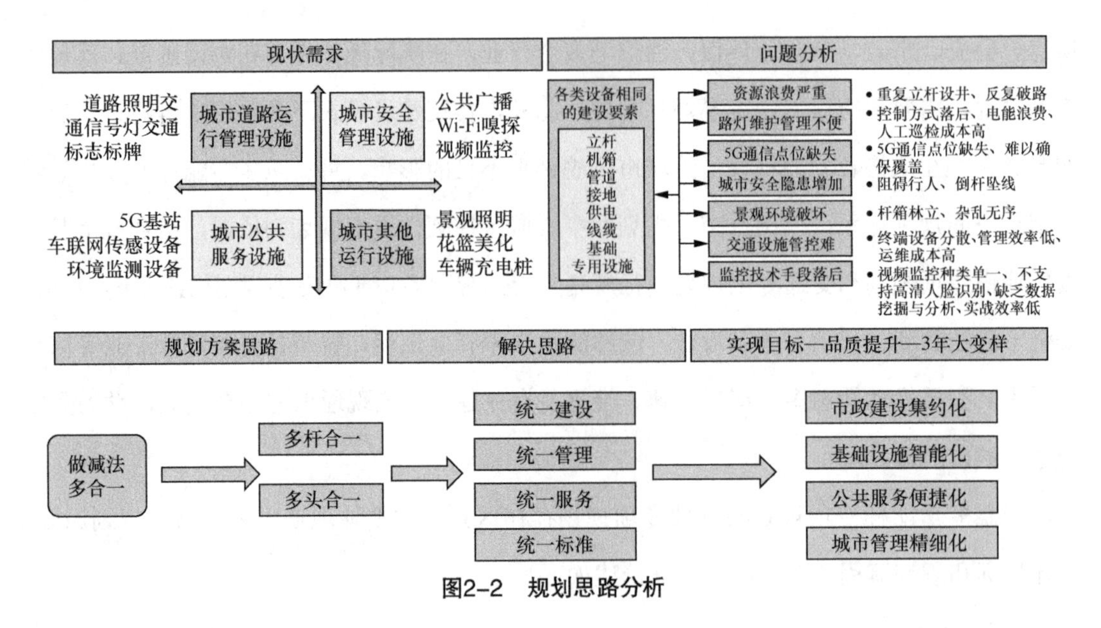

图2-2 规划思路分析

2. 规划原则

参照城市设计方法在国土空间规划中运用的原则，智慧多功能杆专项规划应遵循“整体统筹、以人为本、因地制宜、问题导向”的基本原则，结合智慧多功能杆的自身特征以及当前的建设情况，智慧多功能杆专项规划还应遵循“政府引导，市场主导；集约建设，绿色节能；安全可靠，规范发展”的原则，结合城市规划改革创新，统筹各类通信基础设施和公共基础设施，推进智慧多功能杆建设，提升通信网络的覆盖范围和服务质量，促进城市智慧多功能杆的建设和发展。

① 整体统筹。从人与山、水、林、田、湖、草、沙等生命共同体的整体视角出发，立足当下、着眼长远，既统筹考虑自然环境、用地保障和能源供给等配置资源，又注重兼顾市场需求、产业环境、人才支撑等重要因素，统筹现有资源，坚持以高标准规划为引领、以因地制宜与科学布局为导向，以按需设计与按标建设为路径，统筹推进智慧多功能杆的建设，改善人与环境的关系。

② 以人为本。坚持以人为中心，满足公众对国土空间的认知、审美、体验和使用需求，不断提升人民群众的安全感、获得感和幸福感。

③ 因地制宜。尊重地域特点，延续历史脉络，结合时代特征，充分考虑自然条件、历史人文和建设现状，营建有特色的城市空间，在城市空间中建设有特色的智慧多功能杆。

④ 问题导向。分析城市功能、空间形态、风貌与品质方面存在的主要问题，从目标定位、空间组织、实施机制等方面提出解决方案和实施措施。

⑤ 政府引导，市场主导。加强和发挥政府的引导和协调作用，加大财政和政策扶持力度，以市场为主导，创建公平竞争、互相促进、互惠互利的市场机制，坚持政府引导和市场机制相结合，以政府资源整合带动社会资源整合，促进高质量发展。

⑥ 集约建设，绿色节能。强化信息基础设施的统筹规划和集约建设，促进存量与增量资源的互通共享，加强对城市有限空间资源的有效利用，充分利用城市公共基础设施资源，推动集约化信息基础设施的建设和发展。加快应用先进节能技术，提升资源和能源的利用效率，走高效、清洁、集约、循环的绿色发展道路。

⑦ 安全可靠，规范发展。坚持安全可靠发展，按照国家相关法律法规，推进标准化、规范化、系统化的体系建设，建立安全可靠的智能化运维管理模式，实现产业生态的健康和可持续发展。

3. 总体目标

智慧多功能杆专项规划的总体目标是实现中心城区城市道路多功能杆全覆盖，为未来智慧城市、数字道路的实现奠定设施基础。

① 综合考虑强化基础设施的统筹规划和集约建设，促进存量资源与增量资源的互通共享，加强对城市有限的地下空间和地面空间资源的有效利用，满足未来智慧生活、智慧社会、智慧工业等信息化需求，积极推动无线通信网络、智慧多功能杆的快速、合理、有序建设，满足通信和智慧城市中长期发展的需求。

② 为公众提供高效顺畅的通信服务与合理规划通信基础设施并重，尽量做到合理规划，保障市民利益、改善人居环境。

③ 推进智慧多功能杆规划先行、科学选址和规范建设，维护公众和通信企业的合法权益，进一步推进共建共享，实现节能减排、集约美化的目标。

④ 预测通信技术发展趋势和业务发展趋势，远近结合、适度超前考虑通信基础设施的规划建设方案，为城市信息化发展奠定基础。

智慧多功能杆专项规划可按近期、中期、远期分别进行规划，形成建设规划指导工程建设。智慧多功能杆专项规划的具体目标如下。

① 近期建设规划。规划区内实现城市重点区域智慧多功能杆城市主干路和次干路连续覆盖。

② 中期建设规划。中期规划作为近期规划的延伸，为未来远期规划起到承上启下的

作用。对中心城区近期规划未涉及的主干路、次干路、快速路进行规划布局，实现中心城区主干路、次干路和快速路连续覆盖。

③ 远期建设规划。规划区内基本实现次干路以上全覆盖，已规划覆盖智慧多功能杆的道路串联中心城区各区，为未来智慧城市、数字道路的实现奠定设施基础。

4. 规划流程

智慧多功能杆体系涉及的行业广泛、规划内容繁杂。为保障日后成果能够满足智慧多功能杆总体架构的要求，应采用合理的规划方法，保障规划的科学性，提高规划的实施效率。智慧多功能杆规划流程如图 2-3 所示。在具体规划的过程中，将照明交通、通信、感知交互、社区生活圈等信息统一规划，输出满足智慧城市发展的城市道路智慧多功能杆布局规划成果。综合考虑城市道路涉及的多项内容，满足一次规划、分步实施的要求。

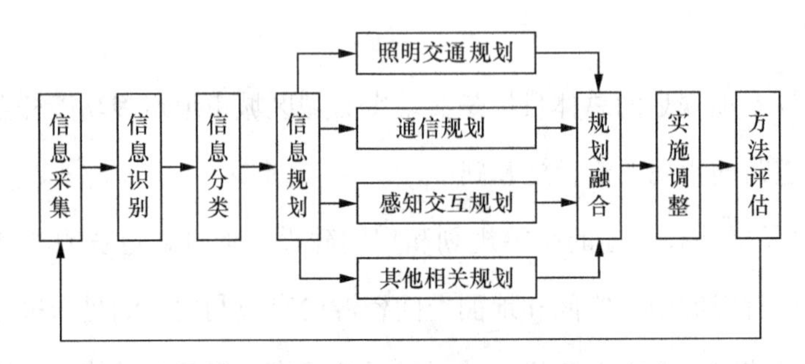

图2-3　智慧多功能杆规划流程

在智慧多功能杆专项规划中，要充分运用城市设计思维，在选址、选线、杆件选型过程中不仅要考虑便利与造价等工程因素，还应考虑融合自然保护、人文及美学的要求；在设施建设中应有相关的设计指引，不仅要满足设施的基本功能要求，还应考虑美观、隐蔽，满足智慧多功能杆外观与城市环境相协调的相关要求，并应兼顾人的活动行为。通过考虑以上因素，不断优化规划流程中涉及的各项内容，最终形成完善的智慧多功能杆专项规划。

2.2　信息采集与数据管理

TD/T 1065—2021《国土空间规划城市设计指南》指出，城市设计工作方法包括信息采集与数据管理、认知分析与方案制定、监管监测与公众参与。智慧多功能杆专项规划工作方法与城市设计工作方法相同，其信息采集与数据管理参考指南提出以下方案：在掌握上位规划及相关规划设计的基础上，采取科学合理的方式，收集历史文化、生态、产业、交通、市政等相关专项资料。鼓励基于大数据分析手段和 BIM、CIM 等数字集成技术获取空间现状、使用习惯、人群需求、城市意象等各类高精度、高时效性的基础数据。

2.2.1 信息采集

专项规划前期应先调研现有规划信息和城市道路已有的基础设施信息，具体可分为规划新建道路信息调研和规划改造道路信息调研。调查研究是专项规划必要的前期工作，若没有科学准确的调查研究工作，缺乏对城市道路已有基础信息的第一手调研资料，缺乏对各类设备数字化、网络化、智能化的需求和演进趋势判断分析，就不可能正确认识智慧多功能杆的挂载需求，也不可能制定合乎实际、囊括未来、具有科学性和合理性的规划方案。调查研究的过程是智慧多功能杆专项规划的孕育过程，同时也是划分智慧多功能杆信息采集内容、确保信息采集内容科学性和合理性的必经之路。通过调查研究和信息采集，将智慧多功能杆专项规划从感性认识提升到理性认识，调查研究和信息采集获得的基础资料是智慧多功能杆专项规划定性、定量分析的主要依据。

1. 调查研究

参考国土空间规划原理，智慧多功能杆专项规划调查研究工作包括现场踏勘、基础资料的收集和整理，以及分析研究。

（1）现场踏勘

无论是规划新建道路还是改造道路，在专项规划编制前均应对城市的概貌、规划范围有明确的概念，对于涉及具体工程的，还应对涉及范围内的城市道路基础设施及其涉及的相关内容进行现场踏勘。

（2）基础资料的收集和整理

智慧多功能杆专项规划涉及的基础资料主要来自城市规划部门积累的资料和城市交通管理、照明管理、市政管理、通信管理、环境管理等有关主管部门提供的专业资料。

（3）分析研究

对收集到的各类资料及现场踏勘中发现的情况进行系统性整理，结合定性研究和定量研究，分析智慧城市数字道路发展的内在决定性因素，并提出解决对策。分析研究过程是编制智慧多功能杆专项规划的核心部分。当现有资料不足以满足专项规划的需求时，可以进行专项性的补充调查和信息采集，必要时可采取典型调查的方法或抽样调研。

调查研究作为编制智慧多功能杆专项规划必要的前期工作，必须引起高度重视。可以在广泛借鉴规划领域新方法和建设领域新技术、新工艺的基础上，分析研究适用于智慧城市发展的智慧多功能杆。设定建立智慧多功能杆科学规划方法和建立智慧多功能杆科学建设方法两个目标，并分析研究专项规划实施和工程实施的可行性。例如，可以采用逐条道路规划和中心城区整体规划两种规划方案，采用专业功能扩展和通用功能扩展两种功能扩展方案，然后基于规划和工程的实施，逐一评价方案并进行对比选择。在分析研究过程中，根据方案分解制定对策，按照对策表逐条实施和验证相应目标的完成情况，从而最终实现既定目标，取得良好的经济效益和社会效益。

此外，智慧城市和数字道路处于不断的发展变化中，数字化、网络化、智能化发展也会带来智慧多功能杆挂载需求和应用设备的变化和更新，应经常进行调查研究工作，不断地修正补充原有的资料。对原专项规划编制过程中采用的分析研究方法应进行检验，根据检验结果及时调整更新，使智慧多功能杆专项规划紧随智慧城市和数字道路的发展趋势。

2. 基础资料

智慧城市数字道路涉及的范围涵盖照明交通、通信、感知交互、社区生活圈等信息，智慧多功能杆专项规划所需的资料数量大、范围广、变化多，且具有典型的数字化要求，需要结合 BIM、CIM 等数字集成技术获取基础资料。综合参考《城市综合交通体系规划编制导则》《城市综合交通体系规划标准》《城市综合交通调查技术标准》《城市道路交通设施设计规范》《城市道路交通标志和标线设置规范》《城市通信工程规划规范》《城市工程管线综合规划规范》《城市照明建设规划标准》《城市道路交叉口规划规范》《城市配电网规划设计规范》《社区生活圈规划技术指南》等，智慧多功能杆专项规划应具备的基础资料包括以下内容。

（1）交通需求资料

智慧多功能杆的服务对象是人，需要满足公众的相关需求，加强公众的参与和监督。因此，编制智慧多功能杆专项规划需要收集交通需求资料，对公众出行、交通方式、出行生产源、出行目的地、出行率、出行时间分布、出行空间分布、道路流量、车速、延误、停车等交通需求特征进行调查，也可调用已形成的城市综合交通调查结果。但应重点关注出行时间分布和出行空间分布，针对不同分布区域的人流分布情况，对智慧多功能杆覆盖区域进行重点层次划分，有助于明确近期、中期及远期规划布局。

（2）交通设施资料

智慧多功能杆的建设位置是城市道路，因此需要收集与城市道路相关的交通设施资料，主要包括城市道路功能等级、城市道路网布局、城市道路红线宽度、城市道路断面空间分配、城市道路交叉口、道路衔接、城市道路绿化、交通标志标牌、交通信号灯、交通监控系统和服务设施等。

（3）照明设施资料

智慧城市照明包括城市道路、隧道、广场、公园，以及建（构）筑物等的功能照明和景观照明，而城市道路涉及的照明主要通过人工光来保障公众出行、户外活动安全和信息获取方便。编制智慧多功能杆专项规划时，应满足城市照明分区要求，并对影响城市道路范围内的功能照明与景观照明进行调查，统筹协调功能照明与景观照明，强化整体性，营造和谐的光环境。同步调查城市照明分时分级控制等节能措施及控制指标，从而使用满足指标的节能产品，推广照明环保技术，控制光污染。

对于机动车道，应调查照明设施是否满足路面平均亮度、路面亮度总均匀度和纵向均匀度、眩光限制、环境比、诱导性等评价指标；对于人行道，应调查照明设施是否满足路面平均照度、路面最小照度和垂直照度等评价指标，从而为照明设施的应用或更新提供依据。

（4）通信设施资料

智慧多功能杆通过大数据、云计算等信息技术对感知到的海量信息进行处理、分析，对各种安全需求做出智能化响应，使城市达到智慧的状态。智慧多功能杆需要满足数字化、网络化、智能化发展的需求，其中网络化发展与通信设施密切相关。编制智慧多功能杆专项规划时，需要调研城市道路两侧宏基站和微基站的分布位置，预测城市道路智能设施，分析设施的网络能力需求，需要满足eMBB、mMTC及uRLLC的要求。

（5）感知交互设施资料

智慧城市数字道路的实现离不开感知交互设施，涉及智慧城市道路多功能杆的感知交互内容包括车路协同、无人驾驶、视频监控、屏幕信息交互、地理信息、环境监测等。结合云计算、大数据、人工智能、边缘计算、末端感知交互计算等技术，采用物联网设施，满足数字道路全域感知信息规划的需求。在编制智慧多功能杆专项规划时，需要调研人工智能、物联网、云计算、大数据和边缘计算5种技术的基础共性能力；调研超高清视频、视频监控、VR/AR、无人机、机器人等行业的共性能力。

（6）工程管线资料

智慧多功能杆需要通信网络和配电网络的支撑，因而在编制智慧多功能杆专项规划时应对工程管线进行调研。收集城市道路工程管线布局、敷设方式、排列顺序和位置、相邻工程管线的水平间距、交叉工程管线的垂直间距、工程管线控制高程和覆土深度等，并结合通信设施的建设需求，按终期电缆、光缆条数及备用孔数等确定通信配线管道管孔的数量。

（7）供配电资料

为实现智慧多功能杆灵活配电，同时兼顾经济性、实用性和环保性，在编制智慧多功能杆专项规划时，应对供配电系统资料进行调研。在规划前期应收集城市供配电设备空间布局、设备容量、配电接口等资料。结合供配电系统规划及市政规划的基本要求，根据终期智慧多功能杆额定功率及分布情况，以缩短配电距离、减少建设投资为目标，明确智慧多功能杆接入站点的位置、供电路径和具体的连接方式，形成智慧多功能杆的最优供电方案。

（8）社区生活圈信息资料

智慧城市数字道路建设与社区生活圈建设密不可分，智慧多功能杆作为感知设施和应用终端设施的载体，负责收集基础信息的同时，又要为公众提供服务，因而在编制智慧多功能杆专项规划时，需要同步收集社区生活圈信息，主要涉及户外广告、指示牌、充电桩、信息显示屏等信息资料。

在收集基础资料的过程中，除了应考虑收集以上资料，还应注意城市道路的现实状况。根据编制专项规划时相应城市道路是否已完成建设，将城市道路划分为新建道路和改造道路，两种道路涉及的基础资料既有相同之处，也有不同之处：对于新建道路，首先应与国土空间规划数据库对接，调取市级国土空间规划、中心城区控制性详细规划和交通专项规划，采集与智慧城市道路相关的规划信息，包括智慧城市数字规划要求和行业部门需求，具体包含道路级别、路幅宽度、净空高度要求、通信基站位置与覆盖半径、感知交互设施、安全要求、平台要求等规划信息；对于改造道路，规划信息采集与规划新建道路相同，通过与国土空间规划数据库与城市地理信息数据库对接，提取交通专项规划和城市地理信息数据的相关内容，并结合智慧城市数字规划和行业部门需求采集信息。除了上述采集方法，由于改造道路处于运营中，可针对实际道路采集车流量、人流量信息，或采用其他调研方法采集人流量信息。

此外，还应结合城市空间对公众身心体验的影响，采集感知交互信息。从城市道路中收集信息数据进行分析和判断，形成城市道路信息采集成果，并随城市更新而不断更新。

2.2.2 数据管理

在编制智慧多功能杆专项规划的过程中，应采取科学合理的方式收集交通需求、交通设施、照明设施、通信设施、感知交互设施、工程管线、供配电、社区生活圈，以及城市历史文化、生态、产业等相关专项资料。基于大数据分析手段和 BIM、CIM 等数字集成技术获取空间现状、使用习惯、人群需求、城市意象等各类高精度、高时效性的基础数据。

根据信息采集结果，结合智慧多功能杆专项规划需求进行信息识别，主要识别的城市道路信息包括交叉口位置、道路断面、道路平面、交通信号灯杆、交通标志标牌、电子警察、视频监控、环境监测、户外广告、道路照明、通信基站、物联网、车路协同、公交车站、指示牌、充电桩、其他市政设施等规划信息。对于规划过程中的改造道路，结合城市新需求，适度考虑智慧城市规划发展方向，及时根据规划调整信息识别内容，并将信息识别结果纳入专项规划中。

通过信息采集和信息识别，得到的信息处于无序状态。不同的信息具有不同的特点，要求的规划实施方法也不尽相同，未经分类处理的信息不利于组织编制专项规划。将识别到的信息结合管理权属，综合考虑终端层、数据层、平台层、应用层等不同层级的要求，并结合国家法律法规、标准规范，分类管理采集得到的基础数据。结合已有的规划成果和实施经验，可将基础数据分为照明交通信息、通信信息、感知交互信息、社区生活圈信息和其他信息。基础数据分类见表 2-1。

表2-1　基础数据分类

基础数据	主要内容
照明交通信息	交叉口位置、道路断面、道路平面、交通信号灯杆、交通标志标牌、电子警察、视频监控、道路照明、公交车站等
通信信息	通信基站等
感知交互信息	环境监测、物联网、车路协同等
社区生活圈信息	户外广告、指示牌、充电桩、其他市政设施等
其他信息	供配电、工程管线、应用平台等

智慧多功能杆专项规划涉及的基础数据数量巨大，采用基础数据分类方法可以得到有序的分类信息，但仍需要采用科学的方法对数据进行有效的收集、存储、处理和应用，充分有效地发挥数据的作用，实现对数据的有效管理。

数据管理经历了人工管理、文件系统管理、数据库系统管理 3 个发展阶段。传统管理采用人工管理和文件系统管理，存在数据管理能力差、数据共享能力差和数据不具有独立性等缺点，已无法满足智慧城市发展的需求。随着计算机技术的发展，面对海量的基础数据，采用数据库系统建立数据结构，既能充分描述数据间的内在联系，又便于修改、更新与扩充数据，同时可以保证数据的独立性、可靠性、安全性和完整性，减少数据冗余、提高数据共享程度及数据管理效率。

数据管理过程中应建立完善的数据规范，参考自然资源部颁发的《国土空间用途管制数据规范（试行）》和《市级国土空间总体规划数据库规范（试行）》，智慧多功能杆专项规划应规范数据库、信息系统建设和数据交换，贯穿智慧多功能杆全生命周期，建立科学的数据内容、应用和要素分类编码，为方便快速检索及查看信息，可通过二维码封装相关信息，二维码使用 QRCode 编码规范，尺寸为 2cm×2cm。

根据 GB/T 39972—2021《国土空间规划“一张图”实施监督信息系统技术规范》提出的数据管理要求，按照建立国土空间规划体系并监督实施的业务要求，对数据成果进行分级分类建库和管理，数据的分发、共享和应用均应符合国家安全保密规定，具体包括以下内容。

① 宜采用多源大数据，辅助国土空间规划编制、审批、修改和实施监督工作的开展。

② 建立数据更新机制，保持数据的实时性，数据库应随年度自然资源调查监测等工作及时更新。

③ 整合形成本辖区国土空间规划数据，可采用离线或在线方式逐级交至自然资源部。

④ 所有入库数据应符合相应的数据标准，并按照质量检查细则对数据进行质量检查，确保数据空间关系正确、逻辑关系清晰、数据成果规范。

智慧多功能杆专项规划可参照上述管理办法进行数据管理，在数据有效管理的基础上结合开发应用软件，借助基础数据和科学有效的规划方法，实现规划的智能化编制。

2.3 规划编制

根据基础数据分类结果，开展智慧多功能杆专项规划编制，针对照明交通信息、通信信息、感知交互信息、社区生活圈信息和其他信息，给出具体的规划方案。

2.3.1 照明交通规划

根据 GB/T 51328—2018《城市综合交通体系规划标准》，交通信息规划应提出支持综合交通体系实施评估、建模分析等的交通信息采集、传输与处理要求，以及交通信息共享、发布的机制与设施和系统要求。交通信息采集、存储包括城市和交通地理信息、土地使用与空间规划信息、交通参与者信息、交通出行信息、交通运行信息、交通事件和交通环境信息等。交通信息应整合全部信息资源并定期更新。规划人口规模 100 万及以上的城市应建设城市交通信息共享与应用平台，该平台应具备交通出行基础性信息服务、交通运行状态监测与预报、交通运营管理、交通规划与决策支持等功能，并与城市“多规合一”平台相衔接。

1. 城市道路系统规划

城市交通是由多个部门共同组成的一个庞大、复杂、严密而又精细的体系，在国土空间规划中编制城市综合交通体系规划，以城镇体系规划、经济社会发展规划和相关综合交通专业规划为依据，涵盖内容全面丰富。城市交通是城市用地空间联系的体现，而道路系统则联系着城市各功能用地，在城市范围内分布较为均衡，规划的城市道路与交通设施用地面积占城市规划建设用地面积的 15% ～ 25%。城市综合交通体系具备引导城市空间布局优化、协调交通系统承载城市活动、引导城市集约高效开发、塑造城市特色风貌、提升城市环境质量等方面的功能。城市综合交通体系规划从空间、用地和交通系统关系入手，统筹和协调城市空间、用地布局与交通系统，在城市道路系统规划中对城市道路功能等级、城市道路网布局、城市道路红线宽度、城市道路断面空间分配、城市道路交叉口、道路衔接、城市道路绿化等做出具体规定。

确定城市道路系统规划后，还应考虑在城市道路工程设计阶段对城市道路提出具体要求。在《城市道路交通工程项目规范》《城市道路工程设计规范》《城市道路线设计规范》《城市道路交叉口设计规程》中，对城市道路的路线走向、设计速度、机动车车道数、横断面布置、平面布置、交叉口节点布置、行人道和非机动车道布置、交通安全和管理设施布置、管线设施布置、排水设施布置、照明设施布置、绿化和景观布置等提出明确要求。根据确定的城市道路设计成果，结合《城市道路交通设施设计规范》《城市道路交通标志和标线设置规范》，确定城市道路照明交通设施，包括交通标志牌、交通信号灯杆、电子警察、视频监控系统、道路照明、公交车站、服务设施等。

2. 照明交通规划原理

城市道路工程设计阶段的相关要求会影响智慧多功能杆的布设位置，因此，在编制智慧多功能杆专项规划时，应在城市综合交通体系规划的基础上，结合城市道路工程设计理念，编制智慧多功能杆专项规划中的照明交通规划。在照明交通规划中统筹考虑城市道路交通设施和照明设施的布设位置，并对城市道路交通设施和照明设施进行功能性组合，形成具备双重功能的多功能杆。经过规划实践和工程实践检验后，在智慧多功能杆专项规划的照明交通规划中，采用经过验证的照明交通规划流程。照明交通规划流程如图 2-4 所示。

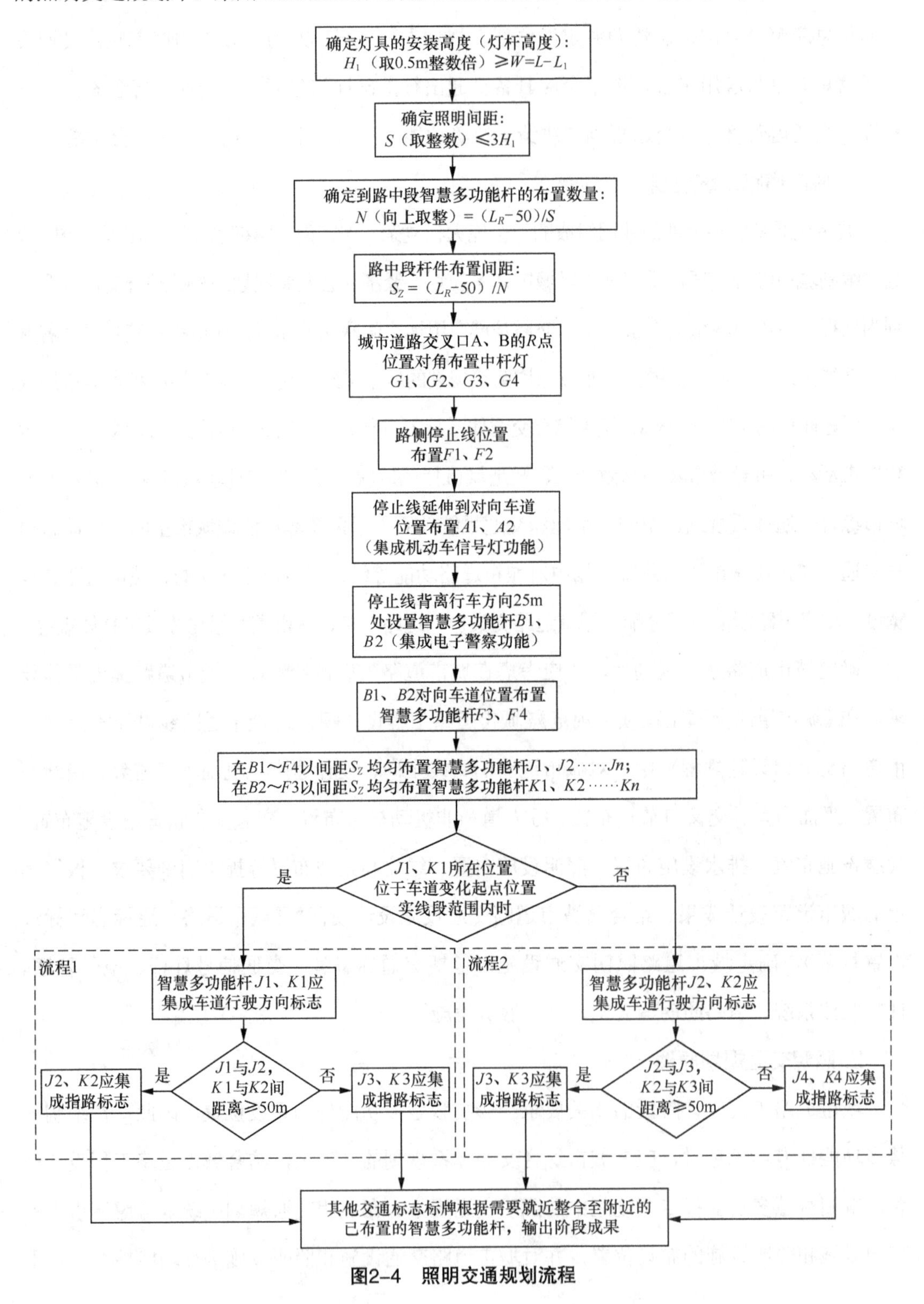

图2-4　照明交通规划流程

智慧多功能杆专项规划中的照明交通规划主要探讨城市道路交通设施和照明设施的布置方法，影响两种设施布置的主要因素包括道路平面、道路横断面、交叉口和建筑界限。选取城市次干路作为研究对象，截取两个道路交叉口和交叉口之间的道路作为照明交通规划中交通杆件与照明杆件的布置区域。道路平面如图 2-5 所示。次干路横断面选用单幅路，由机动车道、非机动车道、人行道、设施带等组成，采用中间分隔物分隔对向交通，单向机动车道数为两条。道路横断面如图 2-6 所示。除了上述横断面，还有两幅路、三幅路、四幅路；横断面组成内容还包括分车带、绿化带等；特殊路段还包括应急车道、路肩和排水沟等。照明交通规划主要在设施带内规划，设施带宽度应满足布设护栏、照明灯柱、交通标志标牌、交通信号灯杆、城市公共服务设施等的需求。

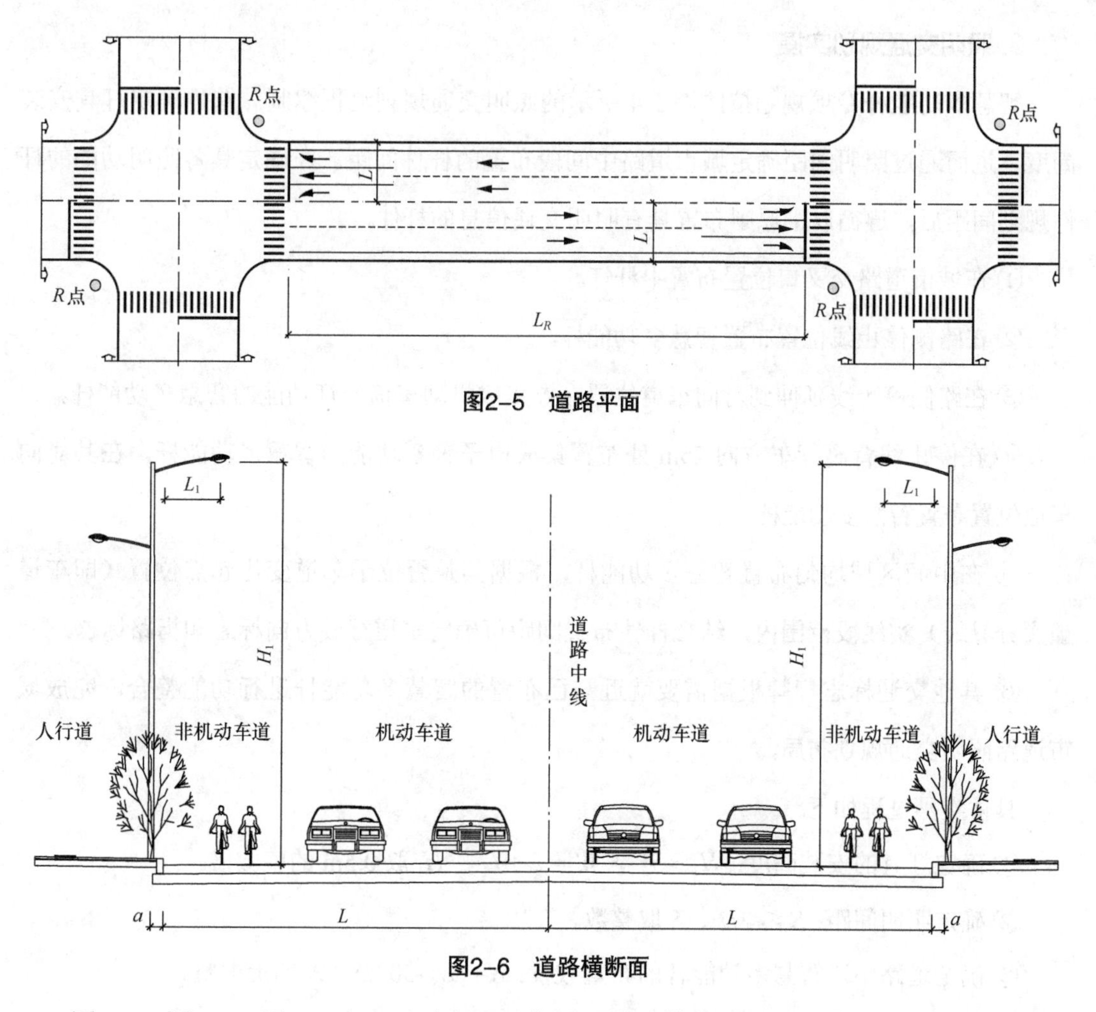

图2-5　道路平面

图2-6　道路横断面

图 2-4、图 2-5、图 2-6 中表示了交叉口位置、道路横断面、道路平面、交通信号灯杆、交通标志标牌、电子警察、视频监控、道路照明、公交车站等信息，图中各参数的具体含义为：

L——道路宽度；

H_1——灯具安装高度；

S——灯具安装间距；

S_Z——路中段杆件实际安装间距；

L_1——灯具悬挑长度，指灯具的光中心至邻近一侧路缘石的水平距离，即灯具伸出或缩进路缘石的水平距离；

W——路面有效宽度，等于实际道路宽度减去一个灯具悬挑长度，$W=L-L_1$；

L_R——路段长度，为路段中两个方向停止线之间的距离；

a——智慧多功能杆中轴线与路缘石外侧之间的距离。

3. 照明交通规划实操

智慧多功能杆专项规划按照图 2-4 所示的照明交通规划流程编制。首先确定灯具安装高度，进而通过照明间距确定城市道路中间段布置的杆件间距。在确定具备照明功能的杆件规划间距后，遵循以下原则布置具有照明交通信息的杆件。

① 在城市道路交叉口位置布置中杆灯。

② 在路侧停止线位置布置智慧多功能杆。

③ 在路侧停止线延伸到对向车道位置布置集成机动车信号灯功能的智慧多功能杆。

④ 在停止线背离行车方向 25m 处布置集成电子警察功能的智慧多功能杆，在其对向车道位置布置智慧多功能杆。

⑤ 在中间区域均匀布置智慧多功能杆，根据其是否位于车道变化起点位置（即车道虚实分界线）实线段范围内，结合杆件布置间距可确定车道行驶方向标志和指路标志。

⑥ 其他交通标志标牌根据需要就近与已布置的智慧多功能杆进行功能整合，完成城市道路照明交通规划布局。

具体实操过程如下。

① 确定灯具的安装高度：$H_1 \geqslant W$，$W = L - L_1$，H_1 取 0.5m 的整数倍。

② 确定照明间距：$S \leqslant 3H_1$，S 取整数。

③ 确定道路中段智慧多功能杆的布置数量：$N=(L_R-50)/S$，N 向上取整。

④ 按照实际布置数量确定路中段最终杆件布置间距：$S_Z=(L_R-50)/N$。

⑤ 在城市道路交叉口 A、B 的 R 点位置布置中杆灯，采用对角布设，编号为 $G1$、

$G2$、$G3$、$G4$，对应坐标为：$G1(x_{G1}, y_{G1})$、$G2(x_{G2}, y_{G2})$、$G3(x_{G3}, y_{G3})$、$G4(x_{G4}, y_{G4})$。

⑥ 在路侧停止线位置布置智慧多功能杆 $F1$、$F2$，对应坐标为：$F1(x_{F1}, y_{F1})$、$F2(x_{F2}, y_{F2})$。

⑦ 在路侧停止线延伸到对向车道位置布置该路段智慧多功能杆 $A1$、$A2$，并集成机动车信号灯功能，对应坐标为：$A1(x_{A1}, y_{A1})$、$A2(x_{A2}, y_{A2})$，计算公式如下。

$$\sqrt{(x_{F1}-x_{A1})^2+(y_{F1}-y_{A1})^2}=2L+2a \tag{2.3-1}$$

$$\sqrt{(x_{F2}-x_{A2})^2+(y_{F2}-y_{A2})^2}=2L+2a \tag{2.3-2}$$

⑧ 从停止线背离行车方向 25m 处布置智慧多功能杆 $B1$、$B2$，并集成电子警察功能，对应坐标为：$B1(x_{B1}, y_{B1})$、$B2(x_{B2}, y_{B2})$，计算公式如下。

$$\sqrt{(x_{B1}-x_{F1})^2+(y_{B1}-y_{F1})^2}=25 \tag{2.3-3}$$

$$\sqrt{(x_{B2}-x_{F2})^2+(y_{B2}-y_{F2})^2}=25 \tag{2.3-4}$$

⑨ $B1$、$B2$ 对向车道位置布置智慧多功能杆 $F3$、$F4$，对应坐标为：$F3(x_{F3}, y_{F3})$、$F4(x_{F4}, y_{F4})$，计算公式如下。

$$\sqrt{(x_{F3}-x_{A1})^2+(y_{F3}-y_{A1})^2}=25 \tag{2.3-5}$$

$$\sqrt{(x_{F4}-x_{A2})^2+(y_{F4}-y_{A2})^2}=25 \tag{2.3-6}$$

通过步骤⑤、⑥、⑦、⑧、⑨，形成照明交通规划成果，照明交通规划过程图示例一如图 2-7 所示。

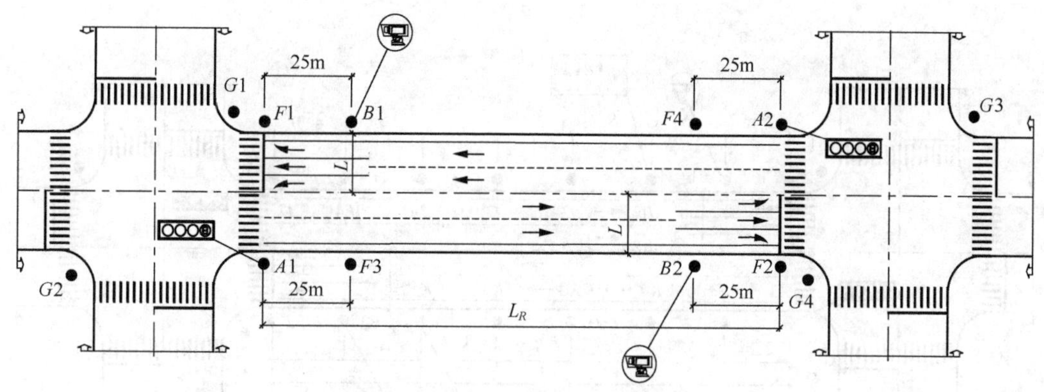

图2-7 照明交通规划过程图示例一

⑩ 在 $B1$ ～ $F4$ 之间以间距 S_Z 均匀布置智慧多功能杆 $J1$、$J2$……Jn，对应坐标为：$J1(x_{J1}, y_{J1})$、$J2(x_{J2}, y_{J2})$ ……$Jn(x_{Jn}, y_{Jn})$。在 $B2$ ～ $F3$ 之间以间距 S_Z 均匀布置智慧多功能杆 $K1$、$K2$……Kn，对应坐标为：$K1(x_{K1}, y_{K1})$、$K2(x_{K2}, y_{K2})$ ……$Kn(x_{Kn}, y_{Kn})$。计

算公式如下。

$$\sqrt{\left(x_{Jn}-x_{Jn-1}\right)^2+\left(y_{Jn}-y_{Jn-1}\right)^2}=S_Z \quad (2.3\text{-}7)$$

$$\sqrt{\left(x_{Kn}-x_{Kn-1}\right)^2+\left(y_{Kn}-y_{Kn-1}\right)^2}=S_Z \quad (2.3\text{-}8)$$

通过步骤⑩，形成照明交通规划成果，照明交通规划过程图示例二如图 2-8 所示。

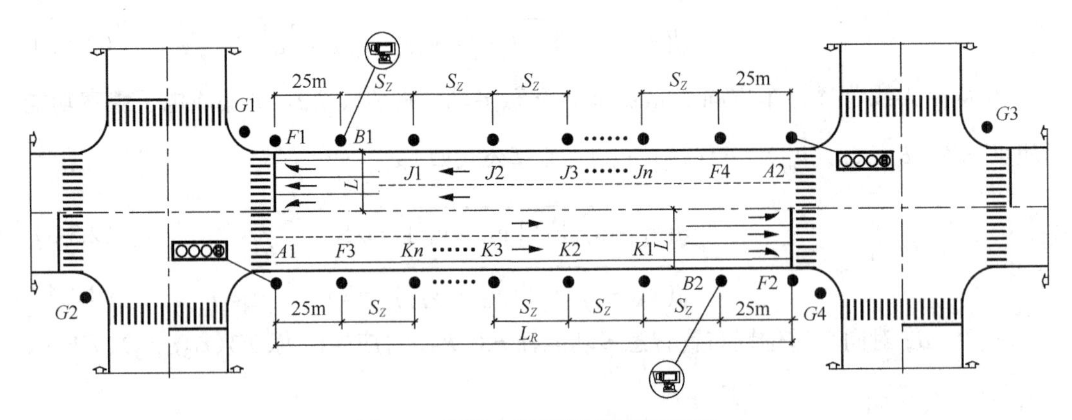

图2-8 照明交通规划过程图示例二

⑪ 该步骤分为两种情况，叙述如下。

情况 1：当 J1、K1 所在位置位于车道变化起点位置（即车道虚实分界线）实线段范围内时，进入流程 1，智慧多功能杆 J1、K1 应集成车道行驶方向标志，形成照明交通规划成果，照明交通规划过程图示例三如图 2-9 所示。

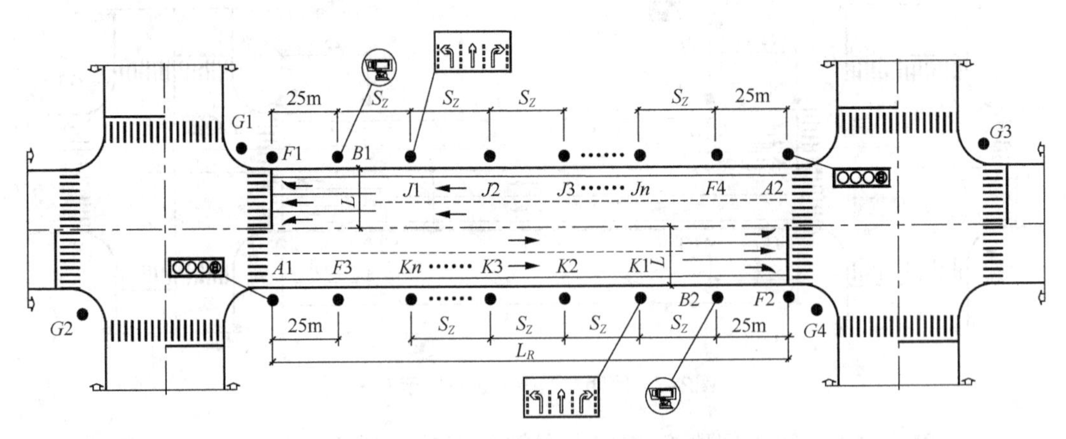

图2-9 照明交通规划过程图示例三

- 当 J1 与 J2、K1 与 K2 之间距离大于等于 50m，则智慧多功能杆 J2、K2 应集成指路标志，形成照明交通规划成果，照明交通规划过程图示例四如图 2-10 所示。

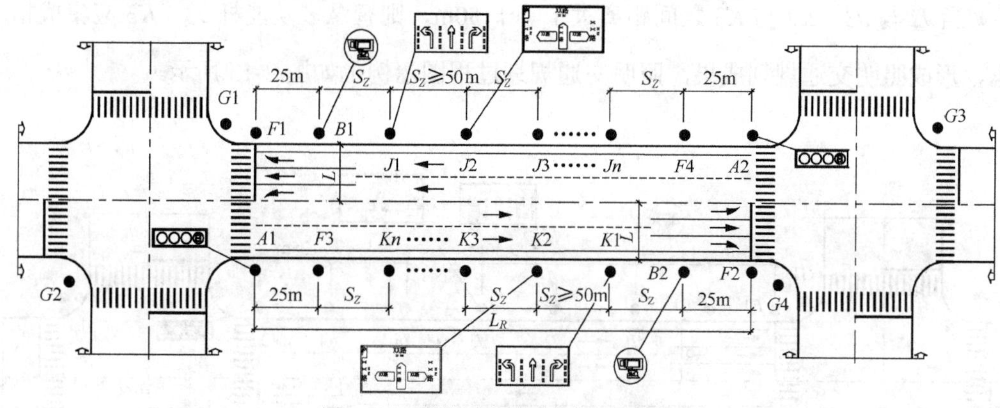

图2–10　照明交通规划过程图示例四

• 当 $J1$ 与 $J2$、$K1$ 与 $K2$ 之间距离小于 50m，则智慧多功能杆 $J3$、$K3$ 应集成指路标志，形成照明交通规划成果，照明交通规划过程图示例五如图 2-11 所示。

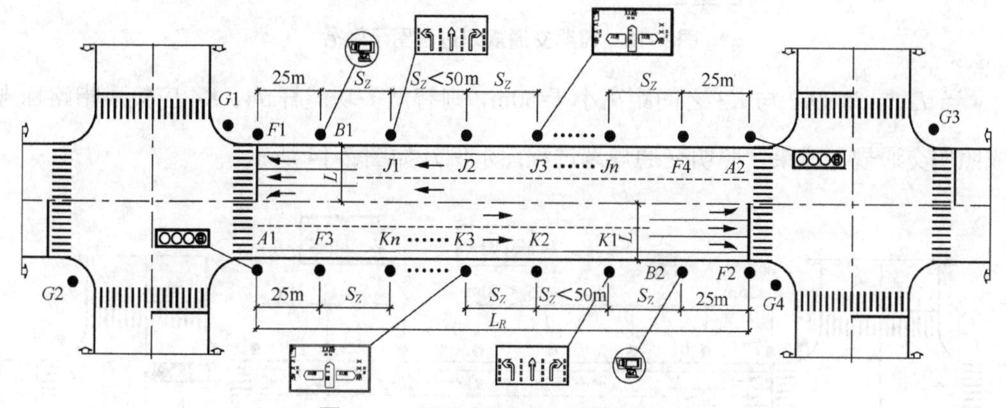

图2–11　照明交通规划过程图示例五

情况 2：当 $J1$、$K1$ 所在位置位于车道变化起点位置（即车道虚实分界线）虚线段范围内时，进入流程 2，智慧多功能杆 $J2$、$K2$ 应集成车道行驶方向标志，形成照明交通规划成果，照明交通规划过程图示例六如图 2-12 所示。

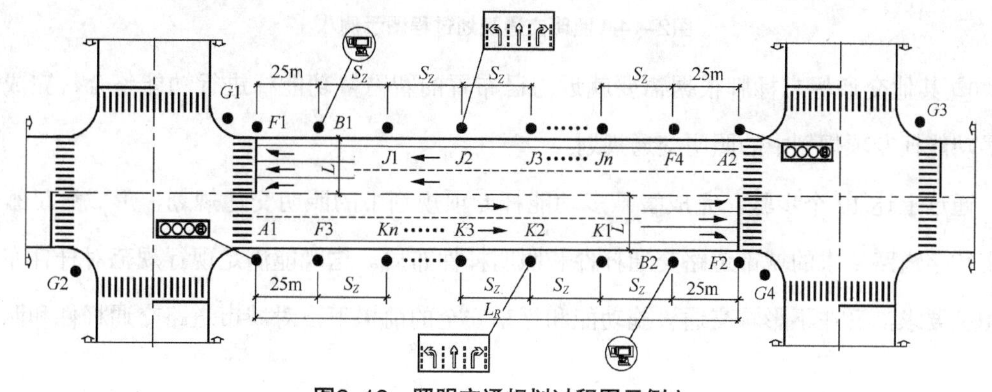

图2–12　照明交通规划过程图示例六

• 当 $J2$ 与 $J3$、$K2$ 与 $K3$ 之间距离大于等于 50m，则智慧多功能杆 $J3$、$K3$ 应集成指路标志，形成照明交通规划成果，照明交通规划过程图示例七如图 2-13 所示。

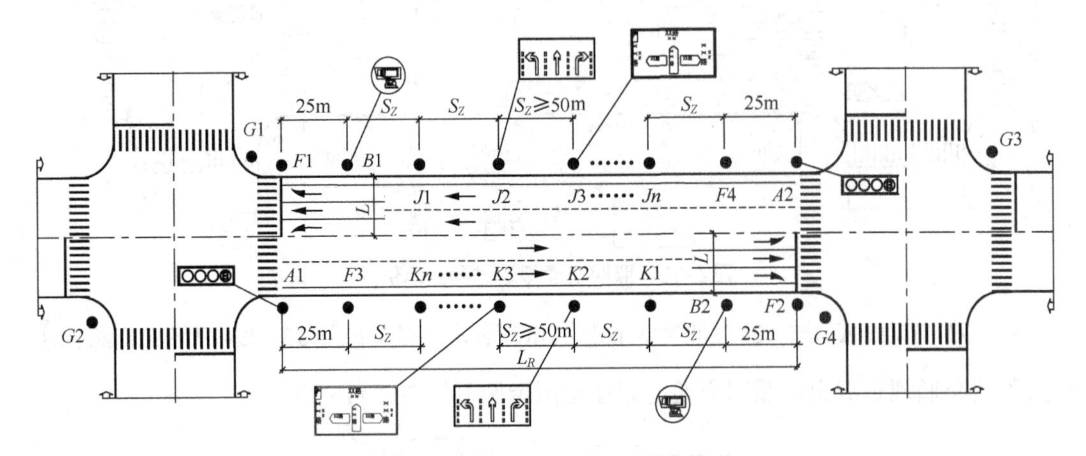

图2-13 照明交通规划过程图示例七

• 当 $J2$ 与 $J3$、$K2$ 与 $K3$ 之间距离小于 50m，则智慧多功能杆 $J4$、$K4$ 应集成指路标志，形成照明交通规划成果，照明交通规划过程图示例八如图 2-14 所示。

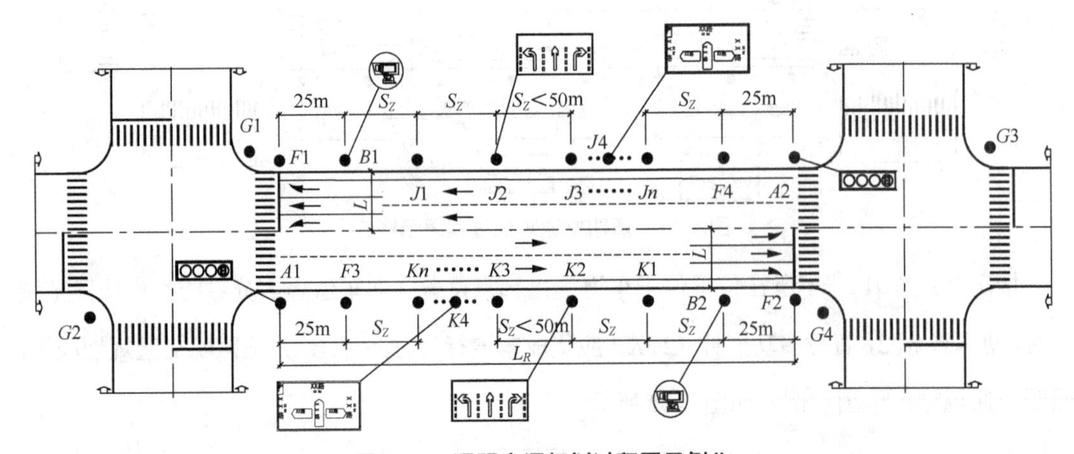

图2-14 照明交通规划过程图示例八

⑫ 其他交通标志标牌根据需要就近与已布置的智慧多功能杆进行功能整合，完成智慧多功能杆专项规划中的照明交通规划。

通过上述 12 个步骤，完成智慧多功能杆专项规划中的照明交通规划，形成满足智慧城市数字道路要求的城市道路交通杆件和照明杆件布局。这既能满足现行规范对杆件布置的相关要求，又在不影响交通设施功能和行车安全的前提下，对城市道路交通杆件和照明杆件进行合杆布置，从而形成初步规划成果。

2.3.2 通信规划

智慧多功能杆的主要功能还包括通信功能，不仅可为车辆、行人提供通信信号，还可以将收集的感知信息传输给数据云端，通信功能布置要求与通信基站布置要求类似，应结合道路线性走向采用蜂窝状布置，各蜂窝互相覆盖，以避免道路出现局部未覆盖区域，导致信号间断引发交通事故。此外，通信功能还可以为各类感知设施和应用设施提供网络传输服务。

1. 城市通信系统规划

目前，通信网络为 2G、3G、4G 和 5G 并存的局面，中国移动和中国联通的 2G 网络制式均为 GSM，中国电信为 CDMA。3G 网络制式，中国移动为 TD-SCDMA，中国联通为 WCDMA，中国电信为 CDMA。4G 网络制式，中国移动为 TDD-LTE，中国联通为 TDD-LTE 和 FDD-LTE，中国电信为 TDD-LTE 和 FDD-LTE。

通信网络各大运营商 5G 频段有所不同，根据工业和信息化部划分的频率，具体情况：中国电信获得 3400 ～ 3500MHz 共 100MHz 带宽的 5G 频率资源；中国联通获得 3500 ～ 3600MHz 共 100MHz 带宽的 5G 频率资源；中国移动获得 2515 ～ 2675MHz、4800 ～ 4900MHz 频段共 260MHz 带宽的 5G 频率资源；中国广电将综合利用现有 700MHz、4900MHz 及 3300 ～ 3400MHz 频率资源开展 5G 混合组网。

随着通信的发展，未来采用的通信模式具有以下特点：一是 eMBB，目前下行峰值 20Gbit/s 的速度可以满足很多应用，例如 VR、AR 等；二是 mMTC，例如物联网应用；三是 uRLLC，例如人工智能、自动驾驶、交通控制等。这 3 个应用场景将加速智慧城市的发展，进一步实现智慧多功能杆软件级与系统级的智慧。

目前，通信在技术标准、网络部署等方面均取得了阶段性进展，新的应用场景与市场化探索也逐渐显现。通信在交通运输领域的应用主要体现在：车联网与自动驾驶、智慧公交、智慧铁路、智慧机场、智慧港口和智慧物流 6 个细分应用领域，包括目标与环境识别、信息采集与服务，其中目标与环境识别指车辆环境识别，例如公交车、铁路、机场、港口与物流园区的安防监控；信息采集与服务指交通运输管理和用户信息服务。此外，车联网与自动驾驶、智慧港口和智慧物流还可采用远程设备操控，例如港口龙门吊、物流园区无人叉车与分拣机器人的远程操控。通信能力是通信网络能力、基础共性能力、行业共性能力三者的结合。因此，在智慧多功能杆规划中推荐采用最新通信频率规划模式。

不同网络制式下的移动通信网络工作频段划分见表2-2。

表2-2　不同网络制式下的移动通信网络工作频段划分

运营商	网络制式	工作频段
中国移动	GSM900	上行885～909MHz，下行934～954MHz
	GSM1800	上行1710～1735MHz，下行1805～1830MHz
	TD-SCDMA	1880～1900MHz和2010～2025MHz
	TDD-LTE	1880～1900MHz和2575～2615MHz
	5G	2515～2675MHz和4800～4900MHz
中国联通	GSM900	上行909～915MHz，下行954～960MHz
	GSM1800	上行1735～1755MHz，下行1830～1850MHz
	WCDMA	上行1940～1955MHz，下行2130～2145MHz
	TDD-LTE	2555～2575MHz
	FDD-LTE	上行1755～1765MHz，下行1850～1860MHz
	5G	3500～3600MHz
中国电信	CDMA1X	上行825～835MHz，下行870～880MHz
	TDD-LTE	2635～2655MHz
	FDD-LTE	上行1765～1880MHz，下行1860～1875MHz 上行1920～1935MHz，下行2110～2125MHz
	5G	3400～3500MHz
中国广电	5G	上行703～733MHz，下行758～788MHz；3300～3400MHz（仅用于室分），4900～4960MHz

智慧多功能杆专项规划采用3.5GHz频段进行规划设计（同步考虑2.6GHz），涉及的基站站点布局都在此频段布设。中国广电700MHz频段相对其他频段来说更具覆盖优势，站址规模远小于其他运营商需求，所以统一采用3.5GHz频段布设能够涵盖中国广电的需求。

（1）5G链路预算

链路预算区分上行链路和下行链路，分别计算不同方向的最大可允许路径损耗。

① 上行链路预算公式（2.3-9）如下。

$$PL_{\_UL} = P_{out\_UE} + G_{a\_BS} + G_{a\_UE} - LF_{BS} - M_f - M_1 - L_p - L_b - S_{BS} \tag{2.3-9}$$

式中：

$PL_{\_UL}$——上行链路最大传播损耗（dB）；

P_{out_UE}——终端最大发射功率（dBm）；

G_{a_BS}——基站天线增益（dBi）；

G_{a_UE}——终端天线增益（dBi）；

LF_{BS}——馈线损耗（dB）；

M_f——阴影衰落余量（dB）；

M_1——干扰余量（dB）；

L_p——建筑物穿透损耗（dB）；

L_b——人体损耗（dB）；

S_{BS}——基站接收灵敏度（dBm）。

② 下行链路预算公式（2.3-10）如下。

$$PL_{\_DL} = P_{out\_BS} + G_{a\_BS} + G_{a\_UE} - LF_{BS} - M_f - M_1 - L_p - L_b - S_{UE} \tag{2.3-10}$$

式中：

$PL_{\_DL}$——下行链路最大传播损耗（dB）；

P_{out_BS}——基站最大发射功率（dBm）；

G_{a_BS}——基站天线增益（dBi）；

G_{a_UE}——终端天线增益（dBi）；

LF_{BS}——馈线损耗（dB）；

M_f——阴影衰落余量（dB）；

M_1——干扰余量（dB）；

L_p——建筑物穿透损耗（dB）；

L_b——人体损耗（dB）；

S_{UE}——终端接收灵敏度（dBm）。

以 3.5GHz 频段为例，一般市区的 eMBB 业务的典型链路预算见表 2-3。

表2-3　一般市区的eMBB业务的典型链路预算

序号	系统参数	5G 频段 3.5GHz		标记	备注
1	链路方向	上行	下行		
2	业务速率要求 /（Mbit/s）	25	100	A	
3	载频带宽 /MHz	100	100		
4	子载波带宽 /kHz	30	30	B	$\mu=1$
5	使用带宽 /MHz	14.4	7.2	C	$B\times D\times 12/1000$
6	RB 数	40	20	D	满足业务速率所需的 RB 数
7	MCS index	MCS4	MCS4		小区边缘，MCS4
8	频谱效率 /（bit·s^{-1}/Hz）	1.176	1.176	E	支持 256QAM
9	公开开销	25%	25%	F	
10	MIMO 类型	2×256	256×4		天线，发射×接收
11	MIMO 天线发射流数	2	16		上行 2 流，下行 16 流
12	最大发射功率 /dBm	23	41	G	单流发射功率，基站 12.5W，终端 200mW
13	发射天线增益 /dBi	0	7	H	阵元增益
14	发射 MIMO 增益 /dB	0	12	I	单流 MIMO 增益
15	天线口发射功率 /dBm	23	60	J	$J=G+H+I$
16	热噪声 /dBm	−102.31	−105.32	K	$K=-174+10\log(1024\times C)$
17	噪声系数 /dB	2.3	7	L	
18	接收基底噪声 /dBm	−100.01	−98.32	M	$M=K+L$
19	SINR/dB				远点接收 SINR，MCS index 对应的要求
20	接收机灵敏度 /dBm	−97.51	−95.32	O	$O=M+N$
21	接收天线增益 /dBi	7	0	P	阵元增益
22	接收 MIMO 增益 /dB	24	5	Q	
23	增益合计 /dB	31	5	R	
24	馈线移相器接头损耗 /dB	0.5	0.5	S	
25	建筑物穿透损耗 /dB	27	27	T	
26	人体损耗 /dB	1	1	U	
27	损耗合计 /dB	28.5	28.5	V	
28	阴影衰落余量 /dB	8.3	8.3	W	
29	干扰余量 /dB	3	3	X	
30	余量合计 /dB	11.3	11.3	Y	
31	最大路径损耗 /dB	111.71	120.52	Z	$Z=J+R-O-V-Y$

由于涉及的业务类型跨度大、支持频段多，天线技术参数差异大，不同无线环境、不

同信道模型都对通信规划产生很大影响。

（2）链路预算分析

① 三大应用场景的链路预算比较。

5G 三大应用场景分别是 eMBB、mMTC、uRLLC。三大应用场景对业务要求不同，所配置的资源也不同。三大应用场景的链路预算对比见表 2-4。

表2-4　三大应用场景的链路预算对比

场景	eMBB		mMTC		uRLLC	
系统参数	5G 频段 3.5GHz					
链路方向	上行	下行	上行	下行	上行	下行
业务速率要求 /(Mbit/s)	25	100	0.256	0.256	5	10
MCS index	MCS4	MCS4	MCS1	MCS1	MCS4	MCS4
SINR/dB	2.5	3	–3.5	–3	6.5	7
其他增益 /dB	0	0	8	8	0	0
建筑物穿透损耗 /dB	30	30	40	40	30	30
人体损耗 /dB	1	1	0	0	0	0

② 不同环境类型的链路预算比较。

在不同的无线环境下，链路预算的方法是一致的，只是部分链路预算参数会有差异。以密集城区、一般城区、郊区等主要 5G 业务应用区域为例进行不同环境链路预算差异说明。不同无线环境区域在链路预算上的差异主要体现在穿透损耗及阴影衰落余量的取值上。不同环境链路预算差异见表 2-5，不同环境链路预算结果见表 2-6。

表2-5　不同环境链路预算差异

	密集城区	一般城区	郊区
穿透损耗典型取值 /dB	30	27	22
面积覆盖概率	95%	95%	90%
阴影衰落余量 /dB	8.3	8.3	5

表2-6　不同环境链路预算结果

区域类型	上行 MAPL[1]/dB	下行 MAPL/dB
密集城区	108.71	117.52
一般城区	111.71	120.52
郊区	120.01	131.83

注：1. MAPL（Maximum Allowable Path Loss，最大允许路径损耗）。

由上述计算可知，5G 基站覆盖受上行路径损耗限制，基站覆盖半径以上行 MAPL 为计算依据。

③ 5G 传播模型。

在实际网络规划中，常用的传播模型有 Okumura-Hata、COST-231Hata、SPM、UMa 等统计模型。其中，UMa 传播模型是 3GPP 协议中定义的一种适合于高频的传播模型，使用频率为 0.8 ～ 100GHz，适用半径为 10 ～ 5000m。

3GPP 协议 TR 36.873 对 UMa 传播模型进行了定义，UMa 传播模型见表 2-7。

表2-7　UMa传播模型

场景	传播模型	适用范围	阴影衰落余量 /dB
LOS[1]	$PL_{3D\_UMa\_LOS}=22.0\lg d_{3D}+28.0+20.0\lg f_c$ $PL_{3D\_UMa\_LOS}=40.0\lg d_{3D}+28.0+20.0\lg f_c-9.0\lg\left((d'_{BP})^2+(h_{BS}-h_{UT})^2\right)$	$10m<d_{2D}<d'_{BP}$ $d'_{BP}<d_{2D}<5000m$ h_{BS}=25m $1.5m\leqslant h_{UT}\leqslant 22.5m$	$\sigma_{SF}=4$
NLOS[2]	$PL=\max\left(PL_{3D\_UMa\_NLOS},\ PL_{3D\_UMa\_LOS}\right)$ $PL_{3D\_UMa\_NLOS}=161.04-7.1\lg W+7.5\lg h-\left(24.37-3.7(h/h_{BS})^2\right)\lg h_{BS}+$ $(43.42-3.1\lg h_{BS})(\lg d_{3D}-3)+20\lg f_c-\left(3.2(\lg 17.625)^2-4.97\right)-0.6(h_{UT}-1.5)$	$10m<d_{2D}<5000m$ $5m<h<50m$ $5m<W<50m$ $10m<h_{BS}<150m$ $1.5m<h_{UT}<22.5m$	$\sigma_{SF}=6$

注：1. LOS（Line of Sight，视线线路）。
2. NLOS（Non-Line of Sight，非视距）。

各参数定义：

f_c——工作频率（GHz）；

h_{BS}——基站天线有效高度（m），在智慧多功能杆专项规划中，UMa 传播模型中指定了基站高度为 25m；

h_{UT}——移动台天线有效高度（m）；

d_{2D}——基站与移动台水平距离（m）；

d_{3D}——基站天线与移动台天线直线距离（m）；

h——平均建筑物高度（m）；

W——平均街道宽度（m），$d'_{BP}=4(h_{BS}-h_E)(h_{UT}-h_E)(f_C/c)$；

c——光速，3.0×10^8m/s；

h_E——有效环境高度（m）。

针对 3GPP 协议 TR 36.873 定义的 UMa 传播模型，平均建筑物高度（*h*）、平均街道宽度（*W*）为新参数，两个参数均为覆盖范围内建筑物形态的描述。在实际使用中，通过高精度电子地图可以计算出覆盖范围内各建筑物的水平面面积和相应建筑物的高度，从而计算出覆盖范围内建筑物的平均高度。在实际使用中，建议采用抽样方法对覆盖范围的城市道路进行抽样，以确定平均城市道路宽度。

2. 通信规划原理

在智慧多功能杆专项规划中，结合当前中心城区内建筑物和城市道路的特点，取定 *h* 和 *W*。建筑物高度和街道宽度取定见表 2-8。

表2-8　建筑物高度和街道宽度取定

区域类型	*h*/m	*W*/m
密集城区	30	10
一般城区	20	20
郊区	10	30

（1）通信基站的站间距参考值及弹性调整范围

根据上文链路预算计算方法及传播模型的选择，在当前选取的 3.5GHz 工作频段下，结合不同传播环境下的影响因素，计算得出不同传播环境下通信基站的站间距。5G 基站的站间距参考值见表 2-9。考虑智慧多功能杆高度范围（8～15m），在基站挂高下降的情况下，需要减小基站的站间距才能达到原有的覆盖效果。

表2-9　5G基站的站间距参考值

区域类型	站间距 /m	典型挂高 /m
密集城区	150 ～ 250	25 ～ 35
一般城区	200 ～ 350	30 ～ 40
郊区	300 ～ 450	35 ～ 45

根据不同场景用户密度的特点进行分层次差异化的规划，在道路交叉口为智慧城市各项服务预留灯杆位置，在道路中段根据覆盖区域类型调整覆盖间距，计算得出不同传播环境下的智慧多功能杆站间距参考值，详见表 2-10。

表2-10　智慧多功能杆站间距参考值

区域类型	站间距 /m	智慧多功能杆间隔
密集城区	100 ～ 120	每 3 ～ 4 根杆设置 1 根智慧多功能杆
一般城区	120 ～ 150	每 4 ～ 5 根杆设置 1 根智慧多功能杆
郊区	150 ～ 180	每 5 ～ 6 根杆设置 1 根智慧多功能杆

智慧多功能杆所挂载的通信基站具备网络补盲、容量扩展、线性覆盖等功能，根据表 2-10 站间距参考值，以间隔方式设置智慧多功能杆。根据道路横断面不同分单侧布置和双侧布置，分别考虑不同的布置间距。

① 双侧均有智慧多功能杆路段。

根据智慧多功能杆配置能力，单根智慧多功能杆可满足一家运营商天线挂设需求，考虑到未来运营商的建设需求，单运营商建议以“之”字形排列，中国电信与中国联通建议合设为 1 组，中国移动与中国广电建议合设为 1 组。根据覆盖区域的不同，每 3 ～ 6 杆设置 2 组智慧多功能杆，分别布置于道路两侧。双侧道路布置智慧多功能杆示意如图 2-15 所示，为间隔 4 杆布置方式。

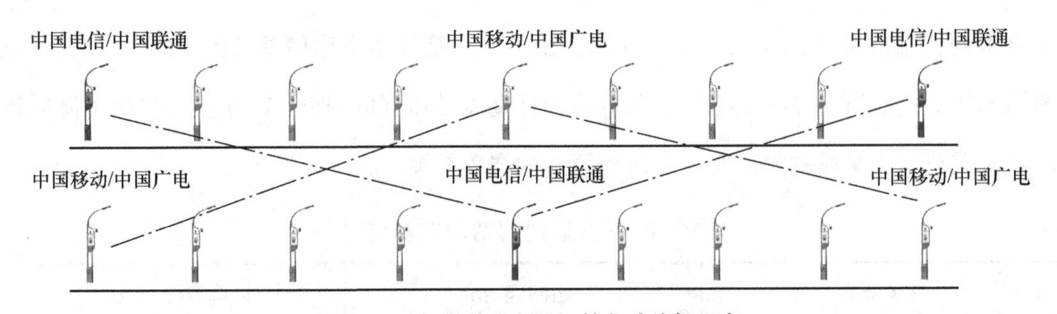

图2-15　双侧道路布置智慧多功能杆示意

② 单侧有智慧多功能杆路段。

根据智慧多功能杆配置能力，单根智慧多功能杆可满足一家运营商天线挂设需求，考虑到未来运营商的建设需求，单运营商建议相邻排列，中国电信与中国联通建议合设为 1 组，中国移动与中国广电建议合设为 1 组。根据覆盖位置的不同，每 3 ～ 6 杆设置 2 组智慧多功能杆，位于道路一侧。单侧道路布置智慧多功能杆示意如图 2-16 所示，为间隔 4 杆布置方式。

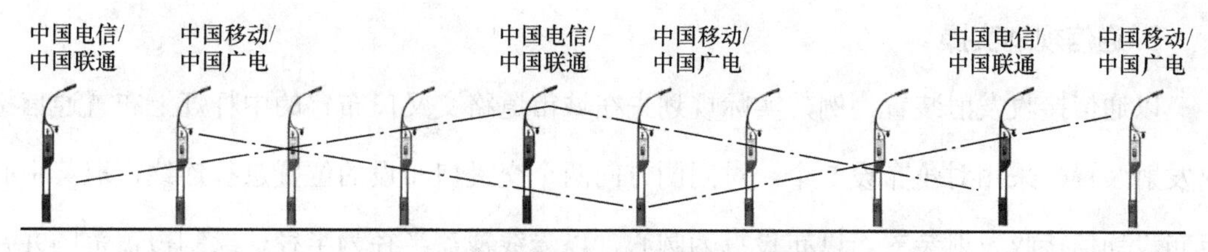

图2-16 单侧道路布置智慧多功能杆示意

（2）规划流程

在智慧多功能杆信息规划中，应采用经过验证的信息规划流程，如图2-17所示。图中涉及符号含义详见通信规划实施过程公式及附图。

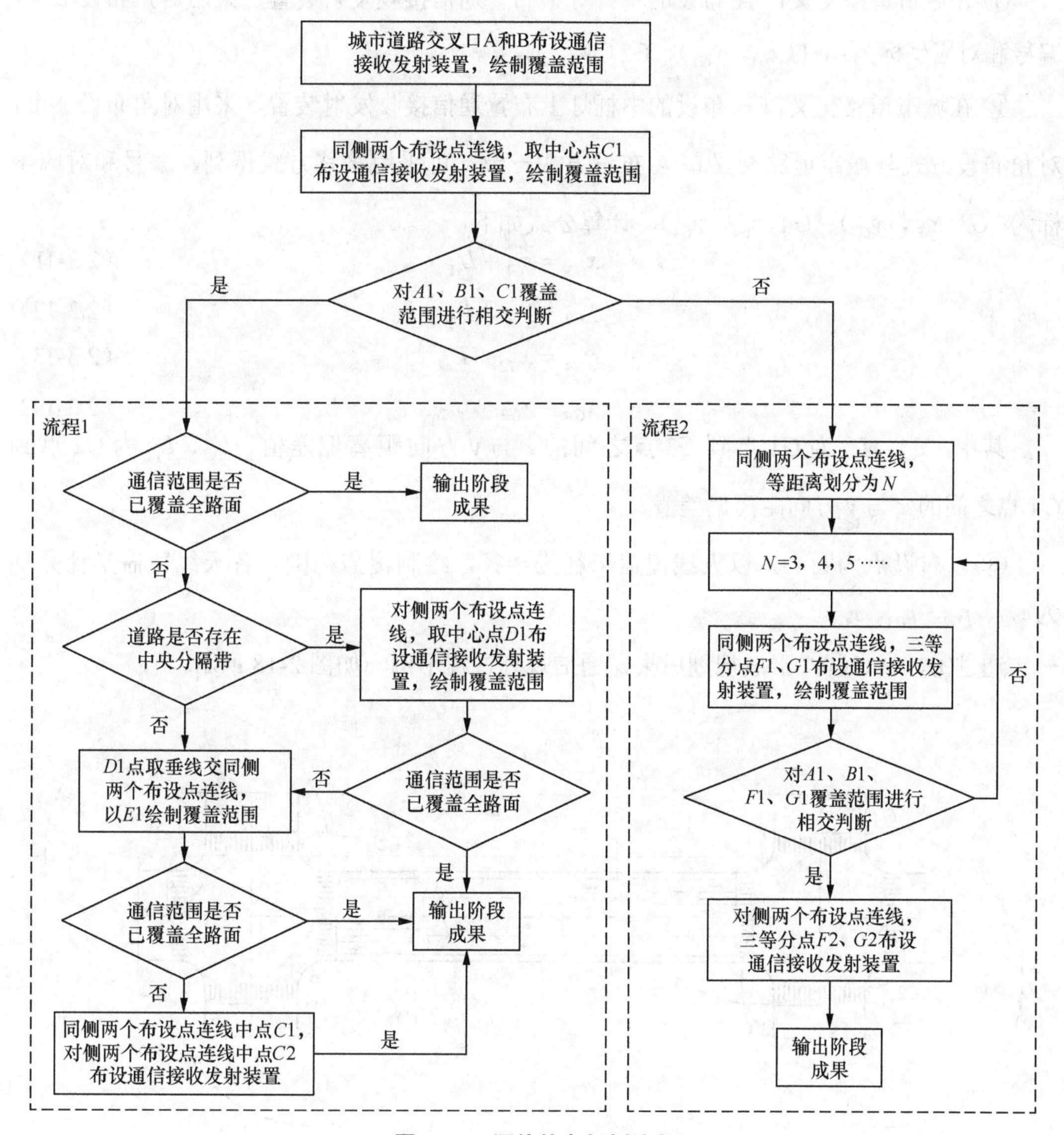

图2-17 通信信息规划流程

3. 通信规划实操

以通信接收发射装置为例，实际规划先在城市道路交叉口布置的中杆灯上布置通信接收发射装置，采用对角布设2个。对同侧方向两个交叉口布设的位置进行连线，取其中心点布设通信接收发射装置。以布设点为圆心，以天线覆盖半径为半径，绘制覆盖范围并判断是否相交，如果相交则按流程1进行布设，如果不相交则按流程2进行布设。通过既定的规则实施通信规划布局，最后形成满足城市道路全覆盖要求的通信规划成果。

通信基站规划方法实操如下。

① 在城市道路交叉口A布设的中杆灯上布置通信接收发射装置，采用对角布设2个，编号和对应坐标为：$G1(x_{G1}, y_{G1})$、$G2(x_{G2}, y_{G2})$。

② 在城市道路交叉口B布设的中杆灯上布置通信接收发射装置，采用对角布设2个，对角布设方式与城市道路交叉口A布设方式一致，可采用平移方式得到，编号和对应坐标为：$G3(x_{G3}, y_{G3})$、$G4(x_{G4}, y_{G4})$，计算公式如下。

$$x_{G3} = x_{G1} + L_{x1} \tag{2.3-11}$$

$$y_{G3} = y_{G1} + L_{y1} \tag{2.3-12}$$

$$x_{G4} = x_{G2} + L_{x2} \tag{2.3-13}$$

$$x_{G4} = x_{G2} + L_{y2} \tag{2.3-14}$$

其中，L_{x1}、L_{y1}为$G1$点到$G3$点之间的x与y方向距离偏差值，L_{x2}、L_{y2}为$G2$点到$G4$点之间的x与y方向距离偏差值。

③ 以布设点为圆心，以天线覆盖半径为半径，绘制覆盖范围，各天线覆盖半径分别为r_{G1}、r_{G2}、r_{G3}、r_{G4}。

通过①、②、③，形成规划成果，通信规划过程示例一如图2-18所示。

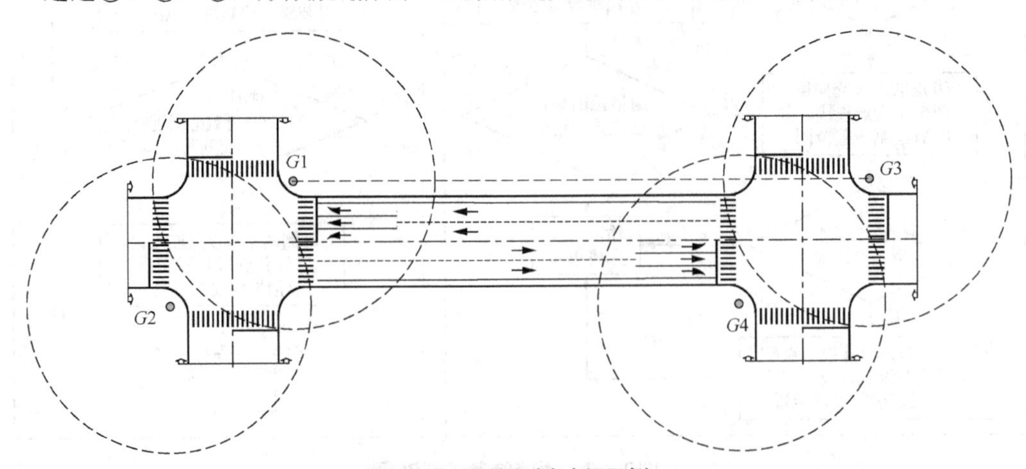

图2-18 通信规划过程示例一

④ 对同侧方向两个交叉口布设的通信接收发射装置位置连线，取其中心点 $C1(x_{C1}$，$y_{C1})$，以 $C1$ 为布设点圆心，布设通信接收发射装置，天线覆盖半径为 r_{C1}。计算公式如下。

$$x_{C1}=(x_{G1}+x_{G3})/2 \quad (2.3\text{-}15)$$

$$y_{C1}=(y_{G1}+y_{G3})/2 \quad (2.3\text{-}16)$$

⑤ 对 $G1$、$G3$、$C1$ 覆盖范围进行相交判断，如果相交则进入流程 1，如果不相交，则进入流程 2。

通过④、⑤，形成规划成果，通信规划过程示例二如图 2-19 所示。

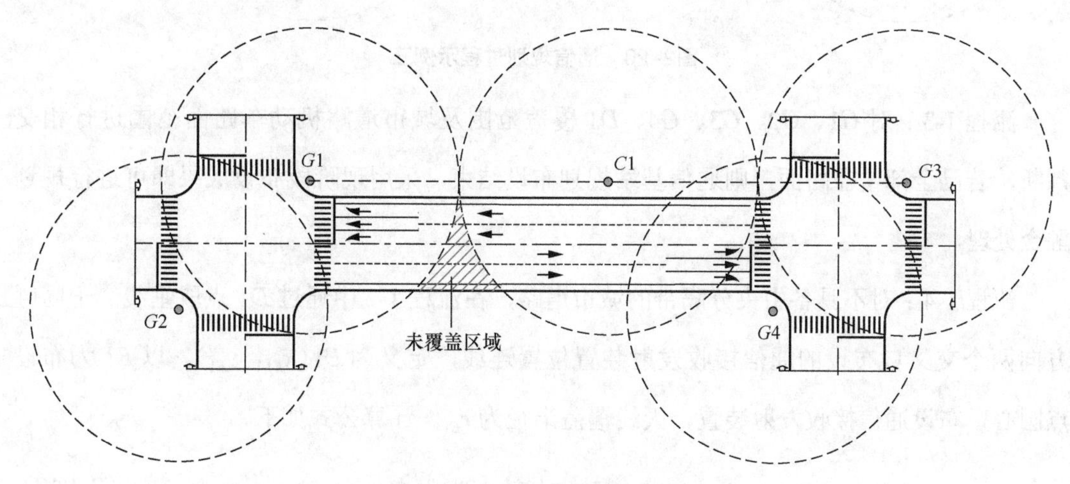

图2–19　通信规划过程示例二

⑥ 流程 1。

流程 1-1：对 $G1$、$G2$、$G3$、$G4$、$C1$ 覆盖范围及城市道路机动车路面范围进行相交判断，若已全部覆盖路面，则通信基站规划布设结束，采用现阶段布设成果即可进行规划融合处理。

流程 1-2：在流程 1-1 的判断中，如果出现未全部覆盖路面的情况，对于有中央分隔带的城市道路，将对侧方向两个交叉口布设的通信接收发射装置位置连线，取其中心点 $D1(x_{D1}$，$y_{D1})$，以 $D1$ 为布设点圆心，布设通信接收发射装置，天线覆盖半径为 r_{D1}。计算公式如下。

$$x_{D1}=(x_{G1}+x_{G4})/2 \quad (2.3\text{-}17)$$

$$y_{D1}=(y_{G1}+y_{G4})/2 \quad (2.3\text{-}18)$$

通过流程 1-2，形成规划成果，通信规划过程示例三如图 2-20 所示。

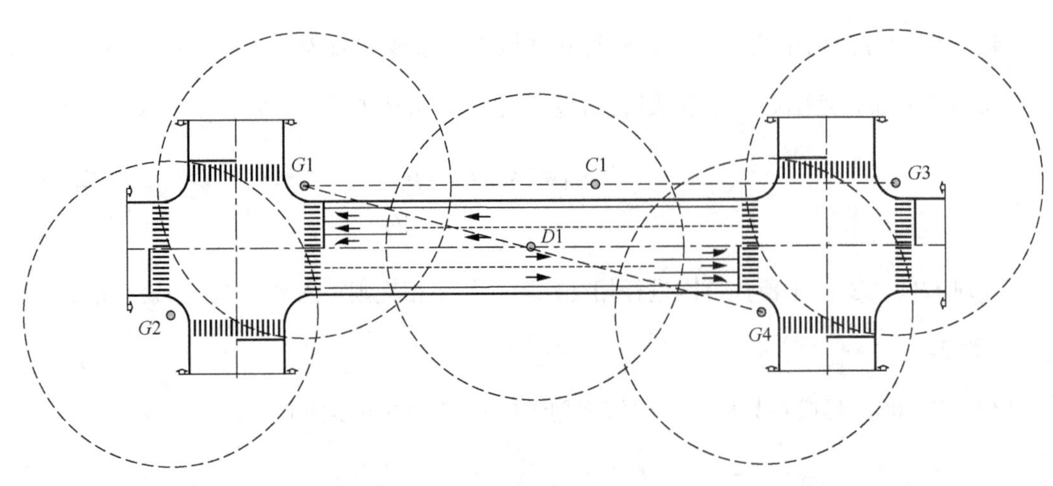

图2-20 通信规划过程示例三

流程 1-3：对 $G1$、$G2$、$G3$、$G4$、$D1$ 覆盖范围及城市道路机动车路面范围进行相交判断，若已全部覆盖路面，则通信基站规划布设结束，采用现阶段布设成果即可进行规划融合处理。

流程 1-4：对不具备中央分隔带的城市道路，在流程 1-2 中通过 $D1$ 点取垂线交于同侧方向两个交叉口布设的通信接收发射装置位置连线，定义为 $E1(x_{E1}, y_{E1})$，以 $E1$ 为布设点圆心，布设通信接收发射装置，天线覆盖半径为 r_{E1}。计算公式如下。

$$x_{E1}=(x_{G1}+x_{G4})/2 \tag{2.3-19}$$

$$y_{E1}=(y_{G1}+y_{G4})/2-(y_{G1}-y_{G4})/2 \tag{2.3-20}$$

$$\text{或}\ y_{E1}=(y_{G1}+y_{G4})/2+(y_{G1}-y_{G4})/2 \tag{2.3-21}$$

通过流程 1-4，形成规划成果，通信规划过程示例四如图 2-21 所示。

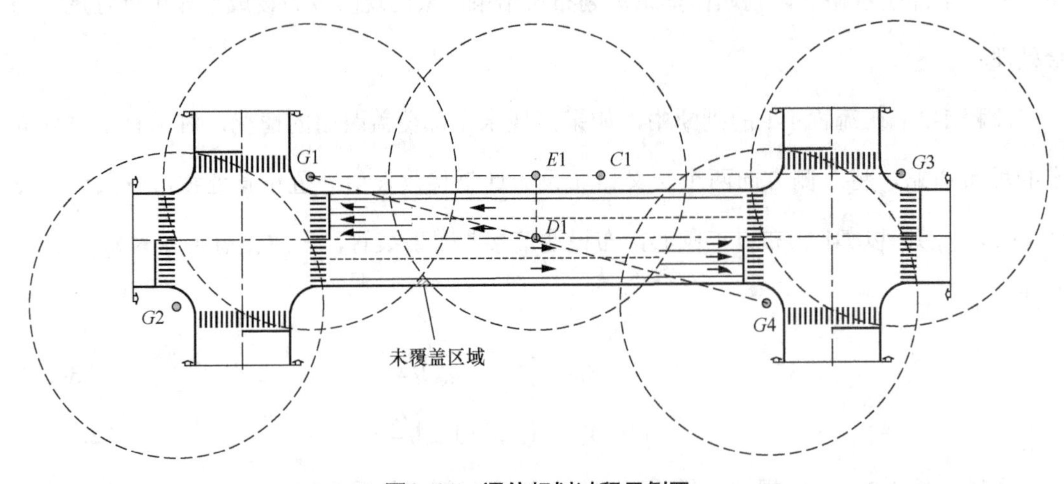

图2-21 通信规划过程示例四

流程 1-5：对 $G1$、$G2$、$G3$、$G4$、$E1$ 覆盖范围及城市道路机动车路面范围进行相交判断，若已全部覆盖路面，则通信基站规划布设结束，采用现阶段布设成果即可进行规划融合处理。

流程 1-6：在流程 1-5 的判断中，如果出现未全部覆盖路面的情况，则采用在同侧方向两个交叉口布设的通信接收发射装置位置连线，在道路两侧分别取中心点布设，左侧中心点定义为 $C1(x_{C1}, y_{C1})$，以 $C1$ 为布设点圆心，布设通信接收发射装置，天线覆盖半径分别为 r_{C1}。计算公式如下。

$$x_{C1}=(x_{G1}+x_{G3})/2 \tag{2.3-22}$$

$$y_{C1}=(y_{G1}+y_{G3})/2 \tag{2.3-23}$$

右侧中心点定义为 $C2(x_{C2}, y_{C2})$，以 $C2$ 为布设点圆心，布设通信接收发射装置，天线覆盖半径分别为 r_{C2}。计算公式如下。

$$x_{C2}=(x_{G2}+x_{G4})/2 \tag{2.3-24}$$

$$y_{C2}=(y_{G2}+y_{G4})/2 \tag{2.3-25}$$

至此，在流程 1-5 相交判断中，符合流程 1 的情况可完成城市道路通信基站规划布局，形成规划成果，通信规划过程示例五如图 2-22 所示。

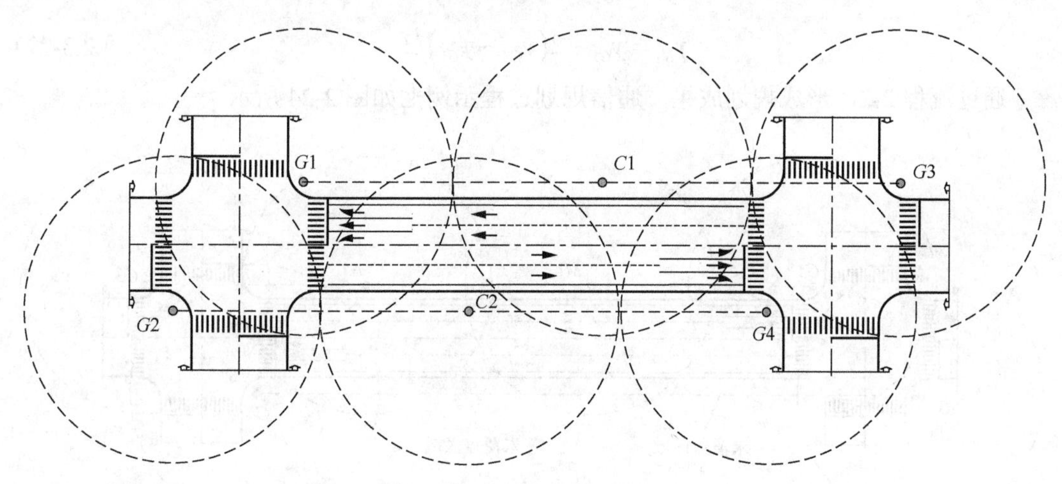

图2–22　通信规划过程示例五

⑦ 流程 2。

流程 2-1：在 $G1$、$G3$、$C1$ 覆盖范围进行相交判断中，如果出现覆盖范围不相交的情况，说明在同侧方向两个交叉口布设的通信接收发射装置位置连线之间增补一个通信接收发射装置位置无法做到全覆盖，此时需要增补布设点。

通过流程 2-1，形成规划成果，通信规划过程示例六如图 2-23 所示。

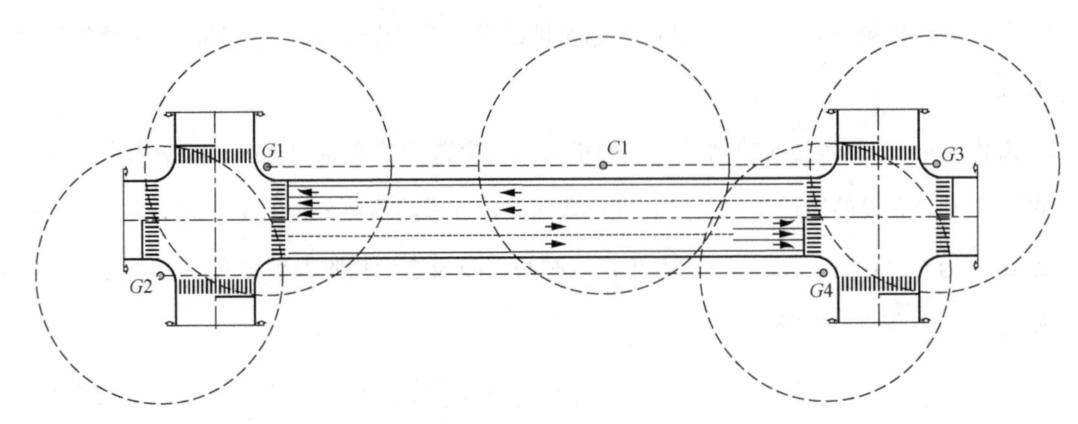

图2-23 通信规划过程示例六

流程 2-2：对同侧方向两个交叉口布设的通信接收发射装置位置连线间距进行三等分，在三等分点上布设通信接收发射装置，定义为 $M1(x_{M1}, y_{M1})$、$N1(x_{N1}, y_{N1})$，以 $M1$ 和 $N1$ 为圆心布设通信接收发射装置，天线覆盖半径分别为 r_{M1}、r_{N1}。计算公式如下。

$$x_{M1} = x_{G1} + \left(x_{G3} - x_{G1}\right)/3 \tag{2.3-26}$$

$$y_{M1} = y_{G1} + \left(y_{G3} - y_{G1}\right)/3 \tag{2.3-27}$$

$$x_{N1} = x_{G1} + 2\left(x_{G3} - x_{G1}\right)/3 \tag{2.3-28}$$

$$y_{N1} = y_{G1} + 2\left(y_{G3} - y_{G1}\right)/3 \tag{2.3-29}$$

通过流程 2-2，形成规划成果，通信规划过程示例七如图 2-24 所示。

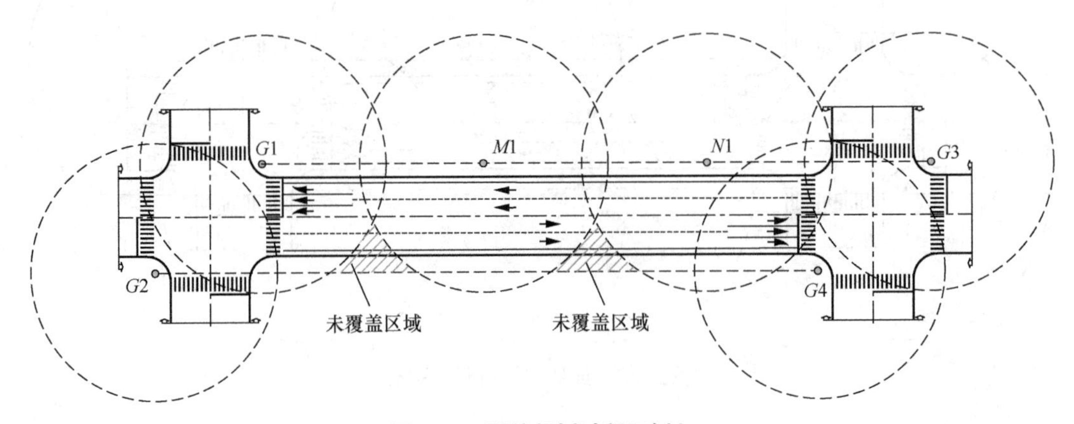

图2-24 通信规划过程示例七

流程 2-3：对 $G1$、$G3$、$M1$、$N1$ 覆盖范围进行相交判断，如果相交则进入⑧；如果不相交，则进入⑨。

⑧ 在 $G1$、$G3$、$M1$、$N1$ 的基础上，在对侧方向两个交叉口布设的通信接收发射装置

位置连线并对间距进行三等分，在三等分点上布设通信接收发射装置位置，定义为$M2(x_{M2}, y_{M2})$、$N2(x_{N2}, y_{N2})$，以$M2$和$N2$为圆心布设通信接收发射装置，天线覆盖半径分别为r_{M2}、r_{N2}。计算公式如下。

$$x_{M2}=x_{G2}+\left(x_{G4}-x_{G2}\right)/3 \tag{2.3-30}$$

$$y_{M2}=y_{G2}+\left(y_{G4}-y_{G2}\right)/3 \tag{2.3-31}$$

$$x_{N2}=x_{G2}+2\left(x_{G4}-x_{G2}\right)/3 \tag{2.3-32}$$

$$y_{N2}=y_{G2}+2\left(y_{G4}-y_{G2}\right)/3 \tag{2.3-33}$$

在⑧的相交判断中，符合完全覆盖道路的情况，可完成城市道路通信基站规划布局。

⑨ 同侧方向两个交叉口布设的通信接收发射装置位置连线间距进行四等分，在四等分点上布设通信接收发射装置位置，重复按流程2进行判断，并完成城市道路通信基站规划布局。至此，采用流程2可完成城市道路通信基站规划布局，形成规划成果，通信规划过程示例八如图2-25所示。

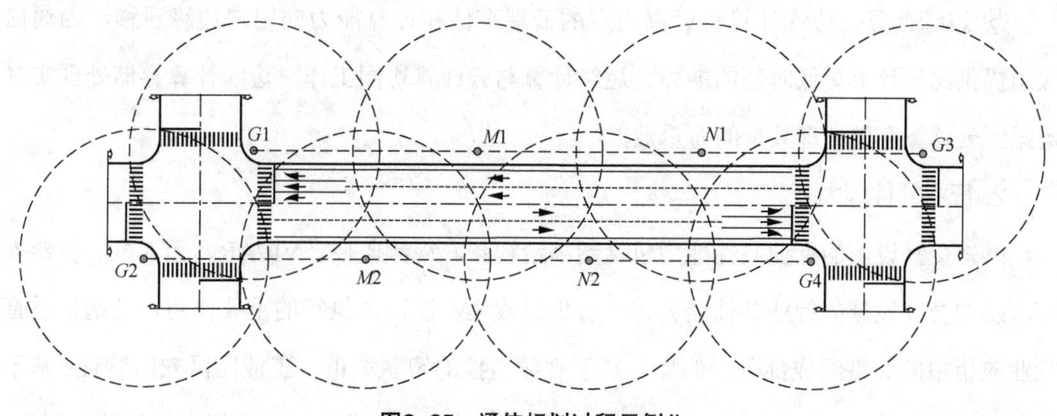

图2–25 通信规划过程示例八

2.3.3 感知交互规划

城市设计从“以物为中心”转变为“以人为中心”，人在城市中需要各种感知体验，感知交互信息已成为智慧城市不可或缺的信息。智慧多功能杆涉及的感知交互主要包含车路协同、无人驾驶、视频监控、屏幕信息化交互、地理信息、环境监测等。结合云计算、大数据、人工智能、边缘计算、末端感知交互计算等技术，采用物联网设施可满足数字道路全域感知信息规划需求，在编制智慧多功能杆专项规划的感知交互规划时，需要结合通信产业的基础共性能力和行业共性能力，对涉及的感知交互设施进行规划。

1. 基础共性能力

感知交互设施的基础共性能力包括物联网、云计算、人工智能、大数据和边缘计算5种能力。感知交互设施的基础共性能力和通信网络能力相互融合，为通信应用开发与运营提供信息基础设施。

① 物联网。物联网是将各种信息传感设备互联起来形成的网络，包括传感器采集信息、专网传输信息、平台处理信息、管理连接和传感器、终端呈现信息与应用。

② 云计算。云计算能够提供海量数据存储与计算、多方数据汇聚共享能力，为物联网平台和大数据技术提供基础的存储和计算能力，为人工智能算法提供强大的算力。

③ 人工智能。机器学习是人工智能的核心和主要实现方式。

④ 大数据。大数据技术的意义不在于庞大的数据信息，而在于对这些含有意义的数据进行专业处理。需要专业软件处理的海量规模数据，对环境、设备、交易、行为等进行洞察，对工作流程进行优化。

⑤ 边缘计算。边缘计算将远离用户的云端存储和计算能力向用户边缘迁移，为通信应用提供比云计算更低时延的能力。边缘计算与云计算协同工作，边缘计算存储处理实时数据，云计算存储处理共享的海量数据。

2. 行业共性能力

感知交互设施的行业共性能力包括超高清视频、视频监控、VR/AR、无人机、机器人等。感知交互设施的行业共性能力担负着信息收集、展现与执行的重要作用，是通信垂直行业应用中的关键组成部分，例如，基于视频监控的智慧城市、工业园区安防管理；基于无人机的电力线路、林区农场远程巡检；基于AR技术的工业产品、目标人员检验识别等。通信网络能力与行业共性能力的融合，会使行业共性能力得到充分发挥，推进行业共性能力产品研发与产业升级。

① 超高清视频。超高清视频的典型特征就是高速率与大数据量，按照产业主流标准，4K、8K超高清视频的传输速率一般在50Mbit/s与200Mbit/s以上，通信网络的大带宽能力成为解决该场景需求的有效手段。4K、8K超高清视频与通信技术结合的场景不断出现，广泛应用于文体娱乐等行业，是市场前景广阔的基础应用。

② 视频监控。通过摄像头和传输网络，将采集的视频信息传送到视频监控云平台或边缘计算平台，与人工智能技术融合后用于目标与环境识别。视频监控与通信网络的

大带宽、低时延能力相结合，可以有效提升视频监控与目标环境识别的传输和反馈处理速度。

③ VR/AR。VR/AR是近眼显示、感知交互、渲染处理、网络传输和内容制作等信息技术相互融合的产物，高质量VR/AR业务对带宽、时延要求不断提升，速率从25Mbit/s逐步提高到1Gbit/s，时延从30ms降低到5ms以下。伴随海量数据和计算密集型任务转移到云平台，未来“云VR/AR”将成为VR/AR与5G融合创新的典型范例。通信网络的大带宽、低时延能力，可以有效解决VR/AR传输带宽不足、互动体验感不强和终端移动性差等痛点，推动媒体行业转型升级。

④ 无人机。通信网络赋予无人机超高清视频传输（50～150Mbit/s）、低时延控制（10～20ms）、远程联网协作和自主飞行等重要能力，可以实现对无人机的监视管理，促进航线规范和效率提升。通信网络将使无人机群协同作业和“7×24”小时不间断工作成为可能，无人机在农业、安防、环保、电力等行业有巨大的发展空间。

⑤ 机器人。各种形态的机器人已经开始在不同行业应用。大带宽、低时延的通信网络能力使机器人性能（信息回传速度、反应及时性、行动可靠性与控制精准性）得到巨大的提升。未来，机器人与通信技术高效结合后会在工业、医疗、安防等行业发挥更大的作用。

3. 共性业务

将通信网络能力与感知交互设施的基础共性能力和行业共性能力进行融合，为感知交互设施的应用开发和运营提供可行性。感知交互设施的共性业务主要分为远程设备操控、目标与环境识别、超高清与扩展现实（Extended Reality，XR）播放，以及信息采集与服务。不同共性业务所涉及的通信能力见表2-11。

表2-11 不同共性业务所涉及的通信能力

共性业务	通信网络能力			基础共性能力					行业共性能力					
	大带宽	大连接	低时延	人工智能	物联网	云计算	大数据	边缘计算	超高清视频	视频监控	VR	AR	无人机	机器人
远程设备操控	√		√	√		√	√	√						√
目标与环境识别	√		√	√		√	√	√		√		√	√	√
超高清与XR播放	√		√	√		√		√	√		√	√		
信息采集与服务		√			√	√	√							

① 远程设备操控。操作人员利用通信网络的大带宽和低时延能力，结合人工智能、边缘计算、云计算和大数据，在人工或机器感知识别远方环境后，对远端设备进行操作和控制。此类业务可用于危险环境设备操作、提升设备操控效率、解决专家资源不足等，例如工业中的远程操控、农业中的农机操控、医疗中的远程诊断与远程手术、交通中的远程驾驶、龙门吊操控、无人叉车操控等。

② 目标与环境识别。利用通信网络的大带宽和低时延能力，将传感设备（固定安装设备，或安装于无人机、机器人的摄像头，AR 眼镜，以及激光雷达等其他传感设备）感知的环境或目标物信息，传送到云平台或边缘计算平台，利用人工智能及大数据能力，识别环境或目标物。此类业务可用于公共场所和交通工具内的智能安防，实现目标人员识别、车辆识别、危险品识别等功能；公共基础设施和工业设施的形变与质量监测；环境监测、工业制造产品的质量检验，以及医疗中的诊断与手术识别等。

③ 超高清与 XR 播放。利用通信网络的大带宽和低时延能力，将存储于云平台和边缘计算平台的超高清视频、VR/AR 内容，通过超高清显示屏、VR 头盔、AR 眼镜呈现给用户。此类业务可广泛应用于政务大厅、银行、景区、酒店、博物馆、电影院等公共场所，以及教育、体育、展会、演出、云游戏等行业。

④ 信息采集与服务。利用通信网络的大连接能力，将传感器感知的环境信息、设备状态信息、交易过程中收集的用户行为信息与工作流程信息，在云平台汇聚和共享。通过大数据处理，对环境、设备、交易、行为、流程等进行洞察、决策与优化，并将结果呈现在终端设备上。该类业务可广泛应用于政务、工业、农业、交通、金融、旅游、电力等行业的用户服务、经营决策、流程优化及监控管理。

4. 数字道路领域的典型应用

感知交互应用已开始在部分行业出现，包括政务与公共事业、工业、农业、文体娱乐、医疗、交通运输、金融、旅游、教育和电力十大行业、35 个细分应用领域。在智慧城市数字道路领域，最广泛的应用为政务与公共事业应用和交通运输应用。

（1）政务与公共事业应用

感知交互设施在政务与公共事业中的应用主要体现在：智慧政务、智慧安防、智慧城市基础设施、智慧楼宇和智慧环保 5 个细分应用领域，政务与公共事业应用和共性业务的关系见表 2-12。目标与环境识别、信息采集与服务是感知交互设施在政务与公共事业中的主要应用，其中，目标与环境识别包括安防、基础设施形变识别和环境监测，信息采集与服务包括智慧城市、园区、楼宇、环保管理和政务信息服务。

表2-12　政务与公共事业应用和共性业务的关系

行业	细分应用领域	5G 应用价值与应用场景	远程设备操控	目标与环境识别	超高清与 XR 播放	信息采集与服务
政务与公共事业	智慧政务	提升驻地或远程政务服务能力：政务大厅、移动监察、移动审批等			√	√
	智慧安防	提升安防反应速度与管理水平：城区、社区、园区		√		
	智慧城市基础设施	提升城市基础设施管理水平：道路、桥、涵洞、排水、照明、电力、燃气、给排水、垃圾处理设施		√		√
	智慧楼宇	提升楼宇管理水平：电力、空调、给排水、燃气、安防、门禁、电梯、停车		√		√
	智慧环保	提升环境管理水平，降低污染：空气、水、土壤、生活垃圾、工业排放		√		√

（2）交通运输应用

感知交互设施在交通运输中的应用主要体现在：车联网与自动驾驶、智慧公交、智慧铁路、智慧机场、智慧港口和智慧物流 6 个细分应用领域，交通运输应用和共性业务的关系见表 2-13。目标与环境识别、信息采集与服务是感知交互设施在交通运输中的主要应用，其中，目标与环境识别包括车辆环境识别和公交、铁路、机场、港口与物流园区的安防监控，信息采集与服务包括交通运输管理和用户信息服务。另外，车联网与自动驾驶、智慧港口、智慧物流还采用远程设备操控，例如车辆的远程驾驶，以及港口龙门吊、物流园区无人叉车与分拣机器人的远程操控。

表2-13　交通运输应用和共性业务的关系

行业	细分应用领域	通信应用价值与应用场景	远程设备操控	目标与环境识别	超高清与 XR 播放	信息采集与服务
交通运输	车联网与自动驾驶	提升道路交通管理能力：车载信息、车辆环境感知、V2X[1] 网联驾驶、远程驾驶、自动驾驶、智慧交通	√	√		√

续表

行业	细分应用领域	通信应用价值与应用场景	远程设备操控	目标与环境识别	超高清与XR播放	信息采集与服务
交通运输	智慧公交	提升公共交通管理水平：公交车、出租车和城市轨道交通的调度，公交车、城市轨道交通及其车站的安防监控		√		√
	智慧铁路	提升铁路运输的管理水平：列车与集装箱监控、调度和管理，铁路线路、列车车站和客流监控管理		√		√
	智慧机场	提升机场管理水平：地面交通与空中交通的调度与监控管理，候机大厅、客流和行李的监控管理		√		√
	智慧港口	提升港口管理水平：龙门吊远程操控、船联网数据回传、港口园区交通管理、安全监控和优化规划	√	√		√
	智慧物流	提升物流管理水平：物流园区、仓库安全监控与管理、设备远程操控、货车及驾驶员的调度与管理	√	√		√

注：1. V2X（Vehicle to Everything，车对外界的信息交换）。

在实际规划中，通过全域场景分析，研究并规划照明交通信息规划和通信信息，在道路交叉口附近增加车路协同设备，实现车车、车路动态实时信息交互，并在全时空动态交通信息采集与融合的基础上开展车辆主动安全控制和道路协同管理，充分实现人车路有效协同，保证交通安全并提高通行效率。在重点区域附近也可增加车路协同设备，避免交通拥堵并提高通行效率。

随着通信网络建设进入快速期，感知交互设施的应用创新不断深化，涵盖的应用领域与应用规模也不断扩大。感知交互设施应用产业各参与方应洞察与聚焦用户实际需求，开展市场分析，按需推进感知交互设施应用创新研发。感知交互设施应用产业是资源与能力高度整合的产业，生态合作是感知交互设施应用创新的基础。

① 横向融合与纵向整合的合作模式。

横向：通信网络能力，与人工智能、物联网、云计算、大数据、边缘计算等基础共性能力，结合超高清视频、视频监控、VR/AR、无人机、机器人等行业共性能力，三者结合为感知交互设施应用创新赋能。

纵向：利用通信网络能力、基础共性能力和行业共性能力，结合企业客户业务流程，开发、集成和运营面向垂直行业或企业的应用，打造感知交互设施应用标杆。

② 开放、共享与创新的合作理念。

通信产业链各方应秉承开放、共享、创新的合作精神，打造网络开放、技术融合、平台共享、资源共用、模式创新的协作机制，共建生态，取长补短，实现共赢。

感知交互规划还应根据TD/T 1062—2021《社区生活圈规划技术指南》，结合城镇社区生活圈基础设施在城市道路层级的内容进行规划，主要涉及户外广告、指示牌、充电桩、信息显示屏等，结合各类设施的特点和人的感知交互体验进行规划布局。例如户外广告布置方案应排除重要交通杆件，避免影响交通安全性，不布置在具有交通功能类的智慧多功能杆上；其他类型多功能杆应根据道路等级，结合两侧商业建筑、人流情况选择性布置。指示牌布置分为路口指示牌和路段中间指示牌，路口采用多功能信息显示触摸屏，可提供地图、社区生活圈等信息查询，具体位置可选择与中杆灯布设点位合并；路段中间参考人流量布置路名和方向指示牌，间距应满足规范要求。充电桩布置应结合城市道路是否存在建筑物次出入口、是否可以设置路侧停车位进行考虑，对于具有条件设置的，应在两个道路交叉口之间的道路两侧布置一处充电桩停车位。

2.3.4 其他相关规划

在智慧城市数字道路领域，不仅要考虑照明交通规划、通信规划和感知交互规划，还要考虑工程管线规划、供配电规划及应用平台规划等内容。

1. 工程管线规划

智慧多功能杆需要通信网络和配电网络的支撑，需要规划相应的工程管线，应结合近期、远期工程管线规划，考虑远景发展的需要，与其他城市工程管线统筹安排在地下空间，协调工程管线之间，以及工程管线与其他相关工程设施之间的关系。数字道路涉及的工程管线规划内容主要包括：协调与其他工程管线的布局；确定工程管线的敷设方式；确定工程管线敷设的排列顺序和位置；确定相邻管线的水平间距；确定交叉工程管线的垂直间距；确定地下敷设的工程管线控制高程和覆土深度；结合通信设施建设需求，按终期电缆、光缆条数及备用孔数等确定通信配线管道管孔数量。

城市道路工程管线主要采用地下敷设方式，分为直埋、保护管及管沟敷设和综合管廊敷设。工程管线规划应符合以下规定。

① 工程管线应按城市规划道路网布置。

② 工程管线应结合用地规划优化布局。

③ 工程管线规划应充分利用现状管线及线位。

④ 工程管线应避开地震断裂带、沉陷区及滑坡危险地带等不良地质条件区。

⑤ 工程管线管道管孔数量应考虑未来发展对电缆和光缆的需求。

工程管线规划时应减少管线在道路交叉口处交叉，当工程管线的竖向位置存在矛盾时，按 GB 50289—2016《城市工程管线综合规划规范》相关规定进行调整。

2. 供配电规划

为满足智慧多功能杆用电需求，需要综合考虑多方因素对智慧多功能杆供配电方案进行合理规划。具体来讲，智慧多功能杆供配电规划是在全面掌握城市供配电基础设施空间布局、配电接口等基础信息，并深入了解智慧多功能杆设备选点布点、杆上设备用电总负荷等建设需求后，参照现行国家标准、行业设计规范及实际工程经验，对智慧多功能杆的供电接入点、综合配电箱布点、供配电路径及具体连接方式等进行规划设计。供配电规划设计方案需要满足相应的规范要求，且应做到保障人身和财产安全、供电可靠、技术先进、经济合理、节能环保、安装和维护方便。智慧多功能杆供配电系统流程如图 2-26 所示。

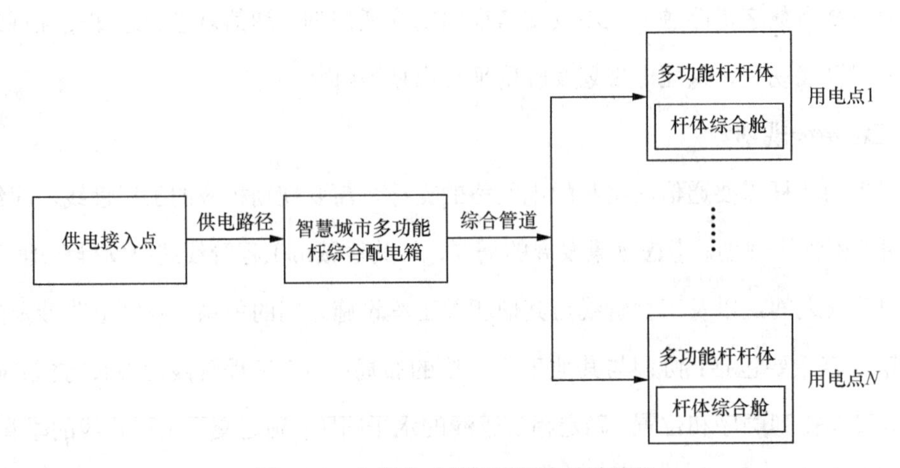

图2-26 智慧多功能杆供配电系统流程

供配电规划首先根据智慧多功能杆配置地点及附近供配电设施空间布局确定具体的供电接入点，其次根据 GB 50052—2009《供配电系统设计规范》、GB 50054—2011《低压配电设计规范》，以及区域供电规划等现行国家标准和行业设计规范，结合智慧多功能杆的分布情况和杆上挂载设备的总用电负荷，确定智慧多功能杆配电箱的具体安装位置及其供配电范围。

智慧多功能杆配电箱的安装位置应尽量靠近负荷中心，满足节约电能、易于安装、运行维护方便等多重要求。智慧多功能杆配电箱的配电容量除了满足智慧多功能杆近期供电需求，还应留有一定裕量，以适应后期功能需求增加、设施扩建等特殊情况带来的用电负荷增加。智慧多功能杆配电箱的供配电范围半径不宜超过 500m，且应保证在供配电系统正常运行时，供配电范围内智慧多功能杆配电箱至多功能杆杆体综合舱进线端的电压损耗不大于 5%。

智慧城市多功能供配电线路的规划需要结合智慧多功能杆用电负荷等级与城市道路的路线走向、设计速度、机动车道数、横断面布置、平面布置、交叉口节点布置、行人道和非机动车道布置、管线设施布置等实际条件，确定供电接入点至智慧多功能杆配电箱、智慧多功能杆配电箱至多功能杆杆体综合舱的具体连接方式和供电路径。连接方式与供电路径的选择应满足相应的规范要求，以及道路规划、建设和工程管线布置要求，供电路径应避开易使电缆遭受机械性外力、过热、腐蚀等危害的区域，在满足安全要求的条件下，应保证供电路径最短，并且便于电缆敷设和维护。

编制智慧多功能杆供配电规划，可在满足现行国家标准、设计规范的条件下对智慧多功能杆进行供配电，解决智慧多功能杆的用电需求，以更好地建设智慧多功能杆。

3. 应用平台规划

为了提升运维管理水平，满足运营管理及物联网运维管理服务的需求，建设智慧多功能杆管理平台，通过信息化手段对物联网设备的运行状态数据进行实时、动态地采集、监测、统计，实现设备运行故障的自动报警，实现设备资产的管理、统计，改变传统的人工运维管理方式，达到精细化管理目的。智慧多功能杆管理平台由智慧多功能杆运营、智慧多功能杆运维和智慧多功能杆物联网功能组成。

（1）管理平台基本要求

智慧多功能杆管理平台宜包含照明管理、运维服务管理及多租户运营服务管理 3 个功能模块，应支持移动端和计算机端使用，支持云平台架构，支持云端和本地两种方式部署。

（2）照明管理功能要求

照明管理应基于统一的地理信息系统展现，展现内容宜包括城市照明设施的基本组成信息和各类动态业务数据，其中基本组成信息包括电源、配电、线路、灯具及其配套、相关监控设备等。照明管理应具备照明设备管理、批量导入设备到智慧多功能杆管理平台的功能；具备增加、删除、修改、查询照明控制设备等功能；具备道路照明和景观照明的策略管理功能；具备照明设备控制功能，满足道路照明和景观照明不同场景的控制要求；具备较精准的基础数据采集和处理能力、不断完善的数据分析机制和有效的业务评价及指导机制，并具备完善的数据交互结构。

（3）智慧服务综合要求

智慧服务综合要求包括信息发布系统、公共广播系统、环境监测管理系统、一键呼叫系统、视频监控系统等。

① 信息发布系统。信息发布系统应满足远程控制、节目清单管理、文件管理与内容审核、设备管理及参数配置等功能。

远程控制：具备远程控制显示屏节目播放 / 停止、屏幕亮度调节和文件下发等功能，在控制命令下发前，需要输入密码进行验证，提高控制安全级别。

节目清单管理：对不同的视频、图片、文字内容组合进行节目编排，编排后的节目内容按照既定的顺序、播放时长和切换模式进行有序播放。

文件管理与内容审核：管理员可以对上传的多媒体文件进行在线查看和审核，只有审核通过的文件才可以发布。平台需要记录相关审核记录，包括审核人、审核时间和审核意见。

设备管理：查看显示屏的基础信息、状态信息、操作记录和维保信息。

参数配置：配置显示屏的光照度自适应，文本和图片切换停留时长等参数。

② 公共广播系统。公共广播系统应满足远程控制、节目清单管理、音频文件审核、设备管理及广播功能等。

远程控制：支持远程音箱节目播放 / 停止、音量调节和文件下发等功能。

节目清单管理：针对音箱播放内容，以清单方式进行管理和应用于设备。

音频文件审核：管理员可以对上传的歌曲文件进行在线试听和审核。

设备管理：查看音箱的基础信息、状态信息、操作记录和维保信息。

广播功能：支持远程实时广播，并可进行广播分组。

③ 环境监测管理系统。环境监测管理系统应满足环境采集、环境数据管理、自定义推送等功能。

环境采集：采集温度、湿度、风向、风速、降雨量、气压、PM2.5、PM10、噪声等环境实时数据并展示。

环境数据管理：提供环境历史数据的展示功能，提供用户根据设备和时间区间的查询功能，支持历史数据的导出功能。

自定义推送：可通过勾选进行自定义推送配置，可通过邮箱推送给第三方。

④ 一键呼叫系统。一键呼叫系统应满足呼叫策略配置、策略管理、呼叫接听、呼叫记录、呼叫统计等功能。

呼叫策略配置：配置呼叫中心人员关联的设备或设备组，配置呼叫占线策略。

策略管理：以列表形式展示配置的策略信息。

呼叫接听：对呼叫事件平台执行弹窗显示，可在平台侧接听呼叫，并同步显示呼叫监控画面。

呼叫记录：对历史呼叫事件的音 / 视频存档，追溯事件时可查询音 / 视频记录。

呼叫统计：对于统计信息，用户可通过条件筛选进行统计。

⑤ 视频监控系统。视频监控系统应满足 24 小时实时监控画面、物理位置显示、图像电子放大、云台镜头远程控制、监控画面在线截屏等功能。

24 小时实时监控画面：及时发现、处理事故，提高智慧照明系统的安全性和可靠性，提供事后分析事故的有关图像视频资料。

物理位置显示：支持在 GIS 下按照物理位置显示所有监控摄像头，包含但不限于鹰眼摄像头、智慧多功能杆摄像头等。

图像电子放大：浏览图像时可选择电子放大功能，将某个摄像头的图像画面放大到整个窗口。

云台镜头远程控制：包括云台的旋转、镜头的变倍变焦。

该系统还实现对监控画面的在线截屏功能。

（4）运维服务管理功能要求

智慧多功能杆应具备运维服务管理功能，智慧多功能杆（除公共照明以外的其他设备）应以物联网规范化接口方式接入。智慧多功能杆管理平台具备对接入设备远程集中管理、运行状况实时监测、定位等功能，可保障设备安全运行；运维服务管理平台具备维护管理功能、电子工单全生命周期管理功能、日常巡检任务管理功能、对维护管理过程中的人车安全提供轨迹监测功能、安全用电管理功能、用电数据采集功能、用电能耗管理功能。运维服务管理平台宜建立统一平台，并纳入管理部门统一管理。

（5）运营服务管理功能要求

运营服务管理功能根据运营服务对象的不同，可建立不同的运营服务模块或运营服务管理平台；各运营服务管理平台可通过调用运维服务管理平台对相关设备进行控制及运行维护监管。

（6）系统安全要求

智慧多功能杆有关信息安全的设计应满足GB/T 20269—2006《信息安全技术　信息系统安全管理要求》、GB/T 20282—2006《信息安全技术 信息系统安全工程管理要求》、GB/T 20270—2006《信息安全技术 网络基础安全技术要求》的有关规定。智慧多功能杆系统的设计应满足信息传输的安全性和使用的保密性，信息安全等级保护应符合GB/T 22239—2019《信息安全技术 网络安全等级保护基本要求》的要求且不低于二级。智慧多功能杆管理平台采用TCP/IP进行相互通信和管理。智慧多功能杆系统中的显示屏、广播等特殊的信息传播设备，应采用断网离线式操作。智慧多功能杆系统应在网络边界部署访问控制设备，启用访问控制功能，设置白名单访问控制，还应对挂载设备实行身份认证和绑定，确保操作安全。智慧多功能杆系统的数据在传输过程中，应采用加密或其他保护措施实现数据存储的保密性。数据在传输和存储过程中的加密方式应符合国家密码管理局认定的国产加密算法SM4、SM3、SM2。

（7）面向智慧多功能杆的管理功能要求

为了提升运维管理水平，满足运营服务管理及物联网运维服务管理的需求，建设智慧多功能杆管理平台，通过信息化手段对物联网设备的运行状态数据进行实时动态地采集、监测、统计，实现设备运行故障的自动报警，实现设备资产的管理统计，改变传统的人工运维管理方式，达到精细化管理目的。

智慧多功能杆管理平台由智慧多功能杆运营、运维和物联网功能组成，具体描述如下。

① 基本需求。基本需求包含项目管理、资产管理、设备监控、策略管理、大屏展示等功能，满足用户日常运营管理需求。智慧多功能杆管理平台采用基于统一用户管理的单点登录机制，并可以基于运营系统定义的角色实现精细化权限控制功能；管理平台支持项目信息管理，包括用户信息管理、项目信息维护等；支持设备资产管理，包括杆件及周边、

摄像头、LED 显示屏、照明设备、单灯控制器、环境监测等设备管理和运行监控；支持对智能设备的告警管理，包括当前实时告警信息、历史告警等，同时包含告警确认、告警处理功能，并能够提供告警推送和通知配置界面，便于用户选择和定制告警的消费能力；管理平台支持对照明设备的自动开关灯策略维护及设备策略的管理和绑定；管理平台可以通过屏幕截图、打开屏幕、关闭屏幕、播放节目、清空节目等指令监管和控制数字大屏的播放内容；管理平台支持基于 GIS 地图实现 3D 展示，提供大屏展示模块指标生成数据统计图表，支持对三维智慧多功能杆模型的渲染和预览。

② 运维需求。运维需求包括系统管理、应用管理、告警管理、运维统计、系统监控、系统日志等功能。为保障管理平台平稳运行，满足日常系统维护而存在。

③ 物联网需求。基于物模型建立的物联网设备统一接入平台，包括物模型定义、设备接入、边缘计算、规则引擎、任务调度、数据分发等功能。

（8）性能要求

管理平台采用虚拟化云架构，可以根据管理容量、响应要求、并发量等要求规划和部署服务器。当平台需要扩容时，可做到灵活扩展、平滑升级。平台采用模块化部署结构，可根据实际需要来实现平台功能的扩展和平台容量的扩容，为今后平台的升级、扩建留有空间。

平台性能的具体指标如下。

① 平台支持百万级的物联设备同时在线管理。

② 平台服务在确保数据量稳定增加的条件下，性能无显著衰减，数据刷新时间不超过 5 秒；单用户的系统性能总体平均指标为 2 秒。

③ 平台支持历史数据记录存储能力，系统告警时延不超过 5 秒。

④ 平台支持“7×24”小时连续运行，平均年故障时间不超过 5 天，平均故障修复时间不超过 24 小时。

⑤ 平台具有较强的系统安全性和灾难恢复能力，可靠性达到 99.9% 以上。

2.4　规划融合与协调

在智慧多功能杆专项规划中要充分运用城市设计思维，在选址与选型过程中不仅要考虑便利与造价等工程因素，还应考虑融合自然、保护人文及美学等要求；在设施建设中应有相关设计指引，不仅要满足设施的基本功能要求，还应考虑美观、隐蔽；近人尺度的设施建设也应兼顾考虑人的活动行为。在设施运用中应关注选址与选型，应避免对景观资源的扰动和破坏；强调与城市环境相协调，避免产生负面视觉影响；注重感知交互设施体验，并体现公共属性；加强与其他空间设施的衔接。

将照明交通规划、通信规划、感知交互规划、其他相关规划成果进行叠加，将符合国土空间规划要求的成果进行融合，可形成智慧多功能杆专项规划。对于不具备融合条件的规划成果，需要根据协调规则进行处理，经过协调处理后的智慧多功能杆布局满足规划要求。

在规划融合和协调过程中应做好认知分析与方案制定工作，从因地制宜、以人为本的角度出发，积极运用数据处理、模拟仿真等技术，综合分析各项基础信息，合理推演和比对设计方案，同时重视各相关方的意见，形成科学合理、适应当地、凝结共识的设计方案和结论，并提高设计方案的可实施性和稳定性。通过规划融合和协调，最后可得出符合国土空间规划要求的智慧多功能杆专项规划成果。

2.4.1 规划融合

智慧多功能杆专项规划融合过程是照明交通规划、通信规划、感知交互规划和其他相关规划的叠加过程，根据各规划的特点，结合智慧多功能杆专项规划融合经验，形成规划融合过程，具体如下。

① 将照明交通规划与通信规划成果融合，将通信规划成果矢量图叠加到照明交通规划成果矢量图中，将通信规划杆件平移至照明交通规划杆件布设位置，将通信规划通信功能融合到照明交通规划杆件中，形成具有复合功能的智慧多功能杆件A。

② 将感知交互规划成果，按布局位置和要求融合到具有照明交通和通信功能的智慧多功能杆件A中，形成功能更加丰富的智慧多功能杆件B。

③ 将其他相关规划成果，按布局位置和要求融合到具有照明交通、通信功能及感知交互功能的智慧多功能杆件B和城市道路中，形成功能完备的智慧多功能杆件C及数字道路基础模型。

经过上述规划融合操作，在照明交通规划图中叠加通信规划图、感知交互规划图及其他相关规划图，形成一张符合智慧多功能杆总体架构要求的智慧多功能杆布局规划图。

2.4.2 规划协调

规划实施过程采用多杆合一，可节约城市建设成本。但由于城市道路的复杂性、行业规范的权威性、实施空间的有限性等因素，导致规划融合存在复杂性。在融合过程中，对于不能满足融合需求的，根据使用场景进行协调处理。主要适用场景分为道路交叉口和道路中段两种情况，不同场景下各功能融合的优先等级不同，可结合功能优先等级进行规划协调处理，具体处理过程如下。

1. 道路交叉口

道路交叉口需要融合照明、交通、通信、感知交互信息采集、户外广告、指示牌等，形成智慧多功能杆，优先实现照明、通信、感知交互信息采集功能，其次实现指示牌，最后实现户外广告。

2. 道路中段

道路中段需要融合照明、交通、通信、感知交互信息采集、户外广告、指示牌等，形成智慧交通灯杆、智慧交通标志杆、智慧电子警察杆、智慧路灯杆。不同杆件要求实现功能优先等级不同，具体融合要求如下。

（1）通信功能智慧路灯杆

在道路中段选择合适位置的杆件作为通信功能智慧路灯杆，优先实现照明、通信，其次实现感知交互信息采集，最后实现户外广告与指示牌。

（2）智慧交通灯杆、智慧交通标志杆、智慧电子警察杆

在道路中段按规范布置智慧交通灯杆、智慧交通标志杆、智慧电子警察杆。这 3 类杆件需要优先实现指导交通的功能，其次实现感知交互信息采集。根据需求实现通信，不得实现户外广告和指示牌，避免影响交通安全。

（3）智慧路灯杆

优先完成通信功能智慧路灯杆、智慧交通灯杆、智慧交通标志杆、智慧电子警察杆布置后，在其他位置可布设智慧路灯杆，优先实现照明、户外广告与指示牌，预留实现通信和感知交互信息采集等条件。

2.5 规划实施与后评估

2.5.1 规划实施

传统城市道路基础设施缺乏共建共享，导致道路杆件林立、风格迥异，影响城市风貌，且功能无法适应智慧城市发展的需要。在规划实施流程中应对现状进行仔细调查，并对使用需求进行分析，以超前思维分析智慧城市在城市道路基础设施领域的发展方向。对已经出现的问题和未来发展中面临的问题进行深入分析，提出解决思路并应用于规划过程，形成智慧多功能杆专项规划成果。

根据智慧多功能杆规划流程，结合现状需求调查结果，分析现状问题和预测未来发展，制定符合实际城市要求的规划方案，具体可分为近期、中期、远期规划。初期规划应以保障中心城区主干路覆盖的连续性，而末期规划则应结合国土空间规划和城市道路规划实现区域的全覆盖。中期规划和远期规划可以根据近期建设规划实施结果进行调整，为保障城市风貌的延续性和建设的经济性，可采取以下调整措施。

① 未建设区域可以调整各类智慧多功能杆布设位置。

② 已建设区域通过调整各杆件布设的功能模块实现功能调整。

针对具体工程，智慧多功能杆实施过程可从以下 4 个方面进行控制。

1. 现状需求调查

传统城市道路基础设施调查数据的来源主要集中在交通工程领域，该方案考虑的范围为单独交通领域，随着智慧城市的发展，智慧化建设内容已影响到交通规划的相关领域，传统规划方式和规划内容已无法满足现状。针对老城区和新城区提出不同的现状需求调查方案。

① 老城区现状调查分析应包含国土空间规划信息、城市综合交通专项规划信息、城市通信规划信息、实际道路车流量、人流量信息等，预测智慧城市发展新出现的需求。

② 新城区现状调查分析可结合国土空间规划、中心城区控制性详细规划、城市综合交通专项规划、城市通信专项规划、数字化专项规划等，预测智慧城市发展新出现的需求，提前进行城市道路基础设施专项规划。

2. 问题分析预测

城市道路基础设施布置采用各部门单独布置的方式，例如城市管理部门负责城市道路照明建设，交警部门负责城市交通标志标牌建设，中国铁塔负责城市道路通信基站建设。另外，还有很多监测、监控等部门，均存在各自建设的情况。众多部门的建设标准、建设时间、建设地点不统一，导致城市道路杆件林立、线路杂乱，经常出现重复破坏道路面施工的情况，存在缺乏统一规划，多部门管控、重复建设、信息化水平低、管理分散及集约化水平低等缺点，对城市景观、资源、安全、管理等均造成不利影响，已无法满足智慧城市发展需求，严重影响城市风貌和智慧城市发展进程。

随着数字化的发展，车路协同、物联网、通信等已向城市道路领域渗透，在国土空间规划的交通专项规划中逐渐融入数字化、信息化、智慧化等要求。在城市道路领域，综合考虑交通专项规划与通信专项规划，形成满足数字化浪潮下的智慧多功能杆专项规划，在实际工程中将交通工程与通信工程深度融合，满足城市道路实现车路协同、物联网、通信、环境监测、安全监控等需求。

在城市道路基础设施规划过程中，引入智慧多功能杆，依托城市道路建设深入街道和园区，采用布局均匀、密度适宜的规划方案，能够提供分布广、位置优、成本低的通信基站站址资源和终端载体，同时可为智慧城市众多感知设备提供载体，成为智慧城市建设过程中不可或缺的重要城市基础设施。

3. 解决思路分析

针对智慧城市发展浪潮中城市道路基础设施面临的新情况，智慧多功能杆经过近 5 年的规划和产品迭代，逐渐满足智慧城市的发展需求。

智慧多功能杆通过杆件附带的多功能扩展滑槽、安装滑块等构件，能够实现多杆合一、多头合一。智慧多功能杆专项规划中以主导功能需求组合为导向，确定智慧多功能杆布局，例如以集合通信基站设备、集合照明交通设备等为主导功能，充分考虑智慧多功能杆在后续智慧城市中的重要作用。根据各种设备的重要等级和对位置的敏感性差异，智慧多功能杆专项规划将位置接近且具有一定灵活性的设备按照“能合则合”的原则进行整合，并在选定的位置布设智慧多功能杆。同时应保留功能要求特殊、位置需求特殊的杆体的独立性，但要满足其他功能设备接入该杆体的可能。适用于城市道路智慧多功能杆的主要类型见表 2-14。

表2–14　适用于城市道路智慧多功能杆的主要类型

杆件类型	主要功能	布置位置
智慧中杆灯	交叉口照明、通信、感知交互信息采集	交叉口
智慧交通灯杆	交叉口信号、监控、感知交互信息采集	交叉口
智慧交通标志杆	交通标志标牌、监控、感知交互信息采集	路段
智慧电子警察杆	监控、感知交互信息采集	路段
智慧路灯杆	照明、通信、监控、感知交互信息采集	路段

注：根据城市道路建设位置进行杆件划分，对规划功能进行合并，满足多功能需求。

采取差异化思路确定不同功能城市道路的智慧多功能杆布局，针对不同覆盖场景的重点层次进行划分，结合照明交通管理需求、通信网络覆盖能力、智慧城市管理进行全网融合站址规划布局，做到统一建设、统一管理、统一服务、统一标准等，能够实现市政建设集约化、基础设施智能化、公共服务便捷化、城市管理精细化。在实施过程中，可通过反馈迭代，修正智慧多功能杆专项规划及挂载设备，做到快速更新。

4. 编制总体规划

根据解决思路，结合“十四五”规划明确相应的规划期限，并根据各规划期限制定规划实施方案。在规划实际城市基础设施时，可编制智慧多功能杆专项规划。在该专项规划中，以国土空间规划和中心城区控制性详细规划为依据，结合当地通信专项规划和交通专项规划进行分析，该专项规划实现中心城区城市道路智慧城市多功能杆全覆盖，为未来智慧城市、数字道路的实现奠定基础。按照“统筹规划，科学布局；政府引导，市场主导；集约建设，绿色节能；安全可靠，规范发展”的原则，结合城市规划改革创新，统筹各类通信基础设施和公共基础设施，加快构建高速、移动、安全、泛在的新一代信息基础设施。

对智慧城市多功能杆特点、国内外应用现状、通信产业与典型应用领域、城市道路照明交通设施、供配电设施、管线设施等进行综合分析，根据规划流程实施专项规划。以主导功能需求组合为导向，通信基站的需求点位置落实到城市空间后，通过分析城市道路等级、周边建设条件、城市用地性质、城市密度分区等内容，筛选出规划布局智慧多功能杆的区域。

近期规划以业务需求为主确定智慧多功能杆布设位置，首先针对不同覆盖场景进行划分，结合通信网络覆盖能力、智慧城市管理进行全网融合站址规划布局。统计早、中、晚3个忙时段中心城区人流热力图，根据热力图可知城区人流主要集中区域，确定为近期规划重点区域。规划从点、线、面这3个层次考虑，充分结合城市道路线性布局、公园广场点状布局、城市信息通信网络布局等，确保近期规划对城市重点道路形成智慧多功能杆全覆盖。结合智慧多功能杆所挂载通信基站设备的网络补盲、容量扩展、线性覆盖等功能，以间隔方式杆布设智慧多功能杆。

中期规划作为近期规划的延伸，为远期规划起到承上启下的作用。中期规划对中心城区近期规划未涉及的主干路、次干路、快速路进行规划布局，针对不同道路采用双侧或单侧布设智慧多功能杆方式，以及考虑到公共场所等点状覆盖需求，按照实际场景需求进行规划。

远期规划以当前最高效的通信发展制式作为研究基础，以定量形式体现研究成果。末期规划实现全市主要快速路、主干路、次干路和人流密集区域支路的智慧多功能杆全覆盖，为推动全市建设新型智慧城市、实现万物互联奠定基础。

综合考虑覆盖效果、经济效益及用地规划等因素布设智慧多功能杆，主要覆盖区域如下。

① 城市中心城区的主干路、次干路。

② 重点区域支路及一般道路、公园、医院、学校等重点单位门口等。

通过以上规划的实施，形成智慧多功能杆总体规划布局图。

2.5.2 规划后评估

智慧多功能杆专项规划助力实现智慧城市的数字化、网络化、智能化，全面统筹交通、城建、公安、市政、气象、环保、通信等多个领域。在规划过程中提出智慧多功能杆规划目标和思路，并给出具体的实践过程，总结出智慧多功能杆的主要类型、功能、布设位置及间距参考值。

在规划中结合具体城市规划目标、规划范围、规划期限等，制定智慧多功能杆规划目标和思路。结合智慧多功能杆规划实践过程，总结出智慧多功能杆近期、中期、远期规划的实施要点，从点、线、面这 3 个层次考虑规划实施，从中心城区的重点区域拓展到主干路、次干路、快速路，再拓展到全市主要快速路、主干路与次干路和人流密集区域支路的全覆盖，并在规划实施中不断更新迭代。根据实际使用情况，结合城市更新及智慧城市等要求，对规划成果进行后评估，为规划的持续改进提供依据，形成符合国土空间规划要求的智慧多功能杆专项规划。

在规划的实施过程中，根据实际需求及时对智慧多功能杆专项规划布局图进行调整，既可以调整各类智慧多功能杆布设位置，又可以调整各杆件布设的功能模块。根据规划实践执行情况，对规划成果进行后评估，为专项规划持续改进提供依据，使智慧多功能杆专项规划符合国土空间规划要求，实现衔接上位规划、传导规划指标的目的。智慧多功能杆专项规划的编制和实施计划的制订，应进行规划实施评估，并以实施评估结论为依据。规划后的评估可采用定量与定性相结合的方法，从以下 6 个维度进行评估。

① 照明交通规划成果与城市交通专项规划是否匹配。

② 通信规划成果与城市通信专项规划是否匹配。

③ 感知交互规划成果与城市数字化规划是否匹配。

④ 其他相关规划成果与中心城区控制性详细规划是否匹配。

⑤ 智慧多功能杆功能与实际使用需求是否匹配。

⑥ 智慧多功能杆的感知体验与“以人为中心”的城市设计核心价值观是否匹配。

通过以上 6 个维度进行规划方法评估，不断修正规划方法，形成更加符合智慧城市国土空间规划要求的智慧多功能杆专项规划布局方法，并对规划的编制与实施提出建议。

评估内容包括实施进度、实施效果和外部效益等方面，并应符合以下规定。

① 实施进度应评估智慧多功能杆专项规划各组成部分的规划实施进度与协调性。

② 实施效果应评估规划实施后数字道路布局调整、居民出行特征、感知交互系统运行效果、财政可持续能力等与规划预期的关系。

③ 外部效益应评估规划实施对城市经济发展、土地使用、社会与环境可持续发展等方面的外部影响。

在规划后评估过程中，应强调监管监测与公众参与。根据地方实际情况，通过座谈调研、宣传栏公示、媒体宣传、城市管理信息化平台等方式建立部门审查监管、公众参与和监督平台，直观展示现状与规划成果信息。鼓励探索自动化分析和数字化审查等技术，促进提高国土空间精治、共治、法治水平，推动智慧多功能杆规划布局科学化与合理化发展。

智慧多功能杆作为新型城市基础设施，已在国家、省（自治区、直辖市）、行业等多层次完成标准制定。但目前已发布的标准多为建设标准，缺乏规划标准，智慧多功能杆规划中涉及的诸多问题仍值得探讨。部分城市已完成智慧多功能杆专项规划编制，并在规划实施过程中，积累了应用数据、应用需求、建设模式、规划定位等成果，但仍然存在问题。建议在以下 3 个方面进一步调整。

① 将智慧多功能杆专项规划纳入“五级三类”国土空间规划体系。

② 组建城市道路基础设施领导小组，规划、住建、城管、交通、环保等各相关职能部门共同参与，完善专项规划实施机制，并优化调整推进建设工作。

③ 加大共建共享，做到集约建设、一杆多用，考虑城市风貌，并构建统一信息平台。

第3章 方案设计

智慧多功能杆作为新基建的具象及智慧城市的新锚点，以各类市政杆件为基础进行有效融合，具备高度扩展功能并集成多种智慧化应用，是实现集约化、共享化、高效化、智慧化的基础设施，可避免重复建设和资源浪费。智慧多功能杆通过集成交通、安防、市政、照明、通信等设备，配合综合管线、综合控制箱、云平台管理，可以有效地提高社会资源利用率和城市管理效率，并且能加强城市风貌保护、促进街区有机更新、改善市容市貌。智慧多功能杆是传统信息基础设施向融合感知、传输、存储、计算、处理为一体的智能化综合信息基础设施演进的产物，作为智慧城市的主要载体之一，沿城市道路及其他特殊区域布设，逐步覆盖整个城市。

智慧多功能杆方案设计需要从满足现有使用需求并预留未来使用需求的角度出发，结合道路的具体情况和各需求端的收集情况，针对道路整体进行“一路一方案”；针对智慧多功能杆进行“一杆一设计”；针对设备箱和电源箱进行“一箱一配置”，最终达到高合杆率、高共享率、高使用率，实现资源“共享、集约、统筹”。其中，“一箱一配置”涉及内容应进行数字化建设与应用，按设计内容包含但不限于空间布局、传输、管道等。本章以智慧多功能杆方案设计阶段的工作内容为重点，从总体需求、功能要求、设备设置规范要求、前期工作、杆体方案设计与选型等方面切入，提供可行的解决方案，以此满足智慧多功能杆在各种应用场景下的基本需求、服务提供要求和运行管理要求，最终形成方案设计文件，其中杆体选型是第 4 章杆体建设中杆体设计的依据。

3.1 总体需求

GB/T 40994—2021《智慧城市 智慧多功能杆 服务功能与运行管理规范》中对智慧多功能杆系统的总体要求如下。

① 智慧多功能杆由杆体、综合箱和综合管道组成。智慧多功能杆系统组成如图 3-1 所示。

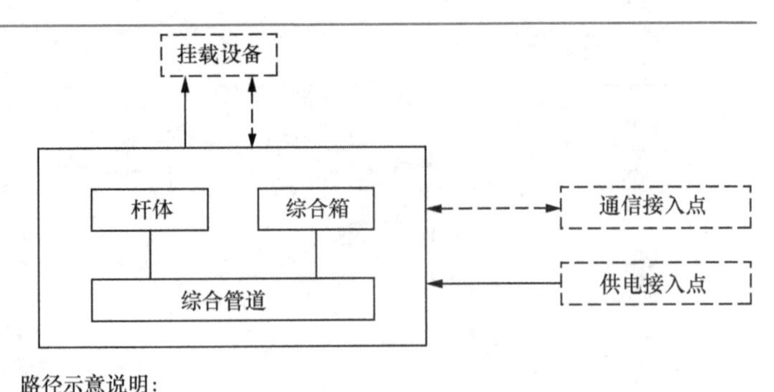

图3–1 智慧多功能杆系统组成

② 智慧多功能杆外的观设计应与当地城市规划设计和所处场景相融合，符合城市规划对城市风貌的规定。

③ 智慧多功能杆的设置应统筹用地、建筑、景观、道路空间等规划设计的管控要求，满足所在场景空间的服务功能要求。

④ 智慧多功能杆设计应满足使用年限、可靠性、安全性和人体工效学要求。

⑤ 智慧多功能杆的杆体结构和功能设置应综合考虑挂载设备的工作环境、安装空间、结构承载能力、服务功能稳定性、耐久性（结构、设备、涂装）等因素，技术参数指标应满足杆体所挂载设备正常工作需求。

⑥ 智慧多功能杆应为挂载设备提供安装的必要条件，包括各类挂载设备的安装固定、线缆接入和布设、网络接入、接地与防雷保护等功能。

⑦ 智慧多功能杆应为挂载设备提供所需交流或直流供电接口，宜具备漏电监测、供电监测、远程控制、倾斜监测、积水监测和舱门开关监测等功能。

⑧ 智慧多功能杆应具备可拓展性，为拟挂载设备和配套设施预留接口、安装空间、适度荷载和出线孔。

针对以上需求，本章主要对智慧多功能杆方案设计中的杆体布设、满足功能性要求等方面进行介绍，杆体结构设计、线缆、接地与防雷保护等内容将在本书第 4 章、第 6 章中进行详细介绍。

3.2 功能要求

本节从智慧多功能杆的主要功能切入介绍各类服务功能，以各类服务功能为基础，明确其对智慧多功能杆杆体结构的要求，以及各类服务功能的设备在杆体上的配置原则和空间位置要求，从而形成在不同高度、部位实现各类服务功能的分层设计。

3.2.1 挂载服务功能

智慧多功能杆主要挂载服务包含：智慧照明、智慧通信、智慧安防、智慧交通、智慧环保、智慧联动等功能。根据 GB/T 40994—2021《智慧城市 智慧多功能杆 服务功能与运行管理规范》对智慧多功能杆挂载服务的规定，智慧多功能杆挂载服务功能见表 3-1。

表3-1 智慧多功能杆挂载服务功能

城市服务	基本功能	功能介绍
智慧照明	功能照明	挂载照明设备和智能照明管理设备，通过智能化设计与精细化管控，支持照明设备的智慧远程集中控制、自动调节等功能
	景观照明	挂载景观照明设备和智能照明管理设备，支持景观照明设备的远程集中控制、自动调节等功能
智慧通信	移动通信	挂载移动通信基站设备，支持移动通信网络的信号覆盖和容量提升
	公共无线网	公共无线网络区域覆盖，用户可实现区域内接入网络
	物联网通信	为物联网系统提供通信连接的功能
智慧安防	图像信息采集	监控摄像机采集图像信息，支持城市交通、公共安全服务和其他场景的智能化管理和运行
	电子信息采集	智能感知设备采集人员、车辆等的电子信息，支持城市交通、公共安全服务和其他场景的智能化管理和运行
智慧交通	道路交通信号指示	由红、黄、绿三色（或红、绿两色）信号灯向车辆和行人发出通行或者停止的交通信号
	道路交通标志	指导道路使用者有序使用道路的交通标志指示信息，明示道路交通禁止、限制、通行状况，以及告示道路状况和交通状况等信息
	道路交通智能化管理	挂载智能设备实现交通流信息、交通事件、交通违法事件等交通状态感知，支持道路交通智能化管理
	车路协同	挂载多源感知单元，与车载终端、蜂窝车联网、云平台等联合支持车路协同一体化交通体系
	智能停车	通过停车诱导显示屏、停车诱导显示牌等协助智能停车
智慧环保	环境、气象监测	挂载环境、气象监测设备，支持环境数据的监测采集，包括大气环境数据、气象环境数据和声光环境数据等
智慧联动	互联互通	通过边缘计算、物联网模块、分布式存储等实现
其他功能	其他功能	支持公共信息导向、信息发布、能源供配服务、有 / 无轨电车供电线网、无线电监测、一键呼叫、空间定位等其他功能

3.2.2 杆体要求

杆体由主杆、副杆、横臂、舱体等部件组成，杆体组成如图 3-2 所示。杆体要求主要包括材质、强度、开孔和设备安装等。

杆体主要要求如下。

① 杆体底部宜设置检修门。

② 杆体挂载设备宜采用卡槽或连接件安装并预留接口。

③ 杆体顶部宜预留移动通信基站设备安装接口，移动通信基站设备应安装在杆体顶部上端或顶部侧面，安装在顶部上端时通过顶部预留的接口进行安装，顶部预留接口可参考图 3-3 进行设置，也可根据具体移动通信基站设备规格进行匹配；侧面安装可采用抱箍式或卡槽式安装，杆体应保留一定的空间用于移动通信基站设备的安装。

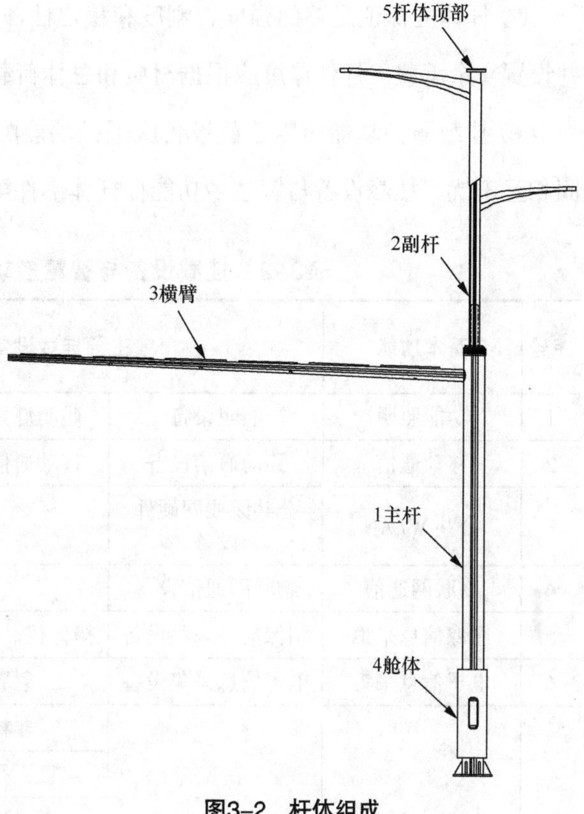

图3-2 杆体组成

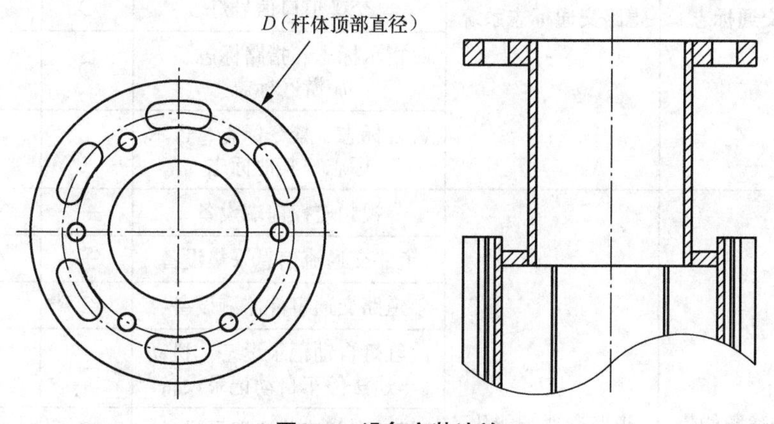

图3-3 设备安装法兰

④ 杆体应按需布置出线孔，出线孔应考虑设备线缆的直径，并应配置相应的防水设计，预留的通信基站设备出线孔直径应不小于 20mm。

⑤ 杆体内宜按需进行垂直分舱。

⑥ 杆体应进行内外防腐处理，并符合 CJ/T 527—2018《道路照明灯杆技术条件》的要求。

⑦ 杆体应保证足够的强度、刚度和稳定性，材质选择应能满足安全和服务功能要求，并设置富余承载，杆件厚度应根据材质和总体荷载等因素进行测算。

⑧ 挂载服务功能所需挂载设备应根据功能配置加载于杆体的不同部位，避免设备之间相互干扰。挂载设备与智慧多功能杆杆体部件配置见表 3-2。

表3-2 挂载设备与智慧多功能杆杆体部件配置

序号	基本功能	主要挂载设备		智慧多功能杆杆体部件		
				主杆	副杆	横臂
1	功能照明	照明设备	照明灯具、照明控制器等	○	○	○
2	移动通信	移动通信设备	移动通信基站及配套设备	○	○	○
3	公共 WLAN	公共无线网硬件设备	—	○	○	○
4	物联网通信	物联网通信设备	—	○	○	○
5	图像信息采集	图像信息采集设备	摄像机、补光灯、爆闪灯等	○	○	○
6	电子信息采集	电子信息采集设备	射频识别设备等	○	○	○
7	道路交通标志	道路交通标志系统	非机动车信号灯	○	—	○
			人行横道信号灯	●	—	—
			机动车信号灯	—	—	●
			交叉道口信号灯	○	—	○
			指示标志、指路标志、旅游区标志	○	—	○
			警告标志、禁令标志、告示标志、其他标志	○	—	○
8	道路交通智能化管理	道路交通智能化管理设备	视频监控前端设备	—	—	●
			道路交通流信息采集设备	—	○	○
			道路交通事件监测设备	○	—	○
			闯红灯自动记录设备、机动车违法停车自动记录设备	—	—	●
			机动车超速监测记录设备	○	—	○
			人行横道道路交通安全违法行为监测记录设备	○	—	○
			违法逆行、闯单行线、占用专用道路违法行为监测记录设备	—	—	●
			交通诱导可变信息发布设备	—	—	●
9	车路协同	道路环境感知设备	路侧单元	○	○	○

续表

序号	基本功能	主要挂载设备		智慧多功能杆杆体部件		
				主杆	副杆	横臂
10	智能停车	智能停车设备	停车诱导显示屏、停车诱导显示牌	○	—	○
11	气象环境监测	气象环境监测设备	环境传感器、气象传感器	—	○	○
12	公共信息导向	公共标识系统	地名标志、公共厕所标志、公共厕所导向标志等	●	—	—
			公共交通客运标志	○	—	○
13	信息发布	信息发布设备	广播扬声器、网络音柱	○	○	—
			信息发布屏、信息交互（触摸）屏、广告灯箱	●	—	—
14	能源供配	能源供配设备	市政供配电设备、电动汽车充电桩、电动自行车充电桩、USB 接口充电、无线充电	●	—	—
			太阳能板、风力发电设备	○	○	—
15	无线电监测	无线电监测设备	—	○	○	○
16	有 / 无轨电车供电线网支撑	有 / 无轨电车供电线网	架空接触线、架空馈线	—	—	●
17	装饰	—	景观花篮、旗帜	●	—	—

注：“●”代表宜挂载于该部件上；“○”代表可根据需求挂载于该部件上；“—”代表不宜挂载于该部件上。

3.2.3 杆体分层设计

智慧多功能杆杆体针对不同的挂载服务功能及适用高度采用分层设计，通常可分为 4 层。智慧多功能杆分层设计如图 3-4 所示，各层空间范围及功能分布如下。

第一层：杆体底部，高度在 0.5 ～ 2.5m，适用设备有检修门、配套设备舱等。

第二层：杆体中部，高度在 2.5 ～ 5.5m，主要布置智慧交通、智慧安防的部分功能，涉及人行横道信号灯、非机动车信号灯、路名牌、人脸识别摄像头、小型标志标牌、公共广播、LED 大屏等。

第三层：杆体上部，高度在 5.5 ～ 8.0m，主要布置智慧交通、智慧安防的主要功能，涉及机动车信号灯、电子警察、智能卡口、交通标志标牌、路侧单元、公共 WLAN 等。

第四层：杆体顶部，高度在 8.0m 以上，主要布置智慧照明、智慧通信、智慧环保等功能，涉及照明灯具、移动通信基站设备、气象监测设备、环境监测设备、物联网通信设备等。

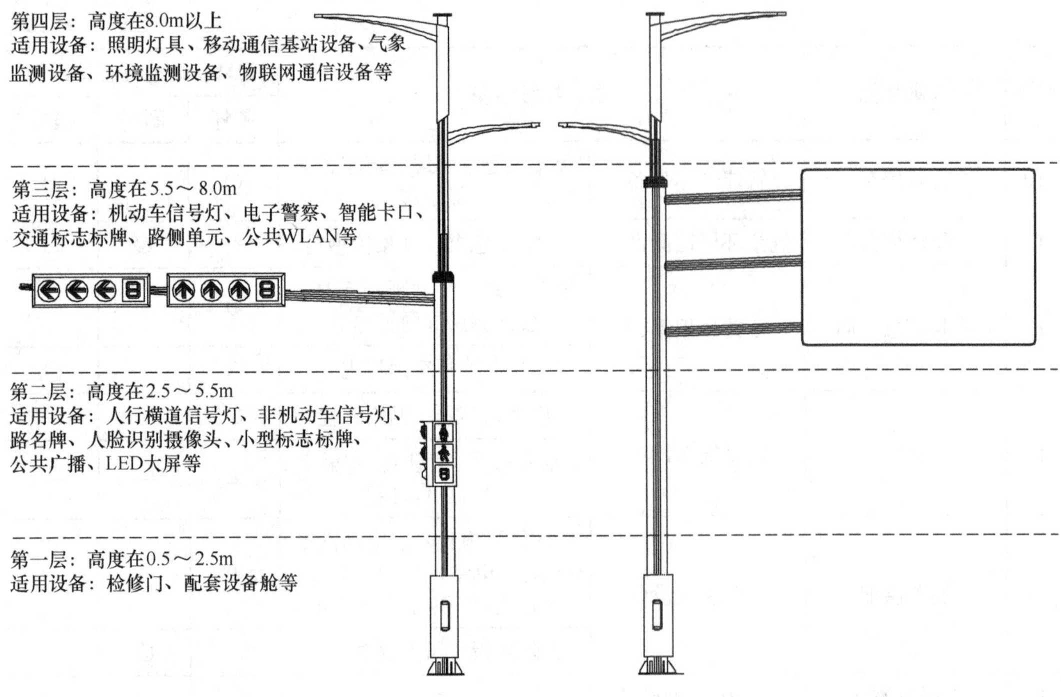

图3-4　智慧多功能杆分层设计

3.3　设备设置规范要求

确定智慧多功能杆的总体需求和功能要求后，针对具体道路、区域在进行方案设计时，需要实现多种市政类杆件功能，例如监控杆、交通信号灯杆、标志标牌杆、道路照明杆等，同时还要实现公共 WLAN 覆盖、视频监控、广告及预留未来移动通信基站等功能。当各种杆件和智能应用设备集合在一起时，无论是在杆件位置还是在使用空间上都会有一定的冲突，因此需要在方案设计阶段研究各类杆件和智能应用设备设置的规范性、合理性、保障性等级和重要性等级等内容，从全局性、规范性和重点性等角度进行方案整合研究。

在智慧多功能杆搭载的各类设备中，市政类设备是需要重点保障的，主要包括以下内容。

（1）交通标志

交通标志按其作用分为主标志和辅助标志两类。主标志包括警告标志、禁令标志、指示标志、指路标志、旅游区标志、作业区标志、告示标志。辅助标志附设在主标志下，对主标志进行辅助说明。

（2）交通信号灯

交通信号灯按功能主要分为机动车信号灯、非机动车信号灯、人行横道信号灯。

（3）监控系统

监控系统按使用场景主要包括电子警察、智能卡口、违章监测记录、安防监控等。

（4）道路照明

根据使用功能，城市道路照明可分为机动车道照明、交会区照明、用于非机动车与行人使用的人行道路照明等。

（5）其他设备

其他设备主要包括其他交通服务设备和后期可扩展设备，例如移动通信基站设备、环境监测设备、信息发布设备等。

本节从各类设备设置规范要求及满足功能性要求方面进行阐述，以明确各类设备设置的相关规定和规范要求，并对城市道路中存在的各类杆件和挂载设备方案进行整合研究，并由此明确不同类型的智慧多功能杆在前期工作、杆体方案设计与选型等方面应注意的事项。

3.3.1 交通标志

交通标志按其作用应分为主标志和辅助标志两大类，本节主要介绍常用的主标志设置原则和注意事项等。标志板面的颜色、含义及适用范围见表 3-3。

表3-3 标志板面的颜色、含义及适用范围

颜色	含义	适用范围
红色	禁止、停止、危险	禁令标志的边框、底色、斜杠，叉形符号和警告性线形诱导标的底色等
黄色（荧光黄色）	警告	警告标志的底色
蓝色	指示、指路	指示标志的底色、干路和支路的指路标志的底色
绿色	快速路指路	快速路指路标志底色
棕色	旅游区及景点指引	旅游区指引和旅游项目标志的底色
黑色	警告、禁令等	标志的文字、图形符号和部分标志的边框
白色	警告、禁令等	标志的底色、文字和图形符号，以及部分标志的边框
橙色（荧光橙色）	警告、指示	道路作业区的警告、指路标志
荧光黄绿色	警告	注意行人、注意儿童的警告标志

1. 一般原则

智慧多功能杆上的各类交通标志及支撑结构的任何部分不得侵入道路建筑限界以内。

（1）标志板面布置

① 同类标志宜采用同一类型的标志板面。设置于同一门架式、悬臂式等支撑结构上的同类标志，宜采用同一高度和边框尺寸。

② 同一板面中的禁令或指示标志的数量不应多于 4 种；但在快速路、隧道、特大桥路段的入口处，同一板面中的禁令或指示标志的数量不应多于 6 种。同一板面中禁止某种车辆转弯或禁止直行的禁令标志，不应多于 2 种，若禁止的车辆多于 2 种，则应增设辅助标志。

（2）标志设置位置与数量

① 交通标志应设置在车辆行进方向易于看到的地方，并宜设置在车辆前进方向的右侧或车行道的上方。当路段单向车道数大于 4 条、道路交通量大、大型车比例高时，宜分别在车辆前进方向的左、右两侧设置相同的交通标志。

② 禁令、指示标志应设置在禁止、限制或遵循路段的开始位置，部分禁令、指示标志开始路段的交叉口前还宜设置相应的提前预告标志，使被限制车辆能够提前了解相关信息。

③ 标志设置位置除了满足前置距离和视认性要求，还应符合以下要求。

- 不得影响道路的停车视距和妨碍交通安全。
- 不宜紧靠沿街建筑物的门窗前及车辆出入口前。
- 与沿街建筑物宜保持 1m 以上的侧向距离。
- 快速路标志间距不宜小于 100m，其他道路在路段上的标志最小间距不宜小于 30m，当不能满足最小设置距离时，应采用互不遮挡的支撑结构形式。
- 不得被上跨道路结构、照明设备、监控设备、广告构筑物及树木等遮挡。
- 不应影响其他交通设施。

④ 不同种类的标志不宜并列设置，当受条件限制需要并列设置时，应符合以下规定。

- 安装在同一支撑结构上的标志不应超过 4 个，并应按禁令标志、指示标志、警告标志的顺序，先上后下、先左后右排列。
- 同类标志的设置顺序，应按提示信息的重要程度排列。
- 停车让行标志、减速让行标志、会车让行标志、解除限制速度标志、解除禁止超车标志应单独设置，当条件限制需要并列设置时，同一支撑结构上的标志不应超过 2 个。

• 当指路标志和分向行驶车道标志需要并列设置时，应按分向行驶车道标志、指路标志顺序从左至右排列。

⑤ 辅助标志应设置在被说明的主标志下缘，当需要两种以上内容的辅助标志对主标志进行说明时，可采用组合形式，但组合的内容不宜多于 3 种。

⑥ 主标志、辅助标志及支撑结构的竖向和横向最小净空高度应符合以下规定。

位于路面上方的各类标志，其标志板及支撑结构下缘至路面的高度应大于该道路规定的净空高度。路面上方标志及支撑结构下缘距离路面的最小净空高度见表 3-4，标志板及支撑结构下缘至路面的最小净空高度应大于表 3-4 的要求。

表3–4　路面上方标志及支撑结构下缘距离路面的最小净空高度

道路种类		最小净高 /m
机动车道	快速路、主干路	5.0
	次干路、支路	4.5
	小型机动车专用道	3.5
非机动车道	自行车、其他非机动车	2.5
人行道	—	2.5

位于路侧的各类标志板边缘及标志支撑结构边缘至车行道路面边缘的侧向距离，应大于或等于 0.25m；位于路侧的柱式标志板下缘距路面的高度宜为 1.5 ～ 2.5m；当设置在小型车比例较高的道路时，标志板下缘距路面的高度可根据实际情况减小，但不宜小于 1.2m；当设置在人行道、非机动车道的路侧时，标志板下缘距路面的高度应大于 1.8m。

2. 指示标志

（1）车辆行驶方向标志

车辆行驶方向标志应设置于需要控制车辆行驶方向的交叉口或路段前的 30 ～ 90m 处。靠某路侧行驶标志应设置于交叉口出口道的中央分隔带的端部，或车辆靠某路侧行驶的道路入口的分隔带端部。车辆行驶方向标志如图 3-5 所示。

（2）立体交叉行驶路线、环岛行驶标志

立体交叉行驶路线标志宜结合指路标志或出入口标志，设置在立交路线上游适当位置。环岛行驶标志应设置在环岛交叉

图3–5　车辆行驶方向标志

口进口导流岛上或环岛中心面向来车方向的适当位置。立体交叉行驶路线、环岛行驶标志如图 3-6 所示。

（3）单行路标志

当所需指示道路为单向行驶时，应设置单行路标志。单行路标志如图 3-7 所示。

图3-6　立体交叉行驶路线、环岛行驶标志

图3-7　单行路标志

（4）车道行驶方向标志

除分向行驶车道标志以外的车道行驶方向标志，均应设置在所指示车道中心上方；分向行驶车道标志宜采用悬臂式，设置在指路标志下游，或与指路标志并列设置；车道行驶方向标志应设置在导向车道前的适当位置，并不应与指路标志之间互相遮挡；路段上的车道行驶方向标志宜设置在导向车道变化的起点位置。车道行驶方向标志如图 3-8 所示。

（5）专用道路和车道标志

机动车行驶标志、机动车车道标志，宜设置在专供机动车行驶道路、车道的起点及入口前的道路或车道上方。非机动车行驶标志、非机动车车道标志，宜设置在专供非机动车行驶道路、车道的起点及入口前的道路或车道上方。公交车专用车道标志应设置在专供公交车线路行驶的车道起点及入口前的车道上方。

当机动车行驶标志与非机动车行驶标志同时设置于道路机非分隔带起点及入口处时，或者机动车行驶标志附加靠左侧行驶箭头与非机动车行驶标志附加靠右侧行驶箭头同时设置在道路机非分隔带起点及入口处时，且机非分隔带宽度满足设置标志要求时，宜同杆设置。专用道路和车道标志如图 3-9 所示。

图3-8　车道行驶方向标志

图3-9　专用道路和车道标志

（6）人行横道标志

无信号灯控制的人行横道两端应设置人行横道标志。有信号灯控制的人行过街横道宜设置人行横道标志。人行横道标志应设置在人行横道两端的适当位置，面向来车方向。人行横道标志如图3-10所示。

（7）停车位标志

停车位标志应设置在允许车辆停放的区域或通道起点的适当位置，应配合车位标线使用。停车位标志如图3-11所示。

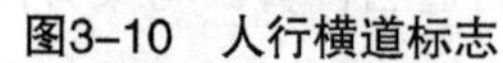
图3-10　人行横道标志

图3-11　停车位标志

3. 禁令标志

禁令标志的设置位置，应便于相关道路使用者观察前方路况，并易于转变行驶或行走方向。两个或两个以上的禁令标志并设时，应按照对道路安全影响的大小程度，依次由上至下或由左至右排列。

（1）停车让行、减速让行标志

无信号灯控制的环形交叉口的进口道处，宜设置减速让行标志；无人看守的铁路道口，车辆进出频繁的沿街单位、宾馆、饭店、路外停车场等出入口，应设置停车让行标志。停车让行标志应设置在人行横道前、铁路道口前或沿街单位等出入口处的道路右侧，以及停车让行标线齐平或上游的适当位置。减速让行标志应设置在交叉口让行道路进口道、专用右转车道出口道合流点或快速路合流点的道路右侧，以及减速让行标线齐平或上游的适当位置。停车让行、减速让行标志如图3-12所示。

图3-12　停车让行、减速让行标志

（2）与道路通行权相关的禁令标志

与道路通行权相关的禁令标志应设置在相关道路入口处的明显位置。与道路通行权相关的禁令标志如图 3-13 所示。

图3–13　与道路通行权相关的禁令标志

（3）与某方向通行权相关的禁令标志

与某方向通行权相关的禁令标志应设置在相关交叉口前的适当位置。与某方向通行权相关的禁令标志如图 3-14 所示。

（4）与交通管理相关的禁令标志

与交通管理相关的禁令标志应设置在需要管理路段的地点或路段的起点处。与交通管理相关的禁令标志如图 3-15 所示。

图3–14　与某方向通行权相关的禁令标志

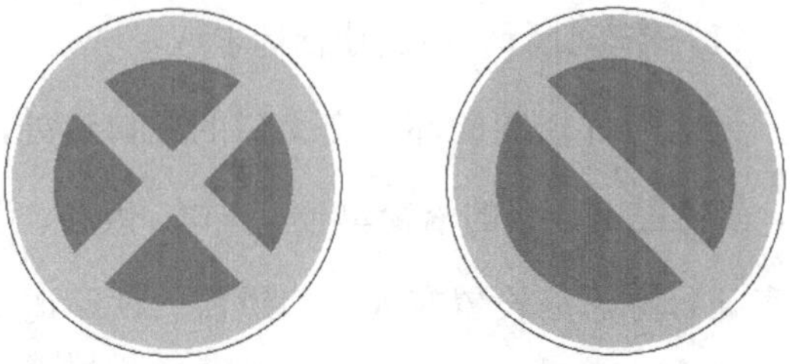

图3–15　与交通管理相关的禁令标志

4. 警告标志

警告标志主要包括与道路平面相关的警告标志、与道路纵断面相关的警告标志、与道路横断面相关的警告标志、与交通流状况相关的警告标志、与可能出现危险状况相关的警告标志、与建议安全措施相关的警告标志等。警告标志应设置在易发生危险的路段、容易造成道路使用者错觉而放松警惕的路段，以及同一位置连续发生同类事故的路段。当所在位置不具备设置条件时，警告标志可适当移位。警告标志如图 3-16 所示。

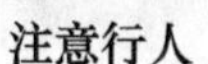

慢行

注意危险

图3–16　警告标志

5. 指路标志

指路标志包括干路指路标志、支路指路标志和快速路指路标志。设计智慧多功能杆方案时，应着重考虑城市道路交叉口的路径指引标志。本节主要介绍干路指路标志和支路指路标志中交叉口指引标志的相关要求，包括交叉口路径指引标志的位置要求和设置规则。根据城市道路等级在相关交叉口路径指引标志的设置位置划分结果详见表 3-5，交叉口路径指引标志设置如图 3-17 所示。

表3–5　交叉口路径指引标志的设置

被交道路 / 主线道路	主干路	次干路	支路
主干路	(预)、告、确	告、确	(告)、确
次干路	(预)、告、确	告、确	(告)、确
支路	告、确	告、确	(告)、确

注：1.“预”为交叉口预告标志；“告”为交叉口告知标志；“确”为确认标志，包括路名牌标志、街道名称标志、地点方向标志等；( ) 为可根据需要设置的标志。

2. 如果条件限制，可降低路径指引标志的配置要求，但应设置必要的交叉口告知标志。

设置规则应符合以下要求。

① 交叉口预告标志宜设置在交叉口告知标志上游 150 ～ 500m 处，并宜设置于道路行车方向的右上方，标志板面应面对来车方向。若条件有限，可向交叉口适当前移，但距离交叉口停车线不应少于 100m，且不应遮挡其他交通标志。

② 交叉口告知标志宜设置在距离交叉口停车线 30 ～ 80m 处，宜设置于道路行车方向的右上方，标志板面应面对来车方向。

③ 确认标志应包括路名牌标志、街道名称标志和地点方向标志。

• 路名牌标志：路名牌标志应设置在交叉口进口道人行道边，标志板面应与行车方向平行。

• 街道名称标志：街道名称标志宜设置在交叉口下游 30 ～ 100m 处，位于车行道右侧，标志板面应面对来车方向；当两个交叉口间距较大时，可重复设置。

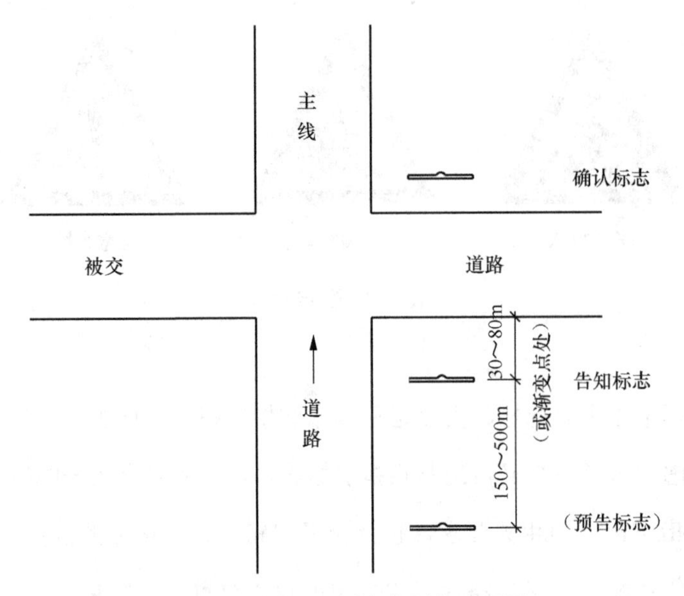

图3-17　交叉口路径指引标志设置

- 地点方向标志：地点方向标志应设置在道路通达方向分岔起始点的主、辅道分隔带中，标志板面应面对来车方向。

交叉口路径指引标志如图 3-18 所示。

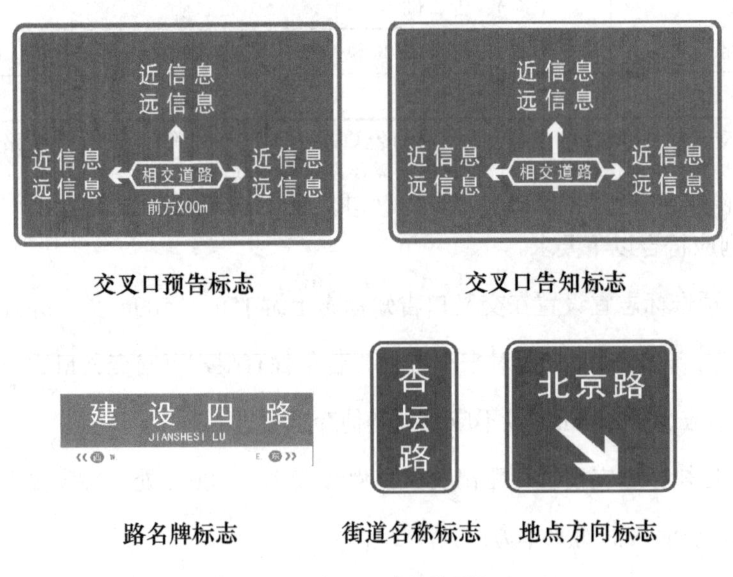

图3-18　交叉口路径指引标志

6. 旅游区标志

旅游区标志包括旅游区指引标志和旅游符号标志，旅游区指引标志如图 3-19 所示，旅游符号标志如图 3-20 所示。

旅游区指引方向

旅游区指引距离

图3-19 旅游区指引标志

图3-20 旅游符号标志

① 旅游区方向标志分为快速路、干路和支路，快速路上的旅游区方向标志应设置在出口减速车道起点前。干路和支路上的旅游区方向标志应设置在通往旅游景点各连接道路交叉口处，与快速路、高速公路直接衔接的道路，旅游区方向指引信息应连续。

② 旅游符号标志应设置在通往各旅游景点或各活动场所的道路交叉口附近。

③ 旅游符号标志可套用在指路标志上。旅游符号标志下可附加辅助标志。

④ 旅游区标志的设置不得影响各交叉口的指路标志、快速路出口和出口预告标志。

7. 告示标志

告示标志如图 3-21 所示，主要要求如下。

① 路外设施标志可设置在引导、到达所指路外设施道路的入口处。

② 行车安全提醒告示标志可设置在快速路起点、干路或支路流量较大的路段附近、事故多发地段前的适当位置。

③ 告示标志的设置不得影响警告、禁令、指示和指路标志的设置和视认性。

④ 当告示标志与警告、禁令、指示和指路标志设置在同一位置时，不得并设在一根立柱上，应独立设置在警告、禁令、指示和指路标志的外侧。

路外设施标志

行车安全提醒告示标志

图3–21　告示标志

8. 作业区标志

作业区标志是用于通告道路交通阻断、绕行等情况的交通标志，其设置通常不具备长期性。因此，在设计智慧多功能杆杆件方案时，若无特殊要求，一般不单独考虑作业区标志的设置，可通过智慧多功能杆杆体设计时预留的荷载来满足作业区标志的临时挂载需求。作业区标志如图 3-22 所示。

9. 辅助标志

辅助标志应设置在主标志下方，紧靠主标志下缘。在设计智慧多功能杆杆体方案时，需要预留辅助标志的安装位置，一般与主标志同时考虑。辅助标志如图 3-23 所示。

7:00~9:00
16:00~19:00

图3–22　作业区标志

图3–23　辅助标志

3.3.2　交通信号灯

交通信号灯按功能分为机动车信号灯、非机动车信号灯和人行横道信号灯。常见的安装方式有悬臂式、柱式、门架式和附着式等。

1. 机动车信号灯

（1）安装位置

① 在未设置机动车道和非机动车道隔离带的路口，机动车信号灯灯杆宜安装在出口路缘线切点附近。

② 在设置机动车道和非机动车道隔离带的路口，在隔离带宽度允许的情况下，机动车信号灯灯杆宜安装在出口隔离带缘头切点向后 2m 以内。

机动车信号灯安装位置要求如图 3-24 所示。

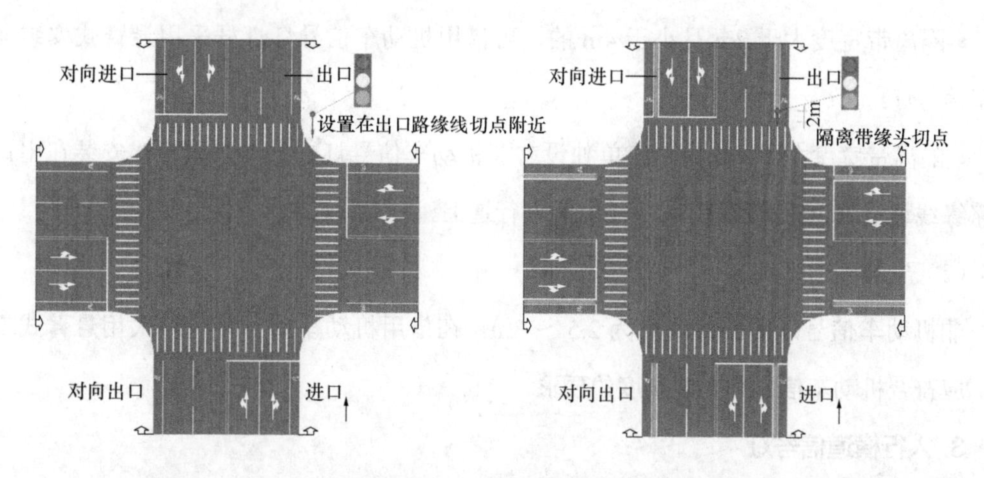

（a）未设置机动车道与非机动车道隔离带的路口　（b）设置机动车道和非机动车道隔离带的路口

图3–24　机动车信号灯安装位置要求

（2）安装方式

机动车信号灯安装方式一般采用悬臂式，当路幅较窄或需增设辅助标志时可采用柱式安装，路幅较宽时可采用门架式安装。信号灯应正向面对来车，在遇到不规则道路时，信号灯横臂应和来车方向道路垂直，而不与信号灯杆所在道路垂直，这样有利于车辆驾驶员观察信号灯，否则有可能会影响来车驾驶员观察信号灯的视线。单个信号灯的覆盖范围为信号灯基准轴左右各 10°，当覆盖范围无法满足车道指示要求时，可通过调整横臂长度或增设信号灯来满足。

（3）安装高度

① 采用悬臂式安装时，高度为 5.5 ～ 7m。

② 采用柱式安装时，高度不应低于 3m。

③ 安装于净空高度小于 6m 的立交桥体上时，不得低于桥体净空高度。

④ 增设的信号灯的安装高度低于 2m 时，信号灯壳体不得有尖锐突出物。

2. 非机动车信号灯

（1）安装位置与安装方式

① 在未设置机动车道和非机动车道隔离带的道路，非机动车信号灯宜采用附着式安装在机动车信号灯灯杆上。

② 在设置机动车道和非机动车道隔离带的道路，且机动车信号灯灯杆安装在出口右侧隔离带上时，非机动车信号灯的安装位置要求如下。

• 隔离带宽度小于 2m 的，非机动车信号灯宜采用附着式安装在机动车信号灯灯杆上。

• 隔离带宽度大于 2m 且小于 4m 的，可借用机动车信号灯灯杆采用悬臂式安装非机动车信号灯。

• 隔离带宽度大于 4m 的，应单独设立非机动车信号灯灯杆，采用柱式安装在出口右侧路缘线切点附近距离路缘 0.8 ～ 2m 的人行道上。

（2）安装高度

非机动车信号灯的安装高度为 2.5 ～ 3m。在借用机动车信号灯灯杆采用悬臂式安装时，应符合机动车信号灯安装高度的要求。

3. 人行横道信号灯

（1）安装位置与安装方式

路口或路段上的人行横道信号灯应安装在人行横道两端内沿或外沿线的延长线、距离路缘 0.8 ～ 2m 的人行道上，采取对向灯安装。人行横道信号灯安装位置如图 3-25 所示。人行横道信号灯一般采用柱式，在智慧多功能杆方案设计中，可结合路口处布设的交通、照明设施（例如中杆灯、监控杆等）采用附着式安装。

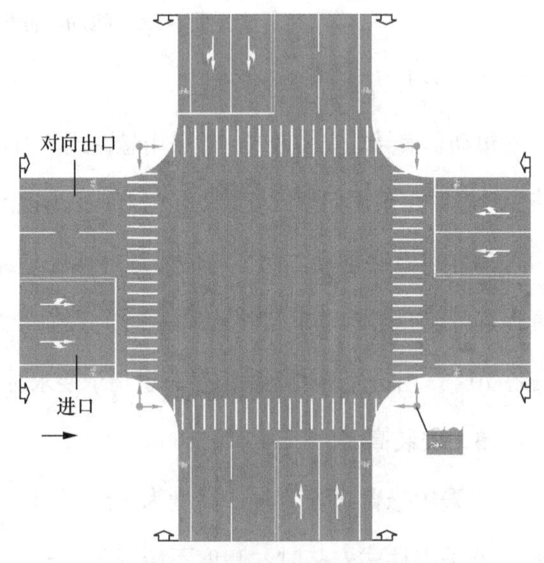

图3-25 人行横道信号灯安装位置

在道路中央设置行人过街安全岛的路口或路段，若行人一次过街距离大于等于 18m 时，宜在行人过街安全岛上增设人行横道信号灯，采用行人二次过街的控制方式。

（2）安装高度

人行横道信号灯的安装高度为 2 ～ 2.5m。

3.3.3 监控系统

监控系统按照其所归属的职能单位可分为交通监控、公安监控和其他监控（社区街道等自立监控），按照监控设备类型可分为枪式监控摄像机、云台摄像机和球形监控摄像机等。

目前，监控系统布设没有统一的标准，一般按照职能单位（例如交警、公安等）的需求，在满足设备功能要求的情况下布设，并需要提交职能单位审核。本节主要介绍城市道路主要监控设备的布置要求，实施中各地存在差异，应根据职能部门的要求做相应调整。

1. 交通监控

交通监控主要包含电子警察、路口与路段监控设备等。

（1）电子警察

电子警察一般需要覆盖所有车道，故横臂长度较长。设备清晰度很高，通常同步配有补光设备和单独的设备舱体，主要目的是监测车辆闯红灯、压线、不按导向线行驶和不礼让行人等交通违法行为，主要设备以枪式监控摄像机为主。电子警察的布设位置一般要求在进路口距停止线 20 ～ 25m 处，用于监测汽车尾部，横臂及设备净空高度应满足城市道路最小净空高度的要求。电子警察如图 3-26 所示。

（2）路口与路段监控设备

路口与路段监控设备多安装在禁停路段、路口等位置，具有监控范围大、监控设备可变焦等特点，用于观察路况和拍摄违章行为等。一般为下挂球形监控摄像机，横臂长度根据监控范围确定，配有独立的设备舱体，例如违停监控、测速监控、流量监控等。

图3–26 电子警察

2. 公安监控

公安监控一般设置在道路出入口、地铁口、银行门口和商场门口等人流密集的区域，主要包含枪式监控摄像机、球形监控摄像机、云台摄像机、人脸识别摄像机和卡口摄像机等，监控安装高度根据使用场景变化较大。

（1）人脸识别摄像机

一般设置在道路出入口、地铁口、银行门口和商场门口等人流密集的区域，设备挂载高度 2.5 ～ 4m。

（2）卡口摄像机

卡口摄像机正对车辆安装，用来拍摄车辆的正面照片，主要用于抓拍车辆的正面特征，采集车辆轨迹的照片，一般需要覆盖所有的车道，横臂长度较长。卡口摄像机相关设备包含枪式监控、补光灯、流量监测和设备舱体等。卡口摄像机的横臂及设备净空高度应满足城市道路最小净空高度的要求。

3.3.4 道路照明

道路照明类杆件在城市道路中的数量最多，因此满足道路照明要求是智慧多功能杆杆体方案设计的出发点之一。城市道路照明根据使用功能可分为机动车道照明、交会区照明、用于非机动车与行人的人行道路照明等。根据道路和场所特点及照明要求可分为常规照明、高杆照明和半高杆照明。高杆照明通常用于高度 20m 以上的大面积照明。半高杆照明灯具的安装高度为 15 ～ 20m，通常用于道路交会区等场所的照明。城市道路照明应采用常规照明，路面宽阔的快速路和主干路可采用高杆照明。城市道路照明设计要求照度满足规范要求，从而影响照明杆件布置的疏密程度，最终影响智慧多功能杆布置的杆件数量。照度计算主要涉及路灯高度、间距、功率、配光类型和布置方式等。本节主要介绍以上影响因素的规范要求。

1. 常规照明的相关要求

① 根据道路横断面形式、道路宽度及照明要求选择常规照明方式。

② 灯具的悬挑长度不宜超过安装高度的 1/4，灯具仰角不宜超过 15°。

常规照明灯具布置的基本方式如图 3-27 所示。

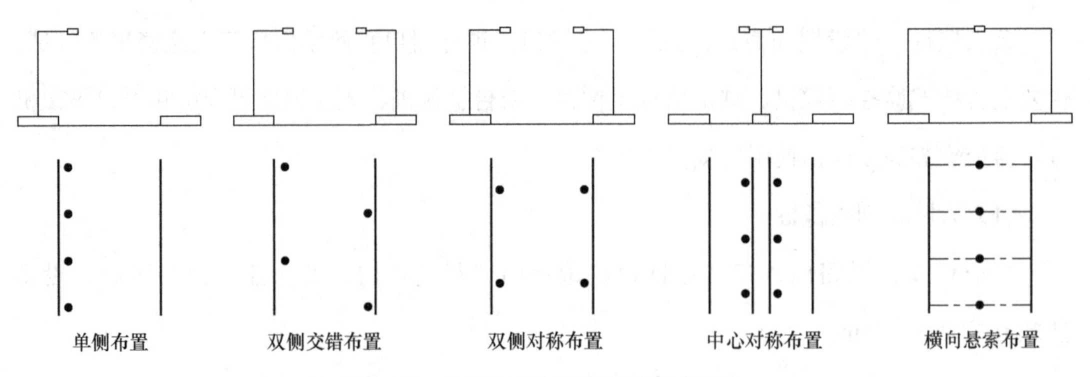

图3-27　常规照明灯具布置的基本方式

灯具的配光类型、布置方式与灯具的安装高度和间距相关，具体要求见表 3-6。

表3-6　灯具的配光类型、布置方式与灯具的安装高度和间距的关系

配光类型	截光型		半截光型		非截光型	
布置方式	安装高度 /m	间距 /m	安装高度 /m	间距 /m	安装高度 /m	间距 /m
单侧布置	$H \geqslant W_{eff}$	$S \leqslant 3H$	$H \geqslant 1.2W_{eff}$	$S \leqslant 3.5H$	$H \geqslant 1.4W_{eff}$	$S \leqslant 4H$
双侧交错布置	$H \geqslant 0.7W_{eff}$	$S \leqslant 3H$	$H \geqslant 0.8W_{eff}$	$S \leqslant 3.5H$	$H \geqslant 0.9W_{eff}$	$S \leqslant 4H$
双侧对称布置	$H \geqslant 0.5W_{eff}$	$S \leqslant 3H$	$H \geqslant 0.6W_{eff}$	$S \leqslant 3.5H$	$H \geqslant 0.7W_{eff}$	$S \leqslant 4H$

W_{eff}：路面有效宽度，用于道路照明设计的路面理论宽度，与道路的实际宽度、灯具的悬挑长度和灯具的布置方式等有关。当灯具采用单侧布置方式时，路面有效宽度为实际路宽减去一个悬挑长度。当灯具采用双侧（包括交错和对称）布置方式时，路面有效宽度为实际路宽减去两个悬挑长度。当灯具在双幅路中间分隔带上采用中心对称布置方式时，路面有效宽度为道路实际宽度。

T 形交叉路口应在道路尽端布置灯具，并应显现道路形式和结构。T 形交叉路口灯具布置如图 3-28 所示。

转弯处的灯具不得安装在直线路段灯具的延长线上，转弯处灯具布置如图 3-29 所示。

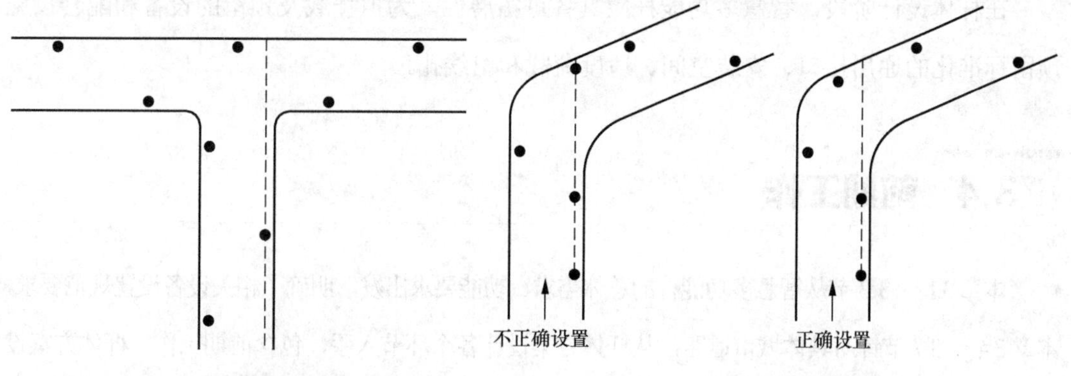

图3-28　T形交叉路口灯具布置

图3-29　转弯处灯具布置

2. 高杆照明的相关要求

① 可按场地情况选择平面对称、径向对称和非对称的灯具配置方式：布置在宽阔道路及大面积场地周边的高杆照明宜采用平面对称配置方式；布置在场地内部或者车道布局紧凑的立体交叉的高杆照明宜采用径向对称配置方式；布置在多层大型立体交叉或车道布局分散的立体交叉的高杆照明宜采用非对称配置方式。各种灯具的配置方式、灯杆间距和灯杆高度应根据灯具的光度参数计算确定。

② 灯杆不宜设置在路边易于被机动车剐碰的位置和维护时会妨碍交通的位置。

③ 灯具的最大光强瞄准方向和垂线夹角不得超过 65°。

④ 在环境景观区域设置的高杆照明，应在满足照明功能要求的前提下与周边环境协调。

3. 半高杆照明的相关要求

半高杆照明灯具安装高度为 15 ～ 20m，可参考常规照明或高杆照明配置灯具，通常用于道路交会区等场所的照明。

3.3.5 其他设备

其他设备包含其他交通服务设备和后期可扩展设备，例如移动通信基站设备、气象环境监测设备、信息发布设备等。由于后期拓展设备在位置和功能上均存在不确定性，且预留的拓展设备往往具有超前性，因此杆体方案设计和杆体设计阶段应合理考虑后续设备的拓展和预留。

在杆体方案设计阶段，应在不同高度和位置考虑设备预留方案。例如：在杆体顶部、副杆、主杆、横臂、舱体等部位可结合挂载设备与智慧多功能杆杆体部件配置表（表 3-2），综合考虑预留。

在杆体设计阶段，智慧多功能杆应具备可拓展性，为拟挂载及预留的设备和配套设施预留标准化的通用接口、安装空间、适度荷载和出线孔。

3.4 前期工作

本章 3.1 ～ 3.3 节从智慧多功能杆的总体需求、功能要求出发，明确了相关设备设置规范要求，本章 3.4 ～ 3.7 节针对具体城市道路，从杆体方案设计各个环节入手，包含前期工作、杆体方案设计与选型等环节，阐述了杆体方案设计各阶段与规范要求结合的相关工作内容。本节介绍前期工作的相关内容，包含道路概况、资料收集、需求收集、现场勘察，以及勘察工作要点与成果等。

3.4.1 道路概况

道路概况主要收集道路的整体概况信息，包含道路建设性质（改扩建或新建）、道路位置及周边环境情况、道路长度、道路等级（主干路、次干路、支路）、周边水文地质及桥梁等情况。某道路区域位置如图 3-30 所示。

道路建设性质不同决定了智慧多功能杆方案设计时所需收集资料的内容不同。道路位置及周边环境情况会影响杆件风格和服务功能的选择，道路长度、道路等级、设计车速、道路红线宽度等基本信息是杆件方案设计的依据，设备设置规范要求与道路的基本信息相关。在智慧多功能杆基础设计中应充分考虑周边水文地质、桥梁等特殊情况，例如杆体预埋件埋设、管线预留等。

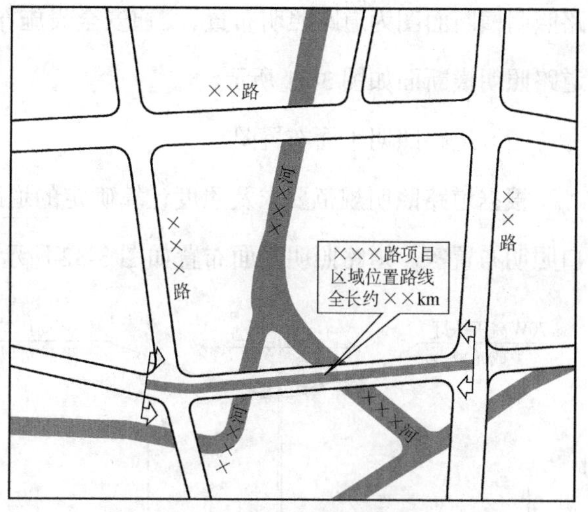

图3–30　某道路区域位置

3.4.2　资料收集

智慧多功能杆方案设计前应收集的相关资料包括以下内容。

① 收集道路工程范围内的地质勘探、地形图、地下管线图等资料；在建成道路上实施时，还应对地下设施进行物探和排摸，获取地下设施分布的资料。

② 获取规划部门的地下管线规划资料，确定地下管线的规划安排；在建成道路上实施时，还应结合物探和排摸，协调好与建成管道、线缆及地下建（构）筑物等之间的空间位置关系。

③ 获得与智慧多功能杆建设相关的其他设计资料。在新建、改扩建道路资料收集过程中，应收集道路工程总体设计文本，获取道路及附属设施的设计资料。在建成道路上实施时，还应协调好与其他工程设计之间的关系，在总体规划框架下做好协同设计工作，实现“一路方案”。

资料收集内容与建设内容、道路现状相关，新建道路与改扩建道路现状存在较大的差别，因此应在资料收集阶段区分，分别制定资料收集规则。

1. 新建道路资料收集

智慧多功能杆方案设计针对新建道路需要收集道路工程总体设计文本，获取道路及附属设备的设计资料，主要包含道路照明横断面图、道路照明平面布置图、交通安全设施平面图、智能交通设施平面图，以及其他相关资料等。以各平面布置图为基础，初步整合道路的主要设备，以道路标准断面、渠化段断面等横断面图作为确定智慧多功能杆上照明灯臂、交通安全设备和智能交通设备横臂长度的依据。

（1）道路照明横断面图

道路照明横断面图包含路幅宽度、隔离带宽度、照明灯具高度和灯具悬挑长度等，道路照明横断面图为道路照明布置、交通安全设施布置及智能交通设施布置提供了基础数据。道路照明横断面如图 3-31 所示。

（2）道路照明平面布置图

根据道路照明规范要求及照度计算确定的道路照明平面布置图包含路段照明布置和路口照明布置等。道路照明平面布置如图 3-32 所示。

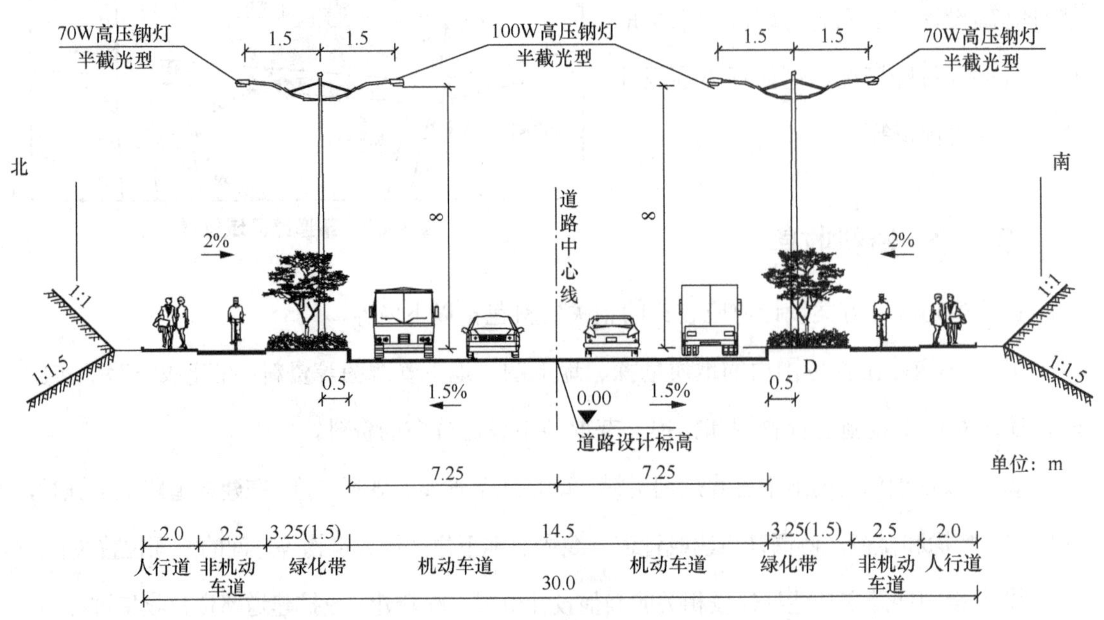

图3-31　道路照明横断面

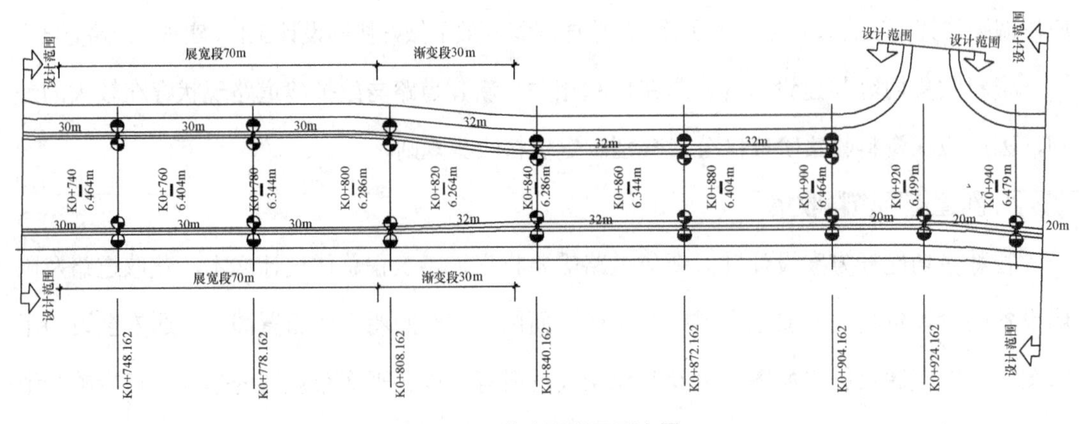

图3-32　道路照明平面布置

（3）交通安全设施平面图

根据道路交通标志规范要求确定的交通安全设施平面图包含相关标志标牌平面布置、标志板面规格和横臂长度要求等。交通安全设施平面如图 3-33 所示。

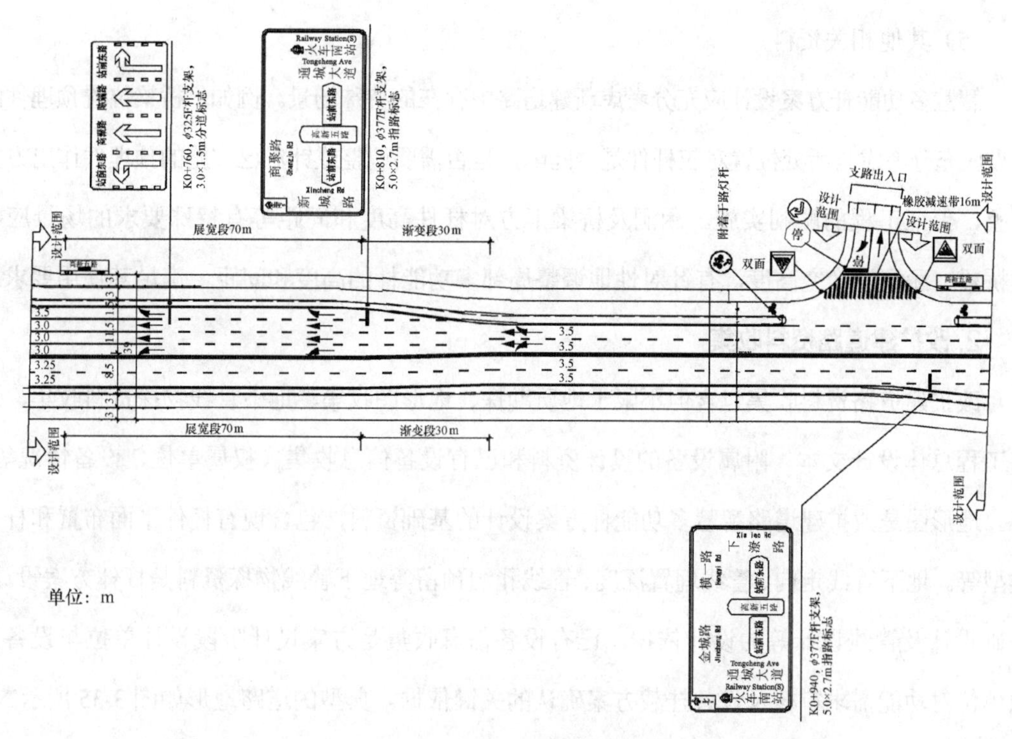

图3–33　交通安全设施平面

（4）智能交通设施平面图

根据道路交通信号灯和监控系统规范要求确定的智能交通设施平面图包含交通信号灯、监控平面布置，以及各设备规格尺寸、对横臂长度的要求等。智能交通设施平面如图 3-34 所示。

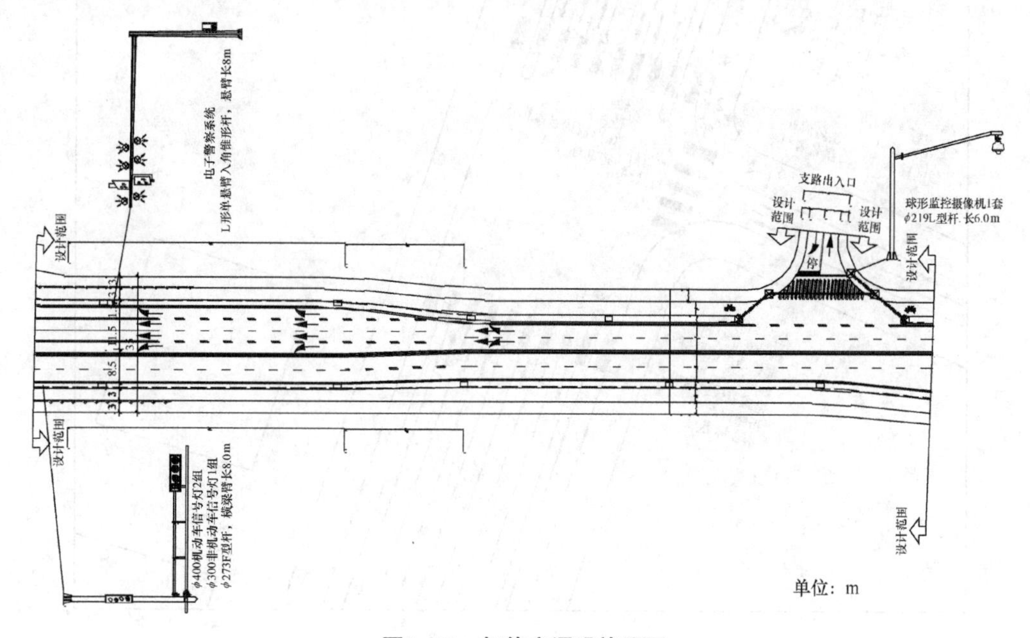

图3–34　智能交通设施平面

（5）其他相关资料

智慧多功能杆方案设计应充分考虑新建道路中存在的特殊场景。例如，桥梁位置预埋件的埋设应充分考虑与所处位置对应杆件是否匹配，是否需要调整或针对已实施的预埋件作出方案调整，保证工程的顺利实施。涵洞及桥梁下方对杆件高度和间距等有特殊要求的场景应收集桥梁、涵洞的净空高度，有针对性地调整局部多功能杆的高度和间距，满足其使用要求。

2. 改扩建道路资料收集

改扩建道路资料收集包含但不限于地质勘探、地形图收集、地下管线物探资料收集、道路工程总体设计文本、附属设备的设计资料和已有设备信息收集（权属单位、设备情况等）等。地形图是改扩建道路智慧多功能杆方案设计的基础资料，包含现有杆件平面布置和杆件类型等。地下管线走向、管线埋置深度、管线孔洞预留等地下管线物探资料是杆体方案设计、基础设计及管线设计等的设计依据。已有设备信息收集是方案设计阶段设计单位与设备权属单位对功能需求审核及设备挂载方案确认的关键依据。典型的道路地形如图 3-35 所示。

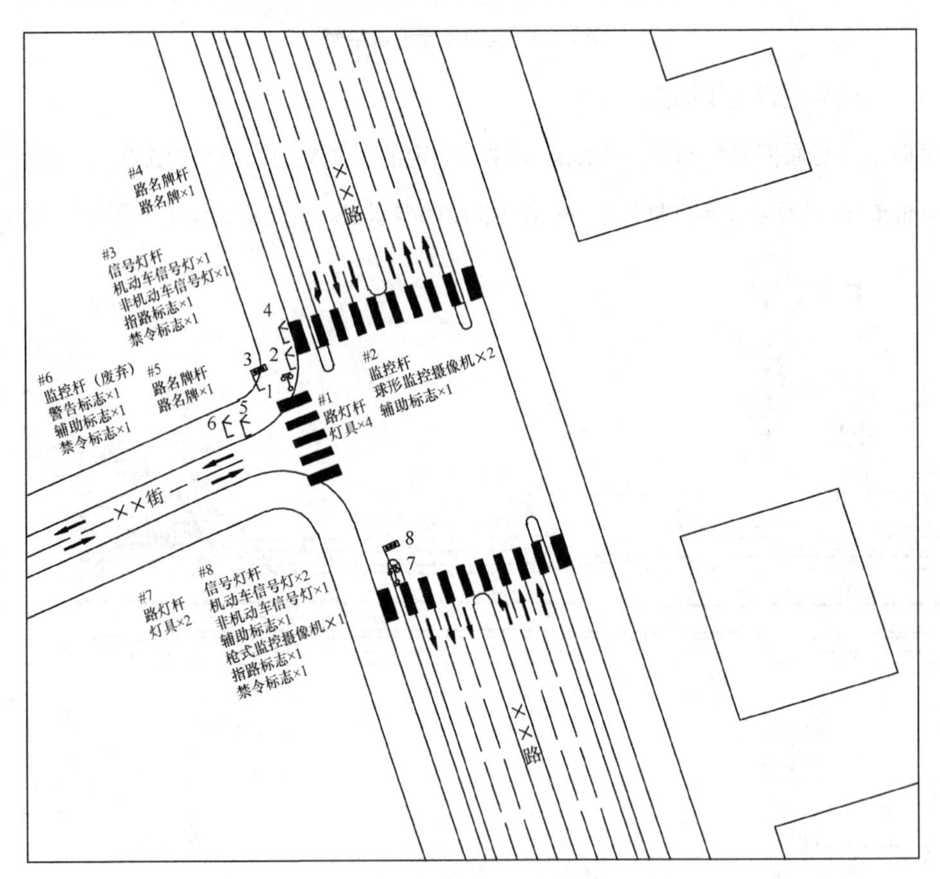

图3-35 典型的道路地形

3.4.3 需求收集

需求收集是智慧多功能杆方案设计的前提，充分的需求收集是保证方案设计完整性、合理性、适用性和科学性的前提。需求收集包括基本功能需求收集、职能单位需求收集和其他需求收集3个部分。

（1）基本功能需求收集

基本功能需求是指照明、交通安全设施、智能交通设施等相关需求，在资料收集时应进行初步整合。

（2）职能部门需求收集

职能部门需求收集是指收集交警、公安、文化和旅游局、城市管理部门和景区管委会等职能部门的需求，应结合职能部门的实际需求尽可能一并收集进行整合，并体现在具体的方案设计中。同时结合表3-2中的情况，针对不同场景在杆件的不同部位考虑相关功能的适当预留，避免智慧多功能杆后期无法扩容。

（3）其他需求收集

其他需求是指除基本功能、职能部门等需求以外的需求，例如业主对智慧多功能杆造型或照明灯具造型的特殊要求等。

根据以上需求收集进行整理分析，编制相应的需求收集表。某智慧多功能杆需求收集见表3-7。

表3–7 某智慧多功能杆需求收集

需求类型	功能类型	设备类型
基本功能需求	LED路灯照明系统	中杆灯
	交通安全设施	交通指示标志
	智能交通设施	交通信号灯，包含机动车信号灯及非机动车信号灯
职能部门需求	监控系统	车流量、人流量、视频监控
	5G应用	通信基站天线
	环境传感监测系统	温度、湿度、风向、风速、大气压力、雨量、PM2.5浓度等
	公共广播	网络音柱
	网络多媒体信息发布系统	满足防水性能的LED屏
	城管路名管理	交叉口路名牌
	公安应用	人脸识别摄像机
其他需求	物联网设备预留	杆身预留挑臂，主杆预留1m^2，100kg

3.4.4 现场勘察

完成前期的资料收集工作后，设计单位应安排人员对道路现场情况进行勘察，补充基础资料中缺少的现场细节资料。勘察新建道路和改扩建道路存在区别，下面分别详述相应的现场勘察内容。

1. 新建道路现场勘察

新建道路通常可以收集比较完整、系统的资料信息，并初步确定平面方案。针对特殊场景需现场勘察再对初步确定的平面方案进行深化调整，例如经过桥梁、复杂路口等情况。

2. 改扩建道路现场勘察

改扩建道路前期收集的资料通常缺乏系统性，有些道路并不能提供基础的前期资料（例如地形图、已有设备信息等），因此需要现场勘察改扩建道路后再编制方案。改扩建道路勘察流程如下。

① 结合地形图确认智慧多功能杆现场位置，例如路口 *R* 点、机动车道和非机动车道隔离带等。对于缺乏地形图等基础资料的道路，通过现场勘察补充相关信息，确定改造方案的位置性质，例如改造位置位于路口、路段、人流密集区等。

② 摸排原杆件及设备权属单位，补充需求收集并为权属单位需求对接和方案意见征询提供依据。

③ 记录照明灯具的现在高度及造型等，明确照明信息及风格要求，做到与周边环境协调统一。

④ 勘察杆件是否有横臂构件，横臂的角度、长度、高度等，应关注有特殊角度需求的横臂。

⑤ 记录已有设备的类型、数量、挂载高度、规格尺寸等。本步骤是杆体设计阶段荷载计算的基础条件之一。

⑥ 确认现场场地情况，例如场地宽度、地下管线走向、机动车道和非机动车道隔离带宽度等。为后续的基础设计和实施、杆件和设备安装等工作提供必要的信息。

⑦ 初定整合方案，根据后续工作需要可编制勘察信息汇总表。

根据以上要求，改扩建道路现场勘察示意如图 3-36 所示。

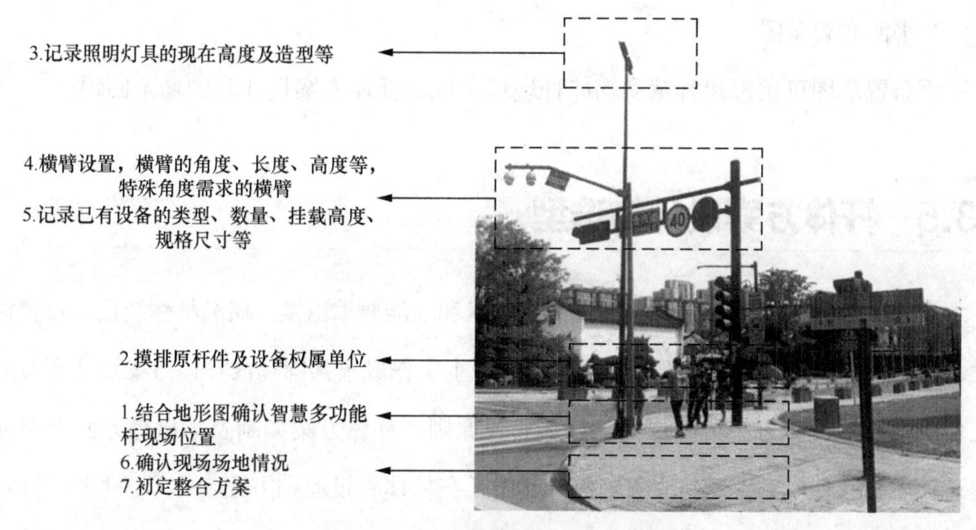

图3-36 改扩建道路现场勘察示意

3.4.5 勘察工作要点与成果

1. 勘察工作要点

勘察工作要点包含总体要求、现场记录和工作安全等。

① 总体要求：勘察时应从多角度采集所有杆件的整体信息和细节信息，例如杆件编号牌、监控方向、各杆件相对位置信息等，并应多角度采集周边的环境信息。

② 监控类等有指向要求的杆件或设备应采集监控所指方向的环境信息，并与设计方案拟指方向的环境信息进行对比，以便与权属单位进行方案意见征询。

③ 应采集标志标牌板面信息的正面影像资料。

④ 勘察时应遵守道路交通安全规定，配备安全防护工具，因信息采集需要到机动车道等特定位置时应注意观察来车方向的交通情况，确保人身安全。

2. 勘察工作成果

勘察工作成果包括勘察信息汇总表、勘察影像资料及平面布置草图等。

（1）勘察信息汇总表

以拟建智慧多功能杆的点位为划分单元，汇总所有勘察信息，形成勘察信息汇总表，作为后续杆体方案设计和数据统计的依据。

（2）勘察影像资料

勘察影像资料可供后期效果图制作及杆体方案设计时的场景回顾。

（3）平面布置草图

平面布置草图可供拟建智慧多功能杆现场定位及杆体方案设计时的场景回顾。

3.5 杆体方案设计与选型

本章 3.1 ～ 3.4 节从智慧多功能杆的总体需求和功能要求出发，研究杆体及设备设置规范要求，并完成前期资料收集和现场勘察工作，以上工作成果共同构成杆体方案设计环节的前置工作。本节从杆体方案编制原则、杆体布设原则、杆体方案编制及输出等方面介绍杆体方案设计环节的各项工作及其成果输出。其中，在杆体布设原则方面，本章 3.3 节已针对具体杆件类型和设备设置规范要求及原则做了详细介绍，本节不再赘述，只从总的原则方面加以阐述。

3.5.1 杆体方案编制原则

杆体方案编制时主要从载体选择、合规性、协调性、拓展性、经济性和可实施性等方面明确智慧多功能杆的编制原则，具体包含以下内容。

① 以市政类杆件为主要载体，杆件连续、均匀、重点区域适度密集地布设于道路。

② 多杆合一、多箱合一和多头合一：对各类杆件、机箱、配套管线、电力和监控设施等进行集约化设置，实现共建共享、互联互通。

③ 安全性与合规性：智慧多功能杆及杆上设备、管线设计应严格按照国家和地方的相关规范进行设计，确保安全性与合规性。

④ 美观及整体协调性：智慧多功能杆及杆上设备、综合机箱应进行系统设计。针对道路整体进行“一路一方案”；针对智慧多功能杆进行“一杆一设计”；针对设备箱和电源箱进行“一箱一配置”，确保色彩、风格、造型等与道路环境景观和城市整体风貌协调统一。

⑤ 可拓展性：智慧多功能杆、综合机箱及配套设备应预留一定的荷载、标准接口、机箱仓位和管孔等，满足未来使用的需要。

⑥ 集约与经济性：使用新材料并优化设计，减小智慧多功能杆的杆径和箱体体积，提高设备安全性及安装、维护和管理的便捷性。智慧多功能杆可整合利用原有设备，降低投资。

⑦ 工程可实施性：充分考虑管线、基础和周围环境的协调性，确保工程具有可实施性。

3.5.2 杆体布设原则

本节从总的布设原则方面加以阐述，主要包含以下4个方面。

① 智慧多功能杆的布设必须满足点位控制、整体布局、功能可拓展、景观协调的总体原则。

② 智慧多功能杆布设应按照先布设路口区域再布设路段区域的顺序进行整体设计。

③ 智慧多功能杆布设应以设置要求严格的市政设施点位（例如交通信号灯、电子警察等）为控制点，将要求整合的其他杆件、设备迁移至控制点进行合杆，同时调整上下游杆件间距和整体布局。

④ 智慧多功能杆、综合机箱及其他城市家具（例如信息设施、卫生设施等）应统筹布设，布设在人行道时应设置在公共设施带内。

3.5.3 杆件方案编制及输出

杆件方案编制以拟建智慧多功能杆的点位为划分单元，结合前期资料收集及现场勘察情况，形成初步点位方案及平面布置方案并确定基础杆型。初步形成的点位方案应提交公安、交警等需求职能部门进行方案意见征询，根据征询意见修改方案，形成该点位的最终方案。

1. 点位信息整合

点位信息整合是以拟建智慧多功能杆为控制点，将要求整合的其他杆件、设备设施迁移至控制点进行整合，点位方案信息整合格式见表3-8，主要包含智慧多功能杆的点位编号、整合内容、具体位置和拟定整合后的杆件类型等信息。点位信息整合表可为施工图设计阶段相关工程量的确认提供依据。

表3-8　点位方案信息整合格式

编号	XX-001				
整合内容	#1 路灯杆 灯具 ×4	#2 监控杆 球形监控 摄像机 ×2 辅助标志 ×1	#3 信号灯杆 机动车信号灯 ×1 非机动车信号灯 ×1 指路标志 ×1 禁令标志 ×2	#4 路名牌杆 路名牌 ×1	#5 路名牌杆 路名牌 ×1

续表

编号	XX-001
具体位置	×× 路口西北侧
位置描述	原 #3 信号灯杆附近
杆件类型	A-10.5-3.5

2. 点位方案

点位方案如图 3-37 所示。点位方案以智慧多功能杆拟建位置的物理单元为控制点，以具体点位为颗粒度设计方案，对杆件高度、组成、设备挂载和风格要求等进行汇总编制，主要包括以下内容。

① 杆件高度及各组成部分长度，以及横臂长度和高度。

② 需求明确的设备数量、尺寸、重量、挂载位置等。

③ 预留设备的数量、尺寸、重量、挂载位置等。

④ 杆件的风格要求、照明灯具高度及造型。

⑤ 点位平面位置。

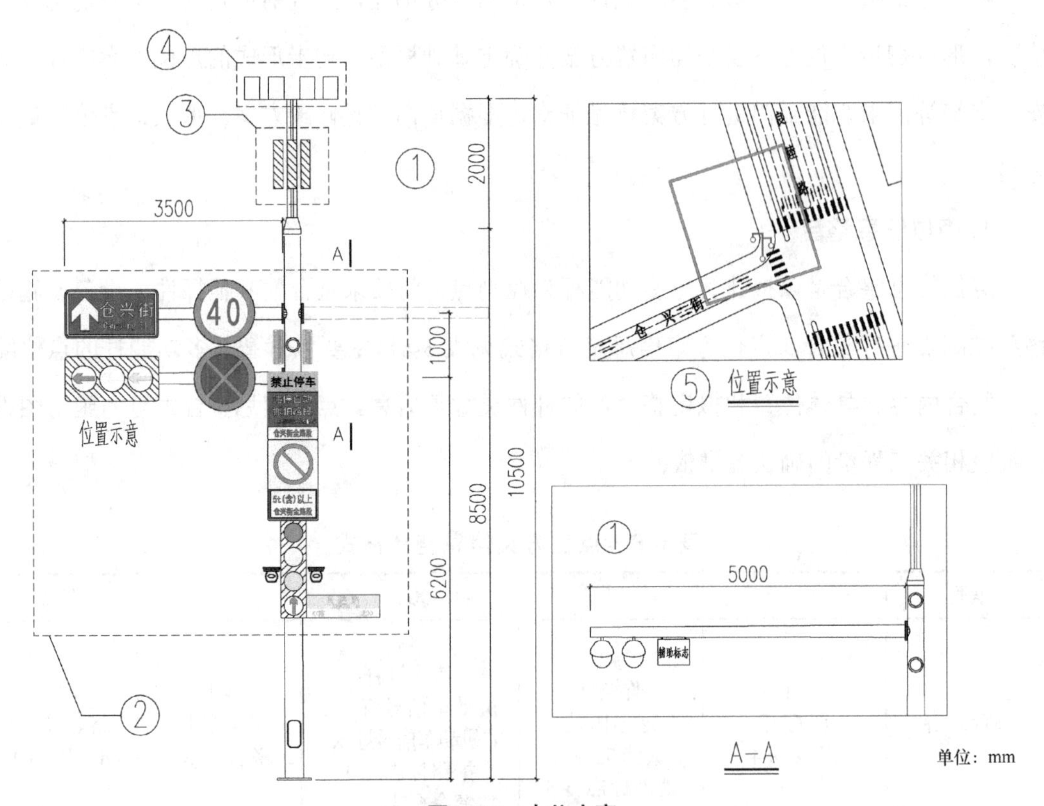

图3-37　点位方案

3. 平面布置

平面布置以点位方案为基础进行编制，补充杆型、桩号、挂载内容表等节点信息，为后续施工图绘制及指导现场施工提供依据。平面布置方案如图 3-38 所示。

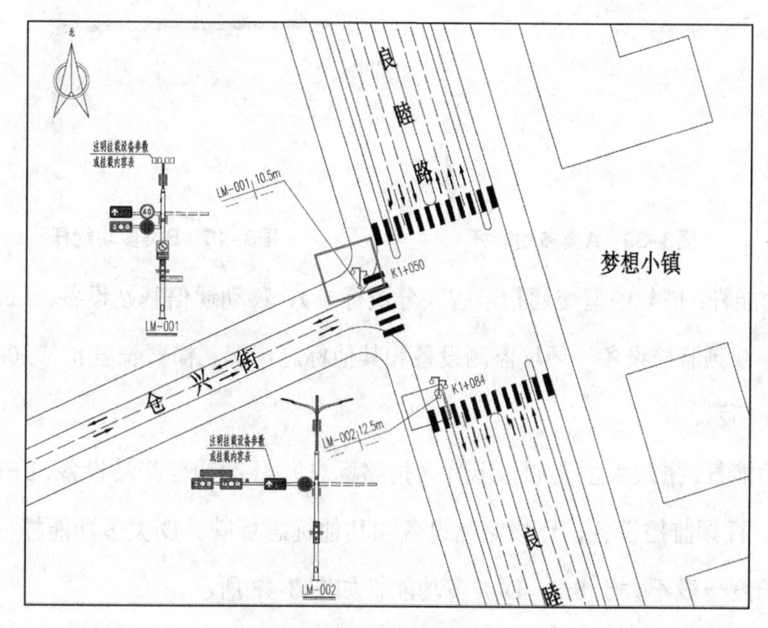

图3–38　平面布置方案

3.5.4　杆体选型

完成杆体方案设计后，对挂载设备（例如机动车信号灯、标志标牌、监控等）和结构特征（例如横臂长度等）等按照一定的颗粒度形成的基础杆型进行杆型整合，杆型归并整合完成，最终形成的杆体方案进入杆体设计阶段，本书第 4 章将对杆体设计阶段的内容进行详细介绍。本节介绍整合后的杆型，综合道路设备的功能和设置规范要求，将智慧多功能杆分为九大类杆型。

A 类多功能杆：搭载交通信号灯、交通流量监测器、移动通信基站设备、LED 照明灯具、LED 显示屏、视频监控设备、环境监测设备和各类标志标牌。横臂长度 4 ～ 9m，A 类多功能杆如图 3-39 所示。

B 类多功能杆：搭载电子警察、视频监控设备、移动通信基站设备、LED 照明灯具、LED 显示屏、环境监测设备和各类标志标牌。横臂长度 4 ～ 15m，B 类多功能杆如图 3-40 所示。

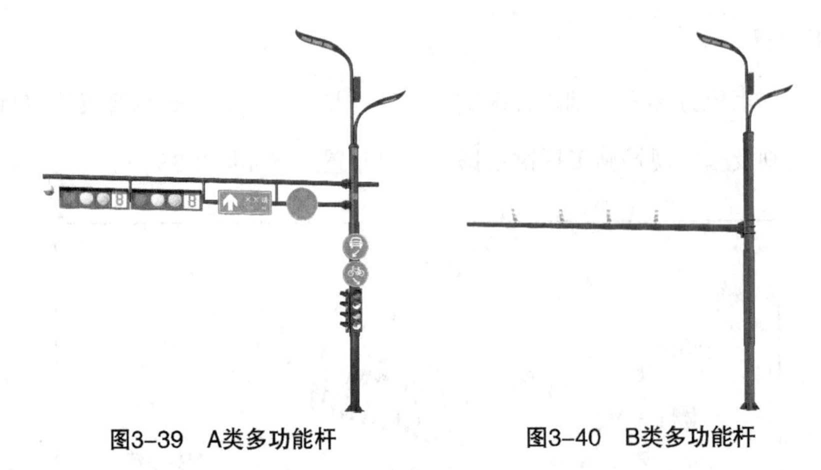

图3-39 A类多功能杆　　　　图3-40 B类多功能杆

C类多功能杆：搭载中型交通指示牌（分道标志）、移动通信基站设备、LED照明灯具、LED显示屏、视频监控设备、环境监测设备和其他标志标牌。横臂长度4～10m，C类多功能杆如图3-41所示。

D类多功能杆：搭载大型交通指示牌（指路标志）、移动通信基站设备、LED照明灯具、LED显示屏、视频监控设备、环境监测设备和其他标志标牌。D类多功能杆标志板面面积较大，横臂长度一般不大于8m，D类多功能杆如图3-42所示。

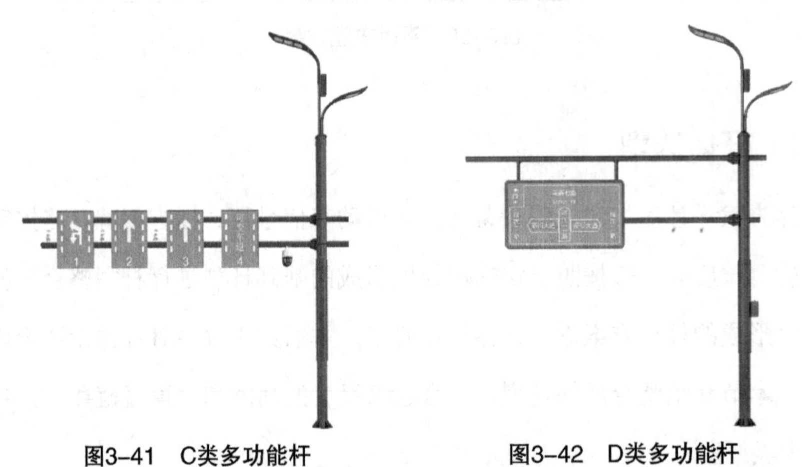

图3-41 C类多功能杆　　　　图3-42 D类多功能杆

E类多功能杆：搭载小型交通指示牌、移动通信基站设备、LED照明灯具、LED显示屏、视频监控设备、环境监测设备和其他标志标牌。横臂长度一般在4～6m。

F类多功能杆：无横臂，通常代替照明灯杆，搭载移动通信基站设备、LED照明灯具、LED显示屏、视频监控设备和环境监测设备等，并预留一定的扩容空间与拓展接口。也可采用预留横臂法兰的形式，为后期增加横臂提供接口，F类多功能杆如图3-43所示。

G类多功能杆：中杆灯，搭载移动通信基站设备、LED照明灯具、LED显示屏、视频监控设备和环境监测设备等，一般设置于路口等对照度要求较高且需要补充照明的位置。根据路口的功能需求可增设横臂，满足路口的监控和指示等需求，G 类多功能杆如图 3-44 所示。

H 类多功能杆：微型杆，搭载人行横道灯、路名牌等小型标志标牌。一般不设置横臂，有特殊要求时，可根据需要设置悬挑长度 1m 以下的小型横臂，H 类多功能杆如图 3-45 所示。

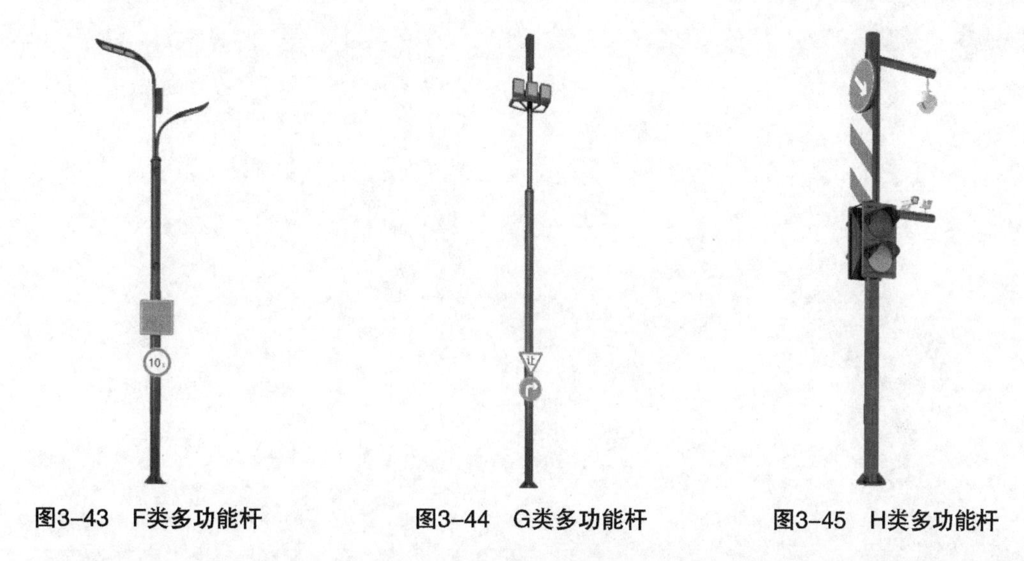

图3–43　F类多功能杆　　图3–44　G类多功能杆　　图3–45　H类多功能杆

I 类多功能杆：门架式多功能杆，用于路幅宽度较大的场景。搭载通信基站设备、LED 照明灯具、LED 显示屏、机动车信号灯、分道标志、视频监控设备和其他标志标牌。I 类杆是对各类多功能杆在大路幅宽度下适用性差所做的补充，解决横臂长度过长导致的杆件挠度超限问题，I 类多功能杆如图 3-46 所示。

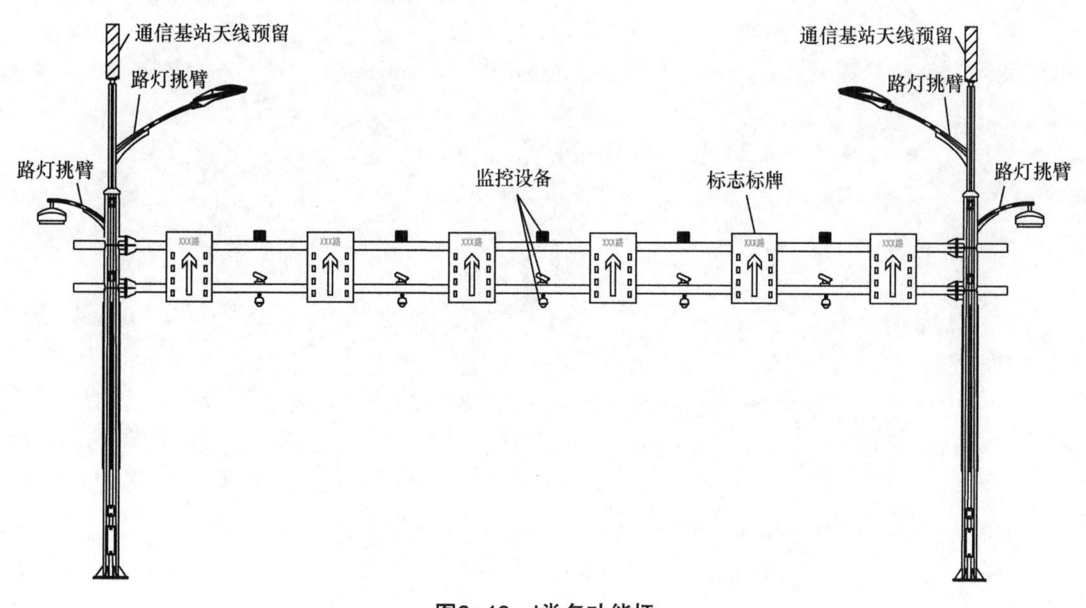

图3–46　I类多功能杆

杆体选型形成的各类智慧多功能杆通用性强，能够满足大部分道路的使用要求。但道路场景情况复杂多变，需根据实际道路的情况，做到“一杆一设计”，满足通用性的同时做到适度个性化，形成完整的杆体选型方案。至此，完成方案设计阶段工作，形成的完整选型方案流转至杆体设计阶段。

第 4 章
杆体建设

通过前期合理的专项规划和完整的方案设计，智慧多功能杆工程方案已具备雏形，而整个工程的推进则需要系统性的杆体建设过程作为强有力的支撑，杆体建设过程需要关注的重点内容包括：杆体各部分的安全性能够满足相关规范要求和使用要求；智慧多功能杆各构件在使用过程中能够有效联动；在满足需求的情况下实现经济优化；能够根据文化背景、城市特色、功能需求实现个性化设计。

本章通过对杆体属性进行详细分析，给出常用杆体类型和杆体特性，并结合规范给出完整的杆体计算过程，通过算例实践加强读者对杆体计算过程的理解，最后对杆体制造、施工、验收进行系统阐述。

4.1 杆体属性

分析杆体的属性是实现杆体合理建设的前提。本节根据杆体构件的组成划分 3 种智慧多功能杆的杆体类型，从杆体截面、杆体材料、连接形式、其他要求这 4 个方面对杆体特性进行论述，从而在杆体建设的前期准备工作中，能够根据建设需求做出合理选择。

4.1.1 杆体类型

智慧多功能杆采用模块化概念进行组合设计，根据 GB 51038—2015《城市道路交通标志和标线设置规范》可划分为柱式杆体、悬臂式杆体和门架式杆体这 3 种类型，实际应用中常见的杆体类型见表 4-1。

表4–1 实际应用中常见的杆体类型

杆体类型	对应多功能杆分类	杆体构件组成
柱式杆体	F 类多功能杆、G 类多功能杆、H 类多功能杆	主杆、副杆、舱体
悬臂式杆体	A 类多功能杆、B 类多功能杆、C 类多功能杆、D 类多功能杆、E 类多功能杆	主杆、副杆、横臂、舱体
门架式杆体	I 类多功能杆	主杆、副杆、横臂、舱体

① 柱式杆体：由主杆、副杆和舱体等构件组成，如果杆体的杆身高度较低、设备挂载简单，可取消副杆。柱式杆体如图 4-1 所示。

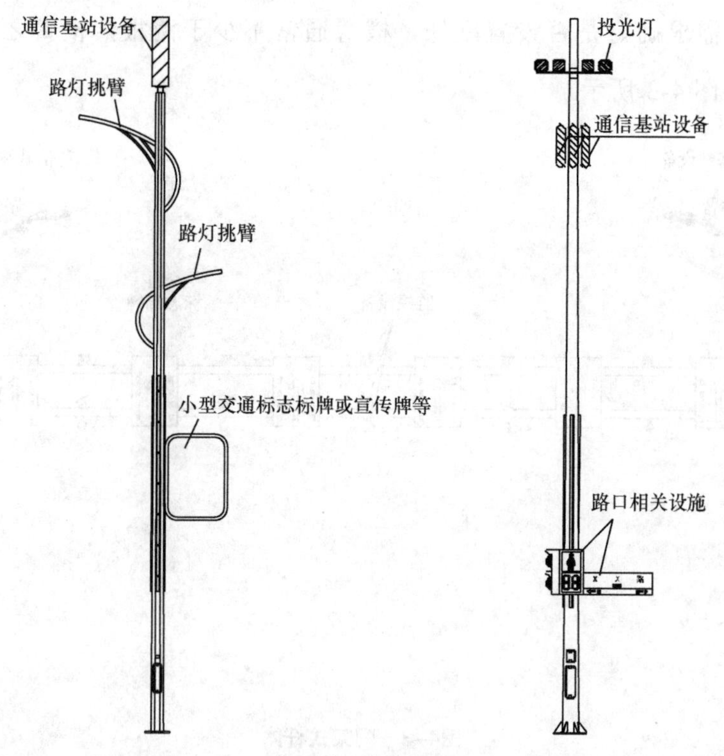

图4-1 柱式杆体

② 悬臂式杆体：由主杆、副杆、横臂和舱体等构件组成，根据横臂挂载设备的不同，横臂的形式可分为单悬臂或多悬臂。悬臂式杆体如图 4-2 所示。

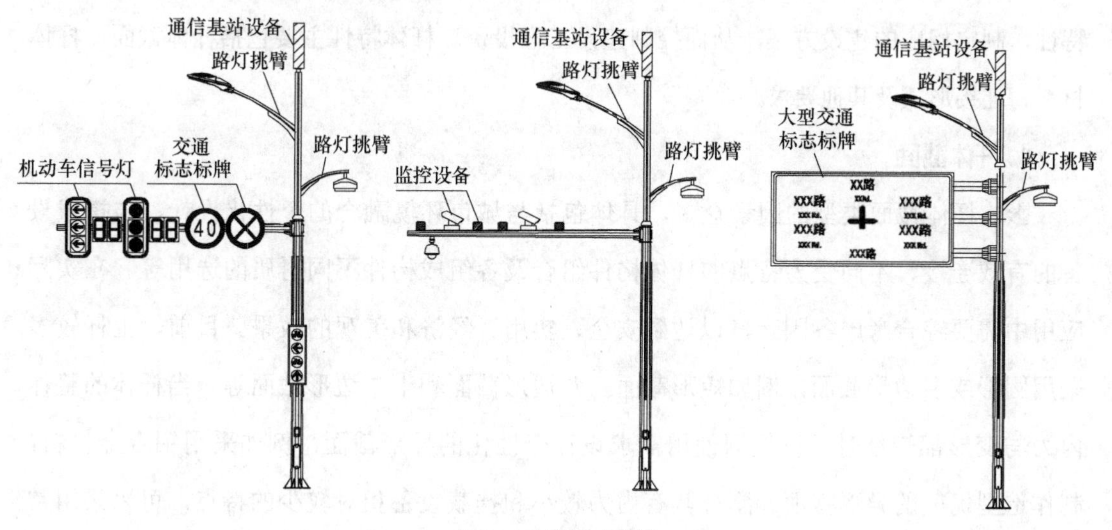

图4-2 悬臂式杆体

③ 门架式杆体：由主杆、副杆、横臂和舱体等构件组成，适用于挂载设备较多、需要覆盖的车道数量多、悬臂式杆体不能满足使用需求的情况，门架式杆体的两端均设有

主杆，可根据需求确定是否设置副杆，横臂通常不少于两根，横臂之间有效连接。门架式杆体如图 4-3 所示。

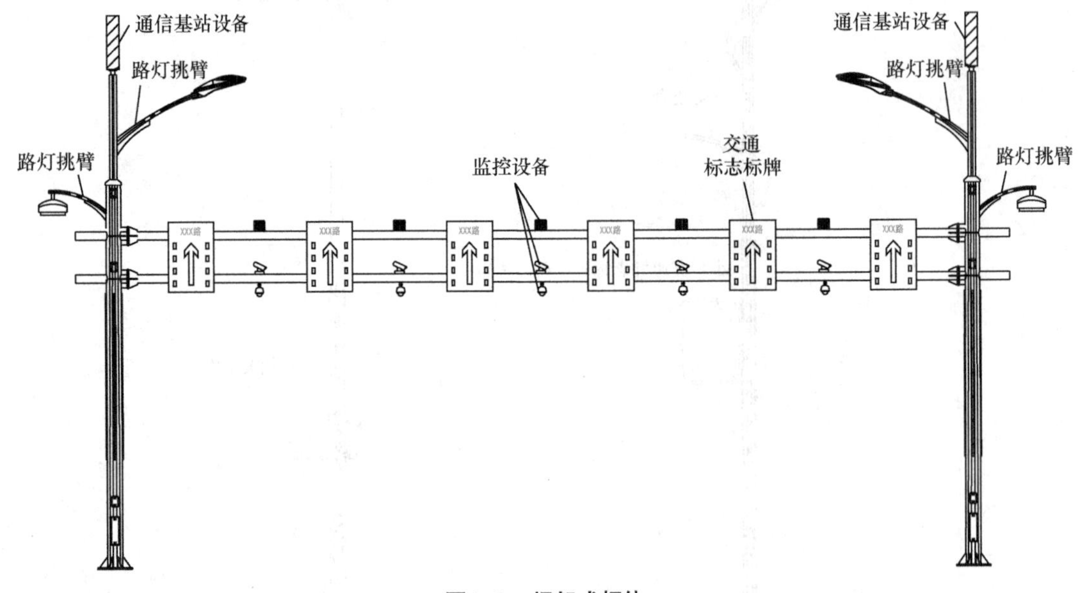

图4–3　门架式杆体

4.1.2　杆体特性

在智慧多功能杆杆体施工之前，应确保工程安全和可靠。通过了解、掌握和运用杆体特性，制定相应的建设方案，从而控制建设工程投资。杆体特性主要包括杆体截面、杆体材料、连接形式及其他要求。

1. 杆体截面

影响杆体截面类型的因素众多，具体包括与城市环境融合的个性化设计、与搭载设备的有效连接、不同受力特点的杆体构件组合及各组成构件不同材质的选用等。在实际应用中需要综合考虑各因素，以达到安全、实用、经济和美观的效果。目前，主杆较多采用圆形或多边形截面，例如矩形截面、八边形截面和十二边形截面等。当杆体的整体内力与变形都较小时，可根据使用需求设计个性化的异形截面，例如采用铝合金材料，制作造型优美的异形截面。副杆具有内力较小和挂载设备相对较少的特点，可以采用常规截面和异形截面。横臂具有变形较大的特点，可以采用圆形或多边形截面，例如矩形截面、八边形截面等。主杆截面类型如图 4-4 所示，副杆截面类型如图 4-5 所示，横臂截面类型如图 4-6 所示。

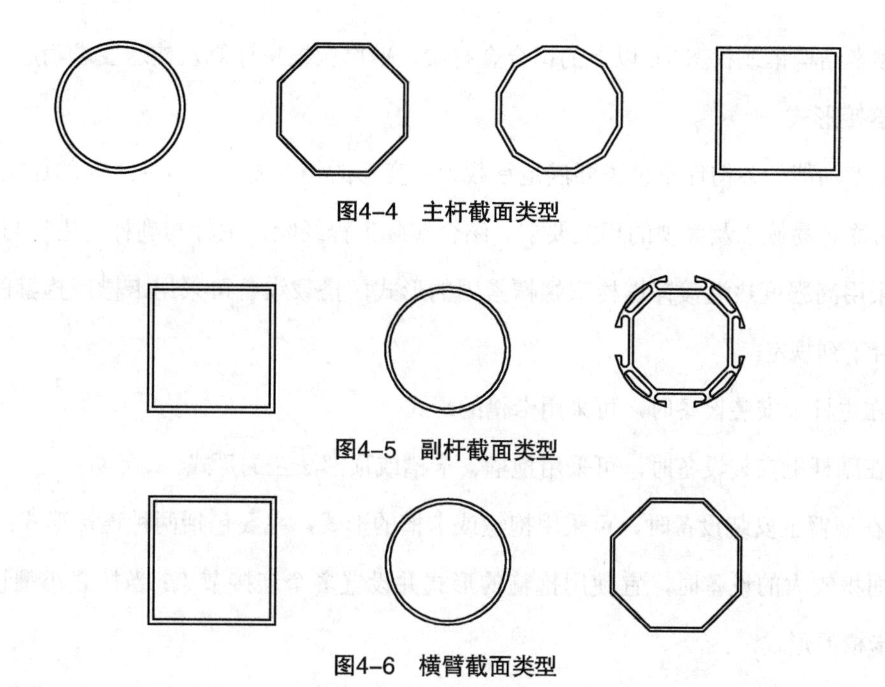

图4–4　主杆截面类型

图4–5　副杆截面类型

图4–6　横臂截面类型

2. 杆体材料

智慧多功能杆的杆体宜采用新材料、新工艺和新技术，以实现杆体小型化、轻量化和标准化，提高杆体使用的安全性和可靠性，为后续科学化的运维管理提供基础。杆体材料的选取应根据使用功能、风速风压、杆体高度、受力特点和施工因素等综合确定，同时与本身截面类型相互制约、共同作用以满足承载力及变形要求。目前，杆体的主要材料为铝合金、碳素结构钢和低合金高强度结构钢：铝合金具备质量轻、易加工及容易实现个性化设计的特点，但其缺点是焊接部位的结构强度损失严重；碳素结构钢和低合金高强度结构钢具有加工工艺成熟、可选规格较多、强度大的特点，但截面类型单一。结合周边环境和受力特点，在实际应用中可组合使用以上 3 种材料，充分发挥每种材料的各自特点。杆体构件材料见表 4-2。

表4–2　杆体构件材料

杆体构件	相关特征	常用材料
主杆	承受轴力、剪力、扭矩、弯矩	碳素结构钢、低合金高强度结构钢
副杆	承受轴力、弯矩、剪力、端部变形大	铝合金、碳素结构钢、低合金高强度结构钢
横臂	承受轴力、弯矩、剪力、端部变形大	碳素结构钢、低合金高强度结构钢
舱体	满足挂载需求，良好的电磁兼容性	碳素结构钢、低合金高强度结构钢

根据表 4-2 中杆体构件的相关物理特性，选用能够满足建设需求的材料：主杆和横臂均宜采用 Q235B 及以上材质，壁厚应根据计算及构造要求确定，且不宜小于 4mm；副杆

可采用碳素结构钢或状态 T6 以上的铝合金材质，壁厚应根据计算及构造要求确定。

3. 连接形式

智慧多功能杆各构件不仅需要满足承载力及变形的相关要求，构件之间的连接还应确保安全可靠、易施工及美观的相关要求。结合实际工程经验，主杆与副杆、主杆与横臂的连接宜采用高强度热浸镀锌螺栓双螺帽紧固的形式，搭载设备可采用卡槽或抱箍的形式，并应符合下列规定。

① 在主杆上安装设备时，可采用卡槽的形式。

② 在副杆上安装设备时，可采用抱箍、卡槽或顶部法兰的形式。

③ 在横臂上安装设备时，可采用抱箍或卡槽的形式，主要包括两种连接形式：当挂载重量及面积较大的设备时，宜使用抱箍的形式并设置多个连接节点；当挂载小型设备时，宜使用卡槽的形式。

④ 当采用卡槽的形式安装时，可使用连接件安装设备，连接件应通过标准化设计，同时其颜色应与智慧多功能杆保持一致，样式、规格、材料等应符合安装和承载力的要求。

⑤ 当采用抱箍的形式安装时，抱箍的颜色应与智慧多功能杆一致，抱箍的材料、尺寸、构造应符合安装和承载力的要求。

连接形式如图 4-7 所示。

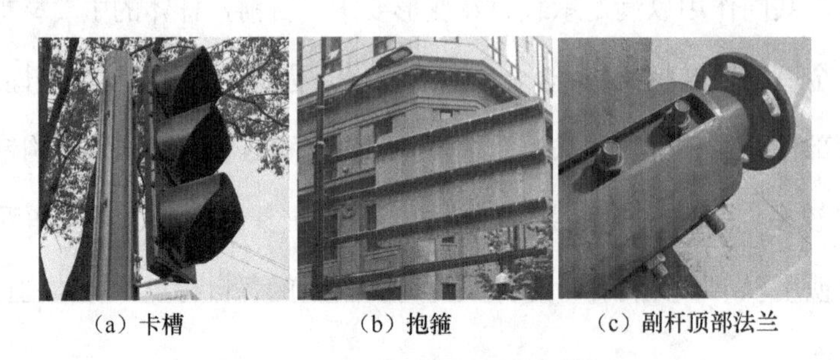

（a）卡槽　　（b）抱箍　　（c）副杆顶部法兰

图4–7　连接形式

4. 其他要求

智慧多功能杆涉及的其他要求主要包括检修门、出线孔和分舱等。

① 杆体底部应设置检修门，并设置防盗措施。

② 杆体按需布置出线孔，出线孔尺寸应考虑设备线缆的直径，并根据需要进行相应的防水设计，预留的设备出线孔直径不宜小于 20mm。

③ 杆体内部宜按需进行垂直分舱。

4.2 杆体计算

智慧多功能杆杆体设计应满足使用年限、可靠性和安全性等要求。此外，杆体结构应考虑挂载设备的工作环境、安装空间、结构承载力和工作状态要求等，保证挂载设备能够按照其技术参数指标正常运行。基于上述要求，智慧多功能杆的杆体计算过程要求全面、完整和准确。本节将对杆体所受荷载的分类与组合、对不同杆体类型的内力组成形式、稳定性计算、复合受力强度计算、连接计算及开孔补强计算过程进行阐述。

根据现行国家标准的要求及建设经验，杆体的基本计算条件如下。

① 结构安全等级二级，有特殊使用要求的结构安全等级可根据使用要求另行确定。

② 设计基准期为 50 年。

③ 设计使用年限 50 年，有特殊使用要求的设计使用年限可根据使用要求另行确定。

④ 杆体构件及挂载设备所受外荷载主要为风荷载，假设计算工况分别为风荷载垂直和平行于构件及挂载设备，有特殊使用要求的计算工况可根据使用要求另行确定。

4.2.1 荷载分类与组合

根据 GB 50009—2012《建筑结构荷载规范》，对杆体荷载进行分类并确定组合方式。一般情况下，智慧多功能杆的荷载效应最不利组合为风荷载与永久荷载组合，同时按规范要求对杆体进行地震作用的验算。

1. 荷载分类

智慧多功能杆杆体荷载主要包括可变荷载和永久荷载：可变荷载主要包括杆体及搭载设备的风荷载；永久荷载包括杆体、搭载设备及零部件（例如滑槽、连接法兰等）的重力荷载。

（1）可变荷载

根据《建筑结构荷载规范》，风荷载标准值的计算公式（4.2-1）如下。

$$w_k=\beta_z\mu_s\mu_z w_0 \tag{4.2-1}$$

式中：

β_z——高度 z 处风振系数；

μ_s——风荷载体形系数；

μ_z——风压高度变化系数；

w_0——基本风压（kN/m^2），且不得小于 $0.3kN/m^2$。

基本风压 w_0 根据《建筑结构荷载规范》确定。根据当地气象台站历年来的最大风速纪录，按基本风速的标准要求，将不同风速仪的高度和时次、时距的年最大风速统一换算为距地 10m 高、自记 10min 平均年最大风速的数据，经统计分析确定重现期为 50 年的最大风速，作为当地的基本风速 v_0，再按公式（4.2-2）计算。

$$w_0 = \frac{1}{2}\rho v_0^2 \tag{4.2-2}$$

其中，$\rho = 1.25kg^3/m$，公式（4.2-2）可统一按公式 $w_0 = v_0^2/1600$ 计算。

风压高度变化系数 μ_z 应根据地面粗糙度类别，结合《建筑结构荷载规范》确定。地面粗糙度可分为 A、B、C 和 D 共 4 类：A 类指近海海面和海岛、海岸、湖岸及沙漠地区；B 类指田野、乡村、丛林、丘陵和房屋比较稀疏的乡镇；C 类指有密集建筑群的城市市区；D 类指有密集建筑群且房屋较高的城市市区。

智慧多功能杆杆体及挂载设备的截面类型对风荷载的计算有直接影响，截面类型对内力产生的影响由体形系数 μ_s 体现，杆体构件体形系数 μ_s 选取见表 4-3，设备体形系数 μ_s 选取见表 4-4。

表4-3 杆体构件体形系数μ_s选取

杆体构件截面类型	体形系数 μ_s
圆形	0.6
十六边形及以上	0.8
十二变形	1.0
六边形及八边形	1.2
四边形	1.3
不规则截面	1.3

注：带滑槽的截面按照不规则截面取值。

表4-4 设备体形系数μ_s选取

设备截面类型	体形系数 μ_s
圆柱	0.9
其他	1.3

（2）永久荷载

智慧多功能杆杆体永久荷载除了包含杆体的重力荷载，也包含搭载设备和零部件的重力荷载。对于自重变化范围较大的材料和构件，重力荷载标准值应根据对结构的不利或有利状态，分别取下限值或上限值。

2. 荷载作用

在风荷载的作用下，按公式（4.2-1）及公式（4.2-2）计算杆体各构件所承受的风荷载，并根据各构件的受力特点，采用不同的荷载形式布置相应的荷载。

① 主杆、副杆及横臂的风荷载以线荷载的形式布置。

② 当挂载设备的体积较小、固定点较少时，按固定点位置采用点荷载的形式布置，横臂挂载监控设备如图 4-8 所示。

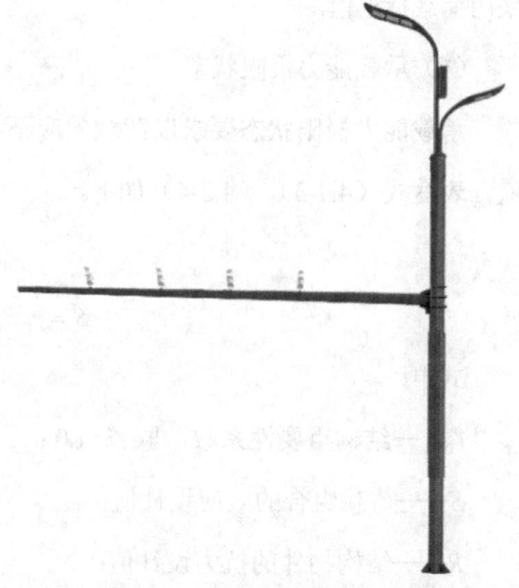

图4–8 横臂挂载监控设备

③ 当挂载设备的体积较大、固定点较多时，可按计算所得的线荷载或分多个点荷载布置，横臂挂载交通信号灯如图 4-9 所示。

④ 当挂载设备对原杆体的构件遮挡较多，且已在杆体相应位置考虑对应设备产生的风荷载时，杆体自身在该区域段的风荷载不应重复计取，设备对杆体遮挡如图 4-10 所示，标志标牌背侧的杆体不应重复计取风荷载。

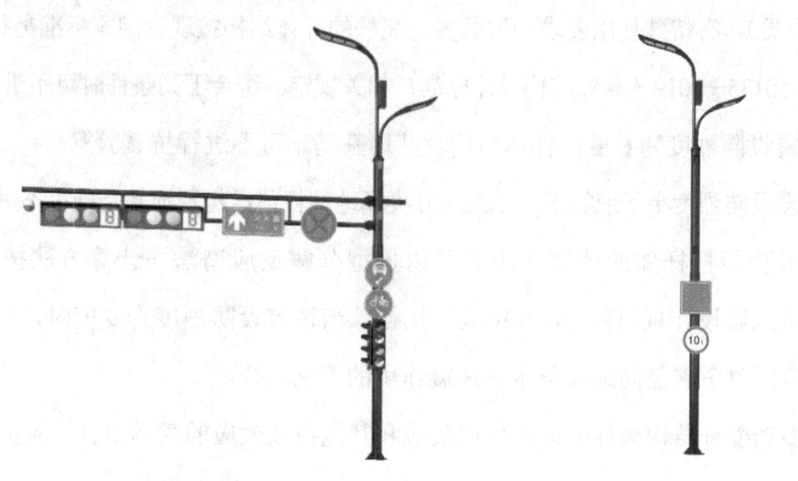

图4–9 横臂挂载交通信号灯

图4–10 设备对杆体遮挡

3. 荷载组合

智慧多功能杆杆体采用以概率理论为基础的极限状态设计方法，按承载能力极限状态和正常使用极限状态设计。计算杆体强度和稳定时应采用荷载设计值；计算杆体变形时应采用荷载标准值。

（1）承载能力极限状态

承载能力极限状态要求以荷载效应不利组合的设计值小于或等于结构构件的抗力设计值，表达式（4.2-3）、（4.2-4）如下。

$$\gamma_0 S \leqslant R \tag{4.2-3}$$

$$S = \gamma_G S_{GK} + \gamma_Q S_{QK} \tag{4.2-4}$$

式中：

γ_0——结构重要性系数，取 γ_0=1.0；

S——荷载组合的效应设计值；

R——结构构件的抗力设计值；

γ_G——永久荷载分项系数，γ_G 取 1.3；

γ_Q——可变荷载分项系数，γ_Q 取 1.5；

S_{GK}——按永久荷载标准值计算的荷载效应值；

S_{QK}——按可变荷载标准值计算的荷载效应值。

（2）地震作用

抗震设防烈度应按其所建地的抗震设防烈度，智慧多功能杆的抗震设防类别一般为标准设防类（丙类），有特殊使用要求的智慧多功能杆的杆体结构按现行国家标准另行确定，同时应符合 GB 50135—2019《高耸结构设计标准》相关规定。符合下列条件时可不进行抗震验算。

① 抗震设防烈度为 6 度，杆体结构及其地基基础可不进行抗震验算。

② 抗震设防烈度小于或等于 8 度，Ⅰ、Ⅱ类场地的杆体结构及地基基础可不进行抗震验算。

智慧多功能杆杆体的地震作用宜采用振型分解反应谱法，计算方法按 GB 50011—2010《建筑抗震设计规范》（2016 年版）执行。当抗震设防烈度为 9 度时，智慧多功能杆杆体结构应同时考虑竖向地震与水平地震作用的不利组合。

智慧多功能杆结构构件的地震作用效应和其他荷载效应的基本组合，应按公式（4.2-5）计算。

$$\gamma_G S_{GE} + \gamma_{Eh} S_{Ehk} + \gamma_{Ev} S_{Evk} + \psi_w \gamma_w S_{wk} \leqslant \frac{R}{\gamma_{RE}} \tag{4.2-5}$$

式中：

γ_G——重力荷载分项系数，一般情况采用 1.2，当重力荷载效应对结构承载力有利时，不应大于 1.0；

S_{GE}——重力荷载代表值效应，重力荷载代表值应取结构自重和各竖向可变荷载的组合值之和。结构构件配件自重、固定设备自重取 1.0，对平台的等效均布荷载取 0.5，按实际情况时取 1.0；

S_{Ehk}——水平地震作用标准值效应；

S_{Evk}——竖向地震作用标准值效应；

γ_w——风荷载分项系数，取 γ_w= 1.4；

S_{wk}——风荷载标准值效应；

ψ_w——地震基本组合中风荷载组合值系数，取 ψ_w= 0.2；

γ_{Eh}、γ_{Ev}——分别为水平地震、竖向地震作用分项系数，详见表 4-5；

γ_{RE}——承载力抗震调整系数，按《建筑抗震设计规范》，强度计算系数取 0.75、稳定计算系数取 0.80。

表4–5　地震作用分项系数

地震作用	γ_{Eh}	γ_{Ev}
仅按水平地震作用计算	1.3	0.0
仅按竖向地震作用计算	0.0	1.3
同时按水平地震作用和竖向地震作用计算（以水平地震作用为主）	1.3	0.5
同时按水平地震作用和竖向地震作用计算（以竖向地震作用为主）	0.5	1.3

（3）正常使用极限状态

正常使用极限状态的计算应考虑荷载的短期效应组合，表达式（4.2-6）如下。

$$v \leqslant [v] \tag{4.2-6}$$

式中：

v——智慧多功能杆结构或者构件产生的变形值；

$[v]$——结构或者构件的容许变形值。

在以风荷载或地震作用为主的荷载标准组合的作用下，智慧多功能杆结构竖向构件的水平位移限值见表4-6。在以风荷载或地震作用为主的荷载标准组合的作用下，智慧多功能杆横臂的水平位移限值见表4-7。

表4–6 智慧多功能杆结构竖向构件的水平位移限值

以风荷载或地震作用为主的荷载标准组合的作用下	水平位移限值	
按线性分析	u/H_i	1/75
按非线性分析	u/H_i	1/33

注：1. u 是指任意点水平位移（与 H_i 位置对应），H_i 是指任意点高度；
2. 智慧多功能杆任意点水平位移 u 应为非线性分析结构，同时应考虑基础变形的因素。

表4–7 智慧多功能杆横臂的水平位移限值

以风荷载或地震作用为主的荷载标准组合的作用下	水平位移限值	
按线性分析	u/H_i	1/75
按非线性分析	u/H_i	1/50

注：u 是指任意点水平位移（与 H_i 位置对应），H_i 是指任意点至横臂隔壁（与主杆连接处）长度。

智慧多功能杆杆体在横臂自重及横臂搭载设备自重为主的荷载标准组合的作用下，横臂自身任一点的竖向位移与横臂长度比不宜大于1/50，且不应大于1/20；立杆任一点的水平位移与其高度比不得大于1/75。智慧多功能杆杆体各构件位移，可结合所挂载设备对震动敏感度的要求进行控制或适当放宽要求。

4.2.2 杆体内力组成

不同类型智慧多功能杆杆体的受力特点不同。相同类型智慧多功能杆杆体由于杆体高度和横臂长度不同，挂载设备的尺寸、重量、数量也不尽相同，杆体在外力作用下内力大小也会有很大的区别。本节对3种不同类型杆体受力最不利情况进行分析，同时对需要重点验算的部位进行归纳总结。

1. 柱式杆体

柱式杆体主要承受水平向风荷载作用和竖向重力荷载作用，产生的相应荷载效应为：重力荷载引起的轴力 N_G、风荷载引起的剪力 V_w 及弯矩 M_w。计算要点如下。

① 对副杆根部（与主杆连接处）横截面进行验算。

② 对主杆根部（与基础连接处）横截面进行验算。

③ 对处于复杂应力状态下的特殊位置和有特殊挂载要求位置的横截面进行验算。

2. 悬臂式杆体

悬臂式杆体主要承受水平向风荷载作用和竖向重力荷载作用，不同构件产生与之相应的荷载效应不同。

（1）主杆

主杆产生的相应荷载效应为：杆体重力荷载引起的轴力 N_G、横臂重力荷载引起的弯矩 M_G、横臂风荷载引起扭矩 T、风荷载引起的剪力 V_w 及弯矩 M_w。计算要点如下。

① 对主杆根部（与基础连接处）横截面进行验算。

② 对处于复杂应力状态下的特殊位置和有特殊挂载要求位置的横截面进行验算。

（2）副杆

当副杆设有短悬臂用于挂载设备时，由于挂载设备的悬挑长度通常较短，故相应设备重心偏离产生的荷载效应对副杆影响很小。为简化计算，可假设副杆搭载设备的作用点均在副杆上，副杆产生相应的荷载效应为：重力荷载引起的轴力 N_G、风荷载引起的剪力 V_w 及弯矩 M_w。计算要点如下。

① 对副杆根部（与主杆连接处）横截面进行验算。

② 对处于复杂应力状态下的特殊位置和有特殊挂载要求位置的横截面进行验算。

（3）横臂

横臂产生的相应荷载效应为：重力荷载引起的剪力 V_G 及弯矩 M_G，风荷载引起的剪力 V_w 及弯矩 M_w。计算要点如下。

① 对横臂根部（与主杆连接处）横截面进行验算。

② 对处于复杂应力状态下的特殊位置和有特殊挂载要求位置的横截面进行验算。

3. 门架式杆体

门架式杆体各构件轴线均在同一平面内，风荷载垂直于该平面，杆体主要承受水平向风荷载作用和竖向重力荷载作用。门架式杆体各构件产生的荷载效应与悬臂式杆体各构件产生的荷载效应相似。计算要点如下。

① 对副杆根部（与主杆连接处）横截面进行验算。

② 对横梁根部（与主杆连接处）横截面进行验算，当横臂数量超过一根时，横臂之间相互连接形成格构式，此时对局部内力较大、受力复杂位置也应进行复核验算。

③ 对主杆根部（与基础连接处）横截面进行验算。

④ 对处于复杂应力状态下的特殊位置和有特殊挂载要求位置的横截面进行验算。

4.2.3 杆体稳定性计算

智慧多功能杆杆体的径厚比不宜大于250mm，除了按GB 50017—2017《钢结构设计标准》中压弯构件的有关公式进行强度和稳定验算，尚应按下列公式进行局部稳定验算。

1. 圆形截面

当智慧多功能杆杆筒为圆形截面时，应按公式（4.2-7）进行验算。

$$\frac{N}{A\cdot f_c}+\frac{M}{W\cdot f_b}\leqslant 1 \tag{4.2-7}$$

式中：

f_c——圆形杆筒受压局部稳定强度设计值（N/mm^2）；

f_b——圆形杆筒受弯局部稳定强度设计值（N/mm^2）；

N——所计算截面的轴心压力设计值（N）；

M——所计算截面的弯矩设计值（N·mm）；

W——截面抗弯模量（mm^3）；

A——圆形杆筒截面面积（mm^2）。

受压和受弯局部稳定强度设计值可根据$\frac{D}{t}$的范围按下列条件计算确定。

① 受压局部稳定强度设计值f_c按公式（4.2-8）进行验算。

$$当\frac{D}{t}\leqslant\frac{24100}{f}时，f_c=f$$

$$当\frac{24100}{f}\leqslant\frac{D}{t}\leqslant\frac{76130}{f}时，f_c=0.75f+\frac{6025}{\frac{D}{t}} \tag{4.2-8}$$

② 受弯局部稳定强度设计值f_b按公式（4.2-9）进行验算。

$$当\frac{D}{t}\leqslant\frac{38060}{f}时，f_b=f$$

$$当\frac{38060}{f} \leqslant \frac{D}{t} \leqslant \frac{76130}{f}时，f_{\mathrm{b}} = 0.70f + \frac{11410}{\frac{D}{t}} \tag{4.2-9}$$

式中：

f——钢材的设计强度（MPa）；

D——圆形杆筒外径（mm）；

t——圆形杆筒壁厚（mm）。

2. 多边形截面

当智慧多功能杆杆筒为多边形截面时，应按公式（4.2-10）进行验算。

$$\frac{N}{A} + \frac{M}{W} \leqslant \mu_{\mathrm{d}} f \tag{4.2-10}$$

① 八边形时，按公式（4.2-11）进行验算。

$$\mu_{\mathrm{d}} = \begin{cases} 1.0 & \sqrt{f_{\mathrm{y}}}\frac{b}{t} \leqslant 683 \\ 1.42\left(1.0 - 0.000434\sqrt{f_{\mathrm{y}}}\frac{b}{t}\right) & 683 \leqslant \sqrt{f_{\mathrm{y}}}\frac{b}{t} \leqslant 958 \end{cases} \tag{4.2-11}$$

② 十二边形时，按公式（4.2-12）进行验算。

$$\mu_{\mathrm{d}} = \begin{cases} 1.0 & \sqrt{f_{\mathrm{y}}}\frac{b}{t} \leqslant 630 \\ 1.45\left(1.0 - 0.000491\sqrt{f_{\mathrm{y}}}\frac{b}{t}\right) & 630 \leqslant \sqrt{f_{\mathrm{y}}}\frac{b}{t} \leqslant 958 \end{cases} \tag{4.2-12}$$

③ 十六边形时，按公式（4.2-13）进行验算。

$$\mu_{\mathrm{d}} = \begin{cases} 1.0 & \sqrt{f_{\mathrm{y}}}\frac{b}{t} \leqslant 565 \\ 1.42\left(1.0 - 0.000522\sqrt{f_{\mathrm{y}}}\frac{b}{t}\right) & 565 \leqslant \sqrt{f_{\mathrm{y}}}\frac{b}{t} \leqslant 958 \end{cases} \tag{4.2-13}$$

式中：

b——多边形杆筒单边宽度（mm）；

t——多边形杆筒壁厚（mm）；

μ_{d}——设计强度修正系数；

f_{y}——钢材的屈服强度（MPa）。

4.2.4 复合受力强度计算

智慧多功能杆同时承受弯矩、剪力和扭矩，因而应进行复合受力强度计算，多边形或圆形构件的复合受力强度计算公式（4.2-14）如下。

$$\left(\frac{N}{A}+\frac{M_{\mathrm{x}}\cdot C_{\mathrm{y}}}{I_{\mathrm{x}}}+\frac{M_{\mathrm{y}}\cdot C_{\mathrm{x}}}{I_{\mathrm{y}}}\right)^2+3\left(V\cdot\frac{Q}{I_t}+T\cdot\frac{C}{J}\right)^2\leqslant\left(\mu_{\mathrm{d}}f\right)^2\text{（多边形）或}f_{\mathrm{b}}^2\text{（圆形）}\quad(4.2\text{-}14)$$

式中：

M_{x}——绕 x 轴截面弯矩设计值（N·mm）；

M_{y}——绕 y 轴截面弯矩设计值（N·mm）；

C_{x}——计算点在 x 轴投影长度（mm）；

C_{y}——计算点在 y 轴投影长度（mm）；

I_{x}——绕 x 轴截面惯性矩（mm^4）；

I_{y}——绕 y 轴截面惯性矩（mm^4）；

V——剪力设计值（N）；

T——扭矩设计值（N·mm）；

C——从中和轴至计算点的距离（mm）；

$\frac{Q}{I_t}$——确定最大弯曲剪应力参数（$1/\mathrm{mm}^2$）；

圆形——$\mathrm{Max}\,\frac{Q}{I_t}=\frac{0.637}{(D-t)t}$；

八边形——$\mathrm{Max}\,\frac{Q}{I_t}=\frac{0.618}{(D-t)t}$；

十二边形——$\mathrm{Max}\,\frac{Q}{I_t}=\frac{0.631}{(D-t)t}$；

十六边形——$\mathrm{Max}\,\frac{Q}{I_t}=\frac{0.634}{(D-t)t}$；

$\frac{C}{J}$——确定最大扭转剪应力参数（$1/\mathrm{mm}^2$）；

J——极惯性矩（mm^4）；

t——厚度（mm）。

4.2.5 连接计算

智慧多功能杆主杆、副杆和横臂等构件的连接，广泛采用了法兰盘构件，法兰盘的安全性是保障智慧多功能杆建设安全性的关键。根据实际使用情况，法兰盘划分为有加劲肋法兰盘和无加劲肋法兰盘，下面详细介绍这两种法兰盘的计算方法。

1. 有加劲肋法兰盘

有加劲肋法兰盘主要由螺栓、法兰盘和加劲板 3 个部分组成，各构件的计算方法如下。

（1）螺栓

有加劲肋法兰盘可分为圆形和矩形两种形状，其中，圆形有加劲肋法兰转动中心轴和螺栓拉力如图 4-11 所示。矩形有加劲肋法兰转动中心轴和螺栓拉力如图 4-12 所示，应按下列规定计算。

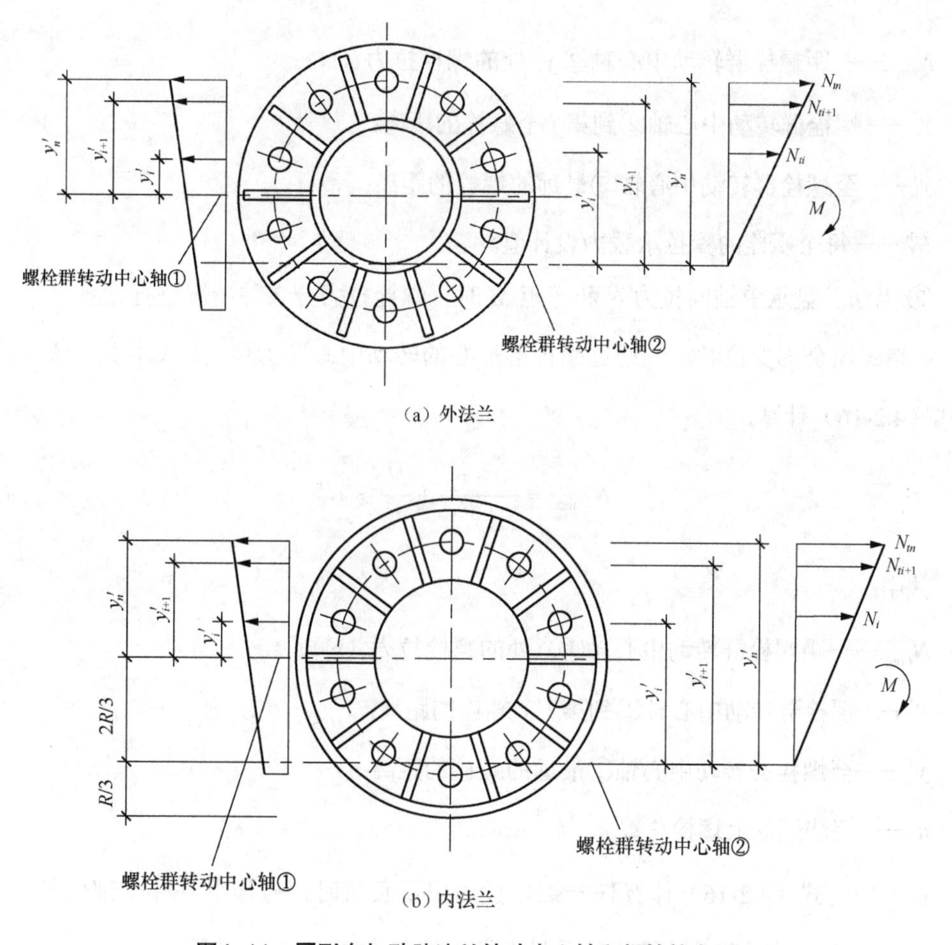

图4-11 圆形有加劲肋法兰转动中心轴和螺栓拉力

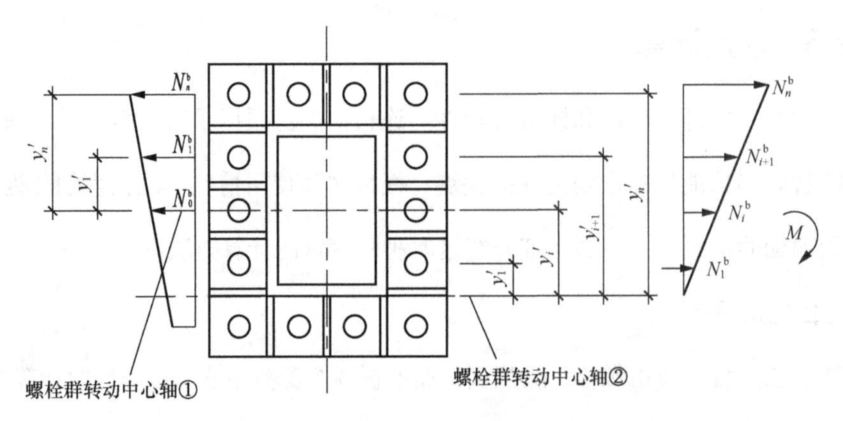

图4-12　矩形有加劲肋法兰转动中心轴和螺栓拉力

① 当法兰盘仅承受弯矩 M 时，螺栓所受最大拉力按公式（4.2-15）计算。

$$N_{t\max}=\frac{M\cdot y_n'}{\Sigma\left(y_i'\right)^2}\leqslant N_t^{\mathrm{b}} \tag{4.2-15}$$

式中：

$N_{t\max}$——距螺栓群转动中心轴② y_n 处的螺栓拉力（N）；

y_i'——螺栓群转动中心轴②到第 i 个螺栓的距离；

y_n'——至螺栓群转动中心轴②最远的螺栓的距离；

N_t^{b}——每个螺栓的受拉承载力设计值。

② 当法兰盘承受轴向拉力 N 和弯矩 M 时，螺栓拉力分 3 种情况进行计算。

• 当螺栓全部受拉时，绕通过螺栓群形心的转动中心轴①转动，螺栓所受最大拉力按公式（4.2-16）计算。

$$N_{t\max}=\frac{M\cdot y_n'}{\Sigma\left(y_i'\right)^2}+\frac{N}{n_{\mathrm{o}}}\leqslant N_t^{\mathrm{b}} \tag{4.2-16}$$

式中：

$N_{t\max}$——距螺栓群转动中心轴①y_n'处的螺栓拉力（N）；

y_i'——螺栓群转动中心轴①到第 i 个螺栓的距离；

y_n'——至螺栓群转动中心轴①最远的螺栓的距离；

n_{o}——该法兰盘上螺栓总数。

• 当按公式（4.2-16）计算任一螺栓拉力出现负值时，螺栓群并非全部受拉，此时绕螺栓群转动中心轴②转动，螺栓所受最大拉力按公式（4.2-17）计算。

$$N_{t\max}=\frac{(M+Ne)y_n}{\sum(y_i)^2}\leqslant N_t^{\mathrm{b}} \tag{4.2-17}$$

式中：

$N_{t\max}$——距螺栓群转动中心轴② y_n 处的螺栓拉力（N）；

e——螺栓群形心轴与螺栓群转动中心轴②之间的距离（mm）。

• 当法兰盘承受轴向压力 N' 和弯矩 M 时，此时绕螺栓群转动中心轴②转动，螺栓所受最大拉力按公式（4.2-18）计算。

$$N_{t\max}=\frac{(M-N'e)y_n}{\sum(y_i)^2}\leqslant N_t^{\mathrm{b}} \tag{4.2-18}$$

式中：$N_{t\max}$——距螺栓群转动中心轴② y_n 处的螺栓拉力（N），螺栓拉力出现负值则表示法兰螺栓不受拉。

（2）法兰盘

有加劲肋的法兰盘底板厚度应按公式（4.2-19）计算，有加劲肋的法兰盘强度及变形应满足计算要求，底板厚度不小于 16mm。

$$t\geqslant\sqrt{\frac{5M_{\max}}{f}} \tag{4.2-19}$$

式中：

t——法兰盘底板厚度（mm）；

$M_{\max}$——按单个螺栓最大拉力均布到法兰板对应区域，计算得到的法兰板单位板宽最大弯矩，法兰板按两边固结（沿加劲板边）和一边铰接（沿管壁）弹性薄板近似计算弯矩；

f——钢材抗拉强度设计值。

（3）加劲板

有加劲肋法兰的加劲肋板强度、加劲肋板与法兰板的焊缝，以及加劲肋板与杆壁焊缝应按下列要求验算，内、外法兰加劲肋板计算示意如图 4-13 所示。

① 法兰加劲肋板强度应按公式（4.2-20）、公式（4.2-21）计算。

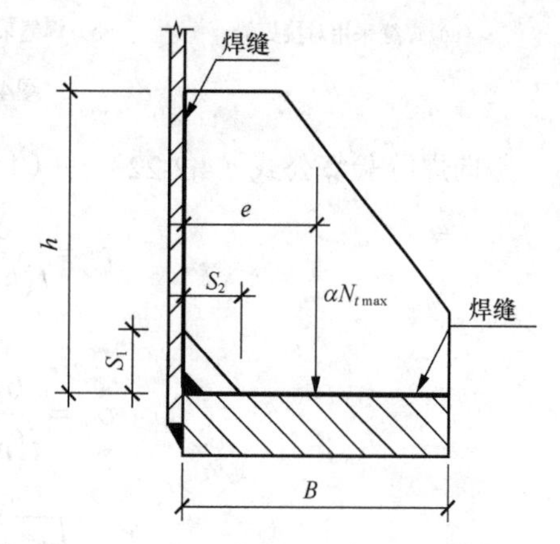

图4-13　内、外法兰加劲肋板计算示意

剪应力验算：$\tau=\dfrac{\alpha N_{t\max}}{(h-S_1)\cdot t}\leqslant f_v$ （4.2-20）

正应力验算：$\sigma=\dfrac{6\times\alpha N_{t\max}e}{(h-S_1)^2\cdot t}\leqslant f$ （4.2-21）

式中：

α——加劲肋板承担反力的比例，按表 4-8 取值；

$N_{t\max}$——单个螺栓最大拉力设计值（N）；

t——加劲肋板的厚度（mm）；

h——加劲肋板的高度（mm）；

e——$N_{t\max}$ 偏心距，取螺栓中心点到钢管外壁的距离（mm）；

S——加劲肋板下端切角高度（mm）；

f_v——加劲肋板钢材的抗剪强度设计值（N/mm²）。

f——加劲肋板钢材的抗拉强度设计值（N/mm²）。

② 法兰加劲肋板焊缝应按下列公式验算。

焊缝示意如图 4-14 所示。焊缝采用对接焊缝，如图 4-14（a）所示。

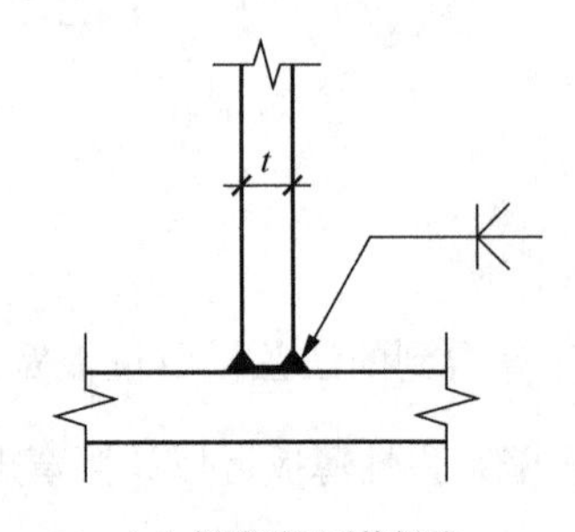

（a）焊缝采用对接焊缝

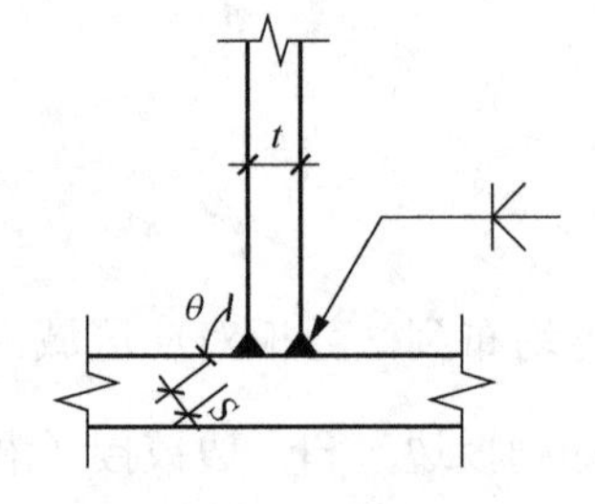

（b）焊缝采用部分焊透对接焊缝

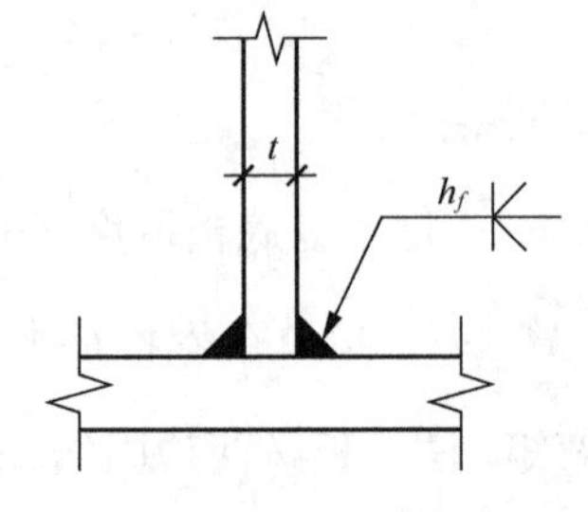

（c）焊缝采用角焊缝

图4–14 焊缝示意

竖向焊缝验算公式（4.2-22）～（4.2-24）如下。

$$\tau_f=\frac{\alpha N_{t\max}}{t(h-S_1-2t)}\leqslant f_v^w \quad (4.2\text{-}22)$$

$$\sigma_f=\frac{6\times\alpha N_{t\max}e}{t(h-S_1-2t)^2}\leqslant f_t^w \quad (4.2\text{-}23)$$

$$\sqrt{\sigma_f^2+3\tau_f^2}\leqslant 1.1f_t^w \quad (4.2\text{-}24)$$

水平焊缝验算公式（4.2-25）如下。

$$\sigma_f = \frac{\alpha N_{t\max}}{t\left(B - S_2 - 2t\right)} \leqslant f_t^w \tag{4.2-25}$$

焊缝采用部分焊透对接焊缝、角焊缝，如图 4-14（b）（c）所示。

竖向焊缝验算公式（4.2-26）～（4.2-28）如下。

$$\tau_f = \frac{\alpha N_{t\max}}{2h_e\left(h - S_1 - 2h_f\right)} \leqslant f_f^w \tag{4.2-26}$$

$$\sigma_f = \frac{3 \times \alpha N_{t\max} e}{h_e\left(h - S_1 - 2h_f\right)^2} \leqslant \beta_f f_f^w \tag{4.2-27}$$

$$\sqrt{\left(\frac{\sigma_f}{\beta_f}\right)^2 + \tau_f^2} \leqslant f_f^w \tag{4.2-28}$$

水平焊缝验算公式（4.2-29）如下。

$$\sigma_f = \frac{\alpha N_{t\max}}{2h_e\left(B - S_2 - 2h_f\right)} \leqslant \beta_f f_f^w \tag{4.2-29}$$

式中：

σ_f——垂直于焊缝长度方向的拉应力（N/mm^2）；

τ_f——平行于焊缝长度方向的剪应力（N/mm^2）；

B——加劲肋板宽度（mm）；

S_2——加劲肋板横向切角尺寸（mm）；

f_t^w、f_v^w——对接焊缝抗拉、抗剪强度设计值（N/mm^2）；

f_f^w——角焊缝的强度设计值（N/mm^2），部分焊透对接焊缝取值同角焊缝取值;

h_f——角焊缝焊脚尺寸（mm），针对部分焊透对接焊缝 $h_f = S$；

h_e——角焊缝的计算厚度（mm），直角角焊缝等于 $0.7h_f$，h_f 为焊接尺寸; 针对部分焊透对接焊缝，当 $\theta = 45° \pm 5°$，$h_e = S-3$；

β_f——正面角焊缝的强度设计值增大系数，对承受静力荷载和间接承受动力荷载的结构，β_f=1.22；

f、f_v——加劲肋板钢材的抗拉、抗剪强度设计值（N/mm^2）。

除了满足上述计算要求，加劲板的厚度不宜小于板长的 1/15，并不宜小于 5mm；加劲肋与法兰板及钢管交会处应切除直角边长不小于 15mm 的三角，避免三向焊缝交叉。

2. 无加劲肋法兰盘

无加劲肋法兰盘主要由螺栓和法兰盘两部分组成，各构件计算如下。

（1）螺栓

无加劲肋法兰螺栓受力情况如图 4-15 所示，应按下列公式计算。

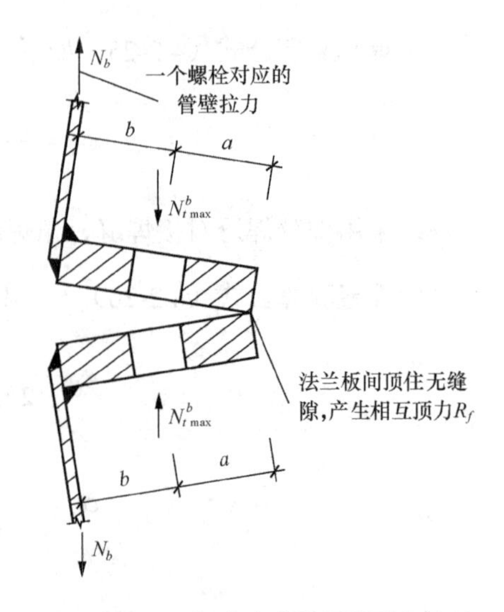

图4-15　无加劲肋法兰螺栓受力情况

① 当杆体只受轴心拉力作用时。

一个螺栓所对应的管壁段中的拉力计算公式（4.2-30）如下。

$$N_b = \frac{N}{n} \tag{4.2-30}$$

一个螺栓所承受的最大拉力计算公式（4.2-31）如下。

$$N_{\mathrm{t\,max}} = \mathrm{m}N_b\frac{a+b}{a} \leqslant N_t^b \tag{4.2-31}$$

式中：

m——法兰盘螺栓工作条件系数，取 0.65；

n——法兰盘上螺栓的数量；

N——杆体的轴向拉力（N）。

② 当杆体受轴向拉（压）力及弯矩共同作用时。

一个螺栓所对应的管壁段中的拉力计算公式（4.2-32）如下。

$$N_b = \frac{1}{n}\left(\frac{M}{0.5R}+N\right) \tag{4.2-32}$$

式中：

M——法兰盘所受弯矩（N · mm）；

N——法兰盘所受轴向力（N），有压力时取负值；

R——钢管的外半径（mm）。

（2）法兰盘

无加劲肋法兰盘受力情况如图 4-16 所示，应按公式（4.2-33）～（4.2-36）计算，无加劲肋法兰盘强度及变形应满足计算要求，底板厚度不小于 20mm。

$$\text{顶力：} R_f = N_b \cdot \frac{b}{a} \tag{4.2-33}$$

$$\text{法兰板剪应力：} \tau = 1.5 \cdot \frac{R_f}{t \cdot s} \leqslant f_v \tag{4.2-34}$$

$$\text{法兰板正应力：} \sigma = \frac{5R_f \cdot e_0}{s \cdot t^2} \leqslant f \tag{4.2-35}$$

$$s = (R + b) \cdot \theta \tag{4.2-36}$$

式中：

s——螺栓的间距（mm）；

R_f——法兰板之间的顶力（N）；

θ——两螺栓之间的圆心角弧角（rad）；

t——法兰板的厚度（mm）。

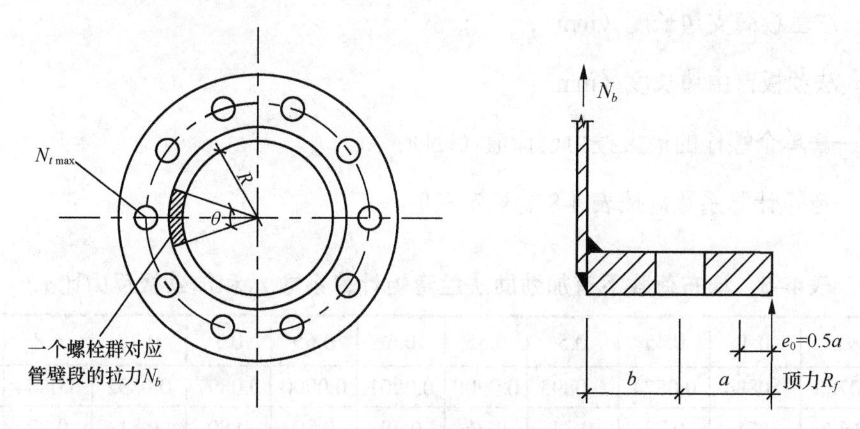

图4-16　无加劲肋法兰盘受力情况

3. 法兰盘内力简化计算

可根据板块的支承结构采用有限元法精确计算法兰盘内力，也可参照以下简化方法计算法兰盘内力。法兰盘受弯计算示意如图 4-17 所示。单位板宽法兰板最大弯矩应按公式（4.2-37）～（4.2-39）计算。

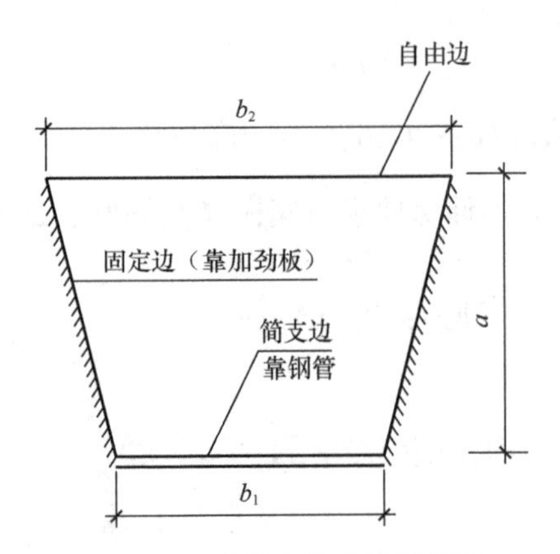

图4-17　法兰盘受弯计算示意

$$M_{\max} = m_b q b^2 \tag{4.2-37}$$

$$q = \frac{N_{t\max}}{b \times a} \tag{4.2-38}$$

$$b = \frac{b_1 + b_2}{2} \tag{4.2-39}$$

式中：

a——固结边长度（mm）；

b_1——法兰板简支边长度（mm）；

b_2——法兰板自由边长度（mm）；

$N_{t\max}$——单个螺栓的最大拉力设计值（kN）；

m_b——弯矩计算系数，按表 4-8 的规定取值。

表4-8　均布荷载下有加劲肋法兰弯矩计算系数m_b和加劲板反力比α

a/b	0.35	0.4	0.45	0.5	0.55	0.6	0.65	0.7	0.75	0.8	0.85
m_b	0.0785	0.0834	0.0874	0.0895	0.0900	0.0901	0.0900	0.0897	0.0892	0.0884	0.0872
α	0.67	0.71	0.73	0.74	0.76	0.79	0.80	0.80	0.81	0.82	0.83
a/b	0.9	0.95	1	1.1	1.2	1.3	1.4	1.5	1.75	2	>2
m_b	0.0860	0.0848	0.0843	0.0840	0.0838	0.0836	0.0835	0.0834	0.0833	0.0833	0.0833
α	0.83	0.84	0.85	0.86	0.87	0.88	0.89	0.90	0.91	0.92	1.0

注：适用于有加劲肋板的法兰计算，假设法兰盘支承条件为一边简支，两边固结，另外一边自由。

4.2.6　开孔补强计算

智慧多功能杆结构开设检修孔等孔洞时，杆体计算孔洞尺寸时应考虑开孔的影响，进行开孔补强设计，并采取相应的补强措施，当符合下列情形时，杆体采取相应的构造补强措施即可。

① 当开孔率 $\varDelta \leqslant 7\%$ 时，可采用贴板补强。贴板补强杆体孔洞如图 4-18 所示，贴板的宽度和厚度应满足公式（4.2-40）～（4.2-42）要求。

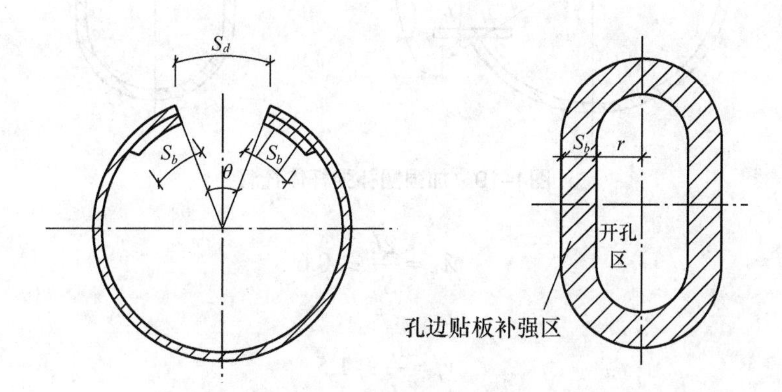

图4-18　贴板补强杆体孔洞

$$\varDelta = \frac{\theta}{2\pi} \tag{4.2-40}$$

$$\varphi = \frac{2S_b}{S_d} \geqslant 1.0 \tag{4.2-41}$$

$$\psi = \frac{t_b}{t} \geqslant 1.0 \tag{4.2-42}$$

式中：

$\varDelta$——开孔率；

θ——孔洞中心所在的杆身横截面开孔区域所对应的圆心角弧度（rad）；

φ——贴板相对宽度比；

ψ——贴板相对厚度比；

S_b——贴板沿管壁周向的弧长（mm）；

S_d——孔洞对应管壁周向的弧长（mm）；

t_b——贴板厚度（mm）；

t——管壁厚度（mm）。

② 当开孔率 $7\% < \varDelta < 10\%$ 时，采用加强圈补强。加强圈补强杆体孔洞如图 4-19 所示，加强圈的高度和厚度应满足公式（4.2-43）、公式（4.2-44）的要求。

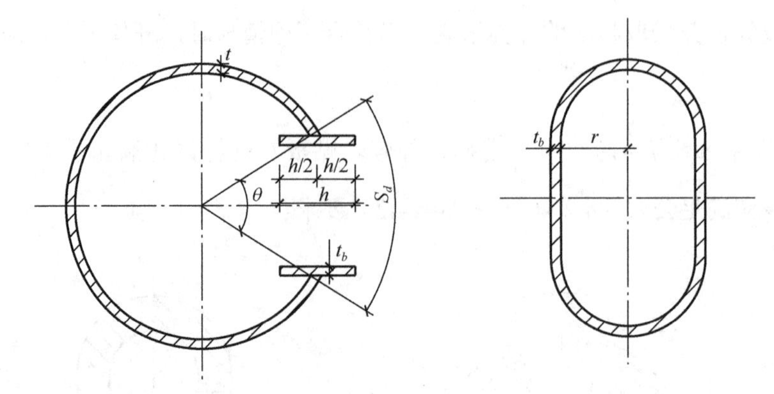

图4-19　加强圈补强杆体孔洞

$$\lambda_h = \frac{2h}{S_d} \geqslant 0.6 \qquad (4.2\text{-}43)$$

$$\gamma_t = \frac{t_b}{t} \geqslant 1.5 \qquad (4.2\text{-}44)$$

式中：

λ_h——加强圈的相对高度比；

γ_t——加强圈的相对厚度比；

h——加强圈高度（mm）；

S_d——孔洞对应管壁周向弧长（mm）；

t_b——加强圈厚度（mm）；

t——管壁厚度（mm）。

③ 当开孔率 $10\% \leqslant \Delta < 15\%$ 且相应位置的杆身应力比不大于 0.8 时，或开孔率 $15\% \leqslant \Delta < 18\%$ 且相应位置的杆身应力比不大于 0.6 时，采用加强圈补强，加强圈的高度和厚度应满足公式（4.2-43）和公式（4.2-44）的要求。

④ 当开孔率 $18\% \leqslant \Delta < 35\%$ 时，采用加强圈补强，加强圈的高度和厚度应满足公式（4.2-43）和公式（4.2-44）的要求，或采用其他有效的补强措施，必要时对补强后的杆身进行有限元分析，避免补强部位及相关区域的应力集中过大。

4.3　算例实践

本节以智慧多功能杆建设中最常见的悬臂式杆体为算例，梳理杆体计算过程，从而加深读者对智慧多功能杆杆体计算过程的理解，直观体现智慧多功能杆杆体在重力荷载和风荷载作用下的受力情况，突出杆体计算过程中需要关注的要点，同时根据大量的工程经验，提出杆体优化方案，实现杆体选型合理化。

4.3.1 计算分析

某地市新建智慧多功能杆项目，该地市抗震设防烈度为6度，当地基本风速 $v_0 = 28\text{m/s}$，地面粗糙度为B类，杆体设计使用年限为50年。

悬臂式智慧多功能杆总高10m，由主杆、副杆和横臂组成。主杆长度8.1m，采用正十二边形变截面钢管；副杆长度1.9m，采用正八边形等截面钢管；横臂长度6m，距地高度6.5m，采用正八边形变截面钢管。悬臂式智慧多功能杆如图4-20所示，杆体构件属性见表4-9，杆体挂载设备信息见表4-10。现对杆件进行以下计算。

① 计算永久荷载。

② 计算可变荷载。

③ 计算杆体构件内力。

④ 验算杆体复合受力强度。

⑤ 计算节点。

⑥ 计算开孔补强。

⑦ 采用有限元软件建模计算杆体位移，并进行复核。

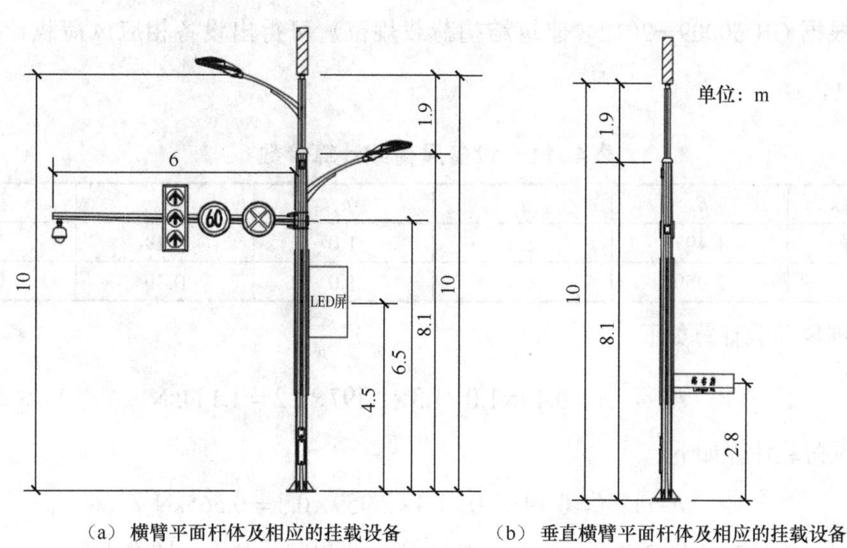

（a）横臂平面杆体及相应的挂载设备　　（b）垂直横臂平面杆体及相应的挂载设备

图4-20　悬臂式智慧多功能杆

表4-9　杆体构件属性

杆体构件	材料	杆体尺寸（直径 × 壁厚）/（mm × mm）	构件长度 /m	杆身截面	备注
主杆	Q355B	（240 ～ 270）× 6	8.1	正十二边形	—
副杆	Q355B	148 × 5	1.9	正八边形	—
横臂	Q355B	（111 ～ 185）× 5	6	正八边形	横臂距地高度6.5m

注：以上杆体直径为杆体多边形截面边对边直径。

表4-10　杆体挂载设备信息

设备名称	路名牌	LED 屏	道路标志标牌	球形监控摄像机	信号灯	路灯	通信天线
重量 /kN	0.3	0.5	0.1	0.1	0.3	0.3	1.0
设备面积 /m^2	0.675	1.2	0.5	0.15	0.6	0.3	0.5
设备挂载高度 /m	2.8	4.5	6.5	6.5	6.5	7.7/9.7	10.0
距横臂根部距离 /m	—	—	1.0/2.0	6.0	4.0	—	—

1. 永久荷载

根据杆体挂载设备的信息，将挂载设备的重力荷载施加到杆体对应位置。杆体重力荷载布置如图 4-21 所示。

2. 可变荷载

已知基本风速 $v_0=28\text{m/s}$，基本风压 $w_0=\dfrac{v_0^2}{1600}=0.49\text{kN/m}^2$。

当风荷载的方向垂直横臂与主杆、副杆组成平面时，此时杆体结构处于受力最不利状态。以 4.5m 高处 LED 屏和 9.7m 高处路灯为例，计算挂载设备的风荷载。计算得出杆体自振周期 T=0.85s，根据 GB 50009—2012《建筑结构荷载规范》可得出设备相应风荷载计算参数，详见表 4-11。

表4-11　设备风荷载计算参数

设备名称	β_z	μ_s	μ_z	w_0	A/m^2
LED 屏	1.497	1.3	1.0	0.49	1.2
路灯	2.959	1.3	1.0	0.49	0.3

LED 屏风荷载计算如下。

$$F=\omega\cdot A=0.49\times1.0\times1.3\times1.497\times1.2=1.144\text{kN}$$

路灯风荷载计算如下。

$$F=\omega\cdot A=0.49\times1.0\times1.3\times2.959\times0.3=0.565\text{kN}$$

其余杆体构件及挂载设备的风荷载计算方法与此相同，其中，路名牌的挂载方向与最不利风荷载方向平行，故该工况下可不考虑风荷载对路名牌的影响。杆体所受风荷载布置如图 4-22 所示。

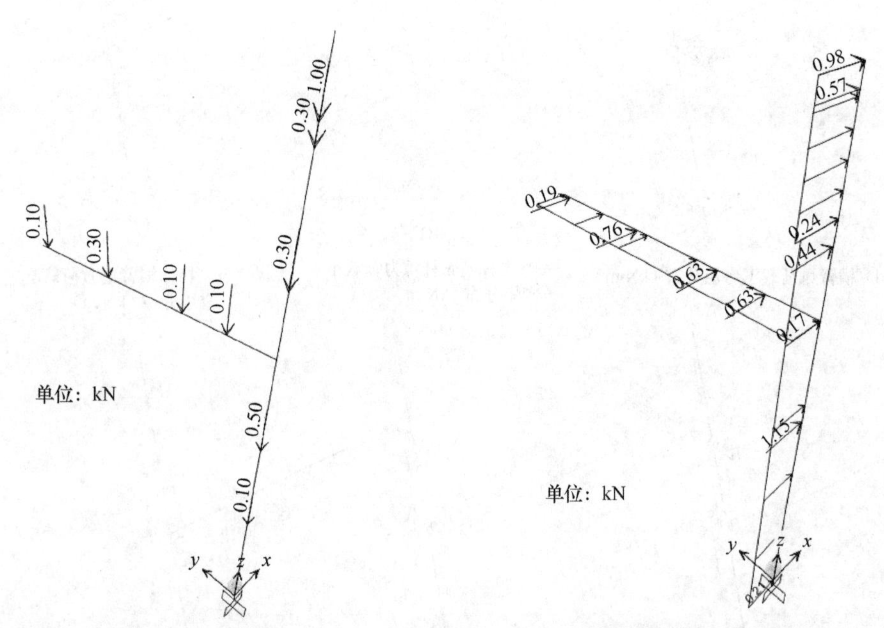

图4-21　杆体重力荷载布置　　　　图4-22　杆体所受风荷载布置

3. 杆体构件内力计算

根据受力情况，可计算出杆体构件任意截面处的内力，杆体内力分布如图 4-23 所示。选取各段构件受力最不利点，计算杆体构件内力标准值，详见表 4-12。

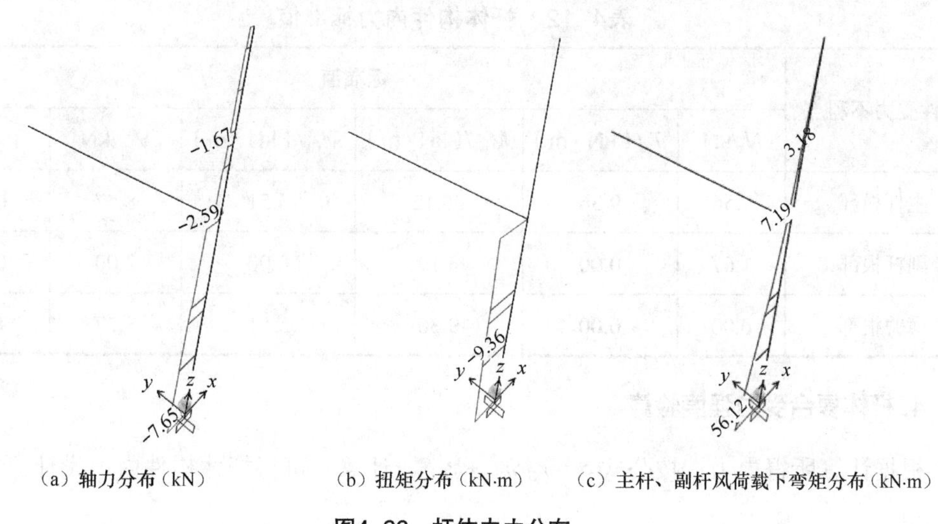

（a）轴力分布（kN）　（b）扭矩分布（kN·m）　（c）主杆、副杆风荷载下弯矩分布（kN·m）

图4-23　杆体内力分布

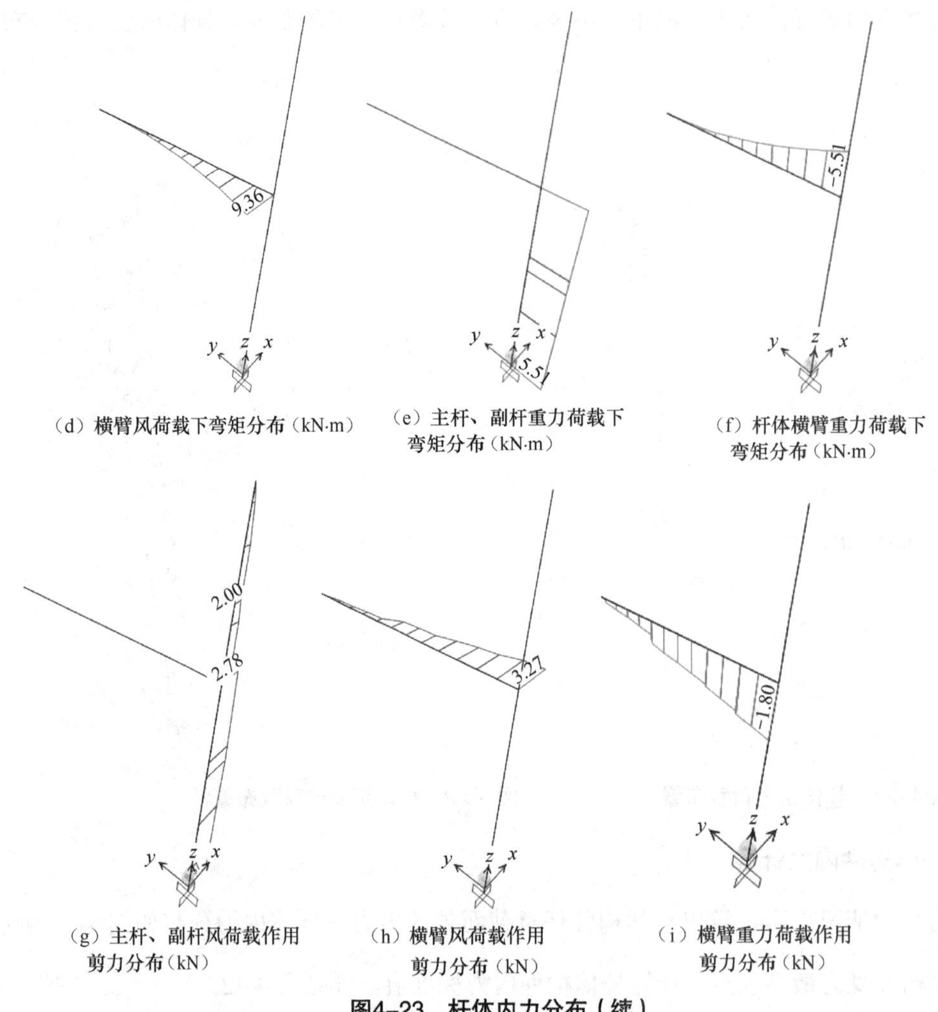

（d）横臂风荷载下弯矩分布（kN·m）

（e）主杆、副杆重力荷载下弯矩分布（kN·m）

（f）杆体横臂重力荷载下弯矩分布（kN·m）

（g）主杆、副杆风荷载作用剪力分布（kN）

（h）横臂风荷载作用剪力分布（kN）

（i）横臂重力荷载作用剪力分布（kN）

图4-23　杆体内力分布（续）

表4-12　杆体构件内力标准值

构件受力不利点	标准值					
	N_k/kN	T_k/（kN·m）	M_{wk}/（kN·m）	M_{Gk}/（kN·m）	V_{wk}/kN	V_{Gk}/kN
主杆根部	7.56	9.36	56.12	5.51	8.57	0.00
副杆根部	1.67	0.00	3.19	0.00	2.00	0.00
横臂根部	0.00	0.00	9.36	5.51	3.27	1.80

4. 杆体复合受力强度验算

根据计算所得内力，按公式 $S=\gamma_G S_{GK}+\gamma_Q S_{QK}$ 计算，可得杆体构件内力设计值，详见表4-13。

表4-13　杆体构件内力设计值

构件受力不利点	设计值					
	N/kN	T/（kN·m）	M_w/（kN·m）	M_G/（kN·m）	V_w/kN	V_G/kN
主杆根部	9.83	14.04	84.18	7.16	12.86	0.00
副杆根部	2.17	0.00	4.79	0.00	2.60	0.00
横臂根部	0.00	0.00	14.01	7.16	4.90	2.34

主杆根部：$\left(\dfrac{N}{A}+\dfrac{M_x \cdot C_y}{I_x}+\dfrac{M_y \cdot C_x}{I_y}\right)^2+3\left(V \cdot \dfrac{Q}{I_t}+T \cdot \dfrac{C}{J}\right)^2=68809$

$$(\mu_d f)^2=93025 \geqslant 68809$$

副杆根部：$\left(\dfrac{N}{A}+\dfrac{M_x \cdot C_y}{I_x}+\dfrac{M_y \cdot C_x}{I_y}\right)^2+3\left(V \cdot \dfrac{Q}{I_t}+T \cdot \dfrac{C}{J}\right)^2=3177$

$$(\mu_d f)^2=93025 \geqslant 3177$$

横臂根部：$\left(\dfrac{N}{A}+\dfrac{M_x \cdot C_y}{I_x}+\dfrac{M_y \cdot C_x}{I_y}\right)^2+3\left(V \cdot \dfrac{Q}{I_t}+T \cdot \dfrac{C}{J}\right)^2=15201$

$$(\mu_d f)^2=93025 \geqslant 15201$$

通过计算可知，主杆、副杆和横臂复合受力强度均满足规范要求。

5. 节点计算

为确保杆体构件之间安全连接，需要计算杆体的重要节点，本杆件需要计算的节点如下。

① 主杆与副杆连接处法兰节点。

② 横臂与主杆连接处法兰节点。

③ 主杆底部地脚法兰。

本书以地脚法兰为例计算相应的节点，采用 8 根直径为 30mm 的地脚螺栓、螺栓材质 45 号钢、法兰盘厚度 t = 25mm、加劲板竖向焊缝高度 6mm、水平焊缝高度 12mm、法兰盘和加劲板材质采用 Q355B。法兰盘及加劲板尺寸如图 4-24 所示。

螺栓强度：$N_{t\max}=\dfrac{M \cdot y_n'}{\sum (y_i')^2}+\dfrac{N}{n_o}=93.73\text{kN}<120.53\text{kN}$

法兰盘厚度计算：$t \geqslant \sqrt{\dfrac{5M_{\max}}{f}}=14.7\text{mm}$

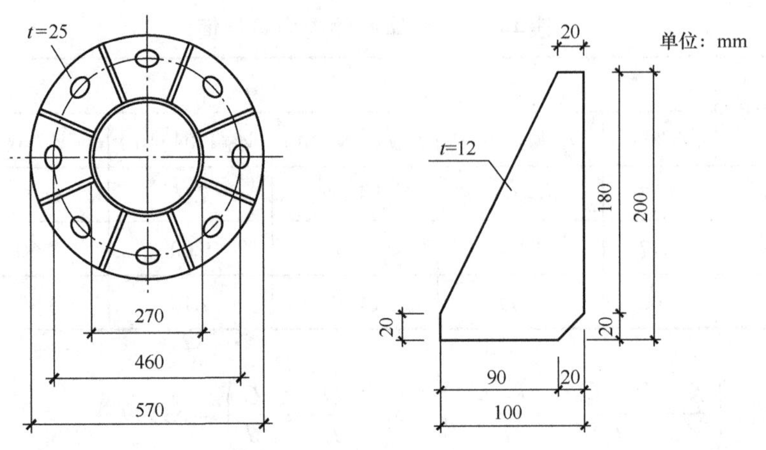

图4-24　法兰盘及加劲板尺寸

加劲板正应力计算：$\sigma = \dfrac{6\times\alpha N_{t\max}e}{\left(h-S_1\right)^2\cdot t} = 109.94\text{N/mm}^2$

加劲板剪应力计算：$\tau = \dfrac{\alpha N_{t\max}}{\left(h-S_1\right)\cdot t_v} = 34.72\text{N/mm}^2$

水平焊缝计算：$\sigma_f = \dfrac{\alpha N_{t\max}}{2h_e\left(B-S_2-2h_f\right)} = 69.52\text{N/mm}$

竖向焊缝计算：$\tau_f = \dfrac{\alpha N_{t\max}}{2h_e\left(h-S_1-2h_f\right)} = 53.14\text{N/mm}^2$

$$\sigma_f = \frac{3\times\alpha N_{t\max}e}{h_e\left(h-S_1-2h_f\right)^2} = 180.29\text{N/mm}^2$$

$$\sqrt{\left(\frac{\sigma_f}{\beta_f}\right)^2+\tau_f^2} = 157.04\text{N/mm}$$

通过计算可知，螺栓、法兰盘厚度、加劲板强度和焊缝均满足规范要求。

6. 开孔补强计算

主杆底部设置检修孔如图4-25所示，孔洞对应管壁周向弧长为199mm、加强圈高度为70mm、厚度为12mm，对开孔部分采取加强圈补强措施。

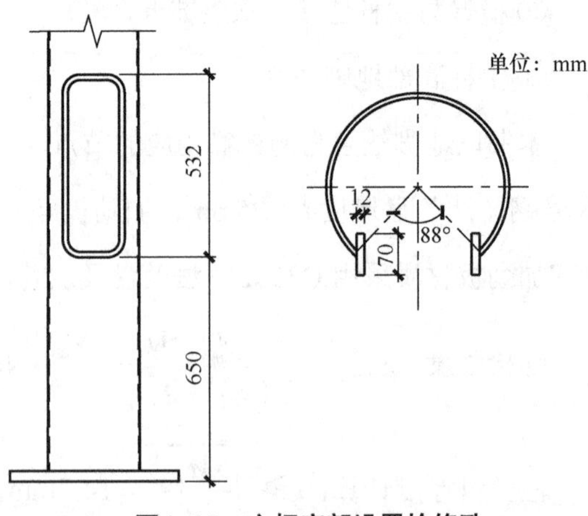

图4-25　主杆底部设置检修孔

开孔补强计算：$\Delta=\frac{\theta}{2\pi}=\frac{88}{360}\approx 24.4\%\leqslant 35\%$

$$\lambda_h=\frac{2h}{S_d}=\frac{140}{199}\approx 0.7\geqslant 0.6$$

$$\gamma_t=\frac{t_b}{t}=\frac{12}{6}=2\geqslant 1.5$$

通过计算可知，开孔补强措施满足要求。

7. 位移验算

根据有限元软件计算结果，杆体构件最大位移见表 4-14。将杆体构件最大位移换算成杆体构件对应位置位移比，详见表 4-15。

表4-14　杆体构件最大位移

风荷载作用下的主杆顶部位移 /m	0.142
风荷载作用下的副杆顶部位移 /m	0.196
风荷载作用下的横臂端部位移 /m	0.214
风荷载作用下 z 主杆 6.5m 高度处位移 /m	0.101
恒载作用下的副杆顶部位移 /m	0.031
恒载作用下的横臂端部位移 /m	0.060

表4-15　杆体构件对应位置位移比

风荷载作用下的杆顶位移比（1/*l*）	1/51
风荷载作用下的横臂端部位移比（1/*l*）	1/53
恒载作用下的副杆连接处位移比（1/*l*）	1/322
恒载作用下的主副杆连接处位移比（1/*l*）	1/100

通过计算可知，该悬臂式杆体位移满足规范要求。

通过计算最不利工况下构件及重要部位的受力和位移，可以得出该悬臂式杆体设计符合规范要求的结论，杆体建设可进入制造和施工阶段，同时可为基础设计提供计算依据。此外，除了需要计算风荷载垂直横臂和挂载设备时的杆体底部反力，还应计算风荷载平行横臂和挂载设备时的杆体底部反力。

4.3.2　设计优化

合理的方案和设计有助于节约建设成本，通过大量的工程计算结果数据对比，对不同杆体类型从直径、壁厚及材质等多角度提出杆体优化方案，从而实现杆体选型合理化。

1. 柱式杆体

对于柱式杆体，通过提高钢材牌号、增加构件壁厚和增大构件截面尺寸都可以有效控制杆体内力。一般情况下，柱式杆体的杆顶位移起控制作用，当杆体顶部挂载设备的迎风面积较大时，杆体的内力和位移都比较大。此时，通过增加构件壁厚和增大构件截面尺寸均可实现杆体内力和位移满足规范要求，其效果比直接提高钢材牌号更加有效和经济。

2. 悬臂式杆体

对于悬臂式杆体，杆体各构件端部的水平位移应结合挂载设备的要求进行控制，其中，横臂的挂载设备对各构件的内力和位移影响较大。在横臂选型时，横臂较短或横臂较长但挂载设备较少时，宜采用内力作为横臂选型的主要控制因素；横臂较长且挂载设备较多、迎风面积较大、挂载设备距横臂根部较远时，宜采用风荷载作用下的端部水平位移作为横臂选型的主要控制因素。

在实际工程中，应准确计算挂载设备的面积、重量及设备安装位置，结合挂载设备的性能要求对杆体构件在风荷载作用下的位移进行控制，并应满足相关规范的要求。此时，通过增大构件截面尺寸、增加构件壁厚，以及提高钢材牌号可使杆体内力和位移满足规范要求。同时，横臂在自重和挂载设备的重力作用下，横臂向下弯曲，可通过合理设置横臂向上仰角，从而解决横臂下垂问题。

3. 门架式杆体

对于智慧多功能杆横臂较长，其杆体构件的内力和位移较大，不易满足规范要求时，可将智慧多功能杆设计为门架式，可以有效改善结构受力和变形情况。研究发现，提高钢材牌号、增加构体壁厚和增大构体截面尺寸可以有效控制杆体构件内力。当在横臂之间增加支撑时，可有效降低横臂内力，当实际工程无造型要求时，应优先采用横臂增加支撑的造型。

增加构体壁厚和增大构体截面尺寸可以有效地控制杆体顶部位移。门架式杆体相对悬臂式杆体增加了一根主杆，故门架式杆体的主杆位移更容易满足使用要求。增加支撑可以有效地控制重力荷载作用下横臂在平面内的位移，但对控制风荷载作用下横臂水平方向位移没有显著效果，在实际工程中应重点关注风荷载作用下横臂水平方向位移。门架式杆体可通过提高钢材牌号、增加构体壁厚和增大构体底部直径等方式有效控制主杆应力比。横臂可考虑增加支撑，有效地降低横臂应力比和垂直方向位移。

4.4 杆体制造施工与验收

智慧多功能杆杆体除了需要准确计算和合理设计，在杆体的制造、施工和验收过程中也应满足相关的规范要求，严格控制各过程要点才能确保整个工程的顺利建成。本节将从杆体制造、杆体施工和杆体验收 3 个方面阐述各过程的要点。

4.4.1 杆体制造

为了加强智慧多功能杆的工程质量管理，在制造杆体的过程中，可以对构件的加工工艺、连接工艺、镀锌及其他处理做出要求，从而保证杆体的质量。

1. 加工工艺

智慧多功能杆的加工过程应符合现行有关规范的规定，主要包括以下要求。

① 钢材切割面或剪切面应无裂纹、夹渣、分层和大于 1.0mm 的缺棱。

② 铝合金切割面或剪切面应无裂纹、夹渣、分层和大于 0.5mm 的缺棱。

③ 制作钢零件和构件中的矫正和成形应按 GB 50205—2020《钢结构工程施工质量验收标准》中相关的规定验收。

④ 制作铝合金零件和构件中的矫正和成形应按 GB 50576—2010《铝合金结构工程施工质量验收规范》中相关的规定验收。

⑤ 边缘加工允许偏差应符合表 4-16 的规定。

表4-16 边缘加工允许偏差

项目	允许偏差
零件宽度、长度	±1.0mm
加工边直线度	l/3000，且不应大于 2.0mm
相邻两边夹角	±6′

⑥ 制孔时，螺栓孔的要求应按 GB 50205—2020《钢结构工程施工质量验收标准》及 GB 50576—2010《铝合金结构工程施工质量验收规范》执行。

2. 连接工艺

当智慧多功能杆横臂与主杆采用法兰连接时，采用 8.8 级及以上高强度热浸镀锌螺栓；当副杆与主杆采用法兰连接时，采用 8.8 级及以上高强度热浸镀锌螺栓；当卡槽与主杆连接时，宜采用不锈钢空心螺栓或拉铆螺栓连接，或采用其他符合要求的连接方式。智慧多功能杆杆体等主要受力构件之间的连接螺栓，应采用双螺母或扣紧螺母等能防止螺母松动的有效措施，受剪螺栓的螺纹不应进入剪切面。

当制造智慧多功能杆杆体的过程中采用焊接时，钢材焊材宜采用低氢焊材，焊丝应符合GB/T 8110—2020《熔化极气体保护电弧焊用非合金钢及细晶粒钢实心焊丝》、GB/T 12470—2016《埋弧焊用低合金钢焊丝和焊剂》的规定或满足结构安全使用要求的其他焊丝，焊接工艺应按GB 50661—2011《钢结构焊接规范》的规定执行。铝合金材料焊接所用焊丝应符合GB/T 10858—2008《铝及铝合金焊丝》的规定。铝合金材料宜采用焊弧工艺，应符合GB/T 22086—2008《铝及铝合金弧焊推荐工艺》、HG/T 20222—2017《铝及铝合金焊接技术规程》的规定。

优质碳素钢宜采用埋弧焊或气保焊，除了地脚法兰，焊缝不小于三级焊缝标准；地脚法兰底板与杆体焊缝宜采用全熔透焊缝，焊缝质量等级不低于二级。以上焊缝除了要满足上述要求，焊接质量还应符合GB/T 12467.1—2009《金属材料熔焊质量要求 第1部分：质量要求相应等级的选择准则》、GB/T 50661—2011《钢结构焊接规范》的有关规定，探伤要求应符合GB/T 11345—2023《焊缝无损检测 超声检测 技术、检测等级和评定》中的评定标准。

铝合金焊接宜采用氩弧焊，焊缝表面不应出现裂纹、叠焊，封闭的不连续孔不应影响表面保护，铝制杆体与法兰盘焊接前应进行胀管处理，胀管的范围不应小于底部管径的1/2。焊接人员和检验人员应具有相应的资格证书，设计文件应注明焊缝无损检测的要求，并提出检验方法和合格标准。当设计文件无规定时，每条焊完的焊缝可按照表4-17的规定进行检验。

表4-17 焊缝检验方法

检验方法	对接焊缝（板或管）	角焊缝及支管连接焊接
外观检验（ISO 17637）	强制	强制
弯曲试验（GB/T 2653—2008）	强制	不适用
断裂试验（GB/T 27551—2011）	强制	强制

注：1. 做射线试验时，还必须附加弯曲或断裂试验。
2. 断裂试验可由宏观检验代替，但至少需要两个宏观试样。
3. 管材的断裂试验可以由射线检验代替。

焊缝布置应避免立体交叉和集中在一处，钢管法兰连接部位焊接示意如图4-26所示。

角焊缝连接时构件端部的焊缝宜采用围焊，所有围焊的转角处必须连续施焊。焊缝及热影响区不应有裂纹未融合、弧坑未填满和夹渣等缺陷。全熔透焊缝应采用超声波探伤，其内部缺陷分级及检测方法应符合 GB/T 11345—2023《焊缝无损检测 超声检测 技术、检测等级和评定》的规定，超声波探伤人员需要具备二级及以上资质。焊缝质量等级检验符合相关规范要求。

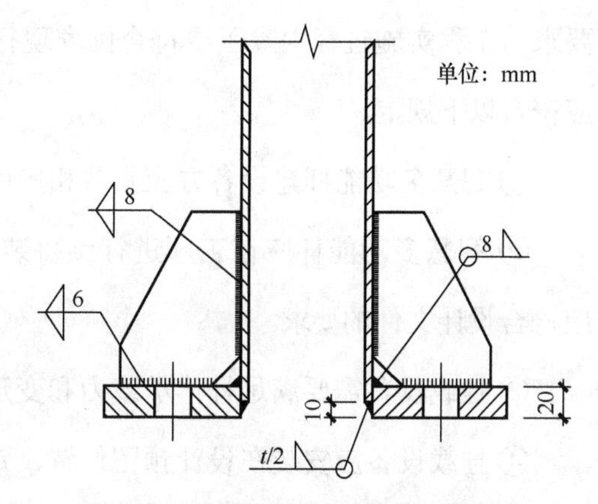

图4-26 钢管法兰连接部位焊接示意

3. 镀锌及其他处理

智慧多功能杆钢制杆体应采用热浸镀锌工艺进行内外防腐，也可根据需要进行喷漆或喷塑。热浸镀锌应符合 GB/T 13912—2020《金属覆盖层　钢铁制件热浸镀锌层　技术要求及试验方法》的相关规定。热浸镀锌表面应平滑，无滴瘤、粗糙、刺锌和残留的溶剂渣，在可能影响热浸镀锌工作中使用或耐腐蚀性能的部位不应有锌瘤和锌渣。镀锌层与智慧多功能杆基体结合应牢固，经锤击等试验时，锌层不剥离、不凸起。热浸镀锌完毕后宜进行钝化处理。镀锌层进行 48 小时盐雾试验，试验的方法和相关步骤应符合 GB/T 10125—2021《人造气氛腐蚀试验　盐雾试验》中性盐雾试验的有关规定。锌层厚度的检测方法和要求符合 GB/T 4955—2005《金属覆盖层　覆盖层厚度测量　阳极溶解库仑法》、GB/T 4956—2003《磁性基体上非磁性覆盖层　覆盖层厚度测量　磁性法》的有关规定。

智慧多功能杆铝制杆体的表面处理宜采用喷塑处理，涂层厚度应符合 GB/T 6892—2023《一般工业用铝及铝合金挤压型材》的规定。杆体采用氧化工艺，应光泽均匀，氧化膜厚度的平均值不应小于 12mm，最小点不应小于 10mm，应符合 GB/T 19822—2005《铝及铝合金硬质阳极氧化膜规范》的规定。杆身后期的开孔应满足自身防腐性能的要求。

当智慧多功能杆杆体镀锌完成后有喷塑要求时，外观应平整光洁，无金属外露和细小颗粒等涂装缺陷。涂层厚度和硬度均应满足相应规范的要求。

4.4.2 杆体施工

智慧多功能杆项目的施工过程应进行全过程规范化管控，做到各环节资料齐全并符合要求，工程实施过程中除了要符合国家现行法律、法规、技术标准和规范的相关规定，还应符合以下规定。

① 智慧多功能杆建设各方应具备相应的资质条件，并应具备健全的质量管理体系。

② 智慧多功能杆应在工厂进行预拼装。搭载设备的安装方式、安装位置和连接方式应符合设计文件的要求。

③ 挂载设备需要满足杆体承载力和变形的要求，不得超载。

④ 挂载设备应安装在设计预留位置，走线应采用内走线并分仓敷设。

为确保杆体施工过程安全可靠，在安装杆体的过程中，应采取以下安全措施：安装人员必须具有登高作业资质证书；安装人员作业时必须配备安全作业绳；注意施工过程中临时施工用电的安全；对作业面场地进行围护，消除与施工无关人员闯入施工区域带来的风险；按临时交通要求采取相应的措施。

智慧多功能杆吊装时应符合 CJJ 89—2012《城市道路照明工程施工及验收规程》和 GB 6067《起重机械安全规程》系列标准的相关规定，并应符合下列规定。

① 吊装前应检查基础预埋件螺栓的规格、垂直度及丝牙，核对预埋件螺栓的分布尺寸和孔间距，并检查基础内的预埋件和管线的规格、数量，检查它们是否符合设计文件和规范的要求。

② 吊装前应检查吊装区域的空间环境，确保施工安全保护距离。夜间施工时应确保吊装区域照明充足。

③ 智慧多功能杆吊装应在横臂和主杆上选择吊装点，严禁在副杆上布置吊装点。

④ 吊装后应按表 4-18 的规定，复核垂直度、偏移值和水平夹角。

表4-18 杆体安装偏差值

项目	允许偏差
杆体与地面垂直度	$H/750$
杆体下法兰接口中心偏移	2mm
地脚螺栓中心偏移值	3mm
横臂、灯臂与道路中心线的水平夹角	≤ 0.3°

注：表中 H 为智慧多功能杆杆体总高度，H 单位为 mm。

⑤ 对杆底法兰和基础预埋件螺栓、螺母进行包封处理，同时为保证道路行驶安全及美观，建议采用隐藏式包封，如图 4-27 所示。

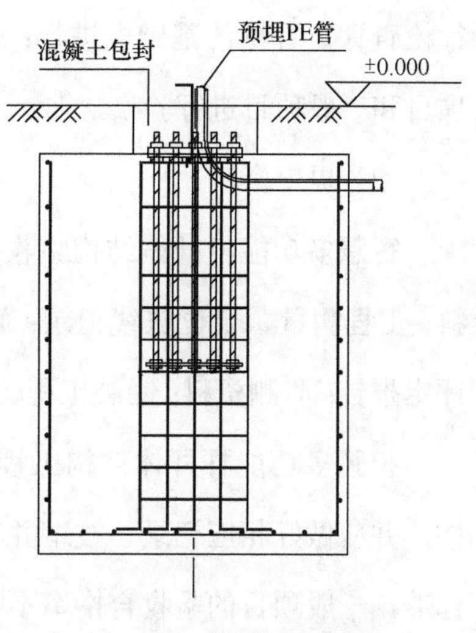

图4-27 隐蔽式包封

⑥ 施工单位必须检查智慧多功能杆起吊点的位置，检查地脚螺栓是否紧固，检验杆体朝向、方位、偏移值和水平夹角。

⑦ 智慧多功能杆的杆体构件装配后应达到主杆和副杆中心线在一条垂直线上，保证智慧多功能杆垂直，整体垂直度要求不大于 *H*/750。智慧多功能杆的横臂应当根据挂载情况预留上挑值，安装后不应出现垂落现象，各构件之间的装配连接应可靠牢固，满足设计和使用的要求，安装误差应在规定的范围内。

4.4.3 杆体验收

智慧多功能杆验收是保证杆体建设质量的重要环节，通过检查和评估工程质量及时发现解决工程中的问题，确保工程符合相关法律法规和规范标准，确保杆体建设的可靠性、稳定性和安全性。根据智慧多功能杆杆体结构工程的特点，智慧多功能杆杆体结构工程分项工程的划分见表 4-19。

表4-19 智慧多功能杆杆体结构工程分项工程的划分

分部工程	分项工程
杆体结构	材料验收
	零部件加工
	预拼装
	防腐处理
	包装发运
	结构安装

（1）基本规定

智慧多功能杆杆体结构工程质量验收应符合以下规定：杆体结构工程施工质量应符合验收规定的要求；质量验收程序应符合验收规定的要求；工程质量的验收应在施工单位自

行检查评定合格的基础上进行；质量验收应进行分部、分项工程验收；质量验收应按主控项目和一般项目进行验收。

（2）提交资料

智慧多功能杆杆体结构验收应提交以下资料：设计文件、图纸会审记录和技术交底资料；工程测量、定位放线记录；施工组织设计及专项施工方案；施工记录及施工单位自查评定报告；监测资料；隐蔽工程验收资料；检测与检验报告；竣工图。

智慧多功能杆杆体结构工程施工前及施工过程中所进行的检验项目内容应制作成表格，并应做好相应记录、校审并存档。其中，主控项目的质量检验结果必须全部符合检验标准，一般项目的验收合格率不得低于80%。

（3）检验检测

① 查验厂商提供的钢材、铝合金型材和连接螺栓的质检报告，并查验同一生产厂商、同一牌号的材料金属物理性能第三方检测报告和厂商检验报告。

检验数量：全数检查。

检验方法：查阅质保资料、厂商检验报告、第三方检测报告。

② 检查厂商提供的镀锌、喷塑质量检验报告及焊缝质量检验报告。

检验数量：全数检查。

检验方法：查阅质保资料、检验报告。

③ 检查主杆、副杆、横臂等构件的计算书和第三方检测报告。

检验数量：全数检查。

检验方法：查阅资料、第三方检测报告。

（4）主控项目

① 主杆、副杆、横臂等构件的材质和规格、型号、品种、外形尺寸、性能应满足设计及国家规范的要求。

检验数量：同一生产厂商、同一牌号的材质抽检一组。

检验方法：查阅质保资料、厂商检验报告、第三方检测报告。

② 焊接材料的规格、品种、性能应满足设计及国家规范的要求。

检验数量：同一生产厂商、同一牌号的材料抽检一组。

检验方法：查阅质检报告。

③ 焊接的外观和质量应满足设计及国家规范的要求。

检验数量：全数检查。

检验方法：查阅质检报告、监理驻厂检验报告。

④ 8.8 级以上的普通螺栓应进行抗拉强度、屈服强度、延伸率检验，其检验结果应符合现行规范和设计的要求。

检验数量：同一生产厂商、同一牌号的普通螺栓，每 3000 套抽检一组。

检验方法：查阅质检报告。

⑤ 杆体热浸镀锌厚度及零部件加工应满足设计的要求。

检验数量：全数检查。

检验方法：查阅锌液成分检测报告、锤击试验报告、硫酸铜试验报告、监理驻厂检验报告。

⑥ 杆体喷涂层的附着力应达到 GB/T 9286—2021《色漆和清漆　漆膜的划格试验》中规定的 1 级要求；喷涂层的硬度应符合 GB/T 6739—2022《色漆和清漆　铅笔法测定漆膜硬度》的相关规定；冲击强度不应小于 50kg/cm^2，并应符合 GB/T 1732—2020《漆膜耐冲击测定法》的相关规定。

检验数量：同一生产厂商、同一批次抽检一组。

检验方法：查阅厂商检验报告、监理驻厂检验报告。

⑦ 杆体喷涂层外观表面应光滑、平整，无露铁、起皮、细小颗粒和缩孔等涂装缺陷，喷涂层厚度应不小于设计要求。

检验数量：外观抽查智慧多功能杆全数的 10%，厚度按同一厂商、同一批次抽检一组。

检验方法：外观观察检查及查阅第三方检测报告。

⑧ 杆体的中心垂直高度应符合表 4-18 要求。

检验数量：抽查已安装智慧多功能杆的 10%，且不少于 10 根，少于 10 根时全数检查。

检验方法：查阅施工报告、监理报告，并用器具现场测量。

（5）一般项目

① 运输、堆放和吊装等造成的智慧多功能杆构件变形、涂层脱落，应进行矫正和修补。

检验数量：按构件数量抽查 10%，且不应少于 10 个。

检验方法：用拉线、钢尺现场实测或观察。

② 杆体下法兰、地脚螺栓、横臂及灯臂与道路中心线水平夹角的安装允许偏差应符合表 4-18 要求。

检验数量：每检验批抽查总数的 10%，且不少于 2 处。

检验方法：使用经纬仪、钢尺测量。

第5章 基础建设

5.1 基础类型

智慧多功能杆基础建设是智慧多功能杆建设工程中的重要组成部分。智慧多功能杆通过基础将结构自身和所搭载的各类功能设备所受的风荷载、重力荷载等作用传递到地基土，保证地基土、基础自身和上部杆体结构的安全和稳定。

智慧多功能杆基础应满足以下功能要求。

① 基础应具备将上部杆体结构荷载传递给地基的承载力和刚度。

② 在上部杆体结构的各种作用及其组合下，地基不得失稳。

③ 地基基础沉降变形不得影响上部杆体结构的功能和正常使用。

④ 具有足够的耐久性。

⑤ 基坑工程应保证支护结构、周边建（构）筑物、地下管线、道路、城市轨道交通等市政设施的安全和正常使用，并应保证主体地下结构的施工空间和安全。

⑥ 边坡工程应保证支挡结构、周边建（构）筑物、道路、桥梁、市政管线等市政设施的安全和正常使用。

智慧多功能杆基础选型应结合工程建设场景、杆体结构类型、杆体所受荷载作用、地下管线情况、地质条件等因素综合考虑，在建设过程中应贯彻执行国家的技术经济政策，满足安全、经济和环保等要求。智慧多功能杆建设场景主要是城市市政道路的人行道、机非分隔带、中央分隔带等区域，地下管线相对集中，很大程度上会影响智慧多功能杆的基础建设，在建设过程中需要综合考虑。智慧多功能杆杆体结构为高耸结构，所受荷载根据杆体搭载挑臂的情况有所不同，通常顺道路和垂直道路两个方向的尺寸有所不同，根据杆件的受力特点合理选择基础类型、确定基础尺寸，可有效降低智慧多功能杆基础建设的投资。

本章结合智慧多功能杆基础类型和基础结构设计原理，通过典型基础算例，以及基础施工和验收对智慧多功能杆基础工程建设进行阐述。根据不同的建设条件，智慧多功能杆基础按施工特点和承载力特性可划分为扩展基础、刚性短柱基础、钢桩基础、整体基础等类型。

1. 扩展基础

扩展基础通常又称“大开挖基础”，是一种为扩散上部杆体结构传来的荷载，使作用在基底的压力和应力满足地基承载力的设计要求，且基础内部的应力满足材料强度的设计要求，通过向侧边扩展一定面积的基础。扩展基础有无筋扩展基础和配筋扩展基础，在智慧多功能杆建设工程中配筋扩展基础有较为广泛的应用。扩展基础如图 5-1 所示。

2. 刚性短柱基础

刚性短柱基础通常有钢筋混凝土刚性短柱基础和钢管桩刚性短柱基础。相较于钢筋混凝土扩展基础，刚性短柱基础的基础横截面尺寸较小，但基础深度较大，可应用于基础开挖长度受限但深度可保证有足够实施空间的情况。刚性短柱基础如图 5-2 所示。

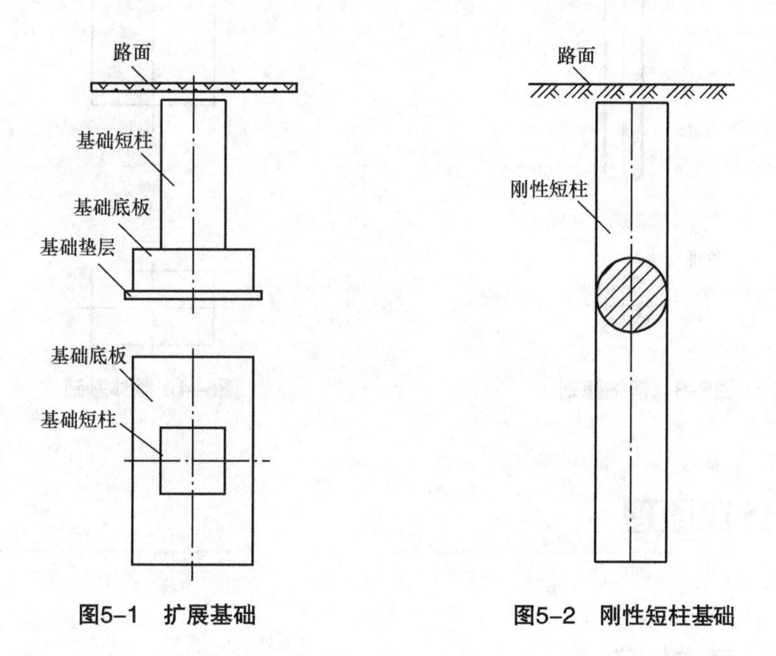

图5-1　扩展基础　　图5-2　刚性短柱基础

3. 钢桩基础

钢桩基础是由单根型钢或钢管构成的刚性短桩，桩体截面通常为圆环形焊接钢管，桩顶设置连接法兰。智慧多功能杆杆身底法兰与钢桩顶法兰通过高强度螺栓连接固定。钢桩基础的优点是在工厂加工成型，质量易于把控，同时具有施工周期短、开挖面积小的特点。相较于钢筋混凝土基础，钢桩基础的施工成本相对较高，且施工前需要确保施工范围内无地下管线或其他建（构）筑物的影响。钢桩基础如图 5-3 所示。

4. 整体基础

整体基础是依靠基础自身重量和周边土体对基础的约束共同作用来抵抗上部杆体结构传来的倾覆荷载的一种基础类型。根据智慧多功能杆的受力特点，整体基础也可应用于智慧多功能杆的基础建设中。相较于钢筋混凝土扩展基础，整体基础具有开挖面积小的特点，可在地下管线相对复杂的情况下采用。但其需要发挥基础周边土体对基础抗倾覆的有利作用，因此对基础回填土的要求相对较高。整体基础如图 5-4 所示。

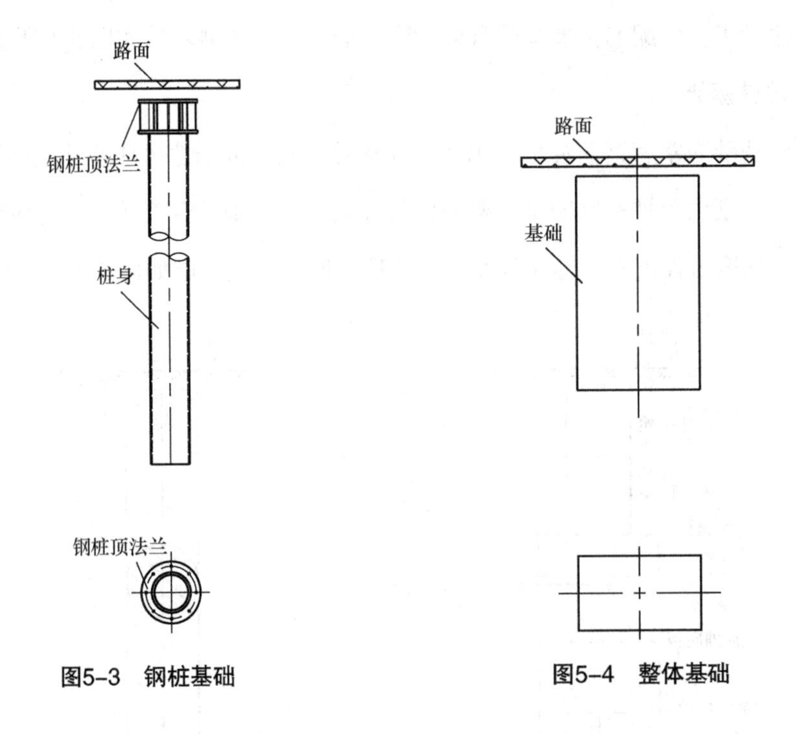

图5-3　钢桩基础

图5-4　整体基础

5.2　计算原理

5.2.1　基本规定

1. 工程勘察

智慧多功能杆地基基础设计前应进行岩土工程勘察，岩土工程勘察报告应符合相关规定要求。

① 智慧多功能杆工程建设场地范围内是否有影响场地稳定性的不良地质，并评价其危害性。

② 建（构）筑物范围内的地层结构及其均匀性，各岩土层的物理力学性质指标，以及对建筑材料的腐蚀性。

③ 地下水埋藏情况、类型、水位变化幅度及规律，以及对建筑材料的腐蚀性。

④ 在抗震设防区域应划分场地类别，并对饱和沙土及粉土进行液化判断。

⑤ 对可供采用的地基基础设计方案进行论证分析，提出经济合理、技术先进的设计方案建议；提供与设计要求相对应的地基承载力及变形计算参数，并对设计与施工应注意的问题提出建议。

⑥ 当工程需要时，还应提供：深基坑开挖的边缘稳定计算和支护设计所需的岩土技术参数，论证其对周边环境的影响；基坑施工降水的有关技术参数及地下水控制方法；计算地下水浮力的设防水位。

2. 作用效应与抗力

智慧多功能杆基础设计一般以概率论为基础，根据分项系数表达的极限状态开展设计。设计地基基础时采用的作用效应与相应的抗力限值应符合以下规定。

① 按地基承载力确定基础底面积及埋置深度或按单桩承载力确定桩数时，传至基础或承台底面上的作用效应应按正常使用极限状态下作用的标准组合；相应的抗力应采用地基承载力特征值或单桩承载力特征值。

② 计算地基变形时，传至基础底面上的作用效应应按正常使用极限状态下作用的准永久组合，不应计入风荷载和地震作用；相应的限值应为地基变形允许值。

③ 计算挡土墙、地基或滑坡稳定，以及基础抗浮稳定时，作用效应应按承载力极限状态下作用的基本组合，但其分项系数均为 1.0。

④ 在确定基础或桩基承台高度、支挡结构截面积、计算基础或支挡结构内力、确定配筋和验算材料强度时，上部杆体结构传来的作用效应和相应的基底反力、挡土墙土压力及滑坡推力，应按承载能力极限状态下作用的基本组合，采用相应的分项系数；当需要验算基础裂缝宽度时，应按正常使用极限状态下作用的标准组合。

⑤ 基础设计安全等级、结构设计使用年限、结构重要性系数应按有关规范的规定采用，但结构重要性系数 γ_0 不应小于 1.0。

3. 设计地基基础时，作用组合的效应设计值应符合下列规定

① 正常使用极限状态下，标准组合的效应设计值 S_k 应按公式（5.2-1）确定。

$$S_k = S_{Gk} + S_{Q1k} + \psi_{c2} S_{Q2k} + \cdots + \psi_{ci} S_{Qik} \tag{5.2-1}$$

式中：

S_{Gk}——永久作用标准值 G_k 的效应；

S_{Qik}——第 i 个可变作用标准值 Q_{ik} 的效应。

ψ_{ci}——第 i 个可变作用 Q_i 的组合值系数。

② 准永久组合的效应设计值 S_k 应按公式（5.2-2）确定。

$$S_k = S_{Gk} + \psi_{q1}S_{Q1k} + \psi_{q2}S_{Q2k} + \cdots + \psi_{qi}S_{Qik} \tag{5.2-2}$$

式中：

ψ_{qi}——第 i 个可变作用 Q_i 的准永久值系数，按 GB 50009—2012《建筑结构荷载规范》的规定取值。

③ 承载能力极限状态下，由可变作用控制的基本组合效应 S_d，应按公式（5.2-3）确定。

$$S_d = \gamma_G S_{Gk} + \gamma_{Q1}S_{Q1k} + \gamma_{Q2}\psi_{c2}S_{Q2k} + \cdots + \gamma_{Qi}\psi_{ci}S_{Qik} \tag{5.2-3}$$

式中：

γ_G——永久作用的分项系数，按 GB 50009—2012《建筑结构荷载规范》的规定取值；

γ_{Qi}——第 i 个可变作用的分项系数，按 GB 50009—2012《建筑结构荷载规范》的规定取值。

④ 对由永久作用控制的基本组合，也可采用简化规则，基本组合的效应设计值 S_d 可按公式（5.2-4）确定。

$$S_d = 1.35S_k \tag{5.2-4}$$

式中：

S_k——标准组合的作用效应设计值。

4. 设计使用年限

智慧多功能杆地基基础的设计使用年限不应小于杆体结构的设计使用年限。基础的设计基准期应为 50 年，结构安全等级为二级，正常维护条件下的设计使用年限宜为 50 年。

5. 其他规定

智慧多功能杆采用扩展基础时，在正常使用极限状态标准组合的作用下，基础底面允许部分脱开地基土，但脱开的面积应不大于基础底面全部面积的 1/4。当智慧多功能杆基础处于地下水位以下时，应考虑地下水对基础及覆土的浮力作用。当基础处于侵蚀环境时，应对基础采用相应的抗侵蚀措施。

5.2.2 地基计算

1. 基础埋置深度

智慧多功能杆基础埋置深度的确定应考虑以下条件。

① 智慧多功能杆基础的形式和构造。

② 作用在地基上的荷载大小和性质。

③ 工程地质和水文地质条件。

④ 基础与附近地下管线或地下建（构）筑物的相对位置关系。

⑤ 地基土冻胀和融陷的影响。

通常情况下，智慧多功能杆基础在满足地基稳定和变形要求的前提下，当上层地基的承载力大于下层土时，宜利用上层土作为持力层。除了岩石地基，基础埋置深度不宜小于 0.5m。此外，智慧多功能杆基础的埋置深度还应考虑地脚螺栓预埋的操作空间。

2. 地基承载力

地基承载力的计算应符合下列规定。

① 当轴心荷载作用时。

$$p_k \leqslant f_a \tag{5.2-5}$$

式中：

p_k——相应于作用的标准组合时，基础底面的平均压力值（kPa）；

f_a——修正后的地基承载力特征值（kPa）。

② 当偏心荷载作用时，除了要符合公式（5.2-5）的规定，还应按公式（5.2-6）进行验算。

$$p_{kmax} \leqslant 1.2 f_a \tag{5.2-6}$$

式中：

p_{kmax}——相应于作用的标准组合时，基础底面边缘的最大压力值（kPa）。

③ 当考虑地震作用时，在公式（5.2-5）、公式（5.2-6）中应采用调整后的地基抗震承载力 f_{aE} 代替地基承载力特征值 f_a，地基抗震承载力 f_{aE} 应按现行国家标准 GB 50011—2010《建筑抗震设计规范》（2016 年版）的规定执行。

④ 地基承载力特征值可由荷载试验或其他原位测试、公式计算，并结合工程实践经验等方法综合确定。当基础宽度大于 3m 或埋置深度大于 0.5m 时，以荷载试验或其他原

位测试、经验值等方法确定地基承载力特征值，还应按公式（5.2-7）进行修正。

$$f_a = f_{ak} + \eta_b \gamma (b-3) + \eta_d \gamma_m (d-0.5) \tag{5.2-7}$$

式中：

f_a——修正后的地基承载力特征值（kPa）；

f_{ak}——地基承载力特征值（kPa）；

η_b、η_d——基础宽度和埋置深度的地基承载力修正系数，按基础底面下土的类别，根据表 5-1 取值；

γ——基础底面以下土的重度（kN/m^3），地下水位以下取浮重度；

b——基础底面宽度（m），当基础底面宽度小于 3m 时按 3m 取值，大于 6m 时按 6m 取值；

γ_m——基础底面以上土的加权平均重量（kN/m^3），位于地下水位以下的土层取有效重量；

d——基础埋置深度（m），宜自智慧多功能杆建设场地的标高算起。

表5-1　承载力修正系数

基础底面下土的类别		η_b	η_d
淤泥和淤泥质土		0	1.0
人工填土 e 或 $I_L \geqslant 0.85$ 的黏性土		0	1.0
红黏土	含水比 $\alpha_w > 0.8$	0.0	1.2
	含水比 $\alpha_w \leqslant 0.8$	0.15	1.4
大面积压实填土	压实系数> 0.95、黏粒含量 $\rho_c \geqslant 10\%$的粉土	0	1.5
	最大干密度> 2100 kg/m^3 的级配砂石	0	2.0
粉土	黏粒含量 $\rho_c \geqslant 10\%$ 的粉土	0.3	1.5
	黏粒含量 $\rho_c < 10\%$ 的粉土	0.5	2.0
e 及 I_L 均< 0.85 的黏性土		0.3	1.6
粉砂、细砂（不包括很湿和饱和时的稍密状态）		2.0	3.0
中砂、粗砂、砾砂和碎石土		3.0	4.4

注：1. 强风化和全风化的岩石，可参照所风化成的相应土类取值，其他状态下的岩石不修正。

2. 地基承载力特征值按照 GB 50007—2011《建筑地基基础设计规范》附录 D 深层平板载荷试验确定时 η_d 取 0。

3. 含水比是指土的天然含水量与液限的比值。

4. 大面积压实填土是指填土范围大于两倍基础宽度的填土。

3. 软弱下卧层

当地基受力层范围内有软弱下卧层时，应进行软弱下卧层验算，验算公式（5.2-8）如下。

$$p_z + p_{cz} \leqslant f_{az} \tag{5.2-8}$$

式中：

p_z——相应于作用的标准组合时，软弱下卧层顶面处的附加压力值（kPa）；

p_{cz}——软弱下卧层顶面处土的自重压力值（kPa）；

f_{az}——软弱下卧层顶面处经深度修正后的地基承载力特征值（kPa）。

对于矩形基础，公式（5.2-8）中的 p_z 可按公式（5.2-9）进行简化计算。

$$p_z = \frac{lb\left(p_{\mathrm{k}} - p_{\mathrm{c}}\right)}{\left(b + 2z\tan\theta\right)\left(l + 2z\tan\theta\right)} \tag{5.2-9}$$

式中：

b——矩形基础底面的宽度（m）；

l——矩形基础底边的长度（m）；

p_{c}——基础底面处土的自重压力值（kPa）；

z——基础底面至软弱下卧层顶面的距离（m）；

θ——地基压力扩散线与垂直线的夹角，也就是地基压力扩散角，详见表 5-2。

表5-2　地基压力扩散角

E_{S1}/E_{S2}	z/b	
	0.25	0.5
3	6°	23°
5	10°	25°
10	20°	30°

注：1. E_{S1} 为上层土压缩模量；E_{S2} 为下层土压缩模量。

2. $z/b < 0.25$ 时取 θ=0°，必要时，宜由试验确定；$z/b > 0.5$ 时 θ 值不变。

3. z/b 在 0.25 与 0.50 之间可插值使用。

4. 基础底面压力

通常高耸结构基础底面形状一般有矩形、圆形和圆环形 3 种类型。智慧多功能杆杆径相对较小，考虑到杆件地脚螺栓的埋设及实际施工的可操作性，圆环形基础一般不适用于智慧多功能杆，本节详细阐述矩形基础和圆形基础。

（1）基础承受轴心荷载和在核心区内承受偏心荷载

验算地基承载力的基础底面压力可按下列公式计算。

① 当矩形基础和圆形基础承受轴心荷载时。

$$p_k = \frac{F_k + G_k}{A} \tag{5.2-10}$$

式中：

F_k——相应于作用的标准组合时，上部杆体结构传至基础的竖向力（kN）；

G_k——基础自重和基础上的土重标准值（kN）；

A——基础底面面积（m^2）。

② 当矩形基础和圆形基础承受（单向）偏心荷载时。

$$p_{kmax} = \frac{F_k + G_k}{A} + \frac{M_k}{W} \tag{5.2-11}$$

$$p_{kmin} = \frac{F_k + G_k}{A} - \frac{M_k}{W} \tag{5.2-12}$$

式中：

M_k——相应于作用的标准组合时，上部杆体结构传至基础的力矩值（kN·m）；

W——基础底面的抵抗矩（m^3）；

p_{kmin}——相应于作用的标准组合时，基础边缘最小压力值（kPa）。

③ 当矩形基础承受双向偏心荷载时。

$$p_{kmax} = \frac{F_k + G_k}{A} + \frac{M_{kx}}{W_x} + \frac{M_{ky}}{W_y} \tag{5.2-13}$$

$$p_{kmin} = \frac{F_k + G_k}{A} - \frac{M_{kx}}{W_x} - \frac{M_{ky}}{W_y} \tag{5.2-14}$$

式中：

M_{kx}、M_{ky}——相应于作用的标准组合时，上部杆体结构传至基础对 x 轴、y 轴的力矩值（kN·m）；

W_x、W_y——矩形基础底面对 x 轴、y 轴的抵抗矩（m^3）。

（2）基础在核心区外承受偏心荷载且基础脱开基础底面面积不大于全部面积的 1/4

验算地基承载力的基础底面压力可按下列公式确定。当基础底面脱开地基土的面积不大于全部面积的 1/4，且符合公式（5.2-5）（5.2-6）的规定时，可不验算基础的抗倾覆作用。

① 在单向偏心荷载的作用下，矩形基础底面部分脱开时的基底压力如图 5-5 所示。

$$p_{kmax}=\frac{2(F_k+G_k)}{3la} \tag{5.2-15}$$

$$3a\geqslant 0.75b \tag{5.2-16}$$

式中：

b——平行于 x 轴的基础底面边长（m）；

l——平行于 y 轴的基础底面边长（m）；

a——合力作用点至基础底面最大压应力边缘的距离（m）。

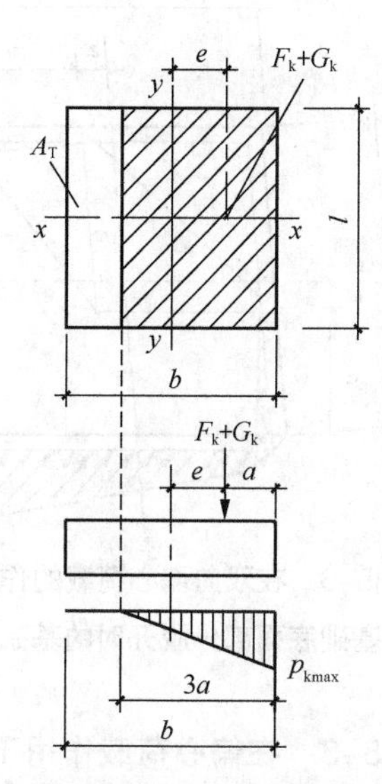

注：A_T——基础底面脱开面积；e——偏心距。

图5-5 在单向偏心荷载的作用下，矩形基础底面部分脱开时的基底压力

② 在双向偏心荷载的作用下，矩形基础底面部分脱开时的基础底面压力如图 5-6 所示。

$$p_{kmax}=\frac{F_k+G_k}{3a_xa_y} \tag{5.2-17}$$

$$a_xa_y\geqslant 0.125bl \tag{5.2-18}$$

式中：

a_x——合力作用点至 e_x 一侧基础边缘的距离（m），按 $\frac{b}{2}-e_x$ 计算；

a_y——合力作用点至 e_y 一侧基础边缘的距离（m），按 $\frac{l}{2}-e_y$ 计算；

e_x——x 方向的偏心距（m），按 $\frac{M_{kx}}{F_k+G_k}$ 计算；

e_y——y 方向的偏心距（m），按 $\frac{M_{ky}}{F_k+G_k}$ 计算。

③ 在偏心荷载的作用下，圆形基础底面部分脱开时的基础底面压力如图 5-7 所示。

$$p_{kmax}=\frac{F_k+G_k}{\xi r^2} \tag{5.2-19}$$

$$a_c=\tau r \tag{5.2-20}$$

式中：

r——基础底板半径（m）；

a_c——基底受压面积宽度（m）；

τ、ξ——系数，根据比值 e/r，在偏心荷载作用下，圆形基础基底零应力区的基础底面压力计算系数见表 5-3。

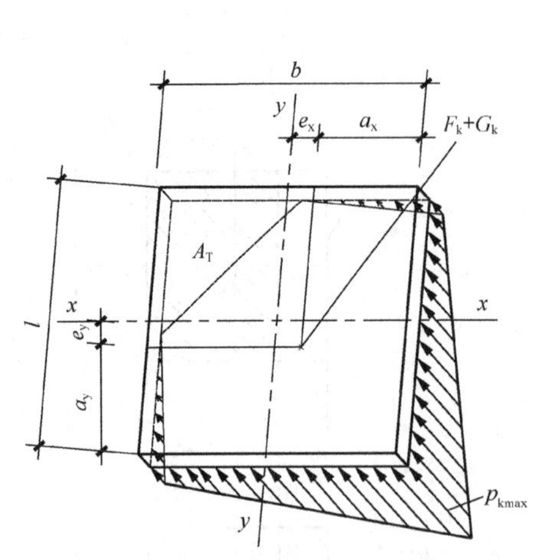

图5-6 在双向偏心荷载的作用下，矩形基础底面部分脱开时的基础底面压力

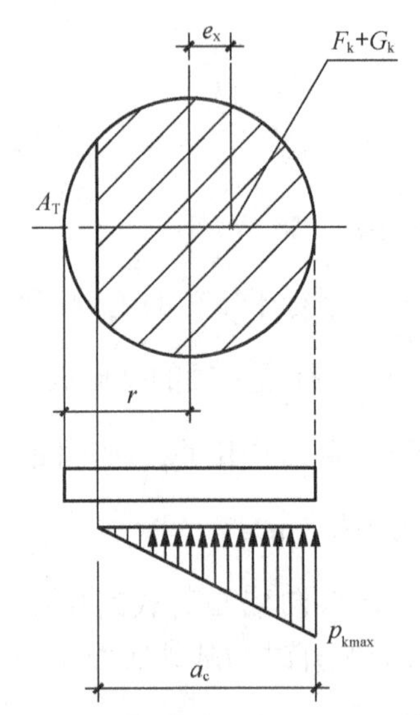

图5-7 在偏心荷载的作用下，圆形基础底面部分脱开时的基础底面压力

表5-3 在偏心荷载作用下，圆形基础底面零应力区的基础底面压力计算系数

e/r	0.25	0.26	0.27	0.28	0.29	0.30	0.31	0.32	0.33	0.34	0.35	0.36	0.37	0.38
τ	2.000	1.960	1.924	1.889	1.854	1.820	1.787	1.755	1.723	1.692	1.661	1.630	1.601	1.571
ξ	1.571	1.539	1.509	1.480	1.450	1.421	1.392	1.364	1.335	1.307	1.279	1.252	1.224	1.197
e/r	0.39	0.40	0.41	0.42	0.43	0.44	0.45	0.46	0.47	0.48	0.49	0.50	0.51	0.52
τ	1.541	1.513	1.484	1.455	1.427	1.399	1.371	1.343	1.316	1.288	1.261	1.234	1.208	1.181
ξ	1.170	1.143	1.116	1.090	1.063	1.037	1.010	0.984	0.959	0.933	0.908	0.883	0.858	0.833

注：当 e/r 为中间值时，τ、ξ 均可用内插法确定。

5. 地基变形

智慧多功能杆地基的变形验算通常包括地基最终沉降量和基础倾斜两项，其计算值不应大于地基变形容许值，计算应符合下列规定。

① 地基最终沉降量应按现行国家标准 GB 50007—2011《建筑地基基础设计规范》的规定计算。

② 智慧多功能杆的基础倾斜按公式（5.2-21）计算。

$$\tan\theta = \frac{(S_1 - S_2)}{b(\text{或}d)} \tag{5.2-21}$$

式中：

S_1、S_2——基础倾斜方向两边缘的最终沉降量（mm），对于矩形基础可按现行国家标准 GB 50007—2011《建筑地基基础设计规范》计算，对于圆形基础可按现行国家标准 GB 50051—2013《烟囱设计规范》计算；

b——矩形基础底板沿倾斜方向的边长（mm）；

d——圆形基础底板的外径（mm）。

③ 当地基土比较均匀，且没有相邻超载的影响或不存在风玫瑰图严重偏心时，可以不进行基础倾斜的验算。

智慧多功能杆的地基变形允许值按照高耸结构的地基变形允许值进行控制，当智慧多功能杆结构的总高度 H 不大于 20m 时，基础沉降量不应大于 400mm，基础倾斜角的正切值 $\tan\theta$ 不应大于 0.008。

5.2.3 扩展基础

1. 基本规定

智慧多功能杆扩展基础的计算应符合下列规定。

① 针对柱下独立基础，当冲切破坏锥体落在基础底面以内时，应验算柱与基础交接处及基础变阶处的受冲切承载力。

② 针对基础底面短边尺寸小于或等于柱宽加两倍基础有效高度的柱下独立基础，应验算柱与基础交接处的基础受剪切承载力。

③ 基础底板的配筋，应按抗弯计算结果确定。

④ 基础底板与短柱一般采用相同强度等级的混凝土。

2. 冲切计算

为保证扩展基础不发生冲切破坏，需要使冲切面外的地基土净反力产生的冲切力不大于冲切面处混凝土的受冲切承载力，受冲切承载力应按公式（5.2-22）～公式（5.2-24）验算。

$$F_l \leqslant 0.7\beta_{hp} f_t a_m h_0 \tag{5.2-22}$$

$$a_m = (a_t + a_b)/2 \tag{5.2-23}$$

$$F_l = p_j A_l \tag{5.2-24}$$

式中：

β_{hp}——受冲切承载力截面高度影响系数，当 $h < 800\text{mm}$ 时 β_{hp} 取 1.0，当 $h \geq 2000\text{mm}$ 时 β_{hp} 取 0.9，其间按线性内插法取用；

f_t——混凝土轴心抗拉强度设计值（kPa）；

h_0——混凝土冲切破坏锥体的有效高度（m）；

a_m——冲切破坏锥体最不利一侧计算长度（m）；

a_t——冲切破坏锥体最不利一侧的斜截面的上边长（m），当计算柱与基础交接处的受冲切承载力时取柱宽，当计算基础变阶处的受冲切承载力时取上阶宽；

a_b——冲切破坏锥体最不利一侧的斜截面在基底面积范围内的下边长（m），当冲切破坏锥体的底面落在基础底面以内（如图 5-8 所示），且计算柱与基础交接处的受冲切承载力时，取柱宽两倍基础的有效高度；

p_j——扣除基础自重及其上的土自重后相应于作用的基本组合时的地基土单位面积净反力（kPa），对偏心受压基础可取基础边缘处最大地基土单位面积净反力；

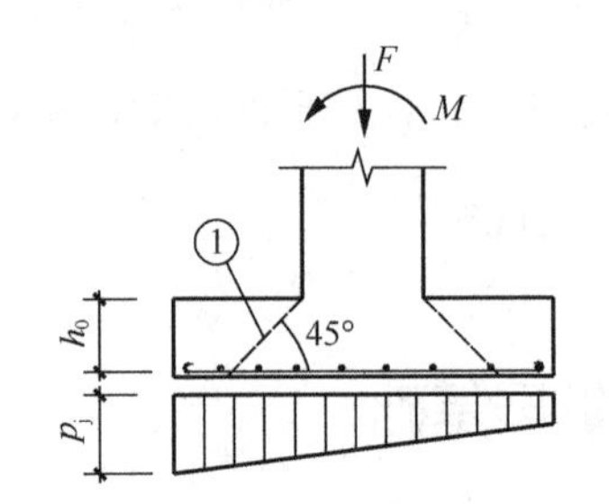

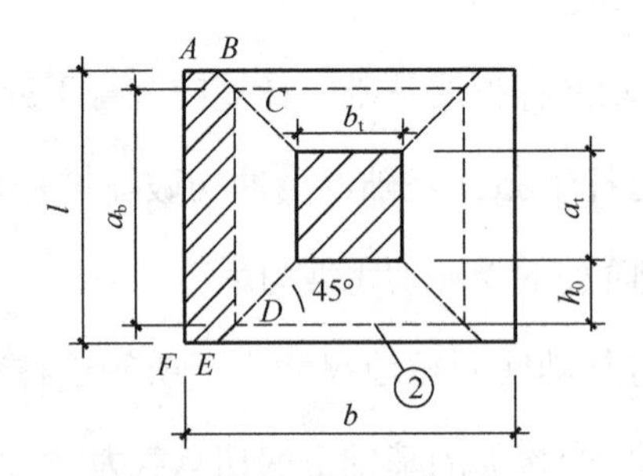

注：① 冲切破坏锥体最不利一侧的斜截面。
② 冲切破坏锥体的底面线。

图5-8　计算阶形基础的受冲切承载力斜截面位置

A_l——冲切验算时取用的部分基底面积（m^2）（如图 5-8 中的阴影面积 ABCDEF）；

F_l——相应于作用的基本组合时，作用在 A_l 上的地基土净反力设计值（kPa）。

3. 受剪计算

当基础底面短边尺寸小于或等于柱宽加两倍基础有效高度时，应按公式（5.2-25）、公式（5.2-26）验算柱与基础交接处截面受剪切承载力。

$$V_s \leq 0.7\beta_{hs} f_t A_0 \tag{5.2-25}$$

$$\beta_{hs}=\left(800/h_0\right)^{1/4} \qquad (5.2\text{-}26)$$

式中：

V_s——相应于作用的基本组合时，柱与基础交接处的剪力设计值（kN），验算阶形基础受剪切承载力情况如图 5-9 所示，图中的阴影面积乘以基础底面平均净反力；

β_{hs} ——受剪切承载力截面高度影响系数，当 h_0 < 800mm 时 h_0 取 800mm，当 h_0 > 2000mm 时 h_0 取 2000mm；

A_0——验算截面处基础的有效截面面积（m^2）。

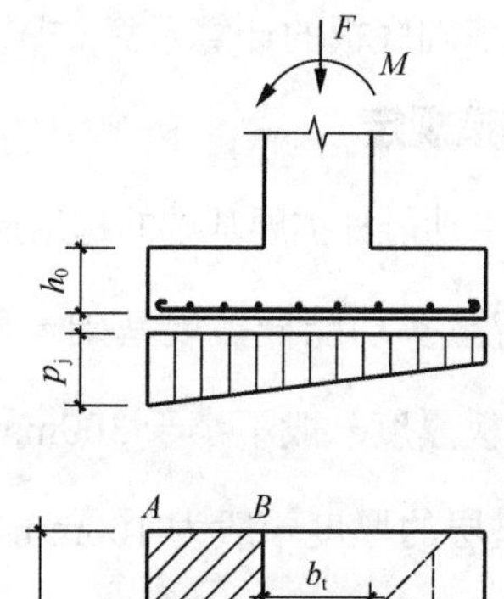

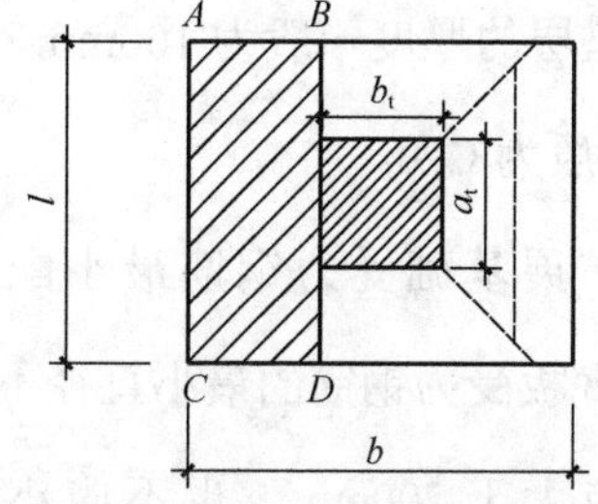

图5–9 验算阶形基础受剪切承载力情况

4. 弯矩计算

在轴心荷载或单向偏心荷载的作用下，当台阶的宽高比小于等于 2.5 且偏心距小于等于基础宽度的 1/6 时，柱下矩形独立基础任意截面的底板弯矩可按公式（5.2-27）、公式（5.2-28）进行简化计算。

$$M_{\mathrm{I}}=\frac{1}{12}a_1^2\left[\left(2l+a'\right)\left(p_{\max}+p-\frac{2G}{A}\right)+\left(p_{\max}-p\right)l\right] \qquad (5.2\text{-}27)$$

$$M_{\mathrm{II}}=\frac{1}{48}\left(l-a'\right)^2\left(2b+b'\right)\left(p_{\max}+p_{\min}-\frac{2G}{A}\right) \qquad (5.2\text{-}28)$$

式中：

M_{I}、M_{II} ——相应于作用的基本组合时，任意截面 I-I、II-II 处的弯矩设计值（kN·m）；

a_1—— 任意截面 I-I 至基础底面边缘最大反力处的距离（m）；

l、b—— 基础底面的边长（m）；

$p_{\max}$、$p_{\min}$ ——相应于作用的基本组合时，基础底面边缘最大和最小地基反力设计值（kPa）；

p——相应于作用的基本组合时，在任意截面 I-I 处基础底面地基反力设计值（kPa）；

G——考虑作用分项系数的基础自重及其上的土自重（kN），当组合值由永久作用控制时，作用分项系数可取 1.35。

矩形基础底板的计算示意如图 5-10 所示。

5. 构造规定

智慧多功能杆扩展基础的构造应符合下列规定。

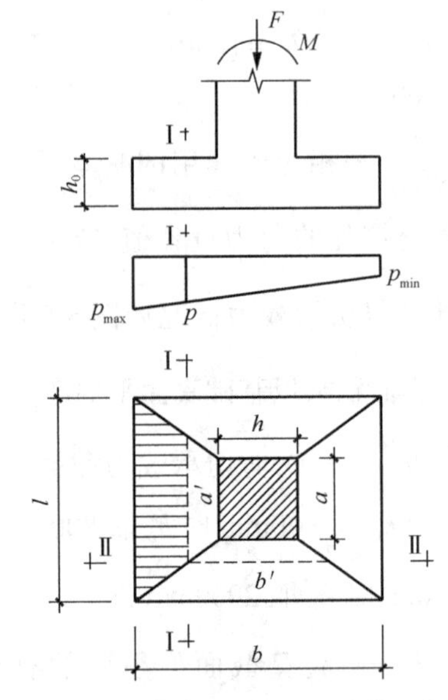

图5-10　矩形基础底板的计算示意

① 智慧多功能杆扩展基础一般为单台阶整板基础，底板厚度一般不小于 300mm。

② 垫层的厚度一般为 100mm，垫层混凝土强度等级一般为 C20。

③ 扩展基础受力钢筋最小配筋率不应小于 0.15%，底板受力钢筋的最小直径不应小于 10mm，间距不应大于 200mm，也不应小于 100mm。当有垫层时，基础底部钢筋保护层的厚度不应小于 40mm；当无垫层时，基础底部钢筋保护层的厚度不应小于 70mm。

④ 混凝土强度等级一般不低于 C25。

⑤ 基础底板受力钢筋宜沿底板长度和宽度两个方向全长布置。

⑥ 智慧多功能杆扩展基础的混凝土短柱纵向受力钢筋在基础内的锚固长度（受拉钢筋的锚固长度）l_a 应符合下列规定。

普通钢筋的基本锚固长度应按公式（5.2-29）计算。

$$l_{ab} = \alpha \frac{f_y}{f_t} d \tag{5.2-29}$$

式中：

l_{ab}——受拉钢筋的基本锚固长度；

f_y——普通钢筋的抗拉强度设计值；

f_t——混凝土轴心抗拉强度设计值，当混凝土强度等级高于 C60 时，按 C60 取值；

d——锚固钢筋的直径；

α——锚固钢筋的外形系数，详见表 5-4。

表5-4　锚固钢筋的外形系数

钢筋类型	光圆钢筋	带肋钢筋
α	0.16	0.14

受拉钢筋的锚固长度应根据锚固条件按公式（5.2-30）计算，且计算结果不应小于200mm，具体如下。

$$l_a = \zeta_a l_{ab} \tag{5.2-30}$$

式中：

l_a——受拉钢筋的锚固长度；

ζ_a——锚固长度修正系数，对于普通钢筋按以下规定取用，当多于一项时，可按连乘计算，但不应小于 0.6。

纵向受拉普通钢筋的锚固长度修正系数 ζ_a 应按下列规定取值。

- 当带肋钢筋的公称直径大于 25mm 时取 1.10。
- 环氧树脂涂层带肋钢筋，取 1.25。
- 当施工过程中钢筋易受扰动时取 1.10。
- 当纵向受拉钢筋的实际配筋面积大于其设计计算面积时，取设计计算面积与实际配筋面积的比值，对有抗震设防要求及直接承受动力荷载的结构构件，不应考虑此项修正。
- 当锚固钢筋的保护层厚度为 3*d* 时取 0.80，当保护层厚度为 5*d* 时取 0.70，中间按内插法取值，此处 *d* 为锚固钢筋的直径。

当纵向受拉普通钢筋末端采用弯钩或机械锚固措施时，包括弯钩或锚固端头在内的锚固长度（投影长度）可取为基本锚固长度 l_{ab} 的 60%。钢筋弯钩和机械锚固的形式和技术要求见表 5-5。

表5-5　钢筋弯钩和机械锚固的形式和技术要求

锚固形式	技术要求
90° 弯钩	末端 90° 弯钩，弯钩内径 4*d*，弯后直段长度 12*d*
135° 弯钩	末端 135° 弯钩，弯钩内径 4*d*，弯后直段长度 5*d*
一侧贴焊锚筋	末端一侧贴焊长 5*d* 同直径钢筋
两侧贴焊锚筋	末端两侧贴焊长 3*d* 同直径钢筋
穿孔塞焊锚板	末端与厚度 *d* 的锚板穿孔塞焊
螺栓锚头	末端旋入螺栓锚头

注：1. 焊缝和螺纹长度应满足承载力的要求。
2. 螺栓锚头和焊接锚板的承压净面积不应小于锚固钢筋截面积的 4 倍。
3. 螺栓锚头的规格应符合相关标准的要求。
4. 螺栓锚头和焊接锚板的钢筋净间距不宜小于 4*d*，否则应考虑群锚效应的不利影响。
5. 截面角部的弯钩和一侧贴焊锚筋的布筋方向宜向截面内侧偏置。

基础纵向受拉钢筋锚固如图 5-11 所示。

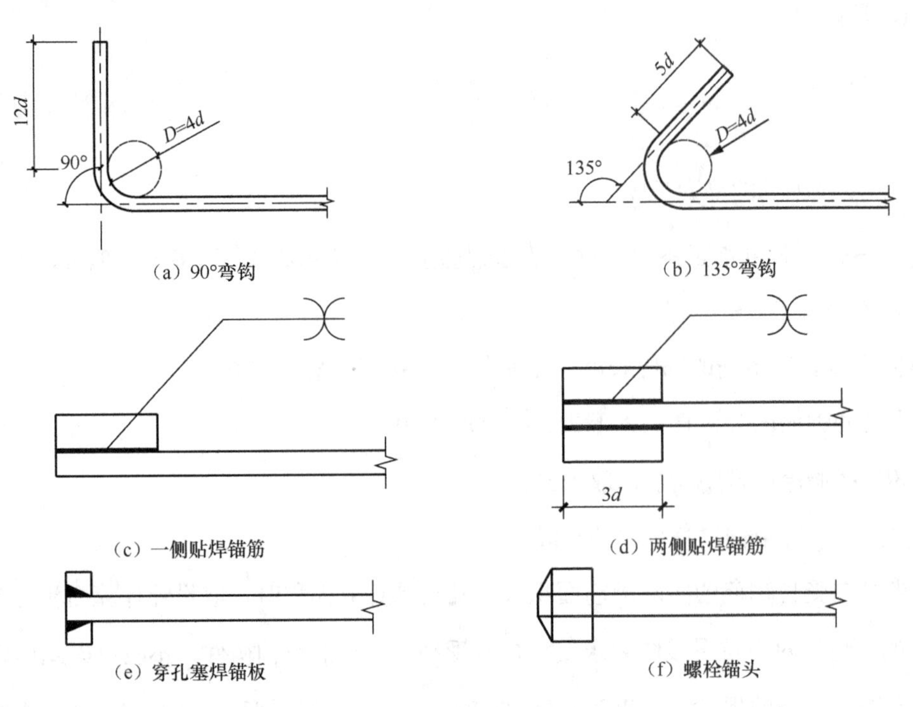

图5-11　基础纵向受拉钢筋锚固

5.2.4　刚性短柱基础

智慧多功能杆刚性短柱基础计算包括抗倾覆、位移和承载力等。刚性短柱基础抗倾覆受力情况如图 5-12 所示。

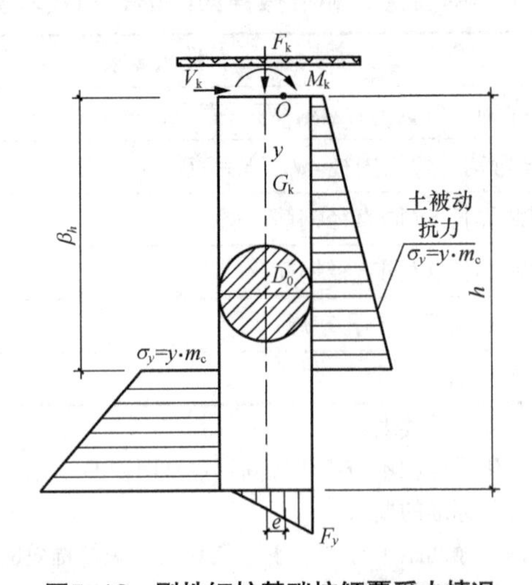

图5-12　刚性短柱基础抗倾覆受力情况

1. 抗倾覆计算

（1）土被动抗力

$$\sigma_y = y \cdot m_c \tag{5.2-31}$$

$$m_c = \gamma \cdot \tan^2\left(45^\circ + \frac{\varphi}{2}\right) \tag{5.2-32}$$

式中：

y——自地面以下深度（m）；

m_c——土压力系数；

γ——土容重（kN/m^3）；

φ——土的折算内摩擦角。

（2）短柱抗倾覆力矩极限值

$$M_u = \frac{2}{3}E \cdot h\left(1-2\beta^3\right) + F_y\left(e+\mu \cdot h\right) + \frac{1}{2}\mu \cdot D_0 \cdot E \tag{5.2-33}$$

$$E = \frac{1}{2}m_c \cdot D_1 \cdot h^2 \tag{5.2-34}$$

$$\beta = \sqrt{\frac{V_k + \left(F_k + G_k\right)\cdot \mu}{2E\left(1+\mu^2\right)} + \frac{1}{2}} < 1.0 \tag{5.2-35}$$

$$F_y = \frac{\left(F_k + G_k\right) - V_k \cdot \mu}{1+\mu^2}\text{，当 } F_y < 0 \text{ 时，取 } F_y = 0 \tag{5.2-36}$$

$$D_1 = \left[1 + \frac{2}{3}\cdot\frac{h}{D_0}\cdot \xi \cdot \cos\left(45^\circ + \frac{\varphi}{2}\right)\cdot \tan\varphi\right] D_0 \tag{5.2-37}$$

式中：

M_u——短柱的抗倾覆力矩极限值；

E——总的土侧向抗力标准值；

h——刚性短柱基础地面以下总长度；

e——竖向反力偏心距，$e = 0.33D_0$；

μ——土与桩之间的摩擦系数，$\mu = \tan\varphi$；

D_1——土侧向抗力时所用的短柱的宽度；

ξ——系数，黏性土 ξ 取 0.65，砂土 ξ 取 0.38。

（3）短柱抗倾覆验算公式

$$M_{\mathrm{k}}+V_{\mathrm{k}}h_0 \leqslant \frac{M_{\mathrm{u}}}{2} \tag{5.2-38}$$

2. 位移计算

（1）短柱顶位移验算公式

$$\delta_{\mathrm{k}}=\frac{24}{k_0h^2}\left(M_{\mathrm{k}}+\frac{3}{4}V_{\mathrm{k}}\cdot h\right) \tag{5.2-39}$$

$$k_0=m\cdot h\cdot D_0 \tag{5.2-40}$$

式中：

m——地基土水平抗力系数的比例系数（$\mathrm{kN/m^4}$）。

m 一般由地勘单位通过水平静载试验确定，在地勘报告中给出相应的数值。当无静载试验资料时，可按 JGJ 94—2008《建筑桩基技术规范》中的数据取值。当基桩侧面为几种土层组成时，应将主要影响深度 h_m=2（d+1）范围内 m 的值作为计算值。

① 当 h_m 深度范围内存在 2 层不同土时，m 取值如下。

$$m=\frac{m_1h_1^{\ 2}+m_2\left(2h_1+h_2\right)h_2}{h_m^{\ 2}} \tag{5.2-41}$$

② 当 h_m 深度范围内存在 3 层不同土时，m 取值如下。

$$m=\frac{m_1h_1^{\ 2}+m_2\left(2h_1+h_2\right)h_2+m_3\left(2h_1+2h_2+h_3\right)h_3}{h_m^{\ 2}} \tag{5.2-42}$$

m 的计算示意如图 5-13 所示。

（2）短柱的转角验算公式

$$\theta_{\mathrm{k}}=\frac{12}{k_0h^2}\left(\frac{3M_{\mathrm{k}}}{h}+2V_{\mathrm{k}}\right) \tag{5.2-43}$$

转角中心位于 $y=\delta_{\mathrm{k}}/\beta$ 处。

3. 承载力计算

（1）短柱 y 处的剪力设计值

$$V_y=\left(V_{\mathrm{k}}-\frac{k_0\delta_{\mathrm{k}}}{2h}\cdot y^2+\frac{k_0\theta_{\mathrm{k}}}{3h}\cdot y^3\right)\times 1.5 \tag{5.2-44}$$

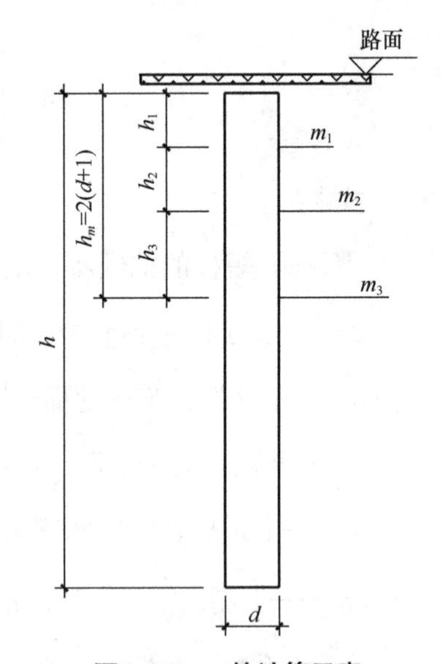

图5-13　m的计算示意

（2）短柱 y 处的弯矩设计值

$$M_y = \left(M_k + V_k \cdot y - \frac{k_0 \delta_k}{6h} \cdot y^3 + \frac{k_0 \theta_k}{12h} \cdot y^4 \right) \cdot 1.5 \tag{5.2-45}$$

其中，最大弯矩位于满足下列方程的深度 y 处，具体如下。

$$\frac{k_0 \theta_k}{3h} \cdot y^3 - \frac{k_0 \delta_k}{2h} \cdot y^2 + V_k = 0 \tag{5.2-46}$$

4. 构造规定

当用钢管短柱基础代替混凝土刚性短柱基础时，其设计应符合以下规定。

① 套筒的深宽比宜满足 $\frac{H}{D} \leqslant 10$。

② 套筒入土宜用压桩方式施工，也可用重锤打入，当用成孔后埋入时，要处理好套筒与土体之间的缝隙。

③ 套筒的径厚比宜满足 $\frac{D}{t} \leqslant 100\left(\frac{235}{f_y}\right)$。

④ 套筒上端 1000mm 范围内宜涂刷防腐层，例如环氧富锌漆等。

5.2.5 钢桩基础

1. 基本规定

钢桩基础应按下列两类极限状态设计：一是承载能力极限状态，即桩基达到最大承载能力、整体失稳或发生不适用于继续承载的变形；二是正常使用极限状态，即桩基达到智慧多功能杆正常使用所规定的变形限值或达到耐久性要求的某项限值。

智慧多功能杆钢桩基础应进行桩基抗弯承载力、竖向承载力、桩顶位移、桩身转角，以及桩身强度的验算，具体验算内容如下。

① 应分别进行桩基的抗弯承载力计算和竖向承载力计算。

② 应计算桩身承载力。

③ 位于坡地、岸边的桩基应进行整体稳定性验算。

智慧多功能杆钢桩基础设计验算桩基承载力及位移时，传至桩顶的作用效应应按正常使用极限状态下作用的标准组合计算；在计算桩身强度时，传至桩顶的作用效应应按承载能力极限状态下作用的基本组合，采用相应的分项系数计算。

智慧多功能杆钢桩基础应控制桩顶位移及桩身转角。在荷载标准组合下，智慧多功能杆钢桩基础的桩顶位移不得大于15mm，桩身转角正切值不得大于0.003。在投入使用后第1年应每3个月观测钢桩基础周围的地坪平整度，以后每年至少观测1次，当出现土体隆起、凹陷等现象时应及时会同有关部门查明原因，并及时采取有效措施。

智慧多功能杆钢桩基础设计前应进行岩土工程勘察，应在拟建位置进行原位勘探，并宜采用物探探明钢桩施工位置下方有无管线、块石等障碍物。桩基的详细勘察应符合国家现行标准GB 50021—2001《岩土工程勘察规范》、JGJ 94—2008《建筑桩基技术规范》的相关规定。当地表层遇有大块石、混凝土块等障碍物时，应另行选址或在沉桩前进行触探并清除桩位上的障碍物。在含有岩石层、碎石层、砾石层、湿陷性土层、冻土层、中腐蚀性及以上地下水等地质条件下，不宜采用钢桩基础。

智慧多功能杆钢桩基础选用的钢材宜采用Q235B或Q355B等常用钢材，材质应符合现行国家标准GB/T 700—2006《碳素结构钢》、GB/T 1591—2018《低合金高强度结构钢》的相关规定。

2. 有效桩长

智慧多功能杆钢桩的有效桩长应满足公式（5.2-47）、公式（5.2-48）的要求。

$$H \leqslant 2.5/\lambda \qquad (5.2\text{-}47)$$

$$\lambda = \left(C \cdot D_1 / EI\right)^{\frac{1}{4.5}} \qquad (5.2\text{-}48)$$

式中：

H——有效桩长（m）；

λ——桩土变形系数（m^{-1}）；

C——地基土比例系数（$kN/m^{3.5}$）；

D——钢桩的计算直径（m），当$D_0 \leqslant 1.0m$时，$D_1 = 0.9\left(1.5D_0 + 0.5\right)$，当$D_0 > 1.0m$时，$D_1 = 0.9\left(D_0 + 1.0\right)$；

D_0——钢桩直径（m）；

E——钢桩弹性模量（kN/m^2）；

I——钢桩惯性矩（m^4）。

3. 土被动抗力计算

在弯矩和剪力的作用下，智慧多功能杆钢桩基础单位长度上的土水平被动抗力应按公式（5.2-49）～公式（5.2-51）确定。钢桩基础的受力情况如图5-14所示，钢桩基础的土压力分布曲线如图 5-15 所示。

$$q = a \cdot z^{1.5} + b \cdot z^{0.5} \tag{5.2-49}$$

$$a = -\frac{21.875}{H^{3.5}}\left(\frac{3}{5}H \cdot V_{\mathrm{k}} + M_{\mathrm{k}}\right) \tag{5.2-50}$$

$$b = \frac{13.125}{H^{2.5}}\left(\frac{5}{7}H \cdot V_{\mathrm{k}} + M_{\mathrm{k}}\right) \tag{5.2-51}$$

式中：

q——单位长度上的土水平被动抗力（kN/m）；

a、b——曲线系数，单位分别为 $\mathrm{kN/m^{2.5}}$、$\mathrm{kN/m^{1.5}}$；

M_{k}——荷载效应标准组合下地面弯矩（kN · m）；

F_{k}——荷载效应标准组合下压力（kN）；

V_{k}——荷载效应标准组合下地面剪力（kN）；

z——离地面距离（m）。

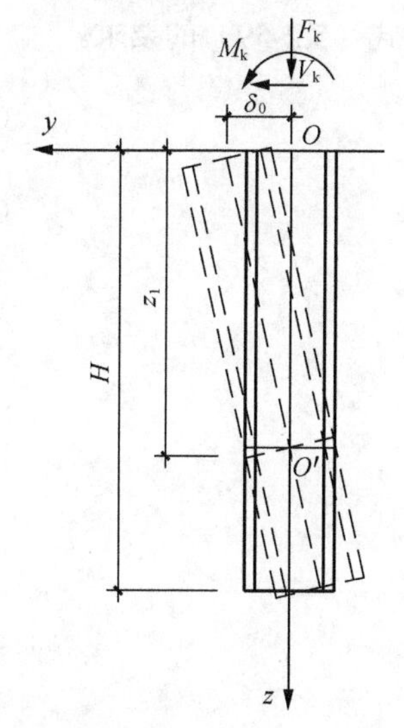

注：O'——刚性转动中心点；z_1——转动中心点至地面的距离；z_0——浅部土压力极值点至地面的距离。

图5-14　钢桩基础的受力情况

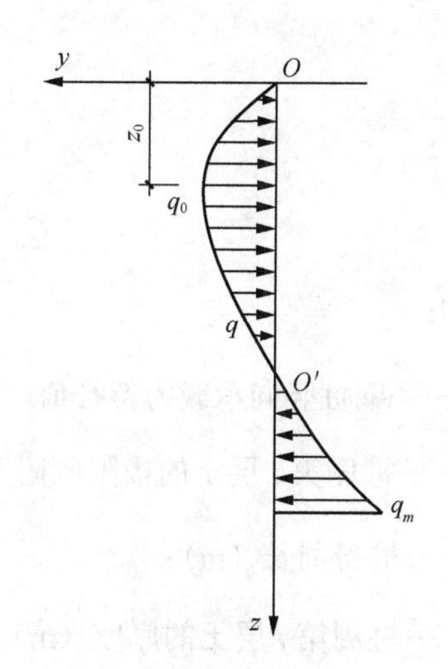

注：注释内容同图 5-14。

图5-15　钢桩基础的土压力分布曲线

桩基抗弯承载力计算应符合下列规定。

① 浅部土压力极值点处，土被动压力应符合公式（5.2-52）～公式（5.2-54）的规定。

$$q_0 / D_0 \leqslant \beta\left[\gamma \cdot z_0 \cdot \tan^2\left(45° + \frac{\varphi}{2}\right) + 2c \cdot \tan\left(45° + \frac{\varphi}{2}\right)\right] / 2 \tag{5.2-52}$$

$$z_0 = -\frac{b}{3a} \tag{5.2-53}$$

$$q_0 = a{z_0}^{1.5} + b{z_0}^{0.5} \tag{5.2-54}$$

② 桩底部土被动压力应符合公式（5.2-55）、公式（5.2-56）的规定。

$$q_m / D_0 \leqslant \beta\left[\gamma \cdot H \cdot \tan^2\left(45° + \frac{\varphi}{2}\right) + 2c \cdot \tan\left(45° + \frac{\varphi}{2}\right)\right] / 2 \tag{5.2-55}$$

$$q_m = aH^{1.5} + bH^{0.5} \tag{5.2-56}$$

式中：

β ——极限承载力修正系数，$\beta = 1.8$；

γ ——计算点所在土层的重量（kN/m^2）；

c、φ ——计算点所在土层土的黏聚力及内摩擦角。

4. 承载力计算

钢桩基础竖向承载力计算应满足公式（5.2-57）～公式（5.2-59）的要求。

$$F_k \leqslant R_a \tag{5.2-57}$$

$$R_a = \frac{Q_{uk}}{2} \tag{5.2-58}$$

$$Q_{uk} = Q_{sk} = u\sum q_{sik} l_i \tag{5.2-59}$$

式中：

R_a ——钢桩竖向承载力特征值；

q_{sik}——桩侧第 i 层土的极限侧阻力标准值（kN/m^2）；

u ——桩身周长（m）；

l_i ——桩周第 i 层土的厚度（m）。

5. 位移和转角计算

桩顶位移和桩身转角应符合下列规定。

① 桩顶位移 δ_0 应按公式（5.2-60）计算。

$$\delta_0 = b / (C \cdot D_0) \tag{5.2-60}$$

② 桩身转角 $\tan\theta$ 应按公式（5.2-61）计算。

$$\tan\theta = -a / (C \cdot D_0) \tag{5.2-61}$$

6. 强度计算

桩身强度验算应符合下列规定。

① 桩身应按现行国家标准 GB 50017—2017《钢结构设计标准》的有关规定进行抗弯强度和抗剪强度的验算。

② 钢桩离地面 z 处截面的弯矩和剪力应按公式（5.2-62）、公式（5.2-63）计算。

$$M_z = 1.5\left(-\frac{a}{8.75}z^{3.5} - \frac{b}{3.75}z^{2.5} + V_{\mathrm{k}} \cdot z + M_{\mathrm{k}}\right) \tag{5.2-62}$$

$$V_z = 1.5\left(-\frac{a}{2.5}z^{2.5} - \frac{b}{1.5}z^{1.5} + V_{\mathrm{k}}\right) \tag{5.2-63}$$

③ 桩顶法兰应按现行国家标准 GB 50135—2019《高耸结构设计标准》的相关规定进行计算。

7. 地基土比例系数 C

地基土比例系数 C 一般由地勘单位通过水平静载试验确定，在地勘报告中给出各层土的 C 值，当无水平静载试验资料时，可采用表 5-6 的数据。

表5-6　不同土类对应的C值

序号	土类	土的弹性模量 E_e（MPa）	C（kN/m$^{3.5}$）
1	$I_L > 1.0$ 的流塑性黏性土、淤泥	—	4000 ～ 7000
2	$0.5 \leqslant I_L < 1.0$ 的软塑性黏性土、粉砂、$e > 0.825$ 的粉土	5	7000
		10	13000
		15	16000
		20	19000
3	$0 \leqslant I_L < 0.5$ 的硬塑性黏性土、细砂、中砂、$e \leqslant 0.825$ 的粉土	20	19000
		30	22000
		40	24000
		50	26000
4	半干硬性黏性土、粗砂	50	26000
		60	28000
		80	30000
		100	31000

注：表中 I_L 为土的液性指数，e 为土的孔隙比。对于第 2 类土，取 $E_{\mathrm{e}} = 2E_{1\text{-}2}$；对于第 3 类土，取 $E_{\mathrm{e}} = 3E_{1\text{-}2}$；对于第 4 类土，取 $E_{\mathrm{e}} = 4E_{1\text{-}2}$。其中，$E_{1\text{-}2}$ 为土体压缩模量。

当桩侧面由几种土层组成时，应以主要影响深度 $h_c = 2(D_0 + 1)$ 范围内的 C 值作为计算值，不同土层 C 值计算示意如图 5-16 所示。

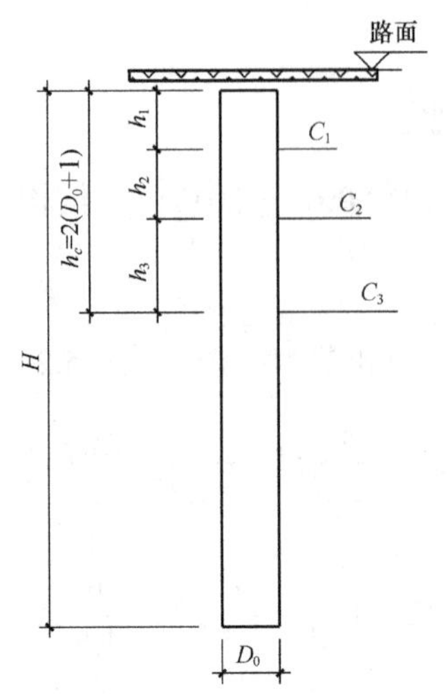

图5-16　不同土层C值计算示意

① 当h_c深度内存在2层不同土时，见公式（5.2-64）。

$$C=\frac{C_1h_1^2+C_2\left(2h_1+h_2\right)h_2}{h_c^2} \tag{5.2-64}$$

② 当h_c深度内存在3层不同土时，见公式（5.2-65）。

$$C=\frac{C_1h_1^2+C_2\left(2h_1+h_2\right)h_2+C_3\left(2h_1+2h_2+h_3\right)h_3}{h_c^2} \tag{5.2-65}$$

8. 构造规定

① 钢桩的壁厚不应小于5mm，顶部法兰盘厚度不宜小于16mm。

② 在设计智慧多功能杆钢桩时需考虑一定的腐蚀裕量，钢桩直径D_0与扣除腐蚀裕量后的有效壁厚t的比值宜满足公式（5.2-66）的要求。

$$\frac{D_0}{t}\leqslant 140\sqrt{\frac{235}{f_y}} \tag{5.2-66}$$

③ 钢桩宜在工厂整根制作，不应在工地现场接桩。

④ 钢桩的桩尖宜设置为十字板，板厚不宜小于钢桩壁厚，当钢桩直径较大时也可采用井字板等形式。

⑤ 钢桩应预留好管道接口，并做好开孔补强措施。

⑥ 当浅层存在杂填土、冲填土等软弱地基土时，可采用换填法进行处理，施工应符合下列规定。

- 基坑开挖宽度不应小于2倍钢桩直径；开挖深度不宜小于1.5m，也不宜小于杂填土厚度。

• 完成钢桩施工后，应在基坑和钢桩内浇筑强度等级不低于 C20 的素混凝土，也可采用中砂等材料换填。

• 采用中砂换填时，应分层压实，密实度不应低于 0.94，并应设置混凝土防水保护层。

⑦ 智慧多功能杆钢桩必须进行防腐蚀处理，防腐蚀措施应根据腐蚀环境、结构部位、施工可能性和维护方法等进行选择，经技术和经济成本比较确定，可采用下列防腐蚀措施。

• 热浸锌、金属喷涂或外壁加覆防腐涂层。

• 增加管壁腐蚀裕量厚度。

• 水下采用阴极保护。

• 采用耐腐蚀性钢种。

⑧ 钢桩防腐蚀应符合下列规定。

• 桩身露出地面部分应采用热浸锌或金属喷涂层。

• 桩身埋入地下部分可采用涂层或热浸锌、金属喷涂层和阴极保护等措施。

• 不宜单独采用预留腐蚀裕量措施。

• 必要时，可同时采用两种或两种以上措施，也可采取其他有效措施进行保护。

智慧多功能杆钢桩的管壁腐蚀裕量厚度宜取 2mm。当智慧多功能杆钢桩采用热浸锌等长效防腐蚀措施时，可以不考虑管壁腐蚀裕量。桩顶处涂层的涂刷范围探入地面以下应不小于1.5m，在地下水位变动区不应小于设计低水位以下 0.5m。

5.2.6 整体基础

智慧多功能杆整体基础根据埋置深度与侧面宽度的比值大小分为整体浅基础和整体深基础。整体基础除了验算地基承载力，还应进行倾覆稳定验算。

1. 整体浅基础

整体浅基础倾覆稳定的计算适用于以下条件。

① 整体浅基础的基坑回填土满足分层夯实的要求，即每回填 300mm 夯实为 200mm。

② 整体浅基础的基础埋置深度与侧面宽度之比不大于 3，且为整体式刚性基础，如图 5-17、图 5-18 所示。

③ 当计算整体浅基础的极限倾覆力或极限倾覆力矩时，假设土壤达到极限平衡状态。

有台阶整体浅基础倾覆稳定计算示例如图 5-17 所示，计算应符合公式（5.2-67）～公式（5.2-74）的要求。

$$K_3 H_K H_0 \leqslant \frac{1}{2} E f_\beta \left[a_1 - \theta^2 \left(a_1 - b_1 \frac{b_0}{a_0} \right) \right] - \frac{2}{3} E h \left(1 - \theta^3 + \frac{b_0}{a_0} \theta^3 \right) + y \left(e + f_\beta h \right) \tag{5.2-67}$$

$$y = \frac{E - K_3 H_K}{f_\beta} \leqslant 0.6 a_1 a_0 f_a \text{，且 } y > 0 \tag{5.2-68}$$

$$E = \frac{1}{2} m a_0 h^2 \tag{5.2-69}$$

$$a_0 = \frac{h^2 K_0 - h_1^{\ 2} K_0'}{h^2 - h_1^{\ 2}} a \tag{5.2-70}$$

$$b_0 = b K_0'' \tag{5.2-71}$$

$$\theta = \frac{h_1}{h} \tag{5.2-72}$$

$$e \leqslant \frac{1}{3} a_1 \tag{5.2-73}$$

$$f_\beta = \tan\beta \tag{5.2-74}$$

式中：

K_3——整体基础倾覆稳定安全系数，取 1.5；

a——底板侧面宽度（m）；

a_0——底板侧面的计算宽度（m），K_0 和 K_0' 以 $\frac{h}{a}$ 和 $\frac{h_1}{a}$ 确定；

b——主柱侧面宽度（m）；K_0'' 以 $\frac{h_1}{b}$ 按表 5-7 确定；

b_0——主柱侧面的计算宽度（m）。

表5-7　计算宽度空间增大系数值

β(°)	土体类型	h_t/b												
		11	10	9	8	7	6	5	4	3	2	1	0.8	0.6
15	黏土、粉质黏土、粉土	1.72	1.65	1.59	1.52	1.46	1.39	1.33	1.26	1.20	1.13	1.07	1.05	1.04
30		2.28	2.16	2.05	1.93	1.81	1.70	1.58	1.46	1.35	1.23	1.12	1.09	1.07
30	粉砂、细砂	1.81	1.73	1.66	1.58	1.51	1.44	1.37	1.29	1.22	1.15	1.08	1.06	1.05
35	黏土	2.71	2.56	2.40	2.23	2.08	1.93	1.78	1.62	1.46	1.31	1.15	1.12	1.09
	粉质黏土、粉土	2.41	2.28	2.15	2.02	1.90	1.77	1.63	1.51	1.38	1.25	1.13	1.10	1.08
	粗砂、中砂	1.90	1.82	1.74	1.66	1.57	1.49	1.41	1.33	1.25	1.16	1.08	1.07	1.05

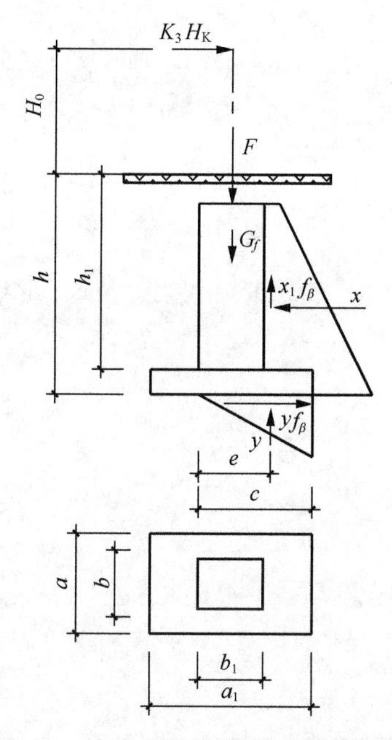

图5-17　有台阶整体浅基础倾覆稳定计算示例

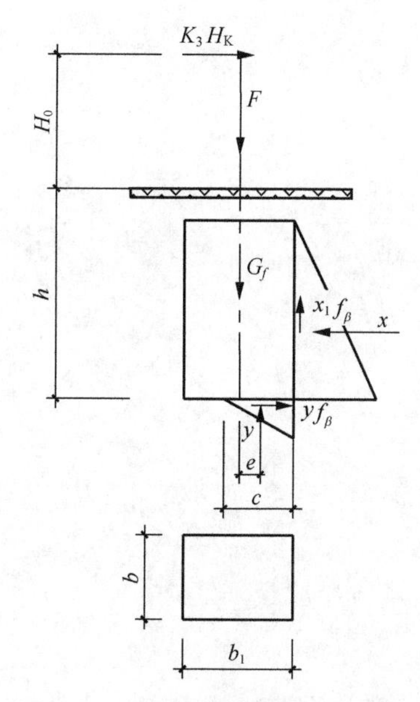

图5-18　无台阶整体浅基础倾覆稳定计算示例

无台阶整体浅基础倾覆稳定计算示例如图 5-18 所示，计算应符合公式（5.2-75）～公式（5.2-78）的要求。

$$K_3H_KH_0 \leqslant \frac{1}{2}Ef_\beta b_1 - \frac{2}{3}Eh + y\left(e + f_\beta h\right) \tag{5.2-75}$$

$$y = \frac{E - K_3H_K}{f_\beta} \leqslant 0.6b_1b_0f_a\text{，且 } y > 0 \tag{5.2-76}$$

$$E = \frac{1}{2}mb_0h^2 \tag{5.2-77}$$

$$e \leqslant \frac{1}{3}b_1 \tag{5.2-78}$$

2. 整体深基础

整体深基础倾覆稳定的计算适用于基础埋置深度与侧面宽度之比大于 3 的整体基础。

有台阶整体深基础倾覆稳定计算示例如图 5-19 所示，计算应符合公式（5.2-79）～公式（5.2-88）的要求。

$$K_3H_KH_0 \leqslant \frac{f_\beta}{2b_0}E\left[\left(1-\theta^2\right)a_0a_1 + \theta^2b_0b_1\right] + \frac{2h}{3b_0}E\left[a_0 - \theta^3\left(a_0 + b_0\right)\right] + y\left(e + f_\beta h\right) \tag{5.2-79}$$

$$y = \frac{X_1 - X_2 - K_3H_K}{f_\beta} \leqslant 0.6a_1a_0f_a\text{，且 } y > 0 \tag{5.2-80}$$

$$E = \frac{1}{2} m b_0 h^2 \tag{5.2-81}$$

$$a_0 = \frac{h^2 K_0 - h_1^{\ 2} K_0'}{h^2 - h_1^{\ 2}} a \tag{5.2-82}$$

$$b_0 = b K_0'' \tag{5.2-83}$$

$$\theta = \frac{h_1}{h} \tag{5.2-84}$$

$$e \leqslant \frac{1}{3} a_1 \tag{5.2-85}$$

$$f_\beta = \tan\beta \tag{5.2-86}$$

$$X_1 = E\theta^2 \tag{5.2-87}$$

$$X_2 = E \frac{a_0}{b_0}(1-\theta^2) \tag{5.2-88}$$

无台阶整体深基础倾覆稳定计算示例如图 5-20 所示，计算应符合公式（5.2-89）～公式（5.2-95）的要求。

$$K_3 H_{\mathrm{K}} H_0 \leqslant \frac{1}{2} E f_\beta b_1 + \frac{2}{3} E h \left(1 - 2\theta^3\right) + y\left(e + f_\beta h\right) \tag{5.2-89}$$

$$y = \frac{X_1 - X_2 - K_3 H_{\mathrm{K}}}{f_\beta} \leqslant 0.6 a_1 a_0 f_a \text{，且 } y > 0 \tag{5.2-90}$$

$$E = \frac{1}{2} m b_0 h^2 \tag{5.2-91}$$

$$X_1 = E\theta^2 \tag{5.2-92}$$

$$X_2 = E(1-\theta^2) \tag{5.2-93}$$

$$\theta = \frac{h_1}{h} \tag{5.2-94}$$

$$e \leqslant \frac{1}{3} b_1 \tag{5.2-95}$$

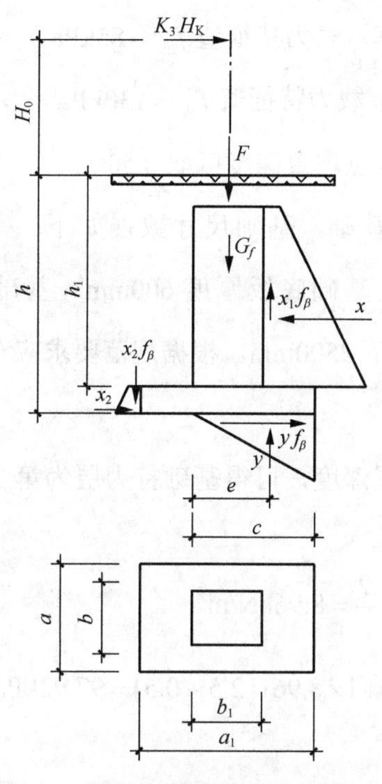

图5–19　有台阶整体深基础倾覆稳定计算示例

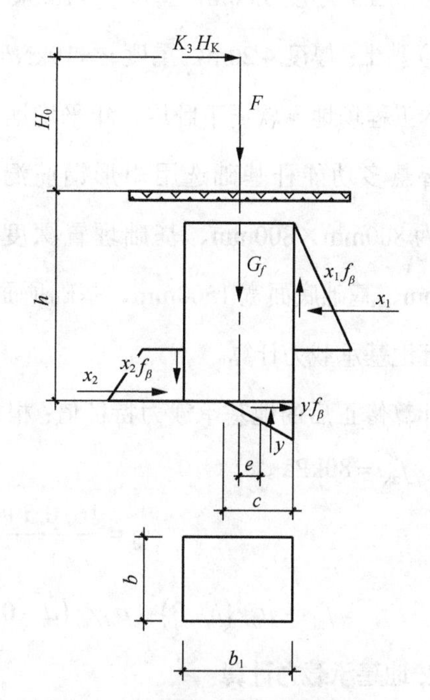

图5–20　无台阶整体深基础倾覆稳定计算示例

5.3　算例实践

某地市新建智慧多功能杆项目，通过杆体结构计算分析得到某点位杆体底部反力标准值数据如下。

工况一：风荷载方向垂直于智慧多功能杆挑臂方向，弯矩标准值 M_{kx} = 60.3kN · m、M_{ky} = 15.3kN · m、剪力标准值 V_k = 6.2kN、轴力标准值 N_k = 8.1kN。

工况二：风荷载方向平行于智慧多功能杆挑臂方向，弯矩标准值 M_{ky}=33.5kN · m、剪力标准值 V_k=3.6kN、轴力标准值 N_k=8.1kN。

1. 工程概况

根据岩土工程勘察报告，本工程拟建场地属平原地貌，经勘探查明拟建场地内各土层描述如下。

① 杂填土：厚度 1.30m，重度 $\gamma = 16\text{kN/m}^3$。

② 粉质黏土：厚度 1.8m，重度 $\gamma = 18\text{kN/m}^3$，$e = 0.89$，地基承载力特征值 $f_{ak} = 80\text{kPa}$。

③ 粉土：厚度 3.60m，重度 $\gamma = 18.5\text{kN/m}^3$，地基承载力特征值 $f_{\text{ak}} = 85\text{kPa}$。

④ 黏土：厚度 4.20m，重度 $\gamma = 19\text{kN/m}^3$，地基承载力特征值 $f_{\text{ak}} = 130\text{kPa}$。

本工程场地无软弱下卧层，年平均地下水最高水位埋置深度可取 0.50m。

智慧多功能杆基础选用矩形钢筋混凝土扩展基础，基础尺寸数据如下：基础短柱尺寸为 800mm×800mm、基础埋置深度 2500mm、基础底板厚度 600mm、基础底面长 3000mm、基础底面宽 1500mm、基础顶面在路面以下 2500mm。根据规范要求应对扩展基础进行地基承载力计算。

计算修正后的地基承载力特征值：根据基础埋置深度，可得基础持力层为第 2 层粉质黏土，$f_{\text{ak}} = 80\text{kPa}$。

$$\gamma_m = \frac{16 \cdot 0.5 + 6 \cdot 0.8 + 8 \cdot 1.2}{2.5} = 8.96\text{kN/m}^3$$

$$f_a = f_{\text{ak}} + \mu_b \gamma (b-3) + \mu_d \gamma_m (d-0.5) = 80 + 0 + 1 \times 8.96 \cdot (2.5 - 0.5) = 97.92\text{kPa}$$

2. 地基承载力计算

（1）工况一

扩展基础计算示意如图 5-21 所示，矩形基础承受双向偏心荷载，地基承载力的计算过程如下。

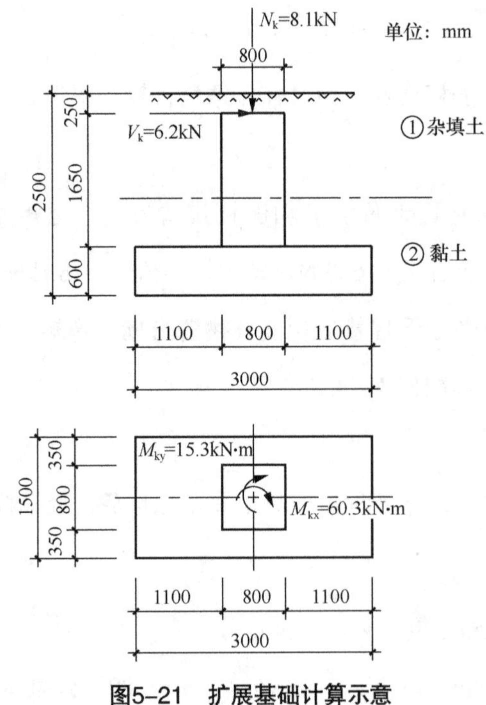

图5-21　扩展基础计算示意

$$F_{\mathrm{k}}=8.1\mathrm{kN}$$

$$G_{\mathrm{k}}=3\cdot 1.5\cdot 16\cdot 0.25+0.8\cdot 0.8\cdot(25\cdot 0.25+15\cdot 1.4)+$$
$$(3\cdot 1.5-0.8\cdot 0.8)\cdot(16\cdot 0.25+6\cdot 1.4)+3\cdot 1.5\cdot 0.6\cdot 15=123.8\mathrm{kN}$$

$$W_{\mathrm{x}}=\frac{3^2\cdot 1.5}{6}=2.25\mathrm{m}^3$$

$$W_{\mathrm{y}}=\frac{3\cdot 1.5^2}{6}=1.125\mathrm{m}^3$$

$$p_{\mathrm{k}}=\frac{F_{\mathrm{k}}+G_{\mathrm{k}}}{A}=\frac{8.1+123.8}{3\cdot 1.5}\approx 29.31\mathrm{kPa}$$

$p_k < f_a$，满足要求。

$$p_{\mathrm{kmax}}=\frac{F_{\mathrm{k}}+G_{\mathrm{k}}}{A}+\frac{M_{\mathrm{kx}}}{W_{\mathrm{x}}}+\frac{M_{\mathrm{ky}}}{W_{\mathrm{y}}}=\frac{8.1+123.8}{3\cdot 1.5}+\frac{60.3+6.2\cdot 2.25}{2.25}+\frac{15.3}{1.125}\approx 75.91\mathrm{kPa}$$

$$p_{\mathrm{kmin}}=\frac{F_{\mathrm{k}}+G_{\mathrm{k}}}{A}-\frac{M_{\mathrm{kx}}}{W_{\mathrm{x}}}-\frac{M_{\mathrm{ky}}}{W_{\mathrm{y}}}=\frac{8.1+123.8}{3\cdot 1.5}-\frac{60.3+6.2\cdot 2.25}{2.25}-\frac{15.3}{1.125}\approx -17.29\mathrm{kPa}<0$$

$p_{\mathrm{kmax}} < 1.2f_a$，满足要求。

基底面积与地基土局部脱开，基础底面最大压力的计算过程如下。

$$e_{\mathrm{x}}=\frac{M_{\mathrm{kx}}}{F_{\mathrm{k}}+G_{\mathrm{k}}}=\frac{60.3+6.2\cdot 2.25}{8.1+123.8}\approx 0.56\mathrm{m}$$

$$a_{\mathrm{x}}=\frac{3}{2}-0.56=0.94\mathrm{m}$$

$$e_{\mathrm{y}}=\frac{M_{\mathrm{ky}}}{F_{\mathrm{k}}+G_{\mathrm{k}}}=\frac{15.3}{8.1+123.8}\approx 0.12\mathrm{m}$$

$$a_{\mathrm{y}}=\frac{1.5}{2}-0.12=0.63\mathrm{m}$$

$$a_{\mathrm{x}}a_{\mathrm{y}}=0.94\cdot 0.63=0.59\mathrm{m}^2$$

$$0.125bl=0.125\cdot 3\cdot 1.5=0.56\mathrm{m}^2$$

可得 $a_{\mathrm{x}}a_{\mathrm{y}}\geqslant 0.125bl$，满足基础底面脱开地基土面积不大于基底全面积的 1/4 的要求。

$$p_{\mathrm{kmax}}=\frac{F_{\mathrm{k}}+G_{\mathrm{k}}}{3a_{\mathrm{x}}a_{\mathrm{y}}}=\frac{8.1+123.8}{3\cdot 0.94\cdot 0.63}\approx 74.24\mathrm{kPa}$$

$p_{\mathrm{kmax}}<1.2f_a$，满足地基承载力要求。

（2）工况二

扩展基础计算示意如图 5-22 所示，矩形基础承受单向偏心荷载，地基承载力的计算过程如下。

$$F_k = 8.1\text{kN}$$

$$G_k = 123.8\text{kN}$$

$$M_{ky} = 33.5 + 3.6 \cdot (2.5 - 0.25) = 41.6\text{kN} \cdot \text{m}$$

$$W_y = \frac{3 \cdot 1.5^2}{6} = 1.125\text{m}^3$$

$$p_{kmax} = \frac{F_k + G_k}{A} + \frac{M_k}{W} = \frac{8.1 + 123.8}{3 \cdot 1.5} + \frac{41.6}{1.125} \approx 66.29\text{kPa}$$

$$p_{kmin} = \frac{F_k + G_k}{A} - \frac{M_k}{W} = \frac{8.1 + 123.8}{3 \cdot 1.5} - \frac{41.6}{1.125} \approx -7.67\text{kPa} < 0$$

$p_{kmax} < 1.2 f_a$，满足要求。

$$p_{kmax} = \frac{2(F_k + G_k)}{3la}$$

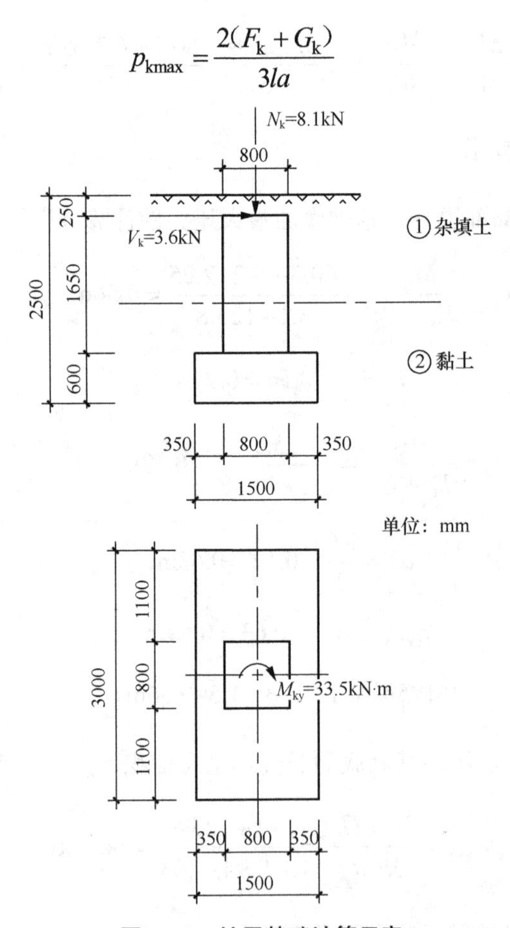

图5-22　扩展基础计算示意

$$3a \geqslant 0.75b$$

$$e = \frac{41.6}{8.1 + 123.8} \approx 0.32\text{m}$$

$$a = \frac{1.5}{2} - 0.32 = 0.43\text{m}，\ 3a = 1.3\text{m}$$

$$0.72b = 0.75 \cdot 1.5 = 1.125\text{m}$$

$3a > 0.75b$，满足基础底面脱开地基土面积不大于基底全面积的 1/4 的要求。

$$p_{\text{kmax}} = \frac{2(F_{\text{k}} + G_{\text{k}})}{3la} = \frac{2 \cdot (8.1 + 123.8)}{3 \cdot 3 \cdot 0.43} \approx 68.2\text{kPa}$$

$p_{\text{kmax}} < 1.2 f_a$，满足地基承载力要求。

5.4 基础施工及验收

智慧多功能杆基础施工质量是否合格是其能够在规定设计使用年限内正常发挥功能的基本保证。基础工程属于隐蔽工程，如果在基础施工完成后再发现质量问题，返工或维修的成本将很巨大。因此，智慧多功能杆的基础施工和基础验收必须遵循国家标准规范、设计图纸、法律法规等的相关规定。

5.4.1 基础施工

智慧多功能杆工程的基础、地基、基坑及边坡施工所使用的材料、制品等的质量检验要求，应符合国家标准规范、设计图纸、法律法规等的相关规定。

1. 资料收集

智慧多功能杆基础施工前应收集或制定相关文件，通常包括以下资料。

① 岩土工程勘察报告。

② 智慧多功能杆基础施工所需的设计文件。

③ 拟建工程施工影响范围内的建（构）筑物、地下管线和障碍等资料。

④ 施工组织设计和专项施工、监测方案。

智慧多功能杆基础施工的轴线定位点和高程水准基点，经复核后需要妥善保存并定期复测。施工前施工单位应做好准备工作，分析工程现场的水文地质条件、邻近地下管线、周围建（构）筑物及地下障碍物等情况。应分析基础施工对邻近的地下管线及建（构）筑物产生的影响，并采取相应的保护措施。在基础施工过程中应控制地下水、地表水和潮汛的影响。基坑开挖施工时应对基坑进行必要支护，避免施工过程中基坑坍塌。如果遇到地下水，应采取降排水措施。在冬季、雨季施工时，应采取防冻、排水措施。

2. 基坑（槽）开挖

基坑（槽）开挖应符合下列规定。

① 基坑（槽）开挖过程中的分层厚度及临时边坡坡度应根据土质情况计算确定。

② 严禁在基坑（槽）及建（构）筑物周边影响范围内堆放土方或其他施工材料。

③ 基坑（槽）开挖施工工况应符合设计要求。

当施工过程中出现险情时，应及时启动应急措施控制险情。施工单位在智慧多功能杆基础施工过程中应做好施工记录并保存相应的影像资料。

3. 基础施工

智慧多功能杆基础施工的流程包括：定位放线；基坑开挖；垫层浇筑；钢筋笼定位、安装，预埋管道及预埋地脚螺栓的定位安装；基础混凝土浇筑和基础养护；基坑回填等。

（1）定位放线阶段

施工单位应根据设计单位提供的平面布置图标注位置，根据智慧多功能杆精准定位坐标信息、道路桩号信息等，并做好定位标志。根据基础设计图纸，结合基础尺寸及土质情况确定基坑开挖平面尺寸，并做好放线标示和尺寸检验。基础施工定位放线如图 5-23 所示。

（2）基坑开挖阶段

基坑一般采用机械开挖和人工开挖相结合的方式，分别如图 5-24 和图 5-25 所示。在基础施工前，施工单位通常通过开挖“样洞”或“样沟”的方式对地下管线资料中标明的状况进行实地探测验证。当探明基础施工范围内有地下管线或建（构）筑物时，建议采用人工开挖方式。当采用机械开挖方式时，开挖至距离坑底设计标高 20 ～ 30cm 处后，可改用人工开挖。应全过程监测基坑开挖，采用信息化施工法，根据基坑支护体系和周边环境的监测数据，适时调整基坑开挖的施工顺序和施工方法。

基础坑深与设计坑深的偏差一般在 –50 ～ 100mm，当偏差大于 100mm 时，按以下规定处理。

① 偏差在 100 ～ 300mm 时，采用铺石灌浆处理。

② 偏差超过规定值的 300mm 时，超过部分可采用填土或石料夯实处理，分层夯实厚

度不宜大于 100mm，夯实后土的密实度不应低于原状土，然后采用铺石灌浆处理。

图5-23　基础施工定位放线

图5-24　基坑机械开挖

图5-25　基坑人工开挖

（3）垫层浇筑阶段

基坑开挖至坑底标高应在验槽后及时进行垫层施工，垫层宜浇筑至基坑围护墙边或坡脚。浇制基础前，应清除坑内积水，并保证基础坑内无碎石、砖和其他杂物。

（4）钢筋笼定位、安装，预埋管道及预埋地脚螺栓的定位安装阶段

施工单位应组织对钢筋混凝土基础的基坑尺寸、地基承载力进行核验，并重点检查基础钢筋型号、钢筋绑扎间距、模板工程、基础预埋件规格、基础预埋件埋设方向、基础预埋管规格、接地装置等，符合设计要求并签字确认后方可允许基础浇筑施工。监理单位应组织人员检查钢管桩基础的规格、长度、钢板厚度、焊缝质量及质保资料，符合设计要求并签字确认后方可允许压桩施工。基础预埋管校正如图 5-26 所示。

为保证智慧多功能杆基础施工的质量，钢筋混凝土基础材料通常选用商品混凝土，基础预埋管应从基础中心穿出，并超过混凝土基础顶面 30 ～ 50mm，为避免混凝土浇筑过程中堵塞预埋管管口，在浇筑混凝土前一般将预埋管管口进行临时封堵。地脚螺栓埋入混凝土的长度应满足锚固长度要求，螺纹部分应加以保护，地脚螺栓的埋设方向应与设计图纸一致，浇筑基础混凝土前应将地脚螺栓固定。

（5）基础混凝土浇筑和基础养护阶段

混凝土模板宜采用钢模板，其表面应平整且接缝严密，支模时应符合基础设计尺寸的规定，混凝土浇筑前模板表面应涂脱模剂。混凝土养护应严格按照相关标准规范执行。基础混凝土浇筑如图 5-27 所示。

图5-26　基础预埋管校正

图5-27　基础混凝土浇筑

（6）基坑回填阶段

基础施工完成后应及时回填基坑，对适宜夯实的土质，每填300mm应夯实一次，回填土的密实度应达到原状土密实度的80%及以上。对不宜夯实的饱和黏性土应分层填实，回填土的密实度应达到原状土密实度的80%及以上。露出基础顶面的地脚螺栓应涂防腐材料，并妥善保护，防止螺栓锈蚀或损伤。

5.4.2　基础验收

根据智慧多功能杆基础工程特点，对基础工程的子分部工程、分项工程进行划分，详见表5-8。

表5-8　智慧多功能杆基础工程子分部工程、分项工程的划分

分部工程	子分部工程	分项工程
地基与基础	基坑工程	基坑支护、土方开挖、土方回填
	地基处理	素土、灰土地基、砂和砂石地基
	桩基	混凝土桩、钢桩
	混凝土基础	模板、钢筋及预埋件、混凝土、地脚螺栓

1. 基本规定

智慧多功能杆地基基础工程质量验收应符合下列规定。

① 地基基础工程施工质量应符合验收规定的要求。

② 质量验收的程序应符合验收规定的要求。

③ 工程质量的验收应在施工单位自行检查评定合格的基础上进行。

④ 质量验收应进行子分部、分项工程验收。

⑤ 质量验收应按主控项目和一般项目验收。

2. 提交资料

智慧多功能杆地基基础工程验收应提交下列资料。

① 岩土工程勘察报告。

② 设计文件、图纸会审记录和技术交底资料。

③ 工程测量、定位放线记录。

④ 施工组织设计及专项施工方案。

⑤ 施工记录及施工单位自查评定报告。

⑥ 监测资料。

⑦ 隐蔽工程验收资料。

⑧ 检测与检验报告。

⑨ 竣工图。

智慧多功能杆基础工程施工前及施工过程中所进行的检验项目应制作表格、做相应记录、校审并存档。

基础工程主控项目的质量检验结果必须全部符合检验标准，一般项目的验收合格率不得低于80%。当地基基础标准试件强度评定不满足要求或怀疑试件的代表性时，应对实体进行强度检测，当检测结果符合设计要求时，可按合格验收。

3. 材料质量检验

原材料的质量检验应符合下列规定。

① 钢筋、混凝土等原材料的质量检验应符合设计要求和GB 50204—2015《混凝土结构工程施工质量验收规范》的规定。

② 钢材、焊接材料和连接件等原材料及成品的进场、焊接或连接检测应符合设计要求和GB 50205—2020《钢结构工程施工质量验收标准》的规定。

4. 基坑质量检验

在基坑开挖施工前，应完成基坑支护、地面排水、地下水控制、基坑及周边环境监测，落实周边影响范围内地下管线和建（构）筑物保护措施，验收施工条件和应急预案准备等工作，合格后方可开挖基坑。开挖基坑的顺序、方法必须与设计工况和施工方案一致，并遵循“开槽支撑，先撑后挖，分层开挖，严禁超挖”的原则。开挖基坑工程质量检验标准见表 5-9。

表5-9　开挖基坑工程质量检验标准

项	序号	项目	允许值或允许偏差		检查方法
			单位	数值	
主控项目	1	标高	mm	-50 ～ 0	水准测量
	2	长度、宽度（由设计中心线向两边量）	mm	-50 ～ 200	全站仪或钢尺
一般项目	1	表面平整度	mm	± 20	用 2m 靠尺
	2	基础底面土性	设计要求		目测法或土样分析

5. 验收

扩展基础施工前应对放线尺寸进行复核，钢管桩基础施工前应对放好的轴线和桩位进行复核。

① 扩展基础在施工过程中应对钢筋、模板、混凝土和轴线等进行检验。施工结束后，应对混凝土强度、轴线位置和基础顶面标高进行检验。

扩展基础质量检验标准见表 5-10。

表5-10　扩展基础质量检验标准

项	序号	项目	允许值或允许偏差		检查方法
			单位	数值	
主控项目	1	混凝土强度	不小于设计值		28d 试块强度
	2	轴线位置	mm	≤15	经纬仪或钢尺
一般项目	1	基础长（宽）	mm	±5	钢尺测量
	2	基础顶面标高	mm	±15	水准测量

② 钢桩基础在施工前应对桩位、成品桩的外观质量进行检验。施工中应进行下列检验。

- 打入（静压）深度、收锤标准、终压标准及桩身（架）垂直度检查。
- 桩顶完整状况检查；除了应对电焊质量进行常规检查，还应进行 10% 的焊缝探伤检查。
- 每层土每米进尺锤击数、最后一米进尺锤击数、总锤击数、最后三阵贯入度、桩顶标高等。

• 钢桩基础施工结束后应进行承载力检验。

6. 地脚螺栓验收

智慧多功能杆基础预埋地脚螺栓的检查主控项目包括以下两项。

① 地脚螺栓的数量、规格应符合设计要求。

检查数量：全数检查。

检验方法：观察法检查和用游标卡尺现场实测。

② 露出基础顶面的地脚螺栓在智慧多功能杆安装之前，应进行防腐处理，并妥善保护，防止螺栓锈蚀与损伤。

检查数量：全数检查。

检验方法：观察法检查。

智慧多功能杆基础预埋地脚螺栓的检查项目一般包括：在智慧多功能杆安装前，应根据基础验收资料复核各项数据；地脚螺栓位置、法兰支承面的偏差应符合相关规定。

第 6 章 线路建设

智慧多功能杆的建设是实现城市数字化、网络化、智能化理念，推动智慧城市建设发展的重要一步。智慧多功能杆所具有的多功能性（智慧交通、智慧安防、智慧城管、智慧通信、智慧照明、智慧环保、智慧停车、智能 Wi-Fi 等应用）及广泛应用性，使其成为智慧城市中数字道路的重要组成部分。智慧多功能杆是智慧城市中数字道路建设的关键节点，线路建设则是智慧多功能杆建设的重要内容，除了聚焦智慧多功能杆的功能实现、杆体建设、基础建设，也需要关注智慧多功能杆的线路建设。智慧多功能杆的线路建设主要包含电气、光缆和管道。

通过合理的变、配电规划布局实施电力建设，实现智慧多功能杆供电的可靠性、先进性、节能性和安全性，6.1 节、6.2 节、6.3 节将从配电方案、配电控制系统和节能措施 3 个方面介绍智慧多功能杆电力建设相关内容。智慧多功能杆系统的通信方式主要包括有线通信和无线通信两种方式，有线通信以光纤为主，通过合理的光缆布放，实现智慧多功能杆通信网络的可靠性、先进性和安全性，6.4 节介绍了智慧多功能杆的光缆方案。电力和光缆的敷设都离不开管道，管道建设是智慧多功能杆系统基础设施的重要组成部分，通过合理的管道规划可实现电力和光缆的敷设要求，6.5 节介绍了智慧多功能杆的管道方案。

6.1 配电方案

6.1.1 配电设计

根据本书 2.3.4 节供配电规划中所述，智慧多功能杆配电设计可按供电接入点、综合配电箱布置点、供配电连接路径、连接方式和配电电缆选型依次设计。本章的电气建设内容均以智慧多功能杆负荷等级为三级负荷考虑；若负荷等级为二级负荷及以上，则需要同时考虑负荷等级的配电要求，并应符合 GB 50052—2009《供配电系统设计规范》、GB 50053—2013《20kV 及以下变电所设计规范》和 CJJ 45—2015《城市道路照明设计标准》的相关规定。

1. 供电接入点

在明确需要建设智慧多功能杆的具体地点后，通过收集当地城市供配电设施空间布局、供配电设备容量和具体配电接口等详细资料，结合供配电站系统规划及市政规划基本要求，以缩短配电距离、减少建设投资为目标，可得到智慧多功能杆的供电接入点。可利用供电接入点存在单个或多个两种情形，分别考虑两种情形。若供电接入点为单个，则只需要考虑供配电路径即可，单个供电接入点平面如图 6-1 所示。若供电接入点为多个，则需要在确定智慧多功能杆综合配电箱布置点后，依照最优配电距离和最小线路损耗选择其中一个或多个供电接入点，多个供电接入点平面如图 6-2 所示。

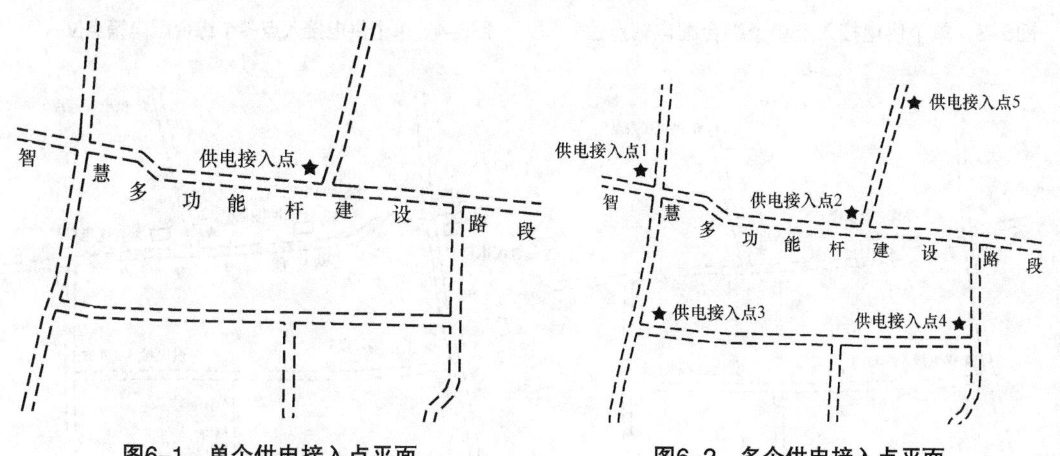

图6–1　单个供电接入点平面　　图6–2　多个供电接入点平面

2. 综合配电箱布置点

在明确供电接入点后，则要确认智慧多功能杆综合配电箱布置点的具体位置。综合配电箱的布置点位不应与供电接入点距离过远，并且应尽量靠近负荷中心，应满足节约电能、易于安装、易于运行和维护方便等要求。综合配电箱的配电范围，应结合区域供电规划确定，供电半径不宜大于 500m。根据智慧多功能杆设备选点和布点、杆上设备用电总负荷等建设需求，保证在配电系统正常运行时，配电范围内综合配电箱至智慧多功能杆杆体综合舱进线端的电压损耗不大于 5%。在满足上述要求后，可得出建设智慧多功能杆路段所需要的综合配电箱数量。配电箱数量可分为两种情况，一种为智慧多功能杆路段仅需要一个综合配电箱，另一种则是一个综合配电箱无法满足智慧多功能杆路段配电需求，需要建设多个综合配电箱。参照综合配电箱数量，可初步选定综合配电箱的布置点位，布置点位如图 6-3、图 6-4、图 6-5、图 6-6 所示。

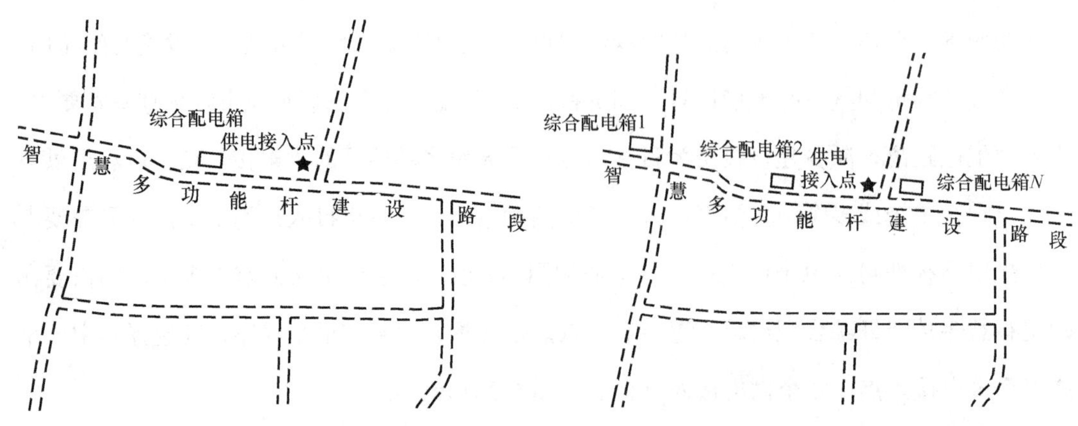

图6-3 单个供电接入点单个综合配电箱点位　　图6-4 单个供电接入点多个综合配电箱点位

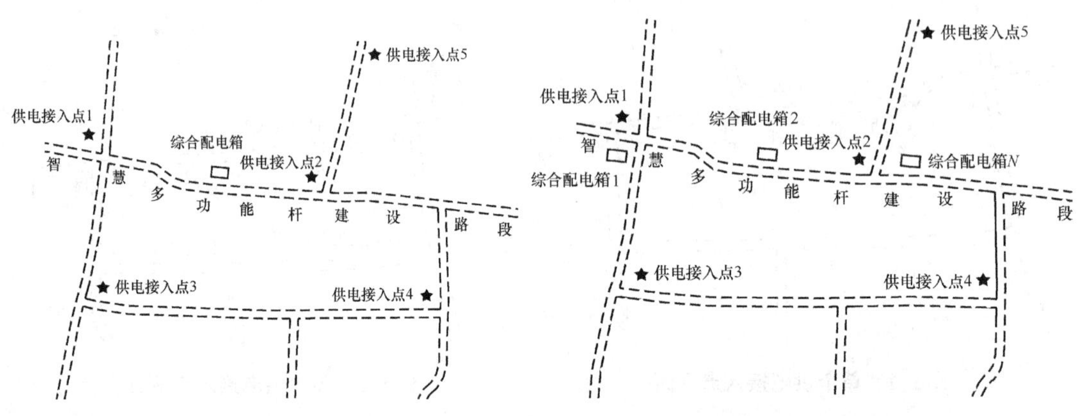

图6-5 多个供电接入点单个综合配电箱点位　　图6-6 多个供电接入点多个综合配电箱点位

根据综合配电箱具体布置点位的不同，综合配电箱的布置位置应符合以下规定。

① 布置在道路两侧建筑场所内时，应选择尘埃少、腐蚀介质少、周围环境干燥和无剧烈振动的场所。

② 布置在道路两侧绿地内时，应选择布置在绿地内侧或隐蔽处，不应阻碍绿化和主要景观，并设计维护通道和预留维护空间。与绿化边界的距离宜不小于1.5m，以便进行绿化遮挡与装饰。箱体颜色、外观宜与绿地景观相协调，装饰方案应进行专项设计。

③ 布置在道路公共设施带内时，箱体中心与路缘石内边线的距离宜为0.4m，与智慧多功能杆的距离宜不小于1.5m。

④ 当人行道宽度小于2m、隔离带宽度小于3m时，不宜布置综合配电箱。

⑤ 路口停止线合围区域内不宜布置综合配电箱。

⑥ 应预留箱体日常使用及操作门开合的空间和检修通道。

3. 供配电连接路径

在确认了供电接入点的位置和综合配电箱点位后，下一步就是实现供电接入点与综合配电箱、综合配电箱与智慧多功能杆之间的配电连接路径，连接路径流程如图 6-7 所示。供配电连接路径的设计应符合 GB 50289—2016《城市工程管线综合规划规范》、GB 50217—2018《电力工程电缆设计标准》、GB 50838—2015《城市综合管廊工程技术规范》等相关规范的规定。智慧多功能杆配套管线不仅包含强电管线，还包含弱电管线和通信管线，因此综合配电箱与智慧多功能杆之间的配电连接路径应满足管道相关要求，本节不对该配电连接进行介绍，仅讨论供电接入点与综合配电箱之间的配电连接路径。

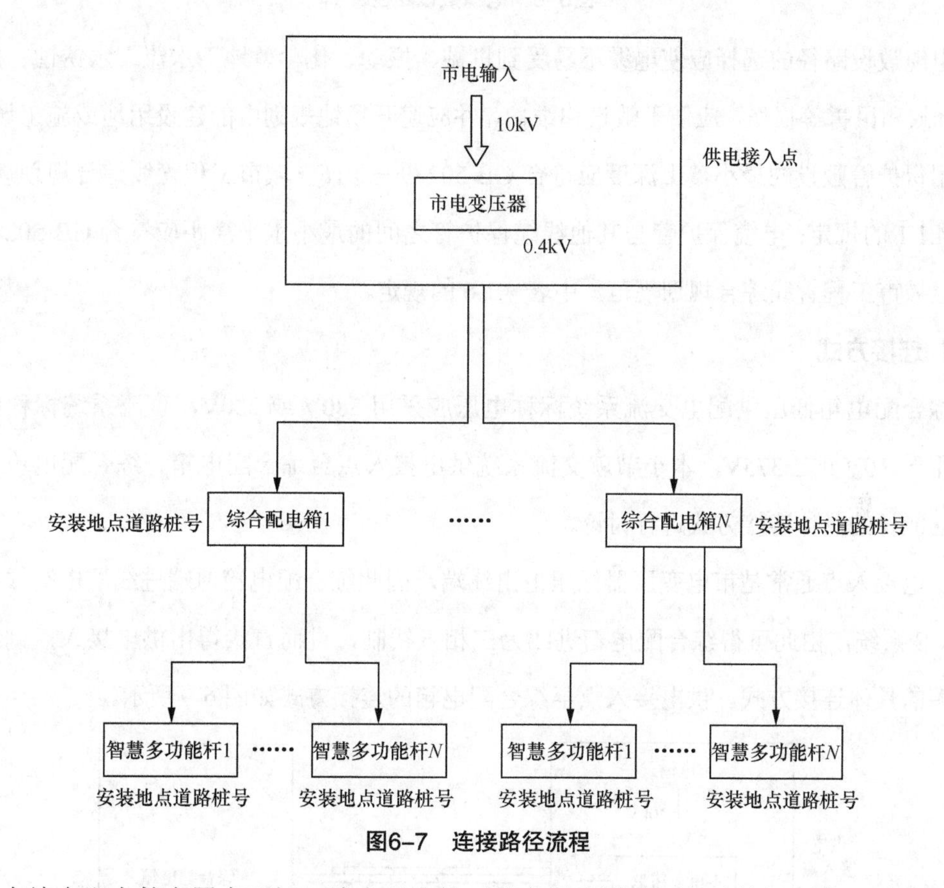

图6–7　连接路径流程

由综合配电箱布置点可知，综合配电箱一般布置在道路两侧建筑场所内、道路两侧绿地内或道路公共设施带内，因此供电接入点到综合配电箱的供电可采用电缆穿管直埋敷设或电缆铠装直埋敷设。依照最优配电距离、最小线路损耗原则，从供电接入点引出的电缆，其敷设路径可选择直接穿过道路两侧绿地、道路和道路公共设施带，必要时可结合三者引至综合配电箱。电缆敷设路径如图 6-8 所示。

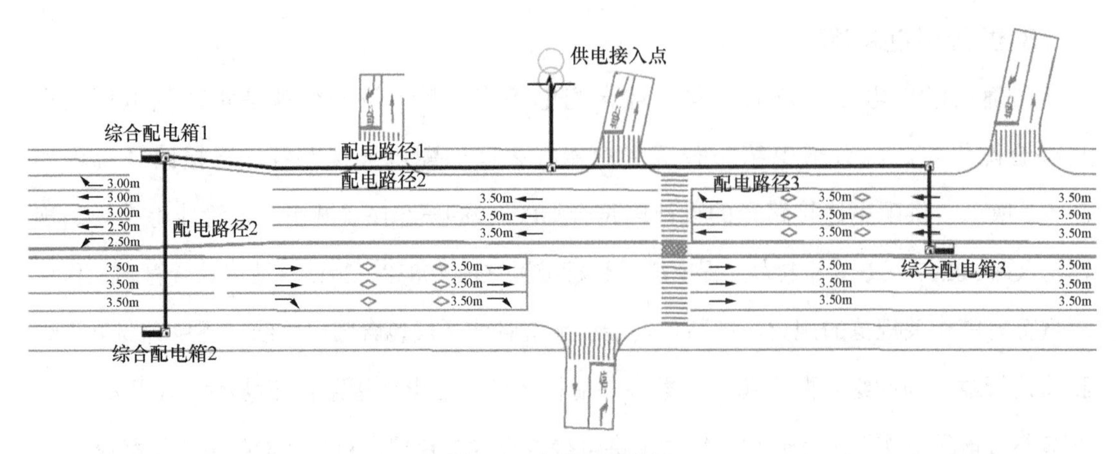

图6-8　电缆敷设路径

电缆敷设路径的选择应使电缆不易受到机械、振动、化学、地下水流、水锈蚀、热影响、蜂蚁和鼠害等损伤，应便于敷设和维护，并应避开场地规划中的建设用地或施工场地。电缆用保护管敷设的最小覆土深度应符合 GB 50289—2016《城市工程管线综合规划规范》中表 4.1.1 的规定；电缆保护管与其他线缆保护管之间的最小水平净距应符合 GB 50289—2016《城市工程管线综合规划规范》中表 4.1.6 的规定。

4. 连接方式

综合配电箱低压供配电交流系统标称电压应采用 380V 或 220V，直流系统标称电压宜采用±110V 或±375V，本小节就交流系统供电接入点至综合配电箱、综合配电箱至智慧多功能杆的具体连接方式进行讨论。

供电接入点通常是市电变压器低压柜出线端，因此综合配电箱前端进线配电制式一般为 TN-S 系统，由此可得综合配电箱进线为三相五线制，进而直接得出供电接入点到综合配电箱的具体连接方式。供电接入点至综合配电箱的连接方式如图 6-9 所示。

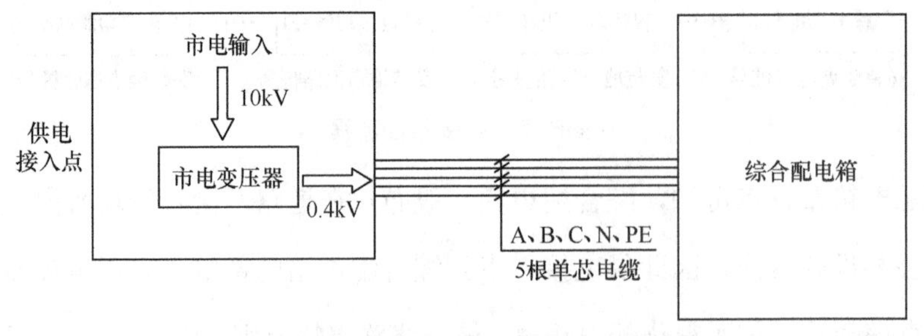

图6-9　供电接入点至综合配电箱的连接方式

智慧多功能杆的接地形式通常采用 TT 系统或 TN-S 系统，因此在交流系统标称电压为 380V 或 220V 时，各有相应的接线方式。

① 交流系统标称电压为 380V 时，若智慧多功能杆的接地形式采用 TT 系统，则综合配电箱至智慧多功能杆的接线方式为三相四线制。

② 交流系统标称电压为 380V 时，若智慧多功能杆的接地形式采用 TN-S 系统，则综合配电箱至智慧多功能杆的接线方式为三相五线制。

③ 交流系统标称电压为 220V 时，若智慧多功能杆的接地形式采用 TT 系统，则综合配电箱至智慧多功能杆的接线方式为单相二线制。

④ 交流系统标称电压为 220V 时，若智慧多功能杆的接地形式采用 TN-S 系统，则综合配电箱至智慧多功能杆的接线方式为单相三线制。

综合配电箱至智慧多功能杆的接线方式见表 6-1。

表6–1　综合配电箱至智慧多功能杆的接线方式

接地形式	380V 交流系统标称电压	220V 交流系统标称电压
TN–S	三相五线制	单相三线制
TT	三相四线制	单相二线制

根据表 6-1，可得出 4 种不同的接线方式，分别为单相三线制、三相五线制、三相四线制和单相二线制，具体如图 6-10、图 6-11、图 6-12、图 6-13 所示。

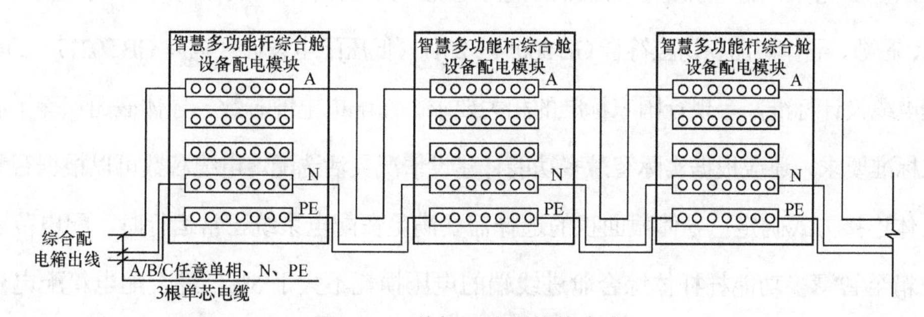

图6–10　单相三线制接线方式

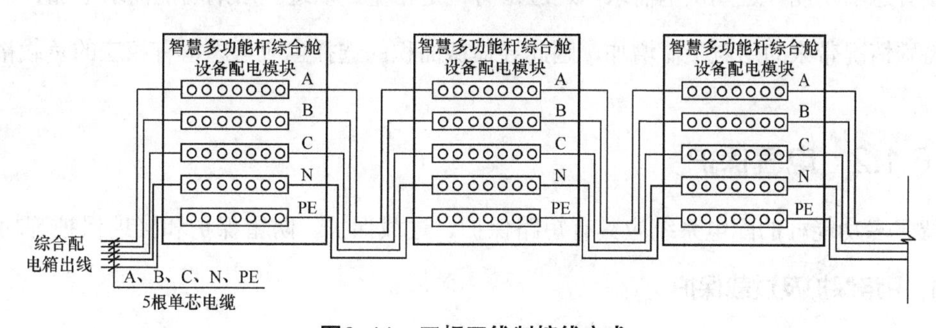

图6–11　三相五线制接线方式

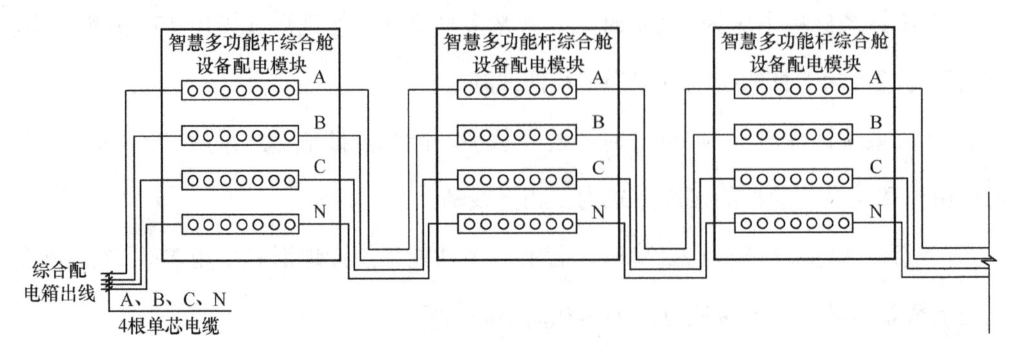

图6-12　三相四线制接线方式

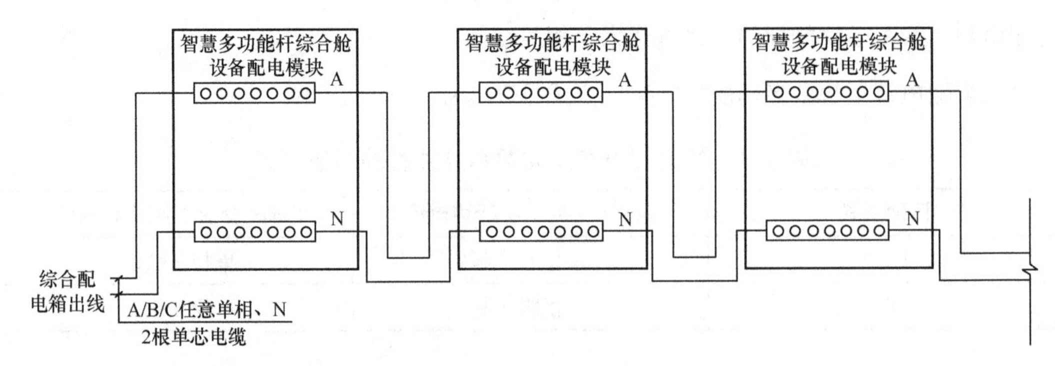

图6-13　单相二线制接线方式

5. 配电电缆选型

智慧多功能杆的配电系统中所选用的电力电缆，其导体材质、绝缘水平、绝缘类型、保护层类型、芯数、导体截面积均应符合 GB 50054—2011《低压配电设计规范》、GB 50217—2018《电力工程电缆设计标准》等现行国家标准的相关要求。而配电电缆芯数、导体截面积除了满足现行国家标准要求，还应根据实际智慧多功能杆建设情况灵活选配。电缆芯数可以根据智慧多功能杆具体连接方式确定，导体截面积的选择需要满足在配电系统正常运行时，配电范围内综合配电箱至智慧多功能杆杆体综合舱进线端的电压损耗不大于 5%。综合配电箱配电容量除了满足智慧多功能杆近期供电需求，还应留有一定裕量，以适应后期功能需求增加、设施扩建等特殊情况带来的用电负荷增加，因此导体截面积的选择也应考虑留有相应的负载裕量。

6.1.2　电气保护

智慧多功能杆的配电系统应具有短路保护、过载保护、防雷保护和接地保护等功能。

1. 短路保护及过载保护

智慧多功能杆的配电线路应设置短路保护电器与过载保护电器，短路保护电器应在短路电流对导体和连接处产生的热作用和机械作用造成危害之前切断电源，过载保护电器应在过负荷电流引起的导体温升对导体的绝缘、接头、端子或导体周围的物质造成损害之前切断电源。

智慧多功能杆配电系统的短路保护、过载保护应符合 GB 50054—2011《低压配电设计规范》的有关规定。各单相回路应单独进行控制和保护，智慧多功能杆上的各类挂载设备应设有单独的保护装置。

2. 防雷保护

① 智慧多功能杆应根据周边地理环境进行雷电风险评估，为应对直击雷电风险配置防雷装置，智慧多功能杆杆体上所有挂载设备均应在接闪器的保护范围内，防雷装置的配置应符合 GB 50057—2010《建筑物防雷设计规范》的相关规定。

② 为防止雷击导致的雷电波入侵，智慧多功能杆的电源处应设置电涌保护器（SPD），电涌保护器的选择和布设应按 GB/T 18802.12—2014《低压电涌保护器（SPD）第 12 部分：低压配电系统的电涌保护器　选择和使用导则》和 GB/T 18802.22—2019《低压电涌保护器　第 22 部分：电信和信号网络的电涌保护器　选择和使用导则》的相关规定执行。

③ 智慧多功能杆配电系统的防雷保护应符合 GB 50057—2010《建筑物防雷设计规范》、GB 50689—2011《通信局（站）防雷与接地工程设计规范》、GB 50054—2011《低压配电设计规范》、CJJ 45—2015《城市道路照明设计标准》、GB/Z 41299—2022《通信局（站）在用防雷系统的技术要求和检测方法》的相关规定。

3. 接地保护

① 智慧多功能杆的接地形式应采用 TT 系统或 TN-S 系统，应符合 GB 50054—2011《低压配电设计规范》的相关规定。当采用剩余电流保护装置时，还应符合 GB/T 13955—2017《剩余电流动作保护装置安装和运行》的相关规定。

② 智慧多功能杆、综合设备舱、综合配电箱及搭载的电子信息设备的电气保护接地、防雷接地和工作接地共用接地装置，接地电阻应不大于 4 Ω。

③ 接地装置的选择和敷设应符合 GB/T 50065—2011《交流电气装置的接地设计规范》的相关规定，宜利用基础钢筋作为自然接地体，所有接地体宜采用水平接地线相连。

④ 智慧多功能杆、综合设备舱、综合配电箱内应配置接地端子排，端子数量根据需

求确定。接地端子排宜采用具有防腐涂层的铜排，其截面积应符合 GB/T 50065—2011《交流电气装置的接地设计规范》的相关规定。接地端子排应采用单独的保护导体与接地体和接地线相连。

⑤ 除了严禁保护接地的设备，智慧多功能杆、综合设备舱、综合配电箱及搭载的电子信息设备的外露可导电部分均应与保护导体相连，并与接地端子之间具有可靠的电气连接。

6.2 配电控制系统

智慧多功能杆不仅是用电设备，还是连接配电端和供电端的枢纽，是上级综合配电箱和下级智慧交通、智慧安防、智慧城管、智慧通信、智慧照明、智慧环保等用电单元之间的终端。因此，想要实现智慧多功能杆的多功能性，建立智慧多功能杆的配电控制系统是很有必要的。配电控制系统可以通过监控当前智慧多功能杆的用电状态、用电环境和故障情况，对智慧多功能杆配电进行实时操作，从而提高智慧多功能杆配电的可靠性、安全性。

配电控制系统包含电压异常检测、电流异常检测、环境异常检测和故障检测。

（1）电压异常检测

在智慧多功能杆综合舱的进线回路与出线回路设置电压质量分析装置，可以快速监测、采集并记录智慧多功能杆电压过压、电压欠压、电压畸变、电压突变等可能出现的电压异常事件。当发生异常事件时，通过通信总线加邮件的方式将相应异常状态信号实时传输至智慧多功能杆的控制中心。电压质量分析装置应能实现在线分析、挖掘电压异常事件的起因，并制定应对策略，为现场维护人员提供帮助，从而最大限度地避免发生电压异常导致的事故，降低经济损失，减少人员伤亡。

（2）电流异常检测

与电压异常检测类似，在智慧多功能杆综合舱的进线回路与出线回路设置电流状态分析装置，可以快速监测、采集并记录智慧多功能杆短路电流、剩余电流、电流畸变、电流突变等可能出现的电流异常事件。当发生异常事件时，通过通信总线加邮件的方式将相应异常状态信号实时传输至智慧多功能杆的控制中心，从而协助控制中心即时切断电流异常智慧多功能杆的配电。电流状态分析装置应能实现在线分析、挖掘电流异常事件的起因，并制定应对策略，为现场维护人员提供帮助，从而最大限度地避免发生电流异常导致的事故，降低经济损失，减少人员伤亡。

（3）环境异常检测

环境异常检测可分为智慧多功能杆综合舱温度检测、湿度检测、PM2.5 检测、异常侵入检测。

① 温 / 湿度检测：温 / 湿度传感器可实时将智慧多功能杆综合舱温 / 湿度上传至控制中心，当温 / 湿度值超过正常阈值时，通过通信总线加邮件的方式将相应异常状态信号实时传输至智慧多功能杆的控制中心，控制中心可以通过相应信号判断是否需要对温 / 湿度异常做出相应动作。

② PM2.5 检测：PM2.5 传感器可实时将智慧多功能杆综合舱 PM2.5 值上传至控制中心，当 PM2.5 值超过正常阈值时，通过通信总线加邮件的方式将相应异常状态信号实时传输至智慧多功能杆的控制中心，控制中心可以通过相应信号判断是否需要对 PM2.5 值异常做出相应动作。

③ 异常侵入检测：在智慧多功能杆综合舱舱门设置门禁控制系统，门禁控制系统直接与控制中心和报警中心联通。工作人员需要通过门禁控制才能打开综合舱舱门，若没有通过门禁控制强行打开舱门，门禁控制系统可以直接向控制中心与报警中心发出非法侵入信号，门禁控制系统能有效避免智慧多功能杆综合舱被人恶意破坏、非法侵入，从而降低综合舱内配电设备失窃和人为破坏的风险。

（4）故障检测

在智慧多功能杆综合舱内设置实时在线状态反馈装置，当某一个智慧多功能杆在规定时间没有对控制中心发送特定状态信号时，可由控制中心对其发送状态确认信号，若出现信号多次无反馈，则可认定此智慧多功能杆处于故障状态，并及时切断其供电电源，安排维护人员进行调试、维修，从而避免发生智慧多功能杆故障导致的事故，降低经济损失，减少人员伤亡。

智慧多功能杆的配电控制系统，是智慧多功能杆上搭载设备安全、稳定运行的保障，尤其对于电子设备而言，可靠的配电控制系统是其良好实现自身功能的基础。因此，搭建智慧多功能杆的配电控制系统是不可或缺的。

6.3 节能措施

节能减排是加快发展方式转变、促进高质量发展的有力抓手，是实现“双碳”目标的关键支撑，是扩大国内需求、培育发展新动能的有效途径，是满足人民群众对美好生活向往的重要保证。智慧多功能杆作为智慧城市道路基础设施，是实现老旧城市、新建城市向智慧城市转变的重要一步，因此，智慧多功能杆的建设应符合节能减排的要求，按照绿色、低碳、环保的原则，引导城市道路基础设施走高效节能、集约循环的绿色发展道路。

根据智慧多功能杆的多功能性，智慧多功能杆的节能主要是杆上搭载设备的节能和智慧多功能杆配电控制系统的节能，可以采取以下措施。

（1）绿色照明

照明用电占智慧多功能杆搭载设备的用电比例较大，照明选择应充分考虑节能和绿色的要求。智慧多功能杆照明可选用绿色照明，绿色照明包含高效、环保、安全和舒适4项指标。

① 高效是指照明光源选用高效、低耗、节能的光源，照明光源以高效节能荧光灯或LED光源为主。

② 环保是指照明光源具备可回收性、可重复利用性、环境无害性。

③ 安全是指照明光源使用寿命长、运行稳定，在使用寿命期限内故障率低。

④ 舒适是指照明光源的强度、色温参数等符合道路照明设计要求，不会使道路上的行人和车辆驾驶人员感到不适。

（2）照明分级控制

在符合城市照明技术规范相关要求的情况下，可根据智慧多功能杆照明光源的色温和亮度要求进行分级控制。根据对色温和亮度要求的高低程度，可将不同智慧多功能杆建设区域分成弱、中、强3种类型。

① 弱要求区域，例如景观绿化用地、居民生活居住区。

② 中要求区域，例如学校、医院等文化、医疗机构地区。

③ 强要求区域，例如城市中心广场、工业园区、交通枢纽区域。

对上述 3 种类型区域的智慧多功能杆照明进行分级控制，可实现不同等级采用不同亮度和色温的照明光源，合理利用照明资源，从而达到节能减排的效果。

（3）科学制定设备运行状态

在智慧多功能杆综合配电箱的照明配电模块与其他设备配电模块中，应设置智能控制终端，智能控制终端可根据道路车流量程度、人流量程度、地区和季节变化对智慧多功能杆进行照明光源亮度的调节、照明数量的调节，以及开启或关闭照明时间的调节。在凌晨，在道路车流量、人流量显著减少的区域，可降低部分智慧多功能杆照明光源亮度，关闭部分智慧多功能杆照明；由于地区的不同和季节的变化，在日落和日出时间波动较大的区域，可提前或延迟智慧多功能杆照明的开关时间。

对于智慧多功能杆搭载的其他设备，智能控制终端可在规定时间对非必要运行设备的电源进行关断或开启处理，避免造成电能损失和浪费。科学设定智慧多功能杆的设备运行状态，可以提高智慧多功能杆的电能利用效率，减少不必要的电能损失和浪费，从而达到节能减排的效果。

（4）优化配电线路

智慧多功能杆的配电线路规划不合理，会导致供电接入点远离负荷中心、配电回路近电远供、迂回供电、供电半径过长、导线截面积过大或过小，以及线路长期轻载、空载或过负荷运行等，这些情况都会引起配电线路损耗升高。因此在智慧多功能杆的配电线路规划中，要确保供电接入点尽量靠近负荷中心，配电线路应尽量做到走直线、少迂回，科学选择供电半径与导线截面积，使配电线路能达到最佳运行状态，从而降低配电线路的损耗，达到节能减排的效果。

（5）利用可再生能源

智慧多功能杆的配电可根据建设当地情况适当考虑采用太阳能和风能或其他可再生能源。若建设地点可再生能源充足，则可用可再生能源替代电网对智慧多功能杆供电，若可再生能源不足以支撑智慧多功能杆的配电需求，可以考虑电网与可再生能源共同对智慧多功能杆配电：智慧多功能杆满载运行时由电网供电，轻载运行时可切换至可再生能源供电。充分利用可再生能源，可以降低智慧多功能杆对电网电量的需求，有利于达到节能减排的效果。

6.4 光缆方案

智慧多功能杆系统应具备为所挂载设备提供统一传输接入服务的能力，用于满足安防监控、移动通信基站、智能网关等设备的裸纤传输接入需求。智慧多功能杆的通信光缆应采用入地敷设，每根智慧多功能杆应配置不少于12芯的光纤资源。从集约角度出发，离光缆交接箱较近的智慧多功能杆，可直接从光缆交接箱引出单根小芯数光缆布放；离光缆交接箱较远的智慧多功能杆，应从光缆交接箱引出单根大芯数光缆（例如96芯光缆），通过分歧方式分出小芯数光缆（例如12芯光缆），一一引接至每个智慧多功能杆的设备舱，避免过多占用管孔资源。从运营角度出发，应本着“技术先进、经济合理、安全适用、便于维护”的原则设计光缆方案。

6.4.1 光缆技术指标

智慧多功能杆的光缆要求入地敷设，只有少量进入综合机房时可能会采用架空敷设，因此智慧多功能杆系统应选择适用于市区管道、局内通道、硅芯塑料管管道和架空敷设等场合的光缆型号，一般可选用GYTS光缆。光缆芯数根据实际需要配置，一般用到的主要规格有12芯、24芯、48芯、96芯、144芯等。

1. 光纤技术指标

在同一工程中使用的光缆及光纤，应全部为同一型号和同一来源，光缆出厂长度内光纤应无接头。光缆内光纤技术指标应不劣于GB/T 9771《通信用单模光纤》系列标准的相关规定，具体建议值如下。

① 缆内光纤使用B1.3单模光纤。

② 模场直径：标称值为8.6～9.5μm；偏差不超过标称值的±0.6μm。包层直径为125±1μm。

③ 模场同心度偏差≤0.6μm。

④ 包层不圆度≤1%。

⑤ 截止波长≤1260nm。

⑥ 光纤筛选张力：在成缆前，一次涂覆光纤必须全部经过加力时间≥1秒的拉力筛选，

筛选张力≥ 15N。

⑦ 光纤衰减常数：在 1310nm 波长上，衰减值应≤ 0.35dB/km；在 1550nm 波长上，衰减值应≤ 0.21dB/km。

⑧ 光纤色散系数：零色散波长为 1300 ～ 1324nm；最大零色散斜率为 0.092ps/（nm^2 · km）。

最大色散系数：1300 ～ 1339nm 内≤ 3.5ps/（nm · km）；1271 ～ 1360nm 内≤ 5.3ps/（nm · km）；1550nm 波长则≤ 18ps/（nm · km）；

⑨ 偏振模色散指标：链路 PMD 系数≤ 0.3ps/（$km^{½}$）；

⑩ 光纤衰减温度特性（与 20℃时的值比较）：–20℃～ 85℃光纤在波长 1550nm 上衰减的变化＜ 0.05dB/km。

2. 光缆技术指标

光缆的拉伸（张力）、绝缘电阻、耐压强度指标应符合标准要求。光缆机械性能见表 6-2。

表6-2　光缆机械性能

光缆类型	允许拉伸（张力）最小值 /N		允许压扁力最小值（N/100mm）	
	短期	长期	短期	长期
架空型 / 管道型 / 阻燃光缆	1500	600	1500	750
直埋 I 型光缆	3000	1000	3000	1000

注：表中短期拉伸（张力）是指缆内光纤的延伸率应≤ 0.15%，长期拉伸（张力）是指光缆拉伸应变应≤ 0.2%，同时光缆内的每根光纤的拉伸应变应≤ 0.05%。光缆短期拉伸（张力）解除后，在波长为 1310nm 和 1550nm 时，所有光纤上测得的衰耗应无变化。

光缆在经过冲击、反复弯曲、扭转、卷绕、弯折和振动等各项试验后，应能满足检验标准，光缆外护层应无裂纹或破损，且结构无损坏、缆内所有光纤应无衰减变化。光缆技术性能见表 6-3。

表6-3　光缆技术性能

序号	项目		单位	光缆技术性能	备注
1	弯曲半径	工作时	mm	10*D*	*D* 为光缆直径
		敷设时	mm	20*D*	
2	光缆外护层厚度	标称值	mm	2.0	—
		平均值	mm	1.9	—
		最小值	mm	1.8	—

续表

序号	项目	单位	光缆技术性能	备注
3	外护层绝缘电阻	MΩ · km	≥ 2000	浸水 24 小时，测试电压 500V（DC）
4	外护层介电强度	kV（DC）	15	浸水 24 小时，测试时间 2 分钟
5	标准盘长	m	2000	允许误差 0 ～ 100m
6	温度范围	℃	-20 ～ 60	—
7	光缆使用寿命	年	≥ 25	在常规条件下

3. 光缆接头盒技术指标

① 光缆接头盒应能满足架空型和管道型等各种结构光缆直通和分歧接续的使用要求，优选机械和热缩密封方式。光缆接头盒应具有良好的密封、绝缘、机械及温度特性，应能重复开启且不影响其性能。光缆接头盒具有使光缆中金属构件（金属护层和加强芯）的电气连接、接地或断开的功能。

② 光缆接头盒安装完毕后，盒内应充入 40kPa 气压气体，在 1000N 轴向拉力或 3000N/10cm 侧向均匀压力条件下不漏气、无变形和无龟裂。盒内盘留光纤的曲率半径对光纤不产生附加衰减（测试 1310nm 和 1550nm 两个波长）。光缆接头盒机械性能见表 6-4。

表6-4　光缆接头盒机械性能

序号	项目	单位	性能参数值
1	光纤余长存放半径	mm	≥ 42
2	余长存放长度	m	≥ 1
3	使用温度范围	℃	–28 ～ 60
4	抗拉力	N	2000
5	抗侧压力	N/10cm	3000
6	抗冲击	N · m	20

③ 智慧多功能杆系统要求所有光缆接头盒均有不少于 4 个进缆线孔。

④ 光缆接头盒便于重复开启，且不影响其性能。

⑤ 光缆接头盒具备抗腐蚀性能和抗老化性能，光缆接头盒外部金属结构件及紧固件采用不锈钢材料。

⑥ 光缆接头盒使用寿命不少于 25 年。

⑦ 光缆接头盒（包括盒体及密封材料）具备防白蚁的功能。

⑧ 光缆接续、成端的光纤接头衰减限值应满足相关要求，光纤接头衰减限值见表 6-5。

表6-5　光纤接头衰减限值

光纤类型	接头衰减 /dB				测试波长 /nm
	单纤		光纤带光纤		
	平均值	最大值	平均值	最大值	
G.652	≤ 0.06	≤ 0.12	≤ 0.12	≤ 0.38	1310/1550

6.4.2　光缆布放要求

光缆布放前应先进行单盘检查测试，光缆衰耗必须符合设计要求，主要测量 1310nm、1550nm 窗口的工作衰耗，注意光缆外护层有无裂缝断裂，并核对光缆端别。根据光纤衰耗的测试数据，光缆布放前按照地形状况进行光缆配盘，避免任意砍断尾缆或将光缆接头配盘在操作不便和易受损坏的地段。

1. 光缆布放

根据相关规范要求，原则上默认中心机房侧为 A 端，智慧多功能杆侧为 B 端。光缆在布放的过程中及安装后，其所受张力、侧压力和曲率半径等应符合表 6-2 及表 6-3 中单盘光缆机械性能和技术性能的相关规定。光缆弯曲半径应不小于光缆外径的 10 倍，在施工过程中应不小于 20 倍，以避免光缆受到损伤。光缆布放的牵引张力应不超过光缆允许张力的 80%，瞬间最大张力应不超过光缆允许张力的 100%。

当采用牵引方式敷设时，主要张力应加在加强构件上，并防止外护层等后脱。为防止在牵引过程中因扭转而损伤光缆，牵引端头与牵引索之间应加入转环。在布放光缆时，光缆必须由缆盘上方放出，并保持松弛弧形。在布放光缆的过程中应无扭转，严禁出现打小圈和浪涌等现象。光缆布放完毕后应检查光纤是否良好。光缆端头应做密封防潮处理，不得进水。

2. 光缆布放重叠及预留长度

光缆的预留长度主要考虑光缆后续维护修理的需要，一旦出现断纤故障，必须重新接续。如果有预留长度可以减少光纤的接头数量，这也减少了光纤的固定接头损耗，否则，每接一段光纤应相应增加一个光缆接头，这会增加接续损耗。通常的预留长度为：光缆在接头处重叠布放 10m，人（手）孔内光缆弯曲增长 0.5 ～ 1m，管道内光缆弯曲增长 10‰，局站内预留 15m。

3. 光缆成端

智慧多功能杆的光缆在光纤配线架（Optical Distribution Frame，ODF）、光缆交接箱、综合配线箱等处的成端尾纤应采用束状尾纤，尾纤的纤芯标准要求与光缆一致，适配器一般采用 FC/PC。尾纤的插入衰耗应不大于 0.51dB，回波损耗应不小于 50dB。

① 光缆应在 ODF、光缆交接箱、综合配线箱内绑扎固定。光缆内的金属构件应与光缆成端设备的保护接地装置连接良好；接地线布放时应尽量短直，多余的线缆应截断，严禁盘缠。

② 光纤成端应按纤序规定与尾纤熔接。

③ 尾纤应粘贴明显的标签。

④ 暂时未使用的 ODF 适配器应安装防尘帽。

6.4.3 光缆敷设要求

智慧多功能杆光缆敷设根据应用场景可分为管道光缆敷设和机房内光缆敷设。不同场景光缆敷设的技术要求不同，且都需要做好光缆金属构件的防雷接地，避免安全隐患。

1. 管道光缆敷设

管道光缆的敷设采用人工牵引方式施工，布放时每个人（手）孔应安排施工人员值守。管道光缆宜整盘敷设，除非确实有困难，否则不应断开光缆增加接头。为了减少布放时的牵引张力，整盘光缆可由中间分别向两边布放，并在每个人（手）孔安排 1 ～ 2 个施工人员进行中间辅助牵引。敷设后的光缆应紧靠人（手）孔壁，光缆在托架或专用挂钩上面，用扎线绑扎固定。人（手）孔内的光缆采用聚乙烯塑料波纹软管（直径 40mm）保护。子管在人（手）孔内伸出长度为 20 ～ 40cm，光缆进出塑料管管道口处采用 PVC 胶带封堵，空余子管用塞子封堵。

当光缆穿入管孔、管道拐弯或有交叉时，应采用导引装置或喇叭口保护管，不得损伤光缆外护层，根据需要可在光缆周围涂上中性润滑剂。光缆一次牵引长度一般不大于 1000m，超长时应采取盘“∞”字分段牵引或中间加辅助牵引。管道光缆接头盒在人（手）孔内宜安装在常年积水水位以上的位置。引上光缆进入机房前应做滴水弯，同时光缆进入馈线孔后应及时做好馈线孔的封堵。

在光缆布放后，应由专人统一指挥，逐个人（手）孔将光缆放置在规定的托板或挂钩上，并应预留适当余量避免光缆绷得太紧。光缆在人（手）孔内应挂标识牌作为标记，方便查询，标识牌上应当标明光缆的光纤型号、光缆芯数和局向等内容。

2. 机房内光缆敷设

综合机房的光缆敷设一般是光缆从局前人（手）孔引入楼内，然后沿管线井或楼内其他通道引至机房，再沿走线架敷设至机房内ODF。光缆在走线架上应绑扎牢固，光缆在垂直上升段的绑扎间隔应不大于1m，局内余留的光缆要求布放整齐美观，盘留可固定在机房走线槽内、机房墙壁托架上或者局前人（手）孔中。

光缆在局（站）内敷设，按强弱电“各行其道”的原则，光缆敷设应固定有序、不得交叉。光缆进局尽可能使用小号馈线孔，用阻燃胶带缠绕进局光缆，并用防火泥封堵馈线孔。光缆进风洞板按馈线进孔要求做回水弯。

3. 光缆金属构件接地要求

光缆内的金属构件，在局（站）内或光缆交接箱等线路终端处必须设置防雷接地，从而避免遭受雷击带来的设施损毁、网络中断等故障。接地线的安装施工应符合GB 50689—2011《通信局（站）防雷与接地工程设计规范》和GB 51120—2015《通信局（站）防雷与接地工程验收规范》中的相关要求。

接地系统的施工要求包括：接地线与设备及接地排连接时必须加装铜接线端子，且必须压（焊）接牢固；接地线中严禁加装开关或熔断器；接地线应采用外层护套为黄绿色的阻燃电缆。

光缆金属构件对各类线路设备的接地要求如下。

（1）ODF

ODF高压防护接地装置用截面积35mm^{2}的黄绿色多股铜芯电力电缆引出，并连接到机房的第一级接地汇接排或总接地汇接排上。光缆成端处的光缆加强芯固定在高压防护接地装置上，光缆的金属屏蔽层或铠装层与高压防护接地装置之间用截面积6mm^{2}的黄绿色多股铜接地线连接。

（2）光缆交接箱

光缆交接箱高压防护接地装置用截面积35mm^{2}的黄绿色多股铜芯电力电缆通过地线夹板与地器棒固定，并进行镀锌防腐处理。光缆成端处的光缆加强芯固定在高压防护接地装置上，光缆的金属屏蔽层或铠装层与高压防护接地装置之间用截面积6mm^{2}的黄绿色多股铜接地线连接。

（3）综合配线箱

综合配线箱接地装置用截面积 16mm^2 的黄绿色多股铜芯电力电缆连至箱外的接地汇流排或地器棒。光缆成端处的光缆加强芯固定在分纤箱的接地装置上，光缆的金属屏蔽层或铠装层与分纤箱接地装置之间用截面积 6mm^2 的黄绿色多股铜接地线连接。

4. 光缆标识牌制作

光缆标识牌的文字应包括工程名称、起止地点、建设日期、光缆芯数、光纤类型等，文字标志应清晰和持久。挂牌位置为：综合架内转弯处、直线段中间位置、室外直线段超过 15m 的直线段及进出口。光缆在 ODF 面板上成端后挂正式标识牌前，必须加挂临时标签。

6.4.4 光缆接续要求

光纤接续采用熔接法。光纤接续应严格按照光纤色谱连接，认真核实无误后，再进行接续操作。熔接好的光纤盘储在光缆接头盒内。目前，光缆内的光纤和光纤套管的颜色一般采用全色谱识别，在不影响识别的情况下允许使用本色。不同厂家的光缆纤芯色谱排列可能会有差别，在敷设安装和熔接光纤时，光缆的端别和光纤的色谱资料，可联系厂家核实确认。光缆内松套管色谱识别见表 6-6，套管内光纤色谱识别见表 6-7。

表6-6　光缆内松套管色谱识别

套管号	1	2	3	4	5	6	7	8	9	10	11	12
颜色	蓝	桔	绿	棕	灰	白	红	黑	黄	紫	粉红	青绿

注：1. 光缆纤芯内含有填充绳和套管时，套管色谱从 1 号起依次截取，填充绳为本色。
2. 光缆纤芯内没有填充绳时，套管色谱从 1 号起依次截取。

表6-7　套管内光纤色谱识别

光纤序号	1	2	3	4	5	6	7	8	9	10	11	12
颜色	蓝	桔	绿	棕	灰	白	红	黑	黄	紫	粉红	青绿

注：当套管内光纤不足 12 芯时，光纤色谱从 1 号起依次截取。

光纤在接续过程中会产生光纤接头，光纤接头衰减限值见表 6-5。

6.5 管道方案

结合安全性和美观性等要求，智慧多功能杆系统的通信光缆和电力电缆宜入地敷设。

智慧多功能杆的配套管道建设是智慧多功能杆系统中的重要一环，配套管道是敷设通信光缆和电力电缆等设施的主要载体。在智慧多功能杆系统中，通信光缆和电力电缆都是在同一管道内采用同沟敷设，管道的敷设要求应符合 GB 50217—2018《电力工程电缆设计标准》和 GB 50373—2019《通信管道与通道工程设计标准》的相关规定。

管道一般由人孔、手孔、管道沟 3 个部分组成。为便于施工人员安装维护管道、子管、光缆和电缆，智慧多功能杆的杆体旁应设置接线手孔井，电缆和光缆分支接线应在接线手孔井内实施。

6.5.1 管道设计

管道路由通常与道路改造同步建设，并且与智慧多功能杆的路由方向保持一致。

1. 选定管道建设位置时，应符合下列规定

① 宜建设在绿化带和人行道下，当无法在绿化带和人行道下建设时，可建设在非机动车道下，不宜建设在机动车道下。

② 配套管道位置应与智慧多功能杆在道路同侧。

③ 配套管道中心线应平行于道路中心线或建筑红线。

④ 配套管道位置不宜选在埋设较深的其他管线附近。

⑤ 配套管道应避免与燃气管道、热力管道、输油管道、高压电力电缆在道路同侧建设。不可避免时，通信管道与其他地下管线及建筑物的最小净距应符合规范要求。

2. 管孔容量

智慧多功能杆的配套管道设计应充分考虑后续资源需求，进行适当的预留，避免道路反复开挖。管孔数量应根据智慧多功能杆的杆载设备集成需求、配电方案需求、光缆组网方案、机房分布位置、管孔可敷设光缆及电缆数量来确定。管孔数量应与具体的应用场景相匹配，一般情形下，城区主干道路的管孔数量配置不应少于 6 孔直径 110mm 管道，其中，2 孔为电力电缆使用，2 孔为通信光缆使用，2 孔为后续通信应用预留；郊区主干道路的管孔数量一般可配置 4 孔直径 110mm 管道，其中，2 孔为电力电缆使用，2 孔为通信光缆使用。智慧多功能杆和综合配线箱应根据挂载设备的线缆布放需求预置 4 ～ 8 根直径 50mm 的弯管与配套手孔井连通。

管道中宜穿放用于光缆和电缆敷设的子管，支路预留管孔数量和尺寸可按需选择。新

建管孔应采用不同管道色彩区分不同权属单位。强弱电管线应分别单独穿管敷设，强电管道与弱电管道敷设净距不应小于 0.25m。管道埋设示意如图 6-14 所示。

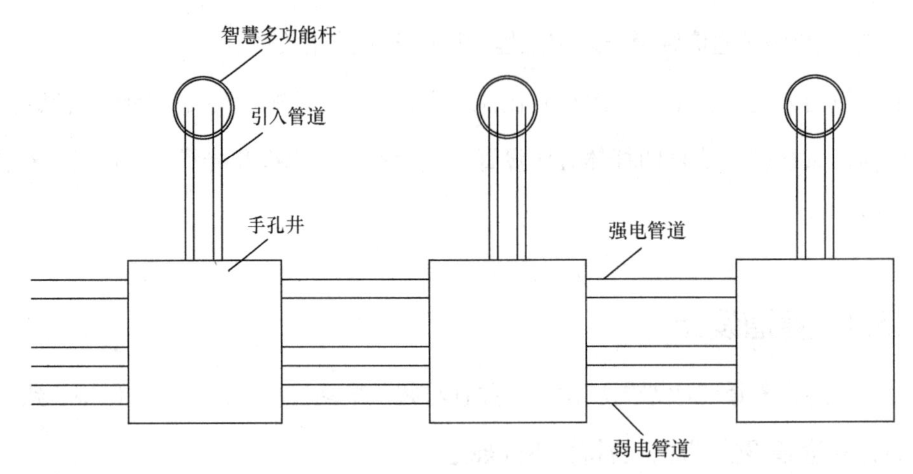

图6-14　管道埋设示意

3. 管材选择

管材是用于线路保护的一种管道材料，在选择管材时，需要注意以下 3 个方面。

① 用于通信部分的配套管道宜采用 PE 或 PVC 材质的塑料管材。

② 用于强电部分的配套管道宜采用塑料材质、耐腐蚀性能好、防水防火、绝缘性能好的管材。

③ 管道穿越机动车通行的地段时，应采用满足承压强度的保护管，一般可选择套钢管保护。

4. 管道与其他地下管线及建筑物间净距

根据 GB 50373—2019《通信管道与通道工程设计标准》的第 4.0.4 条规定，管道、通道与其他地下管线及建筑物同侧建设时，管道、通道与其他地下管线及建筑物间的最小净距见表 6-8。

（1）管道与其他地下管线最小间距

表6-8　管道、通道与其他地下管线及建筑物间的最小净距

其他地下管线和建筑物名称	平行净距 /m	交越净距 /m
已有建筑物	2.0	—
规划建筑物红线	1.5	—

续表

其他地下管线和建筑物名称		平行净距 /m	交越净距 /m
给水管	$d \leqslant 300$mm	0.5	0.15
	300mm $< d \leqslant$ 500mm	1.0	
	$d >$ 500mm	1.5	
排水管道		1.0[1]	0.15[2]
热力管道		1.0	0.25
输油管道		10	0.5
燃气管道	压力≤ 0.4MPa	1.0	0.3[3]
	0.4MPa <压力≤ 1.6MPa	2.0	
电力电缆	35kV 以下	0.5	0.5[4]
	35kV 及以上	2.0	
高压铁塔基础边	35kV 及以上	2.5	—
通信光缆（或通信管道）		0.5	0.25
通信杆、照明杆		0.5	—
绿化	乔木	1.5	—
	灌木	1.0	—
道路边石边缘		1.0	—
铁路钢轨（或坡脚）		2.0	—
沟渠基础底		—	0.5
涵洞基础底		—	0.25
电车轨底		—	1.0
铁路轨底		—	1.5

注：1. 主干排水管道后铺设时，排水管道施工沟边与既有通信和电气管道间的平行净距不得小于 1.5m。
2. 当管道在排水管道下部穿越时，交叉净距不得小于 0.4m。
3. 在燃气管道有接合装置和附属设备的 2m 范围内，通信和电气管道不得与燃气气管交叉。
4. 电力电缆加保护管时，通信管道与电力电缆的交叉净距不得小于 0.25m。
5. d 为外部直径。

（2）管道与房屋基础的最小间距

管线位置应与房屋建筑红线间有一定的距离。当管道沟底和房屋基础间不加支撑时，最小间距应满足公式（6.5-1）。

$$\Delta H/L \leqslant 0.5 \sim 1.0 \qquad (6.5\text{-}1)$$

式中：ΔH 为建筑基础底面和管道沟底标高之差（m）；L 为建筑基础边缘和管道沟底边缘的水平距离（m）。

当土质较好时，在 2 ～ 3 层的房屋旁边施工管道不埋深，若管道沟边线距离墙不小于 1.5m，则沟坑可不采用支撑设施。对土体变形敏感的建筑物，当管道沟边线与墙基的距离不小于 1.8m 时，沟坑可不采用支撑设施。管道在临近房屋或其他管线时，如果相互间距不能符合最小间距要求，或埋置深度标高差 ΔH 很大程度上会影响土体稳定性时，必须对所挖的槽壁加设支撑，回填土时应注意夯实或对开挖管道影响的建筑加设必要的保护措施。

6.5.2 管道开挖

管道开挖需要对挖填基本规定、沟槽断面和堆土提出要求，并在工程中严格实施。

（1）挖填基本规定

① 按测量线开挖，管道中心偏差不得超过 ±10mm。管道开挖前一定要放线，做到管道沟顺直；同时沟底要平整，转弯应平缓过渡，管道沟的弯曲半径应不小于 36m。

② 遭遇不稳定土体或腐蚀性土壤时，施工单位应及时上报情况，待有关单位提出处理意见后方可施工。根据土质情况、沟槽深度及地下水位的高低，采取不同的支撑方法。

③ 严禁在有积水的情况下作业，必须将水排放后再进行开挖工作。

④ 施工现场应放置红白相间的临时护栏或张贴醒目标志。

⑤ 当管道施工开挖时，若遇到地下已有其他管线平行或者垂直距离接近，应按设计规范核对两者之间的最小净距是否符合标准。如果发现不符合标准或危及其他设施安全，应向建设单位反映，在未取得建设单位和产权单位同意前，不得继续施工。

⑥ 挖掘沟（坑）如果发现埋藏物，特别是文物、古墓等，必须立即停止施工，并负责保护现场，并与有关部门联系，在未得到妥善解决之前，施工单位严禁在该地段内继续工作。

⑦ 管道工程的沟（坑）挖成后，凡是遇到被水冲泡的，必须重新进行人工开挖并铺以相应的地基处理措施，否则严禁进行下一道工序的施工。

⑧ 当室外最低温度不大于 –5℃时，对所挖的沟（坑）底部，应采取有效的防冻措施。

（2）沟槽断面要求

① 在较好的土质及正常的含水量下可开挖陡壁沟槽，开挖完成后应立即铺管施工。

② 较松软土质的陡壁沟槽的沟深不大于 1m，中等密实土质的陡壁沟槽的沟深不大于 1.5m，坚硬土质的陡壁沟槽的沟深不大于 2m。

③ 沟边到房屋等建筑物的边缘水平距离不小于 1.5m。

（3）堆土要求

① 开凿的路面及挖出的石块等应与泥土分别堆置。

② 堆土不应紧靠碎砖或土坯墙，并应留有行人通道。

③ 城镇内的堆土高度不宜超过 1.5m。

④ 堆土不应压埋消火栓、闸门、电（光）缆线路标石，以及热力、燃气、雨（污）水等管线的检查井、雨水口及测量标志线等设施。

⑤ 堆土的坡脚边应距沟（坑）边 40cm 以上。

⑥ 堆土的范围应符合市政、市容和公安等部门的要求。

土方开挖涉及地下设施等系列因素，安全问题十分重要。为确保土方开挖过程中的安全，在进行土方开挖前，需要先标记地下管道、电缆和管线等设施，防止破坏地下设施而导致严重的后果。土方开挖分为人工开挖土方和机械开挖土方两种方式。

1. 人工开挖土方

塑料管道的埋置深度一般不小于 0.7m，管道沟开挖可采取直槽挖沟、斜坡挖沟、使用挡土板等方式，也可将多种方式相结合。管道沟应平直夯实，沟底应平整无硬坎，且无突出的尖石和砖块；管道沟的沟底宽度应大于管群排列宽度，以方便施工人员下沟放置管道。

① 直槽挖沟。在正常湿度、地下水位较低的土壤环境中进行，深度适宜，且挖沟后不能存放时间太长，一般应立即铺管施工。

② 斜坡挖沟。在土质较好、沟两侧堆放土方的位置宽裕且挖沟后不能立即铺管施工时应采用斜坡挖沟。

③ 使用挡土板。以下情况应考虑使用挡土板。

• 沟深大于 1.5m 且沟边距离建筑物小于 1.5m，放坡困难。

• 沟深低于地下水位且土质比较松软。

• 沟深不低于地下水位但土质为松软的回填土、瓦砾、砂土、砂石层等，不能用斜坡法挖沟。

• 横穿马路，有车辆通过的管道沟。

• 平行于其他管线且相距不足 0.3m。

2. 机械开挖土方

机械开挖管道沟和人（手）孔坑时，施工机械需要相当大的作业空间，其本身的噪声、废气等污染对周围环境和居民影响较大，且在挖掘过程中对地下原有建（构）筑物形成较大的威胁，施工协调难度大。在街道空间不大、地下管网复杂的地段宜少采用机械开挖。

对于无法开挖的路段或需要穿越河流等障碍物时，可使用顶管施工。顶管施工是非开挖施工方法，是一种不开挖或者少开挖的管道埋设施工技术，并且能够穿越公路、铁路、河川、建（构）筑物等。

顶管路由应以城市规划部门批准的位置和设计图为依据，选择地下管线及障碍物较少或没有障碍物的区域。地下顶管施工存在一定的安全风险，顶管前需要准备材料、配备施工人员、配置机械和安全防护设施，同时必须制定详细的顶管施工方案。

（1）顶管准备工作

① 施工现场平面布置、顶进方法的选用和顶管段单元长度的确定。

② 工作坑位置的选择及其结构类型的设计。

③ 顶管机头选型及各类设备的规格、型号及数量。

④ 顶力计算和后背设计、洞口的封门设计、测量、纠偏的方案；后背作为千斤顶的支撑结构要有足够的强度，且压缩变形要均匀。

⑤ 垂直运输和水平运输布置、下管、挖土、运土或泥水排除的方法，以及减阻措施、控制地面隆起或沉降的措施、地下水排除方法、注浆加固措施。

手掘式顶管施工工艺流程如图 6-15 所示。

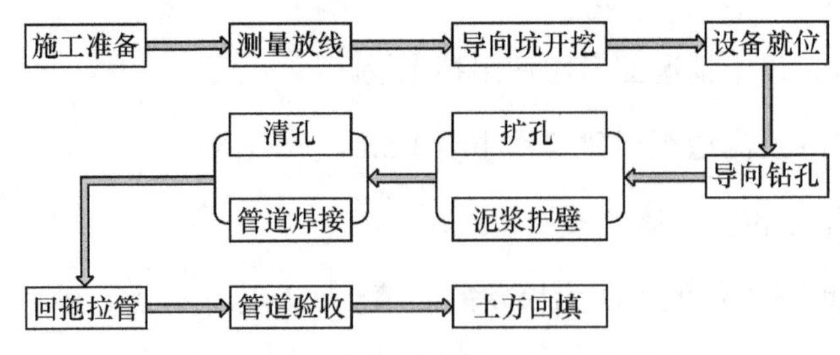

图6–15　手掘式顶管施工工艺流程

（2）顶管工作坑的开挖及相关要求

① 管道井室开挖应选择合理位置；可利用坑壁土体作为后背，便于排水、出土和运输。

② 开挖中对建（构）筑物易于采取保护和安全施工措施。

③ 距离电源和水源较近，交通方便。

④ 工作坑的支撑宜形成封闭式框架，矩形工作坑的四角应加斜撑。

⑤ 顶管工作坑及装配式后背墙的墙面应与管道轴线垂直，其施工允许偏差应符合相关规定，详见表 6-9。

表6-9　工作坑及装配式后背墙的施工允许偏差

项目		允许偏差 /mm
工作坑每侧	宽度	符合施工设计规定
	长度	
装配式后背墙	垂直度	0.1%*H*
	水平扭转度	0.1%*L*

（3）管道顶进方法的选择

根据管道所处土层性质、管径、地下水位、附近建（构）筑物和各种设施等因素选择管道顶进方法，经技术经济比较后确定，并应符合下列规定。

① 在黏性土或砂性土层，且无地下水影响时，宜采用手掘式或机械挖掘式顶管法；当土质为砂砾土时，可采用具有支撑力的工具管或注浆加固土层的措施。

② 在软土层且无障碍物的条件下，管顶以上土层较厚时，宜采用挤压式或网格式顶管法。

③ 在黏性土层中必须控制地面隆起或沉降时，宜采用土压平衡顶管法。

④ 在粉砂土层中且需要控制地面隆起或沉降时，宜采用加泥式土压平衡顶管法或泥水平衡顶管法。

⑤ 顶管施工中的测量，应建立地面与地下测量控制系统，控制点应设在不易扰动、视线清晰、方便校核和易于保护处。

（4）管道顶进注意事项

管道顶进前，应对所有设备进行检查并试运转，确认合格。应确认工具管在导轨上的中心线、坡度和高程是否符合规定，以及防止流动性土或地下水由洞口进入工作坑的措施，确认条件符合后方可开始顶进。工具管进入土层后，进入接收坑的工具管和管端下部应设枕垫，管道两端露在工作坑中的长度不得小于 0.5m，且不得有接口。在管道顶进的全过程中，应控制工具管前进的方向，并应根据测量结果分析偏差产生的原因和发展趋势，确定纠偏措施。

管道顶进穿越铁路或公路时，除了应遵守操作规范，还应符合铁路或公路有关技术安全规定。管道顶进应连续作业，当管道顶进过程中出现工具管前方遇到障碍、后背墙变形严重、顶铁发生扭曲、管位偏差过大且校正无效、顶力超过管端的允许顶力、油泵和油路发生异常现象、接缝中漏泥浆等情况时，应暂停顶进并及时处理。

（5）净距要求

地下顶管与其他地下管线净距要求应参照表 6-8 管道和其他地下管线及建筑物间的最小净距要求。

6.5.3 管道敷设

管道敷设是管道建设中的一项关键任务，其质量关系到管道内光缆的正常运行和使用安全。为了确保管道敷设的质量和可靠性，管道敷设对管道埋置深度、管道坡度、管道地基、管道基础、管道包封、管材敷设、管道土方回填等方面都有着严格的要求。

1. 管道埋置深度

① 管道埋置深度以公路面为基准，人行道要求管道埋置深度 0.7m 以上，机动车道要求管道埋置深度 0.8m 以上（指管顶与路面距离，例如原地面高于公路面的，以公路面为标准，原地地面低于公路面的，以原地面为标准）。当遇到特殊地段无法达到设计要求时，需要根据现场实际情况采用相应的保护措施降低埋置深度，并采用混凝土包封或钢管保护。强弱电管线应分别单独穿管敷设，强电管道与弱电管道敷设净距不应小于 0.25m。路面至管顶的最小深度见表 6-10。

表6-10　路面至管顶的最小深度

类别	人行道 / 绿化带	机动车道	与电车轨道交越（从轨道底部算起）	与铁路交越（从轨道底部算起）
水泥管、塑料管	0.7m	0.8m	1.0m	1.5m
钢管	0.5m	0.6m	0.8m	1.2m

管道剖面示意如图 6-16 所示。

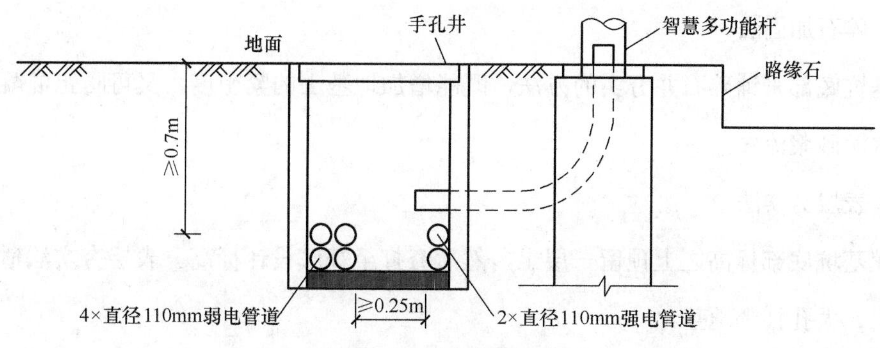

图6–16　管道剖面示意

② 当遇到下列情况时，管道埋置深度应做相应的调整或进行特殊设计。

- 城市规划对今后道路扩建、改建后的路面高程有变动。
- 与其他地下管线交越时的间距不符合表 6-8 的规定。
- 地下水位高度与冻土层深度对管道有影响。

2. 管道坡度

为避免渗进管孔中的污水或雨水淤积于管孔中，长时间腐蚀光（电）缆或堵塞管孔，相邻两个人（手）孔间的管道铺设应有一定的坡度，以便渗入管内的地下水流向人（手）孔，便于在人（手）孔中及时清理。

① 管道坡度一般为 3‰～ 4‰，不宜小于 2.5‰。

② 为了节省施工土方量，管道斜坡的方向最好和地面方向一致，即宜采用斜坡。水平地面中管道坡度的建筑方法有一字坡和人字坡两种。

③ 管道坡度方向应该保证在同一人（手）孔中管道进出口处的高差不大于 0.5m，使光（电）缆及接头在人（手）孔侧壁上能选择合适的布放位置，从而保证光（电）缆有良好的曲率半径。

3. 管道地基

管道地基分为天然地基和人工地基。在承载能力大于其承受荷载两倍以上的地基土上，且地下水位长年在基底以下时采用天然地基；在地下水位较低地区，如果管沟底部地基土的承载能力超过管道及其上部压力的两倍以上，且土质稳定性较好时，沟底经平整后可直接在其上铺设管道；如果土质松散，稳定性差，必须采用人工加固或采用表层夯实法处理地基。

地质较差地段应作地基处理，主要方法包括碎石加固法、表层夯实法、换土法和木桩加固法等。

（1）碎石加固法

在基坑底部平铺碎石并夯实的方法，既能增加地基土的紧密度，又可防止混凝土构件浇筑时水泥砂浆流失。

（2）表层夯实法

开挖基坑底部标高之上预留一层土，然后夯打至基底设计标高。表层夯实法适用于黏土、砂土、大孔性土地基。

（3）换土法

采用级配良好的砂石、灰土、素土石屑或煤渣等替换软弱土层，提高持力层的承载力，换土法适用于对淤泥、淤泥质土、湿陷性黄土、素填土、杂填土及暗沟暗塘等的浅层处理。

（4）木桩加固法

利用木材作为加固工具，将管道固定于原地基土中，以增强地基的承重能力，防止管道在地基松散、滑移沉降等情况下受损和倾塌。

4. 管道基础

基础是管道与地基的中间媒介，可以把管道承受荷载均匀地传递到地基中，并能扩散管道的荷载，减小地基土的压力。管道基础分为素混凝土基础、钢筋混凝土基础和灰土基础 3 种。

塑料管道单根长度较长，具有弯曲性好、敷设后的管道在接头处不容易错位等优点。为降低工程造价和加快工程进度，在稳定性较好的土壤中可不做管道基础，采用中粗砂作为基础或在接续处进行混凝土包封。

在有流沙 / 淤泥且沟底渗水量较大的地方，以及其他土质较差的地方，管沟底需要做 100mm 厚的 C15 混凝土垫层，每侧宽度应比管道宽度加宽 50mm。当土质较好但有地下水时，可在沟底铺一层 100mm 碎石夯实，再铺 100mm 沙子夯实。地基土中的管道沉陷性较大，或管道路由中有较大跨越建筑的需求时采用钢筋混凝土基础。

管道进入人（手）孔窗口部分 2m 范围内需要做钢筋混凝土基础。混凝土管道进入人（手）孔窗口的部分应按相关标准加配钢筋，钢筋应搭在窗口墙上，不小于钢筋锚固要求。

5. 管道包封

正常管道不需要包封，但在以下情况应考虑管道包封。

①管道埋置深度达不到规定要求时，应采用C15混凝土包封，其包封厚度不小于100mm。

② 当管道位于排水管下方时，除了应有0.4m的安全距离，管道还应用C15以上的混凝土包封，包封厚度不小于100mm，长度每边宽出2m以上。

③ 为减少管道在接口处错位和增加管道的密封性，特别对于积水较多或土质疏松不稳定地段，应在管道接口处用C15以上的混凝土包封，包封厚度不小于80mm，包封长度500mm。

6. 管材敷设

（1）塑料管敷设

塑料管敷设前沟底要抄平，铺设方法、组群方式、接续方式（承插法或双承插法）应符合设计要求，塑料管的承接部分应涂PVC黏合剂，涂抹长度为承接口的2/3，组群管间距离为10～15mm，接续管头必须错开，每隔2m用铁线绑扎，以保证管群形状统一。遇到过桥梁、下水道、水沟或有腐蚀性物质的地段，需要套用钢管保护，钢管接头处应焊接严密，并涂刷防锈漆。

（2）钢管铺设

钢管的铺设方法、断面组合等均应符合设计规定，钢管管道接续需要采用管箍法，2根钢管应分别旋入管箍长度的1/3以上，两端管口应锉成坡边；当使用有缝管时，应将管缝置于上面，钢管在接续前，应将管口磨圆或锉成坡边，保证管口光滑无棱、无飞刺；钢管接头处应焊接严密，并涂上防锈漆；严禁不等径的钢管一起接续使用。

（3）埋管

管道埋置深度达不到设计要求的，要用混凝土包封或套钢管保护，包封规格为10cm×10cm×10cm的标号为C15的混凝土，在积水较多或土质疏松的不稳定地段需要包封管道接头，规格为长50cm×8cm（上、下、左、右）的标号为C20的混凝土。

7. 管道土方回填

管道的土方回填工作，应在管道或人（手）孔按施工顺序完成施工内容，并经24小时养护和隐蔽工程检验合格后进行。在回填土前，应先清除沟（坑）内的遗留木料、草帘、纸袋等杂物。沟（坑）内如有积水和淤泥，必须排除后才能回填土方。

（1）管道回填土方的一般要求

管道顶部30cm以内及靠近管道两侧回填土方范围内，不应含有直径大于5cm的砾石、碎砖等坚硬物，应采用细砂或过筛细土回填。回填土方必须严实，以免回填土方下沉。

管道两侧应同时回填土方，每回填土方 150mm 厚应夯实。

管道顶部 300mm 以上，每回填土方 300mm 厚应夯实。

（2）管道工程挖明沟穿越道路的回填土方要求

在市内主干道路的回填土方夯实应与路面平齐，一般道路应高出路面 5 ～ 10cm。

在郊区主干道路的回填土方夯实应与路面平齐，一般道路应高出地表 15 ～ 20cm。

（3）人（手）孔的回填土方要求

靠近人（手）孔壁四周的回填土方内，要求不得含有直径大于 100mm 的砾石、碎砖等坚硬物；人（手）孔坑每回填土方 300mm 应夯实。人（手）孔坑的回填土方，严禁高出人（手）孔口圈的高程。

在绿化带做管道沟回填时，一定要把原有的草皮或其他植被恢复原位，同时要在完成工作后浇水 1 ～ 2 次，避免植物枯死。做好隐蔽工程，例如铺管等工序，必须经现场监理和质检员检查，合格后方可进行下一道工序；必须等回填土下沉至稳定状态才能灌混凝土或进行其他路面修复，修复后的路面质量要和原路面的质量一致或更佳。路面修复过程中必须在路两边设置警示牌和保护栏。

6.5.4 人（手）孔

智慧多功能杆和综合配线箱旁侧处应设置接线手孔井。当过街管道两端、直线段超过 50m、管线有转弯变向时应设置接线手孔井，接线手孔井不宜设置在交叉路口、建筑物门口和其他管线交叉处。

1. 人（手）孔敷设要求

人（手）孔应采用混凝土基础，当土质松软或地下水位较高时，还应增设渣石地基或采用钢筋混凝土基础。井盖应与道路面标高一致。人（手）孔内不得有其他管线穿越。进入人（手）孔处的管道基础顶部距人（手）孔基础顶部不应小于 0.4m，管道顶部距人（手）孔上覆底部的净距不应小于 0.3m。

2. 人（手）孔位置

人（手）孔位置应符合下列规定。

① 人（手）孔位置应设置在线缆分支点、引上线缆汇接点、坡度较大的管线拐弯处、

道路交叉路口或拟建地下引入线路的建筑物旁。

② 交叉路口的人（手）孔位置宜选在人行道或绿化带。

③ 人（手）孔位置应与其他相邻管线及管井保持距离，并应相互错开。

④ 人（手）孔位置不应设置在建筑物进出通道、货物堆场、低洼积水处和地基不稳定处。

⑤ 管道穿越铁路和较宽的道路时，应在其两侧设置人（手）孔。

3. 人（手）孔型式

人（手）孔型式应根据管群容量大小确定，结合管道建设和使用情况，人（手）孔型式见表 6-11。

表6-11　人（手）孔型式

型式		管道中心线交角	备注
直通型		$\theta \leqslant 7.5^{\circ}$	适用于直线管道中间设置的人（手）孔
斜通型（又称扇形）	15°	$7.5^{\circ} < \theta \leqslant 22.5^{\circ}$	适用于非直线折点上设置的人孔
	30°	$22.5^{\circ} < \theta \leqslant 37.5^{\circ}$	
	45°	$37.5^{\circ} < \theta \leqslant 52.5^{\circ}$	
	60°	$52.5^{\circ} < \theta \leqslant 67.5^{\circ}$	
	75°	$67.5^{\circ} < \theta \leqslant 82.5^{\circ}$	
三通型（又称拐弯型）		$\theta > 82.5^{\circ}$	适用于直线管道上有另一方向分歧管道，其分歧点设置的人孔或者局前人孔
四通型（又称分歧型）		—	适用于纵横两路管道交叉点上设置的人孔或者局前人孔
局前人孔		—	适用于局前人孔
手孔		—	适用于光缆线路简易塑料管道、分支引上管等

第 7 章
全过程管理

智慧多功能杆工程在实施过程中主要涉及管理策划、风险管理、设计管理、采购管理、进度管理、质量管理、费用管理、HSE[1]管理及其他管理等。本章展开介绍智慧多功能杆工程总承包项目主要管理内容，助力于智慧多功能杆工程全过程管理水平的提升。

7.1 项目管理策划与风险管理

7.1.1 管理策划

项目管理策划由项目管理规划策划和项目管理配套策划组成，项目管理规划策划包括项目管理规划大纲和项目管理实施规划；项目管理配套策划包括项目管理规划策划以外的其他项目管理策划内容。根据公司建立的项目管理策划的管理制度，确定项目管理策划的管理职责、实施程序和控制要求，按确定的管理过程和程序进行管理，项目管理范围包括完成项目的全部内容，并与各相关方的工作协调一致。根据项目的实际情况与项目管理的详细程度来确定工作分解结构，并对工程质量、成本、进度等进行方案比较，在项目执行过程中进行跟踪检查和必要的策划调整并进行总结。

1. 项目管理策划

项目管理策划主要包含项目管理规划大纲、项目管理实施规划、项目管理配套策划。

（1）项目管理规划大纲

项目管理规划大纲是项目管理工作中具有战略性、全局性和宏观性的指导文件。项目管理规划大纲包括项目概况、项目管理范围、项目管理目标、项目管理组织、项目采购与投标管理、项目进度管理、项目质量管理、项目成本管理、项目安全生产管理、绿色建造与环境管理、项目资源管理、项目信息管理、项目沟通与相关方管理、项目风险管理、项目收尾管理等，在文件中应明确项目管理目标和职责规定、项目管理程序和方法要求、项目管理资源的提供和安排情况。

（2）项目管理实施规划

项目管理实施规划是对项目管理规划大纲的细化。在项目管理实施规划中，应明确项目概况、项目总体工作安排、组织方案、设计与技术措施、进度计划、质量计划、成本计划、

---

1 HSE（Health、Safety、Environment，健康、安全和环境）。

安全生产计划、绿色建造与环境管理计划、资源需求与采购计划、信息管理计划、沟通管理计划、风险管理计划、项目收尾计划、项目现场平面布置图、项目目标控制计划、技术经济指标等内容。在项目管理实施规划中应注意复核项目管理规划大纲内容是否全面深化和具体化，实施项目规划范围是否满足项目目标实际需要，以及项目规划风险是否处于可接受的水平。

（3）项目管理配套策划

项目管理配套策划是与项目管理规划相关联的项目策划过程，是项目管理规划的支撑措施。项目管理配套策划包括编制人员、方法选择、时间安排、各项规定落实路径及风险应对措施等。

2. 项目管理责任制度

项目管理责任制度是项目管理的基本制度，其核心内容是项目管理机构负责人责任制。智慧多功能杆工程总承包项目各实施主体和参与方应建立项目管理责任制度，明确项目管理组织和人员分工，建立各方相互协调的管理机制。智慧多功能杆工程总承包项目各实施主体和参与方法定代表人应书面授权委托项目管理机构负责人，并实行项目负责人责任制。项目管理机构负责人根据法定代表人的授权范围、期限和内容履行管理职责。在智慧多功能杆工程总承包项目实施前，应组建项目管理机构并建设项目团队，明确管理目标并制定项目管理机构人员的职责和权限。

（1）项目管理机构

项目管理机构应承担项目实施的管理和实现项目目标的责任。项目管理机构由项目管理机构负责人，负责项目资源的合理使用和动态管理，接受组织职能部门的指导、监督、检查、服务和考核。

项目管理机构的组建应符合组织制度和项目实施要求，应有明确的管理目标、运行程序和责任制度，项目成员应符合项目管理要求并具备相应的资格，组织分工相对稳定，并确定成员的职责、权限、利益和需承担的风险。在项目管理活动中，应执行管理制度、履行管理程序、实施计划管理，并注重项目实施过程中的指导、监督、考核和评价。

项目管理机构的核心可概括为16字：“总部监督，部门协助，授权管理，全面负责”，详述如下。

① 总部监督是指总部按合同要求和承诺，对项目的实施情况进行全程监督，必要时

调动全公司的人力和物力，确保合同要求和承诺全面履行。

② 部门协助是指总部的工程、技术、质量、安全、环保、财务和预算等各业务部门对项目提供人、财、物全方位的支持，各部门对项目以服务为主、监督为辅。

③ 授权管理是指总部授权与本工程项目有关的施工管理活动所需的权限，包括对人、财、物的支配调动权和奖罚权。

④ 全面负责是指工程项目部全面履行合同要求和承诺，对本工程项目一切施工活动，包括工期、质量、安全、成本、环保和文明施工等，全面负责并组织实施。

（2）项目团队建设

项目建设相关责任方均应实施项目团队建设，明确团队管理原则，规范团队运行机制。项目团队建设应建立团队管理机制并明确工作模式，做到各方步调一致、协同工作，并制定团队成员沟通制度，建立畅通的信息沟通渠道和各方共享的信息平台。项目团队建设应开展绩效管理，充分利用团队成员集体的协作成果。

智慧多功能杆工程总承包项目团队建设，除了主要管理人员，可配备各相关专业人员以提供技术支撑。选派有相关工程管理经验的项目经理和专业工程技术人员在现场成立工程项目部，全权组织施工生产及日常工作，有计划地对工程项目的工期、质量、安全和成本等综合效益进行组织协调和管理，项目部和职能机构相关人员负责施工准备、技术管理、生产组织、质安监控、文明施工、材料供应、成品保护、竣工验收和工程结算等方面的全过程管理。

3. 项目管理目标

智慧多功能杆工程总承包项目是一个依法立项的新建、扩建、改建工程而进行的、有起止日期的、达到规定要求的、相互关联的、受控的建筑工程项目，包括策划、勘察、设计、采购、施工、试运行、竣工验收和考核评价等阶段。在项目执行过程中应从管理策划、风险管理、设计管理、采购管理、进度管理、质量管理、费用管理、HSE 管理等多个维度制定管理目标，并采用科学的管理方法实施项目管理。

（1）进度目标

智慧多功能杆工程在实施过程中应满足合同进度目标的相关要求，在规定的时间内完成设计工作和施工工作。

（2）质量目标

工程质量所涉及的质量目标主要有 3 个方面，包括国家规定的质量目标、内部工程质量目标及客户质量目标。一般在工程质量的实际定位中，国家规定的质量目标用于监督和控制，公司内部的工程质量目标用于日常监督和控制，客户质量目标是主要目标，是工程项目必须达成的质量目标。在签订的合同中应明确规定工程质量目标。

（3）成本目标

工程总承包费用估算及控制是项目成本目标控制的核心，目的是以最小的资源投入满足最大的使用效能，实现最低的全生命周期费用。工程阶段包括决策和评价阶段、准备阶段、实施阶段和试运行阶段，各阶段的费用估算及控制的工作重点不同，且因工程项目的特殊性，其要求也不同。根据项目建设要求，考虑工程进度，对工程费用估算及控制总目标进行分解，制订年度资金使用计划；在智慧多功能杆项目实施过程的各阶段采用相应的事前控制、事中控制和事后控制措施实现成本目标管控。此外，项目经理还应了解工程是否有特殊要求，例如创标化、创杯、重点工程等，特殊要求会对投资目标产生一定影响。

（4）安全和文明施工目标

在智慧多功能杆工程总承包项目实施期间，应做到无因工死亡和重伤事故，避免发生安全生产、环境污染等事故。

（5）环境保护目标

遵守合同约定和法律法规，重点落实防尘、防噪、防光污染、防遗撒等环境保护措施，做好现场环境保护管理工作，控制夜间施工措施，做到不扰民，创建节约型工地和绿色环保工地。

7.1.2 风险管理

智慧多功能杆工程总承包项目在实施各阶段均应伴随风险管理，应建立风险管理制度，明确各层次管理人员的风险管理责任，管理各种不确定因素对项目的影响。风险管理包括风险识别、风险评估、风险应对和风险监控。

在项目管理策划过程中应确定项目风险管理计划，包括风险管理目标、风险管理范围、风险管理方法、风险管理措施、风险管理工具、风险管理数据、风险跟踪要求、风险管理责任和权限、必要的资源和费用预算。在智慧多功能杆工程总承包项目实施的全过程根据项目风险管理计划进行相应的风险管理，针对风险进行提前预判，并采取相应的预防措施，避免风险发生，对已发生的风险及时采取措施，避免风险扩大。

1. 风险识别

项目管理机构应在项目实施前识别实施过程中的各种风险及合同风险。识别范围包括：工程自身条件及约定条件、自然条件与社会条件、市场情况、项目相关方的影响、项目管理团队的能力等。根据识别到的风险编制项目风险识别报告，该报告包含风险源的类型、风险源的数量、风险发生的可能性、风险可能发生的部位、风险的相关特征等。

2. 风险评估

项目管理机构应对风险因素发生的概率、风险损失量或效益水平进行评估，依据风险量进行风险等级评估。风险评估可采用主观推断法、专家估计法或会议评审法；根据工期损失、费用损失和对工程质量、功能、使用效果的负面影响进行风险损失量的评估；根据工期缩短、利润提升和对工程质量、安全、环境的正面影响进行风险效益水平的评估。根据风险评估结果编制风险评估报告，指出存在的风险、风险发生的概率、可能造成的损失量或效益水平，确定风险等级及风险相关的条件因素等。

3. 风险应对

项目管理机构根据风险评估报告确定具有针对性的风险应对措施，主要的应对措施包括风险规避、风险减轻、风险转移和风险自留。

4. 风险监控

在智慧多功能杆工程总承包项目实施过程中，应不断收集和分析与项目风险相关的各种信息，获取风险信号，预测未来的风险并提出预警。具体可通过工期检查、成本跟踪分析、合同履行情况监督、质量监控措施、现场情况报告、定期例会等全面了解智慧多功能杆工程总承包项目实施过程中的风险情况，对潜在风险因素进行监控，跟踪风险因素变动趋势，及时提出管控措施，从而实现有效的风险管理。

7.2 项目设计管理

随着市场化进程不断加快，项目投资方式、管理方式、实施方式正在发生深刻变化，推动企业向工程总承包模式转型，纵观智慧多功能杆建设全过程，项目设计管理优劣对项目整体投资及工期等方面均有较大影响。通过项目设计管理优化可以实现智慧多功能杆工程总承包项目的降本增效，项目设计管理贯穿工程建设全过程。

7.2.1 设计管理流程

工程总承包项目在设计阶段应编制设计执行计划，通过设计实施、设计控制和设计收尾 3 个阶段实现项目设计管理。

设计执行计划是设计管理的依据，主要包括设计依据、设计范围、设计的原则和要求、组织机构及职责分工、适用的标准规范清单、质量保证程序和要求、进度计划和主要控制点、技术经济要求、安全要求、职业健康要求、环境保护要求、采购的接口关系及要求、施工的接口关系及要求、试运行的接口关系及要求。

设计执行计划应满足合同约定的质量目标和要求，同时应符合工程总承包企业的质量管理体系要求；应明确项目费用控制指标、设计师工时指标、设计执行效果测量基准；应符合项目总进度要求，应满足设计工作的内部逻辑关系及资源分配、外部约束等条件，与工程勘察、采购、施工和试运行的进度协调一致。设计执行计划应由设计经理或项目经理负责组织编制，经过工程总承包企业有关职能部门评审后，由项目经理批准实施。

1. 设计实施

设计组应执行已批准的设计执行计划，满足计划控制目标的要求，在正式开始设计执行计划前，设计经理应组织各专业负责人对设计基础数据和资料进行检查和验证，确保设计初始资料的正确性。设计组在设计实施过程中应按预先制定的项目协调程序，对设计流程进行协调管理，并按工程总承包企业的有关专业条件管理规定，协调和控制各专业之间，以及与外部的接口关系。

设计成果应充分考虑采购的可行性和施工的常规流程，选取合理的方案并做好采购和施工的有序衔接，处理好接口关系，按项目设计评审程序和计划进行设计评审，并保存评审结果。设计成果编制应符合相关规定要求，进行设计交底并依据合同约定承担施工和试运行阶段的技术支持和服务需求。

2. 设计控制

在设计过程中应做好进度和质量管控。设计经理应组织检查设计执行计划的执行情况，分析进度偏差并制定有效措施，按项目质量管理体系要求控制设计质量。

① 设计进度控制点主要包括设计各专业间的条件关系及进度节点、初步设计完成时间和提交时间、关键设备和材料请购文件的提交时间、设计组收到设备和材料供应商最终

技术资料的时间、进度关键线路上的设计文件提交时间、施工图设计完成和提交时间、设计工作结束时间。

② 设计质量控制点主要包括设计人员资格的管理、设计输入的控制、设计策划的控制、设计技术方案的评审、设计文件的校审和会签、设计输出的控制、设计确认的控制、设计变更的控制、设计技术支持和服务的控制。

在设计过程中应尽量完善设计方案，针对智慧多功能杆工程总承包项目实施中出现的变更，按合同变更程序实施设计变更管理，变更应对技术、质量、安全和材料数量等提出要求。设计经理及各专业负责人应配合控制人员进行设计费用进度综合检测和趋势预测，分析偏差原因，提出纠正措施。

3. 设计收尾

设计经理及各专业负责人应根据设计执行计划的要求，完成合同及企业约定的设计相关文件，应根据项目文件管理规定，收集、整理设计图纸、资料和有关记录，组织编制项目设计文件总目录并存档。设计经理应组织编制设计完工报告，并参与项目完工报告的编制工作，将项目设计的经验与教训反馈给工程总承包企业的有关职能部门。

7.2.2 设计过程管理

设计过程管理主要包括输入、输出、评审、验证、确认和更改等环节。

1. 输入

项目负责人负责组织确定工程设计输入，并将工程设计输入形成文件，作为设计计划书的一部分，设计输入包括设计依据、工程设计的功能和性能要求、法律法规和标准规范要求、设计基础资料、工程设计文件目录、工程设计文件深度要求、类似工程设计所取得的成功经验或有关的改进信息、环境和安全的相关要求。智慧多功能杆工程总承包项目涉及专业较多，在项目负责人组织编制项目设计输入文件的基础上可按专业细化展开，形成相关专业输入文件。

2. 输出

设计输出为图纸和文件等形式，可同时提交光盘等电子文件，设计输出应针对设计输入进行验证，达到要求并在发放前得到批准。设计输出包括满足设计输入的要求、给采购生产和服务提供适当的信息、包含或引用设计服务接收准则、规定对设计服务的安全和正常使用所必需的设计服务特性。设计输出在交付前应逐级校审并保留校审记录以满足可追溯性要求、符合环境和安全的要求。

3. 评审

为确保设计结果的适宜性、充分性和有效性达到规定的目标，应评价设计各阶段结果满足要求的能力，确定存在的问题、避免设计服务的各种不合格和缺陷。设计评审包括依据设计计划安排的适宜阶段对设计所确定的主题事项进行系统评审、确定问题并提出必要措施、召开设计评审会记录保存评审结果及必要措施。

4. 验证

为确保设计输出满足输入的要求，项目负责人应依据设计计划安排，采取验证活动：变换方法进行计算、将新设计与已证实的类似设计进行比较、进行试验和证实、评审发放前的文件。对智慧多功能杆单项、小型或有成熟经验的设计验证可采取具备相应资格的人员逐级校审或相关专业会签等方式，记录验证结果和必要措施。

5. 确认

为确保设计能够满足规定或已知预期的使用要求，应按设计计划安排予以实施，设计确认包括客户的阶段确认、政府职能部门的审批、政府职能部门对设计文件批准或客户对设计文件的认可。

6. 更改

设计更改包括设计修改和设计变更。更改原因可能是设计原因，也可能是客户要求、施工单位要求或法律法规要求等出现变动，无论何种原因引起的更改都应明确以下内容。

① 项目负责人应确定更改的需求或可能性，并经过评估确认。

② 设计更改文件的验证、评审或确认的等级要求。一般在项目实施过程中发生的设计更改要求以校对审核方式予以修正；客户在设计文件交付后提出的设计更改由相关设计人员以“设计更改联系单”形式予以更改，并按规定组织校对审核后，由项目负责人审批签发；重大问题的更改由项目负责人组织编制正式文件，由总工程师/副总工程师审批和签发。当发生方案和结构等重大设计更改时，应重新按相关规定要求进行更改。

③ 项目负责人应评审设计更改对工程设计质量的影响，包括对已施工部分及其他部分设计输出的影响，并确定的相应措施。

④ 应记录设计更改评审的结果和必要措施。

7.2.3 设计精细化管理

设计精细化管理主要涉及施工图阶段、施工阶段和设计深化阶段，采用精细化管理可以控制投资并提高工程质量。

1. 施工图阶段

项目设计是项目质量控制的前提条件，既影响设计质量，又决定施工的顺利开展。在该阶段通过图纸能够更加细致地表达智慧多功能杆的功能和构造要求，特别是细化对施工便捷性和建筑材料特性的描述，并与施工单位进行充分沟通，有助于减少工程变更进而有效控制投资。

（1）听取项目参建方意见

设计—采购—施工总承包模式（Engineering Procurement Construction，EPC）采用“设计—施工—采购”一体化，在设计图纸完成后除了提交施工单位审查，还提交给总承包方，并由施工单位与总承包方管理者一起在施工进场前进行施工工艺评审，对图纸上所注明的工艺做法、建筑材料标准等逐一复核，以便及时提出问题并进行修改。结合施工单位的建议有利于解决设计人员因施工经验不足而产生的问题，采用提前复核的方式，可提高施工组织设计的合理性，并运用前期设计的预留时间开展施工准备工作。

（2）使用价值工程法选择设计方案

项目设计阶段指的是按照预期效果对智慧多功能杆的选材和功能进行设计，设计阶段形成的图纸和设计方案将会决定工程项目的整体造价。相同应用功能的项目可能会有不同的设计方案，而不同的设计方案也会导致成本的差异。在保证工程项目功能和质量的同时，选取造价最低的设计方案是设计阶段的重要工作之一。设计人员对不同设计方案进行比较和筛选，根据评价指标对不同的设计方案进行对比，以选取最优方案。

（3）设计与采购衔接

根据确定的设计图纸和技术规范书，编制采购计划和采购清单，并将采购信息在采购负责人处归口和进行平衡处理，避免出现重复采购问题。通过实时跟踪采购过程、实时跟进产品参数、实时监控产品生产进度和质量，做到精细化管理。

2. 施工阶段

智慧多功能杆施工阶段精细化设计管理主要体现在及时调整和程序化要求方面。对施工现场服务进行动态跟踪管理，除了需要及时反馈施工现场问题，还需要及时更新采购信息、厂家和产品的参数变化等，并通过工程总承包企业的管理优势和程序化评审有效控制设计变更。

传统模式设计变更随意性大，既有来自客户提出的变更，也有来自施工单位提出的变更。这无形增加了设计工作量，并给图纸设计和现场管理带来难题。

EPC 管理模式是由总承包企业统一进行管理的，不论来自哪方的变更请求均需要经过总承包企业的专业设计管理人员的整理、评估和审核。设计变更评估需要评价变更的必要性及对项目总成本和工期的影响等，通常运用量价分离或者用量的方法分析评估成本变更产生的影响，也就是说确定项目变更量要求预算人员同现场工程师充分沟通，首先确定工程变更情况，然后预算人员按照签订的合同对合同进行变更，确认变更价格，避免发生虚假变更情况，并对成本进行有效控制。工期影响评价主要是指涉及设计变更部分的工程内容是否处于关键线路上，是否会引起关键线路的变化，并评价其对后续工作和总工期的影响程度。

采用 EPC 管理模式的设计评估，要求项目负责人对必要且重要的变更请求进行筛选后再提交或反馈给相应单位，最终确认后再将各方意见统一提交给设计人员，这既减少了参建单位交叉反馈的冲突，又减少了设计人员的绘图量。

3. 设计深化阶段

设计深化是设计精细化的关键步骤，设计深化原则如下。

① 设计深化是指按照设计图纸提出的做法要求，由参建单位进行的具体细节设计，将施工阶段各节点细节做法进行认真研究、选择最佳设计方案，并以设计图纸形式报送设计单位、建设单位、监理单位审核批准，批准通过后作为正式施工图纸。这有助于促使工程顺利进行并保证工程质量。

② 成立深化设计组，配备专业设计人员，在充分调研和协调项目参建各方意见的基础上开展深化设计管理与协调工作。

③ 认真做好图纸会审，通过图纸会审领会设计意图，涵盖基础、线路、杆件及设备的相关信息，根据设计图纸编制具有针对性的施工组织设计，确保既能满足设计要求与验收规范，又能保障施工的安全性和检修的便利性，尽可能减少返工。

④ 深化设计图纸并报送审批后，制定施工方案并进行评审，在评审的基础上对施工方案进行优化，通过审批后的施工方案作为指导智慧多功能杆安装施工规范行为的重要技术文件。

⑤ 认真对待审核后提出的修改意见，及时完善图纸。深化设计经审核批准就成为正

式施工图纸，应严格遵照执行。

7.2.4 设计管理优化措施

设计对智慧多功能杆项目进度、造价、质量和安全等环节均会产生影响。设计管理对造价和质量的影响主要集中在决策和设计阶段，对进度和安全的影响主要集中在设计和施工阶段，特别是施工阶段，良好的设计管理不仅可以保障施工进度，更能提供安全性更好的方案。设计管理中变更成本会随着工程推进影响越来越大，实现智慧多功能杆项目进度、造价、质量和安全的优化平衡，这离不开对设计管理进行优化与应用。

结合国家标准和工程实施，总结出设计管理优化措施，从以下几个方面可对设计管理进行优化。设计管理从设计阶段拓展到全生命周期阶段；推进标准化，形成企业模板，乃至行业模板；优化界面管理，提高沟通效率，配合组织管理制度与流程，稳步推进设计管理；作为全阶段管理，设计管理产生的信息既是项目的基本信息，又随项目推进而不断拓展，信息管理的准确性对智慧多功能杆项目各环节都产生影响。

1. 全生命周期管理优化

传统项目设计管理主要集中在设计阶段，实际上影响时间段可扩展到招标阶段至竣工阶段，在智慧多功能杆工程总承包项目中实行全生命周期设计管理，并形成相应的管理科学，使其能够在不同的项目之间进行成果传递。

智慧多功能杆工程总承包项目不同阶段设计管理的侧重点和精细度均有所差异。

在项目决策阶段，编写项目建议书、可行性研究报告，进行项目评估立项等工作时，设计管理参与较少，但对场地合理性和方案合理性的精确把控能够实现对设计成本的控制，且决策阶段设计风险可控力较高，容易实现设计管理中的各类目标。

在招投标阶段，智慧多功能杆工程总承包项目发包单位与承接单位通过同类项目类比，或基于初步设计成果进行招投标等方式，均要求双方单位从设计上对建设要求及各项成本进行估价核实，准确的估价是决定项目是否盈利的关键。

在实施阶段，需要充分融合设计、采购及施工，设计管理从单独设计角度转向全生命周期角度，不仅要考虑方案的合规合法性，还应考虑资源合理性、实施难易程度、对项目进度、造价、质量和安全等环节的影响，通过多方案全方位对比选择优化设计方案与施工流程，从设计源头开始控制，做到满足深度要求的设计管理。

在项目后期试运行、验收交付、后评估等阶段，设计管理仍应进行相应的融合管理工作，以便项目保质保量按期交付，并通过经验迭代不断提高项目管理能力。

2. 标准化

智慧多功能杆项目执行过程中，既需要个性化设计，又要做到标准化。需要兼顾考虑建设时间和投产周期。加快建设进度，保证高质量高效率交付，才能适应市场发展和满足客户需求。目前的项目建设中，各项目可研及设计时间较长，且可研、设计、设备、施工等需要分别招标采购，设计标准在各阶段中的传递存在偏差，往往也会导致工期较长。与设计相关的内容分析如下。

① 各项目单独设计，设计周期较长。

② 各项目设计标准不统一，讨论决策时间较长。

③ 缺乏统一管理系统，导致设计成果偏差较大。

④ 项目实施过程缺乏统一管理，不同单位对同一项目的理解偏差导致最终效果不同。

标准化成为智慧多功能杆工程总承包项目中推进工程快速实施的重要举措，通过标准化和总承包的深度结合，进一步推进全过程标准化，避免标准不确定，在规划、设计和施工等阶段出现设计时间长、决策时间久等问题，也避免缺乏统一管理带来设计不可控与施工不可控的问题，有助于推进项目进度。

标准化涉及工程全过程中的多个方面，方案、技术及数据的标准化能够为项目顺利执行打下基础。与设计管理相关的标准化类型如图 7-1 所示。

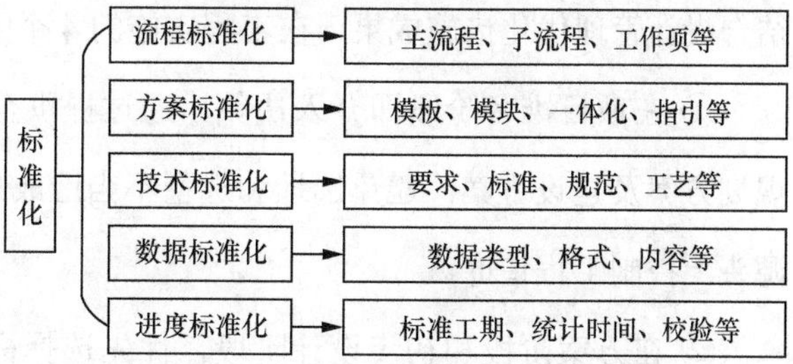

标准化		
	流程标准化	主流程、子流程、工作项等
	方案标准化	模板、模块、一体化、指引等
	技术标准化	要求、标准、规范、工艺等
	数据标准化	数据类型、格式、内容等
	进度标准化	标准工期、统计时间、校验等

图7–1　与设计管理相关的标准化类型

3. 优化界面管理

准确区分智慧多功能杆工程总承包项目各子项的界面，有助于不同施工单位互相协调，有助于施工工序之间互相协调，有助于实现多工种穿插施工，促进工期和质量满足要求，减少安全事故的发生。

界面管理流程如图 7-2 所示。首先应分析项目类型，针对项目特点建立界面管理体系，将工程内容予以区分。在界面识别阶段，应识别区分不同施工阶段的工程内容，这不仅有助于各标段

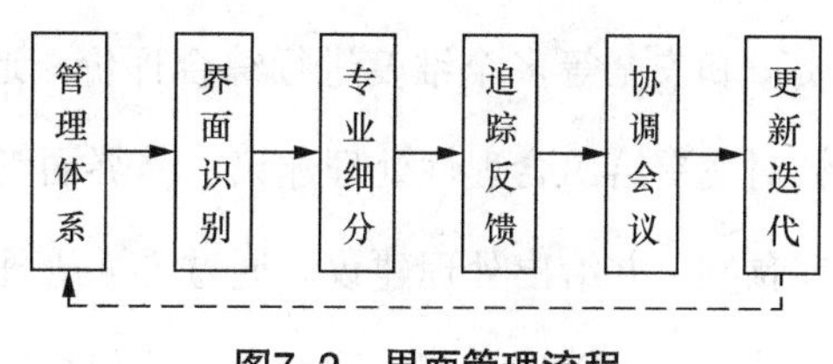

图7–2　界面管理流程

工程内容的明确，也有助于在交叉作业时，工程管理和实施的有效执行。设计管理的界面识别应充分考虑项目全过程，其识别结果应有利于划分实体界面、组织界面、合同界面、技术界面、责任界面等。在界面识别的基础上应根据标包中的专业情况进行专业细分，避免专业粗分颗粒度大导致遗漏。界面识别后应追踪执行过程，针对界面划分合理性、执行情况和管理体系合理性等进行反馈，通过协调会议解决各类界面问题，对执行过程中发现的不合理情况进行更新迭代，并将迭代结果反馈到界面管理体系及界面识别。

界面管理结合组织管理是实现其他设计管理要素的前提和保障。选择适合工程项目的组织架构，有助于项目的平稳推进。

4. 实施信息管理

智慧多功能杆工程总承包项目涉及专业众多，工程信息量庞大繁杂，作为基础信息，设计阶段的信息可作为项目全生命周期的载体使用，因此在设计阶段就应重视信息管理，制定信息管理制度，依据制度和规范实施信息管理。信息管理在工程量计算、碰撞检查、成本控制、材料控制、工程变更，工程维护等阶段均有实际意义。信息管理与 BIM 技术结合使用有助于推进设计信息管理优化。

采用总承包方式开展智慧多功能杆建设，可实现工程管理优化，提高工程实施效率。结合设计管理优化措施成果，在工程实施的 4 个阶段，实现设计管理优化应用。

① 在项目准备阶段即介入决策，通过提供全过程咨询服务，协助建设方选择合理的规划方案及建设方案，避免选址和选型不当造成建设成本、运营成本等超出可控范围，从源头上控制工程造价。

② 在方案阶段和初步设计阶段，优先选择标准化方案，有针对性地选择合理的结构形式及相应的感知交互功能等模块。同时提出界面划分，对招标范围给出明确建议。对工程涉及设备进行准确判定，避免不同阶段选择不同的设备带来费用增加的风险。各专业精确互提资料，避免前序设计考虑不足给后续设计带来的变更风险。

③ 在施工图设计和施工实施阶段，设计管理充分结合施工实际情况进行调整，从进度、质量和安全等多个维度进行综合评价，通过数据积累形成经验库，发挥大数据行业优势，针对变更给出合理性处理建议。从界面管理上进行准确定义，对施工中可能遇到的问题提前预判，并给出处理建议。通过界面管理，解决不确定信息沟通不畅带来的返工问题。及时建立信息管理系统，通过全方位信息管理加强各专业沟通。对图纸、招标书等文件表述

按照标准化要求执行，避免设计概算方式和施工预算方式不同，以及设计表达深度不足导致的缺项漏项，从设计源头对工程费用进行控制。

④ 在运营和后评估阶段中，收集运行数据及客户反馈意见，改进工艺并优化后期工程，以提供更合理的方案。

根据以上论述，各阶段设计管理优化措施的重点内容见表 7-1。

表7–1　各阶段设计管理优化措施的重点内容

阶段	准备阶段	初设阶段	实施阶段	运营阶段
全生命周期	项目决策	控制投资	过程控制	评估迭代
设计标准化	类别评估	标准设计	标准施工	评估迭代
界面管理	工程范围	明确分工	协调更新	评估迭代
信息管理	明确规则	创建信息	更新信息	信息维护

通过以上设计管理优化措施和应用可缩短三分之一的工期。采用标准化建设要求和建设流程可有效控制工程投资、提高质量、减少不合理做法，全面加快进度、降低造价、提升质量和安全等，满足数字道路快速部署的思路，实现“转变模式、优化流程、加快建设、限时交付”，保证高质量高效率交付，有力支撑市场发展。

7.3　项目采购管理

在智慧多功能杆工程总承包项目中，项目采购管理是确保项目成功实施的关键环节。项目采购管理的作用主要体现在成本控制、质量保证、进度控制、风险管理和供应链管理等方面。通过合理的采购策略和优秀供应商选择、有效的沟通机制和风险管理措施等手段，可以实现采购过程的透明度和公正性、提高采购效率、降低成本、提升质量及优化供应链管理。这些都将对项目的顺利实施和长期稳定运行产生积极的影响。本节从采购计划、供应商选择与管理、采购实施与控制 3 个方面对智慧多功能杆项目的项目采购管理进行介绍。

7.3.1　采购计划

1. 项目采购管理原则

采购工作需要保证按项目的质量、数量和时间要求，以合理的价格和可靠的货源，获得所需的材料、设备及有关服务。采购工作需要遵循以下原则。

① 保证透明度和公正性：采购过程应做到公开透明，确保公正竞争。

② 提高采购效率：采购过程尽量简洁高效，确保不影响项目进展。

③ 管理采购风险：采购过程中需要对采购风险进行识别、评估和管理，包括产品质量、供应商信誉等方面的风险。

④ 控制采购成本：采购过程中需要严格控制采购成本，确保不超出项目预算。

⑤ 保证采购质量：企业应对工程总承包项目采购过程和采购产品质量进行控制，确保采购的物资或服务满足工程使用要求和合同要求。

⑥ 重视供应链管理：工程总承包企业应根据项目的技术、质量、职业健康安全、环境、供货能力、价格、售后服务和可靠的供货来源等要求，并基于供应商的资质、能力和业绩等，确定并实施供应商评价、选择、再评价，以及绩效监视和后评价准则。

2. 采购工作程序

采购主要包括编制项目采购计划、项目采购进度计划、采买、催交、检验、运输、交付、现场服务和仓库管理等过程。项目采购工作程序如图 7-3 所示。

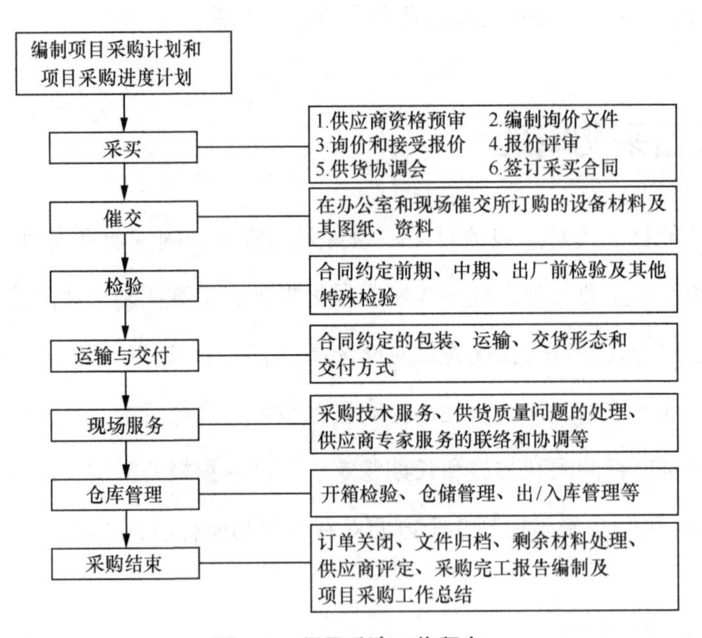

图7–3 项目采购工作程序

3. 采购计划

采购计划包括是否采购、怎样采购、采购什么、采购多少、何时采购等内容。当项目需要采购组织之外的商品和劳务时，对每一件产品和每一项劳务都将执行询价流程。项目管理团队和工程总承包企业职能部门协作完成合同签订和采购工作。

① 采购计划编制依据包括：项目合同、项目管理计划、项目实施计划、项目进度计划、分包施工单位的相关采购程序和制度。

② 采购计划编制内容包括：编制依据、项目概况、采购原则（包括分包策略、分包管理原则；安全、质量、进度、费用控制原则；设备材料分交原则等）、采购工作范围和内容、采购的职能岗位设置及其主要职责、采购进度的主要控制目标和要求、长周期设备和特殊材料采购的计划安排、采购费用和质量控制的主要目标要求和措施、采购协调程序、特殊采购事项的处理原则、现场采购管理要求等。

7.3.2 供应商选择与管理

结合企业组织架构及材料特性，物资采购可分为企业集中采购和项目部自购两种方式。采购工作组根据项目上报需求计划，从供应商名录选择供应商并对其发出招标邀请，进而开展招投标和合同谈判。招标书中的材料数量、规格、技术标准、特殊要求等由项目部提供，付款方式等其他条款由职能部门确定；项目采购招标书由项目部按企业要求编制并交到企业审核备案，由企业推荐相关供应商参与投标。

1. 各级机构物资采购范围

（1）企业组织采购

智慧多功能杆工程总承包项目涉及的钢材（含钢筋、型材等）、混凝土、干粉砂浆、水泥、外加剂、金属构件和安全防护用品等，以及上部杆件涉及的杆件、设备和电缆等。通常可按采购金额加以区分，资金额度较大的由企业统一采购，以降低总体采购费用。

（2）项目部组织采购

在企业集中采购范围以外，供应额较低及其他零散物资的采购可由项目部实施。

2. 材料供应商选择

项目部编制项目所需的物资清单，采购工作组按需要的先后次序对物资进行招标，如果其他项目也同时需要同种物资，几个项目可合并后进行集中招标。采购工作组根据项目上报需求计划，随后向供应商发出招标邀请，并进行招投标和合同谈判。根据企业和项目部生产实际需要进行集中采购，可采取批量采购和分项目按需即时采购（针对特殊项目、特殊市场等情况而定）两种方式。项目集中采购招标过程应有企业采购部人员监督或参与。

（1）企业集中采购供应商选择

企业集中采购实行公开招投标制度，并采取决策、执行两权分离原则，企业成立集中采购领导小组和采购工作组。采购领导小组负责在采购工作组招议标后初选出的材料供应商中协商选定最终供应商，并有权否决采购工作组提供的全部供应商而责令其重新招投标。

采购工作组负责企业集中采购材料的招投标、合同谈判、签订、供应商考察等工作，并完成集中采购招投标工作，在此基础上为采购领导小组提供候选供应商以供决策。集中采购合同中的货物名称、价格、数量、质量、送货地点、时间及违约责任等实质性要件必须齐全。

（2）项目部自购供应商选择

项目部自购范围内的物资、材料采购实行项目采购工作组集体决策制度，实行民主、公开管理。项目部自购材料中一次性采购金额在企业规定应实行公开招投标范围内的，应按规定进行公开招标。项目部公开招投标严格参照企业集中采购程序执行，招投标采购的原始资料和记录应完整妥善保存。

3. 材料供应商管理

材料供应商管理应建立相应的名录和考核评价体系，通过动态评价更新择优选用供应商，具体实施方法如下。

① 企业采购部是供应商管理及评价考核的主管部门，企业和项目部都有对材料供应商进行评价、选择与考核的权利和义务。

② 企业采购部和项目部选择新的材料供应商时，在采购前应对材料供应商进行评价；对于供应特殊材料、物资的供应商，应在使用前对供应商进行实地考察，考察内容主要包括生产能力、产品品质和性能、原料来源、机械装备、管理状况、供货能力、售后服务能力及对供应商提供保险、保函能力进行必要的调查（应有验证记录）。

③ 企业采购部根据项目部对材料供应商的初评意见再进行考核评价，填写材料供应商评价表，并建立企业材料合格供应商名录。

④ 供应商评价内容具体如下。

- 供应商的经营范围是否满足采购需要，营业执照是否有效。
- 供应商提供产品的品牌及其质量状况，能否满足环保要求和使用安全要求，是否符合地方政府主管部门的规定，有无必要的产品生产许可证和使用许可证等。

- 以往供货质量、及时性、服务态度和货款支付等合作情况。
- 当客户有特殊要求时，应评价供应商满足客户特殊要求的能力。
- 其他需评价的事项。

4. 资金结算

对于企业集中采购的设备，项目部应根据相关规定向企业提交资金计划表，其中要注明企业集中采购分配金额。采购部编制资金支付计划报经集中采购领导小组审批后交由财务部执行。资金支付计划包括供应商名称、累计供货数量、累计货款总额、已付款额和计划付款额。对于项目部自购设备，项目部编制资金支付计划报项目经理，由项目部按照付款流程支付。

5. 合同纠纷处理

合同应明确约定违约责任、纠纷处理方式、纠纷处理地等。发生合同纠纷时，由合同双方依据合同进行协商，协商不成时再根据合同约定进行相应处理。

7.3.3 采购实施与控制

采购实施与控制主要包括采购实施、催交与验收、运输与交付、采购变更管理、仓库管理等。常用的材料报批报审流程：编制详细施工计划、编制项目采购计划和采购进度计划、编制项目材料采购合同、选择合格供应商、提供按图纸和设计要求的材料规格和样品、审查判断。对审查合格的供应商，与其签订采购合同，确定价格、进场时间及进场数量，采购进场后进行验收；对审查不合格的，重新选择供应商。

1. 采购实施

采购工作主要包括接收请购文件、确定合格供应商、编制询价文件、报价评审、定标和签订采购合同。

（1）接收请购文件

请购文件内容包括采购商品的描述、采购目的和用途、交货期和交货方式、付款方式和支付条件，请购文件中还可以包括其他与采购商品相关的要求，例如安装调试、售后服务和保修期等。请购文件中应明确采购商品的质量、性能要求及供应商服务要求。

（2）确定合格供应商

根据招标结果选择供应商，合格供应商的基本条件包括完成产品质量要求、完整并已付诸实施的质量管理体系、良好的信誉和财务状况、有类似产品成功的供货及使用业绩、有能力保证按照合同要求的标准实施、有良好的售后服务。

（3）编制询价文件

询价文件分为技术文件和商务文件两部分。技术文件包括技术规范书、设计图纸、采购说明书、适用标准规范、要求供应商提交确认的图纸资料和其他有关资料。商务文件包括询价函、报价须知、项目采购基本条件、报价回函商务报价表，以及对检验、包装、运输和交付的要求。一般选择 3 ～ 5 家询价对象，经协调和确认后发出完整的询价文件。

（4）报价评审与定标

报价评审主要是对所有有效的投标文件进行评审，以确定其投标价格是否合理，是否符合招标文件要求，以及确定其投标文件的完备性和准确性。在报价评审中，评标委员会对投标文件中的工程量清单、材料设备价格、人工费、管理费、税金等各项费用进行详细的比较和分析，以确保投标文件的报价在合理范围内。报价评审还对投标文件的施工组织设计、工期、质量保证措施、售后服务等内容进行评估，以确定投标文件的可行性和合理性。在报价评审过程中，评标委员会遵循公平、公正、科学的原则，以客观的态度对投标文件进行评审。定标是对报价评审结果进行确认和落实。在定标环节中，评标委员会根据报价评审结果，推荐最符合招标文件要求且价格合理的投标人作为中标候选人。通过报价评审与定标两个环节的严格把关，可以确保采购过程的公正性、公平性和科学性，从而为智慧多功能杆项目的成功实施提供有利保障。

（5）签订采购合同

采购合同内容应简明扼要、完整、准确、严密、合法，并清晰、完整地体现采购需求和采购过程的所有细节。采购合同通常包括采购物品的描述、交货期和交货方式、质量保证、付款方式和支付条件、违约责任和索赔、其他条款等。

签订采购合同的流程为起草合同、评审合同、签署合同、执行合同。签订采购合同的注意事项如下。

① 明确采购需求和目标，确保双方对采购需求和目标有清晰的认识和共识，避免后续双方出现误解或争议。

② 根据项目的实际需求合理设定供应商的义务和权利，避免发生单方面约束或过度要求供应商的情况。

③ 重视违约责任和索赔条款的设定，这些条款可以有效地保护工程总承包企业的权益，并能够在出现纠纷时提供必要的法律保障。

④ 签订采购合同过程和合同执行期间，双方应保持及时有效的沟通，确保合同内容顺利执行。

签订采购合同是工程总承包项目采购实施过程中的重要环节。通过确保合同内容完整、合理设定供应商义务和权利、重视违约责任和索赔条款，以及保持有效的沟通和协调等措施，确保采购合同的顺利执行，保障合同双方的权益。

2. 催交与验收

（1）催交

根据设备材料的重要程度和延期交付对项目总进度计划产生的影响程度划分催交等级，确定催交方式、制订催交计划并监督实施，催交方式和工作内容见表 7-2。

表7-2　催交方式和工作内容

序号	项目	内容
1	催交方式	驻厂催交
2		办公室催交
3		会议催交
4	催交工作内容	熟悉采购合同和附件
5		确定设备材料的催交等级、制订催交计划，明确主要检查内容和控制点
6		要求供应商按时提供制造进度计划
7		检查供应商、设备制造商供货及提交的图纸和资料是否符合采购合同要求
8		督促供应商按照计划提交有效的图纸和资料供设计审查和确认，并确保图纸和资料按时返回供应商
9		检查运输计划和货运文件的准备情况，催交合同规定的最终资料
10		按照规定编制催交状态报告

（2）验收

根据采购合同的规定制订检验计划，组织具备相应资质的检验人员根据设计文件和标准规范进行设备、材料制造过程中的检验及出厂前的最终检验。针对有特殊要求的材料设备，则委托有相应资格和能力的单位进行第三方检验，并签订检验合同。物资设备检验人员根据合同对第三方的检验工作实施监督和控制。材料设备的检验方式在采购合同中应明确规定。

3. 运输与交付

根据采购合同规定的交货条件制订材料设备运输计划并实施，督促供应商按照合同规定进行包装和运输。同时落实收货条件、制定卸货方案，做好现场收货工作。设备材料运到指定地点后，由接收人员对照送货单逐项清点，签收时注意货物状态及其完整性，及时填写接收报告并归档。运输计划的内容主要包括运输前的准备工作、运输方式、运输路线、运输时间、人员安排和费用计划等。

4. 采购变更管理

制定采购变更管理程序和规定，在接到批准通过的变更单后，针对变更范围和采购要求，预测相关费用和时间，制订变更实施计划并实施。变更单的主要内容包括变更内容、变更理由及处理措施、变更性质和责任承担方、对项目进度和费用的影响等。

5. 仓库管理

智慧多功能杆项目需要设置仓库和相应的管理人员，负责仓库作业活动和仓库管理工作。仓库管理工作需要注意以下事项。

① 设备正式入库前，根据采购合同要求组织开箱检验，要求相关责任方在场，填写检验记录并经相关检验人员签字。

② 开箱检验合格的设备材料，在资料、证明文件、检验记录齐全，以及具备规定的入库条件时提出入库申请，经过相关人员验收入库管理并登记。

③ 仓库管理工作包括物资保管、技术档案、单据、账目管理和仓库安全管理等。仓库管理应建立物资动态明细账机制，注明货位、档案编号、标识码以便查找。仓库管理员要及时登记并经常核对，以保证账物相符。

④ 制定并执行物资发放制度，根据批准的领料申请单发放设备材料，办理物资出库交接手续，确保准确、及时地发放合格物资，满足施工和试运行的需要。

7.4 项目进度管理

智慧多功能杆项目进度管理主要分为设计进度管理和施工进度管理两部分，施工进度管理包括施工准备阶段进度管理和施工阶段进度管理。项目进度管理的内容主要包括影响项目进度计划变化的因素控制（事前控制）、项目进度计划完成情况的绩效度量和对实施中出现偏差采取的纠偏措施（事中控制），以及项目进度计划变更的管理控制等。智慧多功能杆项目需要充分考虑设计和施工的相互影响，需要有预见性地积极组织各种物资按计划及时进场，减少运输周转时间；有计划、有重点地部署基坑开挖、管道、杆体，以及附属设备设施，制订详细的进度计划并认真执行，确保项目按进度计划实施。本节将从设计进度管理、施工准备阶段进度管理、施工阶段进度管理和进度计划变更控制 4 个方面进行介绍。

7.4.1 设计进度管理

智慧多功能杆项目设计工期紧凑，需要及时获取道路、交通、照明等资料，收集各权属部门的需求，并合理制订勘察设计进度计划。根据进度计划配置劳动力资源，加强设计阶段的进度管理与控制。

1. 进度控制流程

智慧多功能杆项目的设计阶段进度控制流程包括制订设计进度计划、审核设计进度计划、实施设计进度计划、调整设计进度计划、监督设计进度和反馈改进。设计进度控制应与需求整合、设计质量、方案技术经济评价和优化设计等相结合。在进行进度控制时应按照基本建设程序进行控制，避免出现边设计、边准备、边施工的情况。

2. 进度管理计划

进度管理计划主要包括执行管理体系、组建设计队伍、制订进度计划和定期汇报沟通。

（1）执行管理体系

引入协同设计，实行设计控制程序、可追溯性设计管理程序、纠正预发措施程序、验证设计程序和设计服务程序等，从制度上确保设计进度顺利。

（2）组建设计队伍

组建由审定、审核、校对、设计总负责人、专业负责人和设计人员组成的设计队伍。设计内容均由相关专业国家注册设计师签字负责，项目整体由设计总负责人牵头，各专业设计负责人协调配合，在保证设计质量的同时确保满足设计进度要求。

（3）制订进度计划

根据合同约定的设计工期，由设计总负责人制订详细的项目设计计划总进度表和各专业协作计划表，各专业设计人员严格遵照进度要求进行设计，各专业之间开展设计资料互提，及时沟通交流以解决设计过程中的疑点、难点和矛盾问题，从源头上保证设计进度。设计总负责人定期进行设计进度监控，分析产生的偏差原因并提出进度修订计划，保证进度始终在计划的控制范围之内。

（4）定期汇报沟通

定期向建设单位和相关权属部门汇报项目进展情况，以便建设单位了解情况并提出相应的建议，以及相关权属部门确认是否满足使用需求，及时调整设计方案，避免出现较大偏差。

3. 进度管理具体措施

设计进度管理可采取关键节点、专业间交接资料和文件清单（或工作项）的 3 级进度控制。除了满足关键节点，现场勘察工作还需要编制详细的勘察工作计划。针对勘察工作计划管理还可采用风险预测和预警，并采取相应的预案确保设计工期。进度管理具体措施如下。

（1）制定关键节点

根据合同要求制订详细的进度计划，并制定关键节点，根据关键节点控制、校核设计进度，及时调整并确保设计进度满足要求。

（2）审核施工图出图计划

施工图应以道路为单位、以平面方案设计图纸为基础。各阶段、各专业的图纸以基础施工图设计、杆身施工图设计、管道施工图设计、电气施工图设计为单位，标出关键控制点，明确施工图出图的时间节点，并通过审核。

（3）专业间交接资料进度及制订细化工作项

根据关键控制点，组织各专业负责人共同制订专业间交接资料清单，确定交接资料名称、委托专业、承担专业和资料交接时间，并制订细化工作措施。

（4）文件清单控制

各专业负责人按照合同要求制订详细的文件清单，根据专业工作包和工作结构的分解，结合各项工作间和各专业设计工作的逻辑关系、资源分配，交接资料进度计划和项目总体进度计划，制订本专业文件提交计划，并确定文件清单中的每项工作的最终截止日期。

（5）优化各阶段设计进度

不同道路等级、需求复杂程度和施工情况，以及设计任务量及设计周期存在很大差异。设计总负责人可根据不同的工作量优化进度计划，统筹考虑各条道路和各阶段的设计时间。

（6）检查实际设计进度

设计总负责人在审核出图计划时，需要详细分析各专业工作量、设计难度，判断各专业设计人员安排是否合理、是否满足进度要求；检查各专业设计进度衔接的紧凑性，确保各专业实际进度达到总进度计划要求。

（7）及时调整设计进度

根据设计进度检查结果及时调整计划，确保设计的整体进度在计划内；各阶段设计完成时，各专业负责人共同检查本阶段设计进度实际完成情况，并与原计划进行分析和比较，判断进度是否满足原计划要求，并制定相应对策及时调整下阶段的设计进度。

除了以上措施，还应该定期组织各专业召开设计例会，会议主要内容包括检查阶段性设计工作进展情况、提出上个阶段存在的问题、需要项目团队配合的内容、下个阶段的工作计划、各专业设计的接口配合问题。通过设计例会及时更新设计进度，在解决困难的同时确保设计进度处于可控范围。

7.4.2 施工准备阶段进度管理

施工准备阶段管理以整个智慧多功能杆项目为对象，统一部署各项施工准备工作，为项目顺利施工创造条件。施工前需要充分了解项目的周边环境和交通信息，进场前做好与项目各参建方沟通交流的准备工作。

施工准备阶段管理主要包括技术准备、现场准备、物资准备、协作单位准备和组织机构准备，具体内容如下。

1. 技术准备

在审查设计图纸阶段，应检查图纸是否齐全、图纸有无错误和矛盾、设计与施工条件是否一致、各专业之间的配合是否存在问题等，同时，应熟悉有关数据、道路特点、地下管线、土层、地质、水文和工期要求等。在搜集资料阶段，应搜集当地自然条件资料和道路设计资料，深入实地摸清道路施工现场情况。另外，还应审核施工单位的施工组织设计，核对施工图预算。

2. 现场准备

按照基础施工图的标高要求，设置可以参照的标高控制点。摸清道路标线和道路设施边缘线，按照方案平面布置图的要求，摸清道路标线、绿化带边缘线、人行道侧石线等参照物。摸清施工场地环境，例如周边是否有雨水、燃气、排污、电力、通信、国防电缆等管线，并根据调查结果提前做好施工方案。

3. 物资准备

施工现场所需的材料与工具，应严格按照施工图和施工组织设计进行选择与采购，并做好相应的采购计划。根据杆体与综合设备舱供应商的生产能力、交货周期和物流时效，制订相应的生产加工计划。

4. 协作单位准备

在智慧多功能杆项目准备阶段，可根据实际的设计需求，选择照明、传输、电气、智能化和系统平台等专业设计单位；可根据实际的施工需求，选择土建、外市电、杆件吊装、交通设施和市政绿化等专业施工单位。在做好协作单位准备的同时，应确保各专业施工与各专业设计的有效衔接。

5. 组织机构准备

根据智慧多功能杆项目的特点，各参建方包括客户单位、监理单位、道路主体施工单位和使用需求部门等，通过建立各参建方的沟通管理制度，形成有效的沟通机制。同时，应明确基础施工、杆件吊装、设备迁改、线缆敷设、手续审批、设计变更和资料归档等各项进度的负责人。

7.4.3 施工阶段进度管理

根据项目总体进度计划编制施工进度计划并组织实施。项目总负责人将施工进度计划纳入项目进度控制范畴，并协助施工单位解决项目进度控制中的相关问题。

1. 施工进度管理程序

在项目管理实施过程中对合同确定的进度目标进行工作结构分解，根据需要编制不同程度的进度计划并提出进度控制措施。根据进度计划审核编制的人力、材料、机械设备、加工品、预制品等资源需用量计划，并落实进度控制责任。施工阶段进度控制工作流程如图 7-4 所示。

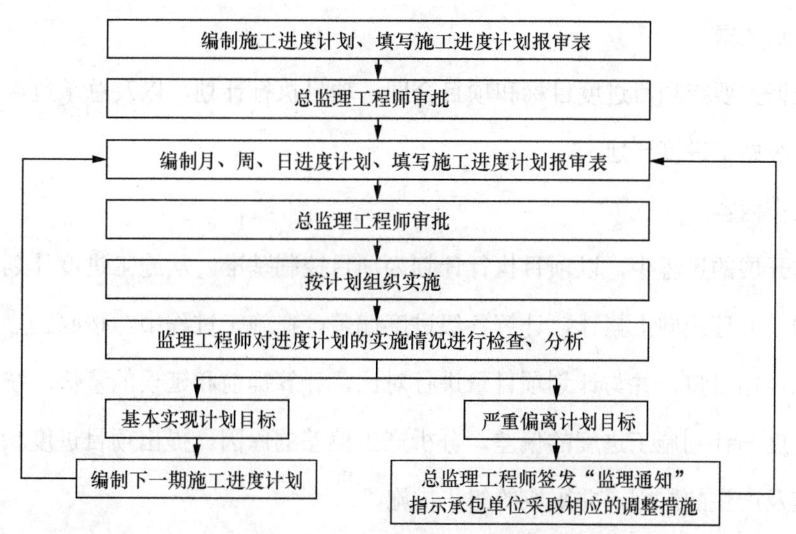

图7–4　施工阶段进度控制工作流程

2. 施工进度计划检查

在施工过程中，将采取每周检查或不定期检查的方式进行施工进度计划检查，检查内容包括检查期内实际完成和累计完成工程量、进度偏差情况、进度管理情况、影响进度的特殊原因及分析。实施检查后，对出现进度偏差的情况进行整改，并跟踪实施。

3. 施工进度计划管理方法

施工进度计划管理方法主要包括在施工过程中严格执行施工进度计划，制定各项保障措施，以确保施工进度可控。对在计划实施过程中的偏差进行分析，并制定赶工措施，上报监理工程师和客户。编写日报、周报和月报等工程进度信息，并按要求上报。日报、周报和月报的统计时限和上报时间按照规定执行，统计内容如下。

① 进度日报反映智慧多功能杆项目的完成情况和重大事项。

② 进度周报反映工程设计、物资采办、对外协调、工程施工和投产验收等业务活动的计划执行情况，以及进度滞后所采取的赶工措施。

③ 进度月报反映当月工程进度计划执行和控制情况，提出下月进度执行计划安排，分析工程建设工期风险，制定并采取措施。

4. 施工进度控制方法

施工进度控制方法包含施工进度控制依据、工作内容、检查分析、调整处理和制度管控，按照 PDCA[1] 管理原则进行管理。

1　PDCA（Plan、Do、Check、Action，计划、执行、检查、处理）。

（1）控制依据

控制依据主要指项目进度目标和项目合同、项目执行计划，以及总承包单位及施工单位制订的各级施工进度计划。

（2）工作内容

在工作开展的过程中，以项目执行计划为项目控制基准，从施工进度计划的实施过程中采集数据，并逐级向上累计，计算各级进度偏差。在施工过程中，按照工序和检测周期统计实际完成项目量，并与计划项目量进行对比，计算提前和延误的量值。统计计算得出实际施工进度与计划施工进度的偏差，分析产生偏差的原因。提出项目进度状态报告，反映进度偏差及产生的原因，并采取的纠正措施。

（3）检查分析

在施工进度计划实施后，进度计划控制人员定期到施工现场检查各项工作进度实施情况，从而了解实际进度及影响进度的潜在问题，以便及时采取相应的措施加以预防、纠正。采用对比法检查施工进度，将经过整理的实际进度数据与计划进度数据进行比较，从而发现是否出现偏差并计算偏差大小。若偏差较小，在分析其产生原因的基础上采取有效措施，解决问题并继续执行原计划；若偏差较大，经过努力不能按原计划实现时，则需要考虑对计划进行必要的调整。

进度计划控制人员根据工程规模、质量标准、复杂程度、施工现场条件、施工队伍素质等，全面分析施工进度计划的合理性和可行性，并掌握主要工程材料及设备供应等方面的到货情况，对影响进度的关键环节进行跟踪分析。

（4）调整处理

当发现原有进度计划已落后、不适应实际情况时，必须对原有计划进行调整并形成新的进度计划，作为进度控制的新依据。主要通过以下方法调整施工进度计划。

① 压缩关键工作的持续时间，不改变工作之间的顺序关系，通过缩短网络计划中关键线路上的持续时间来缩短已被延误的工期。

② 增加工作面、延长每天的施工时间、增加劳动力及施工机械的数量。

③ 改善外部配合条件、改善劳动条件等其他配套措施。

④ 在采取相应措施调整进度计划的同时，还应考虑费用优化问题，选择费用增加较少的关键工作为压缩对象。

（5）制度管控

制定提前有奖和滞后惩罚的奖惩措施，以此激励各参建单位积极开展工作确保施工进度。组织现场协调会议，协调内部关系问题，明确各参建单位责任，及时沟通协调执行结果检查，避免进度管理上的问题。

5. 延误分析及解决措施

进度延误原因主要包括：工期及相关计划失误，计划工期及进度计划超出现实的可能性；自然条件影响，是否遇到不利的自然条件；管理过程中的失误，例如计划部门与实施者、分包商、承包商之间缺少沟通使工作脱节；边界条件的变化，例如设计变更、设计错误、外界对项目提出新的要求和限制；其他原因，例如资金不到位、材料设备未按期到货等。

在项目推进过程中应及时发现延误情况，并根据现实情况采用发出相应指令或加强监督等方式进行管理。针对出现的延误情况提出新的进度计划，项目负责人应结合工地实际情况认真审核并给予答复，可通过加大现场资源投入来保障工期要求。

7.4.4 进度计划变更控制

项目建设过程中出现变更联系单、材料供应不及时、不可抗力等情况，可能造成项目总进度计划滞后，此时应编制项目赶工计划，计划中针对未完项目或滞后项目，明确具体的赶工措施、时间安排、增加资源投入、项目建设组织和备用方案等。

1. 进度监测过程

进度计划执行过程中的跟踪检查包括定期收集进度报表资料、现场实地检查项目进展情况、定期组织召开现场会议。收集整理实际进度数据，形成与进度计划具有可比性的数据。通过对比分析实际进度与计划进度的偏差，可以确定工程实际执行状况与计划目标之间的差距。采用 S 曲线比较法对比分析实际进度与计划进度，判断实际进度比计划进度是超前还是滞后。

2. 进度调整过程

进度调整过程的主要步骤有：分析进度偏差产生的原因、分析进度偏差对后续工作和总工期的影响、确定后续工作和总工期的限制条件、采取措施调整进度计划，以及实施调整后的进度计划。

3. 进度监测控制程序

项目进度计划需要动态监测和对比分析，以便确定下一步计划。项目进度监测控制程序如图 7-5 所示。

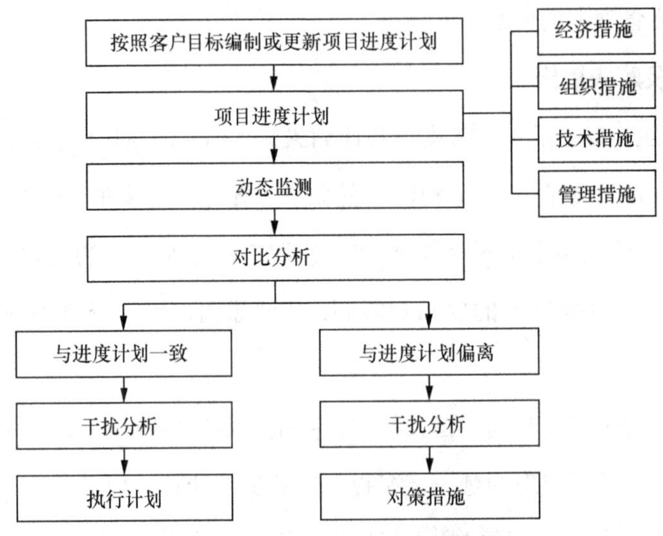

图7–5　项目进度监测控制程序

4. 工作检查

工作检查是指责任部门定期对项目的执行情况按计划进行详细的、有步骤的检查。检查内容包括：项目进展是否严格按照项目进度计划进行组织与管理、质量是否符合该项目的相关要求、成本是否按照合同执行而未发生变化等。对于项目部的内部工作，原则上每周检查一次；对于分包单位的工作，应当根据不同阶段至少每周检查一次，具体的检查安排应当根据“工作检查验收制度”进行合理部署。

7.5　项目质量管理

在智慧多功能杆项目中，质量管理具有非常重要的地位和作用。质量管理需要贯穿项目全过程，涉及设计、采购、施工、调试和验收等阶段。在每个阶段都需要制定和执行严格的质量控制措施，确保项目的质量达到预期目标。此外，还需要加强质量培训，增强项目参与者的质量意识，提升其技能水平。全面、系统、科学的质量管理可以提升智慧多功能杆工程总承包项目的整体质量和效益。本节从质量保证体系与管理原则、质量总体管理措施两个方面进行介绍。

7.5.1 质量保证体系与管理原则

1. 质量保证体系

根据项目规模、工期、质量目标及承包方式，建立以项目经理为首，业务技术精干的设计人员、施工人员、采购人员为负责人的项目质量保证体系。为确保质量目标的实现，应从质量组织机构着手，建立健全完整、有效的质量管理体系。将设计、施工及采购均纳入质量管理体系。质量保证体系如图 7-6 所示。

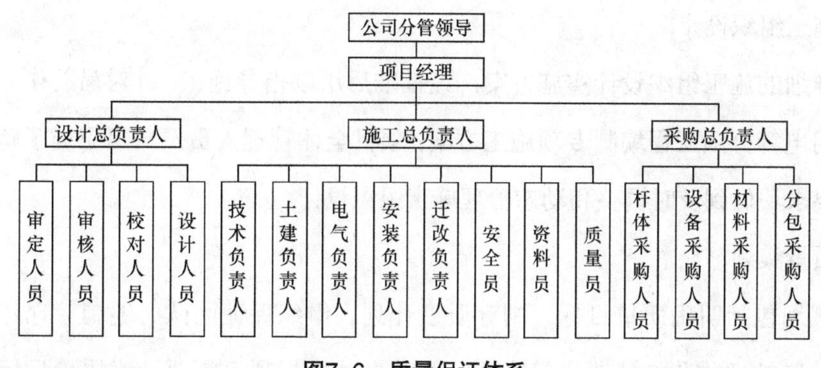

图7–6 质量保证体系

2. 质量管理原则

为实现项目质量目标，应遵循质量管理原则：以客户为中心，了解客户当前和未来的需求，满足并争取超越客户期望；重视领导作用，将组织宗旨、方向和内部环境相统一，创造能够实现组织目标的环境；鼓励全员参与，发挥各级人员才干为组织带来最大的收益；重视管理方法，有助于提高组织的效率；基于事实决策，在分析数据和信息的基础上进行决策；互利供方关系，通过互利关系增强组织及其供应商创造价值的能力。

7.5.2 质量总体管理措施

智慧多功能杆项目质量总体管理措施包括组织保证措施、技术管理措施、工程质量管理措施、产品保护措施和设备监管措施。

1. 组织保证措施

组织保证措施包括成立领导小组和严格选择专业队伍。以建设单位、监理单位、总承包单位、设计单位、施工单位，以及有关权属单位人员为主成立领导小组，主要职责为协调各方关系，决策总体思路。对内处理重大技术攻关，制定优质工程的内控标准；对外协调各方关系。严格选择专业队伍，专业队伍是创建优质工程的实际操作者，各专业队伍必须具备扎实的实践经验。

2. 技术管理措施

技术管理措施包括组织图纸会审、施工组织设计、质量策划、技术培训和技术交底。

（1）组织图纸会审

项目技术负责人组织现场管理人员学习和熟悉图纸，了解设计意图及工程特点，同时找出问题，把潜在质量问题在施工前解决好，图纸会审可分阶段进行。

（2）施工组织设计

编制详细的施工组织设计实施方案，经批准后用以指导施工；针对吊装作业、占道施工和临时用电等分项工程编制专项施工方案；项目全体管理人员及班组应当了解方案的具体内容和要求，做到及时调整和动态管理施工组织设计。

（3）质量策划

质量策划包括明确质量目标、制订质量计划、组织保证团队、编制管理计划、实施保证措施、监控评估和持续改进等步骤。智慧多功能杆项目需要针对质量目标和要求单独编制详细的质量策划，提高项目管理水平，确保达到项目质量标准并确保项目按时完成。

（4）技术培训

技术培训包括智慧多功能杆行业的新规范、新工艺、新材料和新技术的应用。技术培训应动态进行，根据项目的组织设计和质量计划，确定项目部的培训计划，保证技术培训有序、及时、有效。

（5）技术交底

严格执行技术交底制度。在项目开工前，由项目技术负责人对整体工程进行交底，包括对项目的整体情况、技术要求、施工流程等进行详细说明，确保各参建方能够充分了解和掌握项目的相关情况，为后续的施工做好准备。在项目实施过程中，每项工作开工前均由施工管理人员对施工班组进行技术交底，包括施工工艺、操作规程、质量要求、质量通病防治措施等内容，对关键部位的施工要点和质量要求应仔细交底。

3. 工程质量管理措施

工程质量管理措施包括控制原材料、隐蔽工程验收、机械设备管理、计量器具管理和工程资料管理。

（1）控制原材料

采购的物资产品和设备必须符合规定要求。采购物资前应建立合格的供应商档案，各类物资设备应详细标明名称、品种、规格、数量、质量和技术标准；各种材料根据规范和设计要求在使用前做好检验和试验工作。

（2）隐蔽工程验收

在智慧多功能杆项目基础施工过程中，对其覆盖和掩盖的部位进行隐蔽工程验收。隐蔽工程验收应按照班组长、施工员、质量员、技术负责人、监理或客户的顺序进行，检查记录并签字齐全后方可进入下一道工序。对隐蔽工程验收不合格的给予返工整改，记录并分析原因，杜绝类似质量问题再次出现。

（3）机械设备管理

基于项目实际需求选择相应的机械设备，同时应考虑机械设备的安全性、可靠性、高效性和经济性，确保机械设备的质量和性能已达到项目标准。机械设备在使用过程中，应严格遵守设备的操作规程，避免使用不当导致设备损坏或发生安全事故。设备的维修和保养应由专业人员严格按照设备的维修保养手册进行，定期检查更换设备的易损件和关键部件，及时发现和解决潜在问题，确保设备的正常运转。

（4）计量器具管理

采购计量器具时应选择具有良好信誉和合格资质的供应商，确保计量器具的质量和性能满足规范要求。在施工过程中，应定期对计量器具进行校准和检定，确保其准确性和可靠性。对于损坏或失准的计量器具，应进行维修或更换，并重新进行校准和检定。此外，应对计量器具进行档案管理，追踪计量器具的使用历史和维修记录，以便及时发现和解决问题。

（5）工程资料管理

智慧多功能杆项目应设置专职资料员，确保工程资料的完整性和准确性，例如，设计图纸、施工组织设计、施工日志、会议纪要、质量检测报告和签证联系单等。归档时应按照工程的不同阶段和不同专业进行分类，并建立相应的目录和索引方便查阅。资料员应定期对工程资料的完整性、合规性和与实际工程的符合程度进行审核和监督，对分包单位的资料加以督促和检查，及时对发现的问题进行整改和处理。

4. 产品保护措施

在智慧多功能杆项目的实施过程中应加强成品保护意识教育，切实贯彻成品保护制度。首先，应合理安排施工顺序，不得颠倒施工工序，防止后道工序或道路主体施工损坏前道工序。其次，对已完成的工序或已安装的设备采取有效的保护措施，例如，提前保护、覆盖保护和局部封闭等，避免二次返工。最后，项目技术负责人应对需要特别保护的成品提出具体详细的保护要求，在下达作业指导书或施工技术交底书时，提出相应的保护措施。

5. 设备监管措施

设备安装工程所用产品设备和主要材料必须符合设计要求和产品标准，并且要有出厂合格证。安装设备前，必须会同监理单位和使用需求部门对设备和材料进行开箱检查，清点包装箱的数量、型号和技术参数是否和设计文件相符，对设备及其零部件、材料的外观质量、规格和数量进行检查和核对，并做好相关记录。

7.6 项目费用管理

项目费用管理是智慧多功能杆项目目标控制的核心之一，目的是寻求最小的资源投入以满足最大的使用功能，实现最低的全寿命费用。因建设周期长、资金投入大和建设成果不可挽回等特点，费用管理和控制尤为重要和必要。项目费用管理一般包括设计阶段、施工准备阶段、施工阶段和竣工结算阶段。本节将从费用管理计划和费用管理的 3 个阶段控制措施这两个方面进行介绍。

7.6.1 费用管理计划

项目费用管理计划包括设计阶段费用管理计划、施工准备阶段费用管理计划、施工阶段费用管理计划和竣工结算阶段费用管理计划，各个阶段费用管理计划的工作重点不尽相同。

1. 设计阶段费用管理计划

设计阶段的费用管理是保证项目经济效益和顺利实施的重要环节。设计阶段费用管理的目标为：保证设计阶段的费用控制在概算范围内，优化设计方案、降低工程成本、提高设计质量、减少后期变更和索赔。设计阶段费用管理的原则为：在满足功能需求的前提下追求最佳性价比，按照批准的投资估算控制设计方案，按照设计概算控制施工图预算。设计阶段费用管理的内容主要包括杆型外观设计、整合方案设计、基础设计、杆身结构设计、管道设计、电气设计和光缆设计。

（1）杆型外观设计

杆型外观设计应充分了解建设单位对智慧多功能杆外观和功能的要求，结合项目投资情况合理设计智慧多功能杆的杆型、外观和附属构件。在满足建设单位和使用部门要求的前提下，兼顾生产加工的工艺和使用材料的成本，保证杆型外观设计在满足基本要求的同时具备一定的经济性。

（2）整合方案设计

整合方案设计以符合道路和交通等相关规范的要求为前提，根据其所在道路的设计理念、景观环境和交通组织方案等情况，确定合理合规的整合原则。同时，整合方案设计应满足道路的交通使用需求、照明使用需求、安防使用需求和通信信号覆盖需求，通过合理整合杆件来尽量减少杆件数量，进而节省成本。

（3）基础设计

基础设计应充分考虑拟建场地的原有管线情况，采用合理的基础类型。例如，遇到燃气、雨水、污水、通信电缆和国防电缆等管线需要避开或避让安全距离，在不影响预埋件固定和规范允许范围内，适当调整基础的长度、宽度和埋置深度，使基础设计兼顾施工便利性和成本经济性。

（4）杆身结构设计

杆身结构设计应综合考虑杆体材料的选择、型材的厚度、附属构件的尺寸、构件连接处的设计和预埋件型号的选用，在满足相关设计规范的前提下，通过控制单根杆件的成本，达到控制整体投资的目的。

（5）管道设计

管道设计应充分了解各权属单位和使用部门的需求，确定合理的路由方案、管道直径、管道数量和手井设置，其中，主线管道的直径和数量是管道工程费用的主要影响因素。管道方案设计在满足现有使用需求的同时，既要预留适当的余量供后期扩容使用，也要考虑整体方案的经济性。

（6）电气设计

电气设计应在现场勘察时摸清外市电的接入点，合理设计外市电接入方案和综合配电箱位置。智慧多功能杆的照明用电和设备用电通常需要分路设计，照明电路应向建设单位或照明管理部门确认是否接入原道路照明系统或组建独立系统。

（7）光缆设计

光缆设计应充分考虑智慧多功能杆的杆载设备需求，确定单根智慧多功能杆所需要的纤芯。然后根据本路段智慧多功能杆的数量，考虑以“片区归并”方式，较为合理地设置光缆交接箱的对应安装位置、容量和数量，使每个光缆交接箱都有对应管辖的智慧多功能杆范围，实现纤芯汇集。其中，光缆交接箱位置部署、主干光缆纤芯规格、分歧接入方式是光缆工程费用的主要影响因素。光缆方案设计既要满足现有纤芯需求，又要考虑如何最大限度降低管孔占用。

2. 施工准备阶段费用管理计划

在施工准备阶段，有效的费用管理计划对于整个项目的实施至关重要。施工准备阶段费用管理的目标为：在确保项目资金筹措及时和充足的前提下，通过合理规划和控制项目投资降低成本，同时应预防资金风险并做好预案，确保项目顺利进行。施工准备阶段费用管理的原则为：合理估算施工费用，选择高效和低成本的方案提高资金使用效益，保证费用的透明度和公开性。施工准备阶段费用管理的方法包括制订项目费用估算和预算表、筹措项目资金、审核和管理合同费用、监控项目成本和风险管理等。

3. 施工阶段费用管理计划

施工阶段的费用管理可确保项目在预算范围内完成。施工阶段费用管理的目标为：保证项目实际费用控制在预算范围内的前提下，降低项目成本、提高经济效益，同时合理利用资源，避免不必要的浪费和损失。施工阶段费用管理的原则为：确保费用管理的合法性和合规性；对施工过程中涉及的所有费用进行全面控制；根据项目实际情况和市场变化动态调整费用管理计划和策略；明确项目团队成员的费用管理职责和权限。施工阶段费用管理的方法包括制订详细的项目预算和费用计划、实施费用监控和控制、合理安排项目进度、加强材料和设备采购管理、严格控制变更和索赔、建立风险管理机制，以及加强与各参建单位的沟通协调等。

4. 竣工结算阶段费用管理计划

竣工结算阶段费用管理是项目费用管理的最后环节，也是实现项目经济效益的重要环节。竣工结算阶段费用管理的目标为：在确保竣工结算费用合规、准确和完整的前提下，防止费用超支并控制项目成本，同时维护项目团队和各参建单位的合法权益。竣工结算阶段费用管理的原则为：遵循国家法律法规和合同条款；保证费用管理的客观性和公正性，不受任何利益的影响；确保竣工结算阶段费用的准确性和完整性，不遗漏任何费用。竣工结算阶段费用管理的方法包括：收集和整理结算资料、审核结算文件、协调处理争议、编制结算报告和建立结算档案等。费用结算及控制流程如图 7-7 所示。

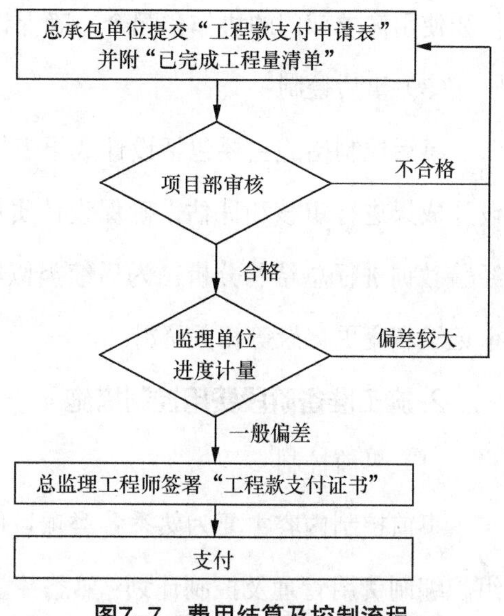

图7–7　费用结算及控制流程

7.6.2　费用管理的 3 个阶段控制措施

费用管理的 3 个阶段控制措施包括事前控制、事中控制和事后控制。通过 3 个阶段的控制措施，可以确保项目成本的合理性和准确性，提高费用管理的效率和质量，有效控制项目成本，保证项目的经济效益。

1. 设计阶段费用控制措施

（1）事前控制

事前控制措施主要包括编制设计预算、选择合适的设计团队和建立沟通机制。在设计开始前，根据项目的需求和目标，制订合理的设计预算，明确设计费用的来源和使用方式；选择经验丰富、专业水平高的设计团队，确保设计质量和进度，并避免不必要的设计变更而导致费用增加；与设计团队建立有效的沟通机制，明确设计要求和目标，确保设计成果符合项目需求。

（2）事中控制

事中控制措施主要包括设计方案评审、控制设计变更、推行限额设计和加强团队协作。在设计过程中，对提出的设计方案进行评审和优化，确保设计方案的经济性和可行性；严格管理设计变更，包括变更申请、审批和实施等环节，防止增加不必要的费用；根据设计预算和费用控制目标，确保设计工作量和费用的有效控制；加强设计团队与项目各参建单位和使用需求部门的协作和配合，确保设计工作的顺利进行。

（3）事后控制

事后控制措施主要包括设计成果审核、经验教训总结和设计归档。在设计完成后，对设计成果进行审核和评估，确保设计质量和费用控制的合规性；对设计过程中费用管理的经验教训进行总结和分析，为后续类似项目提供参考；建立设计档案，包括设计方案、评审记录和变更记录等相关资料。

2. 施工准备阶段费用控制措施

（1）事前控制

事前控制内容主要为熟悉各类项目信息和策划各类方案。具体控制措施包括项目经理组织编制费用管理及控制计划；熟悉并掌握费用管理及控制的各项依据，熟悉与本项目相关的各项政府主管部门批复文件；根据项目建设要求对费用估算及总控制目标进行分解，制订资金使用计划；了解客户对项目是否有特殊要求，例如创标、创杯和重点工程等要求；认真了解施工现场情况，例如地下管道、地下水、道路交通、障碍物、架空线和重点保护建筑物等；编制施工组织设计和施工预算；策划招标采购方案等。

（2）事中控制

事中控制内容主要为分包采购招标与合同签订。具体控制措施包括在施工或设备材料招标的各个阶段落实招标策划；审核招标文件，设置合理的目标和要求，制订科学的评标定标办法；招标答疑中对涉及费用估算及控制的答复重点把关；及时了解评标专家的意见，熟悉中标候选人的投标文件；费用管理人员参与合同商洽谈判，重点研究与费用估算及控制有关的条款，协助完成合同签订。

（3）事后控制

事后控制内容主要针对合同条款进行研究。具体控制措施包括合同签订生效后由费用管理人员继续研究招标阶段形成的各类合同文件（例如，招标文件和投标文件等），提高处理索赔的应对能力；费用管理人员应学习和借鉴其他工程经验教训，对照工程合同条款思考和防范索赔的措施。

3. 施工阶段费用控制措施

（1）事前控制

事前控制内容主要包括熟悉图纸与合同、预测工程风险和如期提供施工场地等。具体控制措施包括熟悉设计图纸要求和招投标书、研究施工合同费用构成因素、确定费用管理及控制重点、做好设计图纸的会审工作，发现设计缺陷，减少索赔诱因；针对项目特点预测工程风险及可能发生索赔的诱因并制定防范对策（例如，资金不到位、施工图纸不到位、业主单位提供或确认的材料和设备不到位等），以减少索赔情况的发生；如期提供施工需要使用的场地，确保如期开工、正常施工和连续施工。

（2）事中控制

事中控制内容主要包括施工过程中发生的变更、工程量复核和费用超支等。具体控制措施包括：及时答复分包单位提出的问题及配合要求，避免违约和索赔；慎重对待项目范围变更和设计修改，严格核实经费签证，及时向监理单位提请，对已完成工程量进行复核，不定期检查工程费用超支情况并提出控制超支的措施。

（3）事后控制

事后控制内容主要包括资料移交和总结分析等。具体控制措施包括及时整理各专业和项目的现场费用资料，移交竣工结算审核机构，编写项目合同实施阶段的费用管理的工作报告并上报，总结分析施工过程中的费用管理经验，以此为今后类似项目提供参考。

4. 竣工结算阶段费用控制措施

（1）事前控制

事前控制具体措施包括组织项目结算审核方案策划会议、编制工程结算审核实施方案、接收已有造价控制资料和后续竣工结算资料、根据结算审核实施方案配置相关人员、按分工分别进行工作交底等。

（2）事中控制

事中控制具体措施包括根据结算审核实施方案进行任务分配、分发竣工结算资料、搜集与本工程结算审核依据相关的资料和数据、项目竣工后及时进行工程量的核对及定额套用的检查和取费标准的核实等费用结算审核工作等。结算审核过程包括自行核算、调查取证、谈判对账、校审复核和咨询报告确认。

（3）事后控制

事后控制具体措施包括根据审定的竣工结算进行工程尾款支付审核、处理工程质量保修金的留置和分期退还、归档和归还完工资料、跟踪竣工结算执行情况、总结分析竣工结算阶段的费用管理经验，并为今后类似项目提供参考及配合做好审计工作等。

7.7 项目HSE管理

智慧多功能杆项目在实施过程中，安全管理是项目管理的重要环节之一，同时应按照职业健康管理和环境管理体系要求，规范项目的职业健康管理和环境管理。本节将从安全管理、职业健康管理和环境管理 3 个方面进行介绍。

7.7.1 安全管理

智慧多功能杆项目的安全管理包括安全管理组织与制度、危险源识别与管理、施工安全检查与管理措施、占道施工安全保障措施、安全生产事故应急预案等。

1. 安全管理组织与制度

安全管理组织与制度的建立，有利于项目的顺利进行、提升管理水平、降低安全风险、提高企业竞争力。安全管理组织与制度的内容包括安全施工原则、安全管理组织架构和施工安全管理制度。

（1）安全施工原则

严格遵守国家安全生产法律法规中有关安全生产的规定，认真执行合同中的安全要求。坚持“安全第一、预防为主、管生产必须管安全”的原则。加强安全生产宣传教育，增强全员安全生产意识，建立健全安全生产管理机构和安全生产管理制度。配备专职及兼职安全员，有组织地开展安全生产活动。

（2）安全管理组织架构

安全管理组织架构应由企业分管领导牵头，各职能部门参与，安全管理责任分解到位，职能岗位落实到人，形成纵向到底、横向到边的安全生产管理体系。智慧多功能杆项目部以项目经理为第一责任人，成员包括项目设计负责人、技术负责人和安全员组成的项目安全管理委员会，全面负责项目实施过程中的安全管理工作。同时，项目部要接受客户、监理及政府安全管理部门的监督。此外，还应制定安全管理办法及管理细则，对项目安全管理工作进行检查、总结、评比和表彰，并加强与地方政府的协调与沟通，积极完成地方政府下达的各项安全工作任务。以智慧多功能杆项目为例，安全管理组织架构如图 7-8 所示。

（3）施工安全管理制度

智慧多功能杆项目应建立完善的施工安全管理制度。施工安全管理制度主要包括安全技术交底制度、班前检查制度、安全许可制度、现场验收制度和安全例会制度。施工安全管理制度见表 7-3。

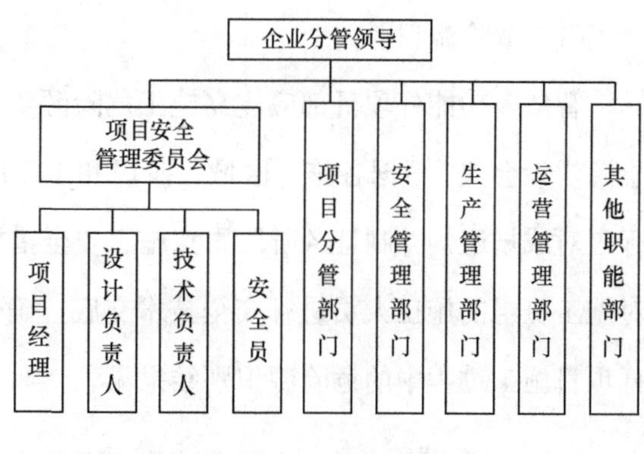

图7–8　安全管理组织架构

表7–3　施工安全管理制度

施工安全管理制度	制度内容
安全技术交底制度	根据项目的实际情况和安全管理要求，项目经理需要逐级进行书面安全交底，即项目技术负责人向施工管理人员进行交底，施工管理人员向施工班组长进行交底，施工班组长向施工人员进行交底，并签字确认
班前检查制度	根据项目的实际情况和安全管理要求，施工管理人员需要进行班前检查。班前检查包括对现场的安全状况进行评估，对使用的设备、工具和防护用品进行检查。同时，班前检查还应关注施工人员的身体状况和情绪状态，避免因疲劳、生病等而影响施工安全
安全许可制度	根据项目的实际情况和安全管理要求，涉及重大危险作业必须编制专项方案，经客户或企业安全管理部门审批后方可安排施工，例如登高作业、吊装作业和临时用电等
现场验收制度	根据项目的实际情况和安全管理要求，对施工材料进场、基础隐蔽工程、杆件到货安装、综合设备舱到货安装、照明灯具和其他设备到货安装等实行现场验收制度，经监理工程师验收合格后方可使用，凡不经验收的一律不得投入使用
安全例会制度	根据项目的实际情况和安全管理要求，项目部每周要组织全体安全管理人员进行安全教育，对上一周安全方面存在的问题进行总结，对本周的安全重点和注意事项进行必要的交底

2. 危险源识别与管理

危险源识别是为了确保工作环境的安全和健康，通过采取相应的措施来降低和控制风险，保护施工人员和公众的生命和财产安全。通过发现和评估项目实施过程中潜在的危险源，为制定相应的安全措施提供依据并采取相应的控制措施，可以减少安全事故的发生，提高工作场所的安全性、生产效率和质量，降低经济损失和社会影响。因此，在智慧多功能杆项目管理中，应高度重视危险源的识别与管理，确保项目安全顺利进行。

（1）危险源识别

智慧多功能杆项目部应建立施工危险源辨识会议制度。每月组织各专业和各工序的危险源辨识会议；根据各施工区域、阶段和工序的危险源识别结果，采取不同的安全措施进行应对或规避，并制订各阶段重点施工安全措施计划；完成危险源辨识和安全措施制订后，对施工班组的施工人员进行安全技术交底，确保施工阶段安全措施落实执行。智慧多功能杆项目施工过程中的危险源识别结果见表 7-4。

表7–4　智慧多功能杆项目施工过程中的危险源识别结果

<table>
<tr><th>序号</th><th>危险源</th><th>类型</th><th>预防措施</th></tr>
<tr><td rowspan="3">1</td><td rowspan="3">物体打击</td><td rowspan="3">物料堆放、土建模架拆除、杆件安装、交叉施工</td><td>加强施工人员安全教育及班组交底</td></tr>
<tr><td>设置安全围挡划分安全施工区域</td></tr>
<tr><td>人员需要佩戴安全帽及穿反光马甲</td></tr>
<tr><td rowspan="3">2</td><td rowspan="3">高空作业</td><td rowspan="3">杆件安装、设备安装、设备迁改</td><td>加强施工人员安全教育及班组交底</td></tr>
<tr><td>临边设置安全围挡和警示灯</td></tr>
<tr><td>登高作业人员必须持有登高作业证</td></tr>
<tr><td rowspan="6">3</td><td rowspan="6">吊装作业</td><td rowspan="6">汽车吊</td><td>作业前针对现场性质进行施工人员安全教育技术交底</td></tr>
<tr><td>作业前在现场做好安全警示，设专人进行安全监管</td></tr>
<tr><td>对使用的吊装平台做好安全防护，信号人员及运输人员在平台挂好安全带，安全员同时进行监督监管</td></tr>
<tr><td>吊装作业人员持证上岗</td></tr>
<tr><td>定期监测风速，6 级以上风速必须停止吊装</td></tr>
<tr><td>夜间吊装，提前准备施工照明</td></tr>
<tr><td rowspan="5">4</td><td rowspan="5">临边作业</td><td rowspan="5">基坑周边</td><td>加强施工人员安全教育及班组交底</td></tr>
<tr><td>施工人员活动区域先做好现场安全防护工作</td></tr>
<tr><td>每天专人进行巡检维修</td></tr>
<tr><td>对洞口临边设置安全围挡</td></tr>
<tr><td>对洞口临边设置安全警示标志</td></tr>
</table>

（2）危险源管理措施

对危险源辨识会议识别分析得出的危险源及控制措施进行汇总，填写“项目危险源辨识与风险评价单”，并定期对现场危险源进行更新；对危险源辨识会议上确定的项目安全风险进行分级并明确责任人，填写“项目安全风险分级管控清单”，将现场施工风险管控落实到人，加大现场管理力度；每日对安全措施的落实情况进行监督并汇总反馈。

3. 施工安全检查与管理措施

智慧多功能杆项目施工安全检查的内容包括：检查事故隐患、检查机械设备、检查安全设施、检查安全教育培训、检查操作规范性、检查劳动防护用品使用和检查现场安全文明施工等，记录检查缺失项台账并下发整改通知单，项目部应对缺失项逐一整改销项，形成闭环。检查过程中的资料需要留存归档，例如专项检查签到表、隐患整改通知单、隐患整改回复单和检查过程影像资料等，检查结束应及时总结经验并及时推广。智慧多功能杆项目的专项安全管理措施主要包括：人员安全防护措施、施工机械操作安全管理措施、临时用电安全管理措施、钢筋工程安全技术措施、混凝土施工安全技术措施、雨季施工安全管理措施，以及占道施工安全保障措施等。

4. 占道施工安全保障措施

智慧多功能杆项目在既有道路改造施工过程中，涉及占道施工的情况居多，例如基础施工、杆件吊装、设备迁改和原有杆件拆除等。当占道施工时，应严格遵守道路施工交通管理手册的有关规定，严格遵守临时占用交通和挖掘道路许可的有关规定。占道施工安全保障措施包括：警示标志齐全、围挡搭设及拆除，以及与交通管理人员密切配合。

（1）警示标志齐全

车道外设置导流警告标志（主干路150m、次干路100m、非机动车道和人行道50m），同时摆放锥形交通标或警示牌，且夜间施工警示标志必须采用高强度反光膜。锥形交通标间距按1m摆放，由迎车方向的最前端向后逐步变宽，锥形交通标内侧区域设置相应的交通标志标牌。在最前方锥形交通标后摆放3个防撞消能桶，并在交通标志标牌后方设置夜间施工警示灯1个，防撞消能桶必须装满沙子。

（2）围挡搭设及拆除

基坑开挖临边处应设置硬质围挡，围挡搭设应牢固无缝隙，围挡外侧摆放锥形交通标。若围挡设置在施工出入口，需要设置警示标志，并由专人指挥。严禁在车行道的围挡外放置施工材料和设备等。施工结束撤离时应拆除围挡并清理恢复路面。

（3）与交通管理人员密切配合

锥形交通标摆放最前方应安排引导员指挥交通，引导来往车辆减速绕行。引导员必须戴安全帽、穿反光的服饰、持发光指挥棒。施工人员横穿车行道时必须直行通过，注意避让来往车辆。所有施工及现场维护人员必须佩戴安全帽并穿反光背心，听从引导员指挥。

5. 安全生产事故应急预案

制定安全生产事故应急预案的目的是在发生安全生产事故时，能够迅速、有效地组织开展应急处置工作，以控制事态发展减轻事故损失，保障人民群众生命财产安全。应急预案的制定应遵循科学、实用、统一和协调的原则。智慧多功能杆项目应成立应急指挥部，明确应急指挥部成员的职责和分工，同时制定应急指挥部的工作规则和决策程序。安全生产事故应急预案的工作流程包括：信息报告、决策指挥、现场处置和后期处理等环节。

应急预案应根据具体安全生产事故内容分别制定，智慧多功能杆项目的应急预案内容包括：工程意外事故应急预案、危险品仓库应急预案、火灾应急预案、消防预案、防台防汛预案、土方坍塌预案、机械事故预案、高处坠落事故应急预案和卫生防疫应急预案等。安全生产事故应急预案应定期进行培训和演练，提高应急响应能力和水平。

7.7.2 职业健康管理

职业健康管理不仅关系到企业员工的身体健康和生命安全，还与企业的整体绩效、社会形象和可持续发展密切相关。因此，智慧多功能杆项目应重视职业健康管理，建立完善的职业健康制度和管理机制，加强员工的培训和宣传教育，提供必要的防护设施和健康监护，确保员工的身体健康和生命安全。职业健康管理包括职业健康管理计划、职业健康管理实施和职业健康管理检查制度。

1. 职业健康管理计划

制订职业健康管理计划的目的：通过采取有效措施，预防和控制职业病的发生，降低员工在工作场所中接触有害因素的风险，保护员工的身体健康和生命安全。在智慧多功能杆项目中应贯彻职业健康方针，制订职业健康管理计划。职业健康管理计划的内容包括：职业健康管理目标、职业健康管理组织机构和职责、职业健康管理主要措施等。

2. 职业健康管理实施

智慧多功能杆项目应对职业健康管理计划的实施进行管理。主要内容包括：企业需要为实施、控制和改进职业健康管理计划提供必要的资源，例如人力、技术、物资、专项技能和财力等资源。通过职业健康管理组织机构进行职业健康培训，保证项目部人员和分包单位人员等正确理解职业健康管理计划的内容和要求。建立职业健康管理计划执行状况的沟通与监控机制，以保证能够随时识别潜在危害健康的因素，并采取有效措施，预防和减少可能引发的伤害。此外，应建立对项目各参建单位所带来的伤害进行识别和控制的程序，有效控制来自外部危害健康的因素。

3. 职业健康管理检查制度

职业健康管理检查制度是针对职业健康进行监督、检查和管理的制度。职业健康管理检查制度应明确规定职业健康检查的组织、内容、方法、周期和程序等，确保项目的职业健康管理工作得到有效实施和监督。具体内容包括：明确职业健康管理检查的责任主体；确定职业健康管理检查的内容和标准；制订职业健康管理检查计划和程序；实施职业健康管理检查并进行问题整改；建立职业健康管理档案并进行信息管理；配合政府部门监督检查工作等。通过制定科学、合理的检查制度，可以更好地监督和管理项目的职业健康状况，预防职业病。

7.7.3 环境管理

环境管理要求在项目实施过程中遵守环保法规，并采取必要的环保措施减少对环境的影响，实现绿色可持续发展。同时，施工现场环境管理对于保障员工健康、提升企业形象、保障生产安全、提高工作效率、实现资源节约和环境保护具有重要意义。智慧多功能杆项目的现场施工环境管理主要体现在施工生产噪声控制、施工机械噪声控制和扬尘污染控制 3 个方面。

1. 施工生产噪声控制

智慧多功能杆项目实施过程中施工生产的噪声，主要来自钢筋工程、混凝土工程、砌体工程及其他现场施工作业时产生的噪声。施工生产噪声控制见表 7-5。

表7–5　施工生产噪声控制

施工作业	控制措施
钢筋工程	1. 施工人员经技术培训考核合格后持证上岗
	2. 钢筋运输时应避免拖地，控制与地面接触产生的摩擦声音
	3. 切割机进行断料时间应控制在 6:00 ～ 22:00
	4. 钢筋连接时采用低噪声的施工工艺
混凝土工程	1. 施工人员经技术考核培训合格后持证上岗
	2. 夜间采用低音振动棒进行振捣
	3. 商混汽车泵工作时发出的噪声控制在允许范围内

续表

施工作业	控制措施
混凝土工程	4. 混凝土振捣时遵照操作规范，避免不必要的噪声
砌体工程	1. 避免大量不正当砍砖带来的噪声
	2. 在指定的时间、地方完成断料作业
	3. 有噪声施工应控制在作业时间内操作
其他	1. 施工人员不可在现场喧哗、吵闹
	2. 严格控制作业时间，晚间有计划地安排工作
	3. 对大批量的材料进行切割时，应搭设封闭的加工棚，集中加工

2. 施工机械噪声控制

智慧多功能杆项目实施过程中施工机械的噪声，主要来自抽水泵、柴油发电机和各类车辆，例如大型货车、渣土车、混凝土搅拌车、登高作业车和随车起重运输车等。施工机械噪声控制见表 7-6。

表7-6　施工机械噪声控制

施工机械	控制措施
抽水泵	1. 工作时间为 6:00 ～ 22:00
	2. 需要在固定场所作业
	3. 使用符合环保要求的抽水泵
柴油发电机	1. 工作时间为 6:00 ～ 22:00
	2. 在柴油发电机排气管上加装消声器
	3. 使用隔声罩
	4. 进行减振处理，例如在柴油发电机下方使用减振垫或者减振器等
	5. 定期对柴油发电机进行维护和保养
车辆	1. 选用环保型车辆
	2. 车辆行驶在市区道路和工地附近不得鸣笛
	3. 主要施工机械都要定期保养维护，降低噪声
	4. 所投入的机械设备、车辆要保证技术性能完好，不带故障出车

3. 扬尘污染控制

智慧多功能杆项目施工现场应重视扬尘污染控制。严格执行建筑施工现场大气污染物排放标准，确保排放的空气污染物达到二级标准。施工现场扬尘污染控制措施包括：建筑施工垃圾应及时清运并适量洒水；水泥等易飞扬物、细颗粒散体材料应安排在库内存放或严密遮盖，运输时要防止遗洒、飞扬，卸运时应采取码放措施；修复时切割石材要在固定场所内作业，及时用水消除切割导致的粉尘；施工时控制好有挥发性材料的挥发范围；运输材料时使用环保合格的车辆；进货车辆控制好开车时的扬尘等。

7.8 项目其他管理

智慧多功能杆项目在推进过程中，除了前序章节提出的管理措施，还需要在其他方面进行管理，例如信息管理、沟通管理、数字化管理、资源管理、试运行管理、合同管理、收尾管理等。

1. 信息管理

智慧多功能杆项目建设涉及的信息众多，应制定信息管理程序和制度，对智慧多功能杆项目全过程所产生的各种信息进行管理。项目部应制订项目信息管理计划，明确信息管理的内容和方式。项目信息管理系统应与企业信息管理系统兼容，便于信息的输入、处理和存储，便于信息的发布、传递和检索，具有数据安全保护措施。项目部应依据合同约定和企业相关规定，确定项目统一的信息结构、分类和编码规则。项目信息管理系统应满足项目全生命周期使用需求，制定收集、处理、分析、反馈和传递项目信息的管理规定，并在项目实施中严格执行。

2. 沟通管理

良好的沟通是项目正常开展的必备条件，项目部应运用各种沟通工具及方法，采取相应的组织协调措施与项目联系人进行沟通，沟通管理应贯穿项目管理全过程。项目部应制订项目沟通管理计划，明确沟通的内容和方式，以及结合项目特点、各方需求和目标，制订相应的协调措施，并根据项目实施过程中的情况变化进行协调和调整。通过沟通协调，实现项目的正常推进。

3. 数字化管理

随着数字技术的发展，项目建设数字化及智慧多功能杆设备涉及的数字化系统对数字化管理的需求不断增加。企业将数字技术应用于建设过程，伴随智慧多功能杆实物产品的建设，形成相应的数字化建设成果。智慧多功能杆项目建设所需的设备涉及多个系统，目前，已尝试建立统一的管理平台，对数据进行整合管理，形成数字化应用平台，进而实现数字化管理。

4. 资源管理

项目资源管理包括人力、设备、材料、机具、技术和资金等，资源管理应在满足项目的质量、安全、费用、进度，以及其他目标需要的基础上，进行项目资源的优化配置。资源管理的过程控制包括计划、配置、控制和调整。

（1）人力资源管理

结合项目实施计划编制人力资源需求，配备相应的团队，需要满足国家相关规定对各类资质的要求。此外，项目部还应建立项目绩效考核和奖惩制度，对项目部人员进行考核激励或惩罚。

（2）设备、材料管理

根据项目情况编制设备、材料控制计划，建立设备、材料控制程序和现场管理规定，对设备和材料进行管理和控制，严格执行进场检验、入/出库管理，以及不合格品管理，在保障项目进度的同时，还应保障项目质量。

（3）机具管理

结合项目编制机具需求和使用计划，对进入施工现场的机具应进行检验和登记，并按要求进行报验，在施工过程中应做好与机具相关的现场管理，以确保工程实施安全。

（4）技术管理

智慧多功能杆在实施过程中，应严格按照技术规范要求实施。既符合企业技术管理规定相关要求，又满足项目技术规范书相关要求。项目部对设计、采购、施工和试运行阶段涉及的技术资源和技术活动进行过程管理，并遵守合同中关于技术和知识产权的相关约定。

（5）资金管理

资金关系到项目的正常运行，在资源管理中占有重要地位。项目部和企业职能部门应制订资金管理目标和计划，对项目实施过程中的资金流进行管理和控制，根据项目进度计划、费用计划、合同价款及支付条件，编制项目资金流动计划和项目财务用款计划，并按固定程序审批和实施。在项目实施过程中，还应对资金进行风险管理，及时向发包单位申请相关款项，并向分包单位或供应商及时支付，确保资金流畅运转，不会影响项目进度。

5. 试运行管理

智慧多功能杆项目包含数字化相关内容，涉及各类设备应用，应编制试运行管理内容，主要包含：试运行执行计划、试运行准备、人员培训、试运行过程指导与服务。在项目试运行前应要求其按设计文件和相关标准完成数字化系统、各类设备、网络、电气的施工安装及调试工作，落实相关技术、人员和物资安排，以确保项目试运行正常开展。

6. 合同管理

智慧多功能杆项目合同主要涉及总承包单位与发包单位之间的总承包合同，以及总承包单位与各类供应商之间的分包合同。通常情况下，企业的合同管理部门负责项目合同的订立，对合同的履行进行监督，并负责合同的补充、修改、变更、终止等有关事宜；项目部则负责组织总承包合同的履行，并对分包合同的履行实施监督和控制。合同订立在遵循相关法律法规的同时，应深入结合项目实际情况，从实施范围、实施时间、合同金额、付款条件、奖惩措施，以及履约（违约）措施等方面进行合同管控。在项目实施过程中，应及时跟进合同的履行情况，并按程序开展变更、争议及索赔处理。

7. 收尾管理

智慧多功能杆项目收尾管理主要包含的工作内容：向发包单位移交最终产品、服务或成果；配合发包单位进行竣工验收、项目结算、项目总结、项目资料归档、项目剩余物资处置、项目考核与审计；对分包单位及供应商的后评价等。

第 8 章
典型实施案例

在智慧多功能杆规划与建设的过程中，采用科学的规划和建设方案，有助于智慧多功能杆达到智慧城市数字道路的相关要求。在实际城市基础设施规划时，可编制智慧多功能杆专项规划，以国土空间规划和中心城区控制性详细规划为依据，结合当地城市基础设施通信专项规划和交通专项规划进行分析，实现智慧多功能杆的中心城区城市道路全覆盖，为未来智慧城市、数字道路的实现奠定设施基础。在工程实施过程中，通过对杆件进行多杆合一优化设计，研究杆件基础实施方案及工程中常遇到的疑难问题，找到对应的解决措施，有助于获得科学的工程实施方法。本章将采用案例的方式展示规划和建设的全过程。

8.1 规划实施案例

本节规划实施案例以浙江省东阳市为例，通过规划总则、现状分析、规划方案、近期建设规划和规划实施保障措施等内容，对智慧多功能杆规划展开介绍。

8.1.1 规划总则

1. 规划背景

在网络强国、国家大数据、“互联网 +”和数字中国等战略驱动下，5G 技术快速发展。2019 年，工业和信息化部、国务院国有资产监督管理委员会联合发布《关于 2019 年推进电信基础设施共建共享的实施意见》，要求“基础电信企业与铁塔公司要利用路灯、监控、交通指示等社会杆塔资源，充分发挥自身优势，按照市场化原则开展微（小）基站建设”，该文件为 5G 微基站等信息基础设施建设指明方向。同年 6 月，工业和信息化部正式向电信运营商发放 5G 商用牌照并启动建设。2020 年，《工业和信息化部关于推动 5G 加快发展的通知》中提出加快推进主要城市 5G 网络建设，并向有条件的重点县镇逐步延伸覆盖。

随着全球新一代信息技术蓬勃发展，5G 和大数据作为国家基础性战略资源，成为国家竞争力的战略制高点之一。5G 网络和数据中心等新一代信息基础设施对于推动经济社会数字化转型、促进数字经济高质量发展发挥着越来越重要的作用，成为世界各国竞相发展的重要领域。

智慧城市要求充分运用信息和通信技术手段感测、分析、整合城市运行核心系统的各项关键信息，对民生、城市服务、工商业活动在内的各种需求做出智能响应。智慧多功能杆是建设智慧城市必不可少的产品，其具备布局密集、高度适宜、有独立管网等优势，是5G 微基站的最佳载体。2018 年年底，国家节能中心提出以智慧路灯杆为抓手，推动城市照明节能降耗与城市物联网建设，推动绿色智慧城市基础设施共建共享，实现资源共享、集约、统筹，降低城市建设成本，提高城市运维效率，为绿色智慧城市建设提供良好基础。在实践方面，湖北、浙江、江苏、广东等多地积极开展智慧多功能杆试点建设，并取得较好的示范效应。

未来，智慧多功能杆是物联网重要的信息采集来源，不仅是智慧城市的重要组成部分，能够提升城市及市政服务能力，也是智慧城市的重要入口，可促进智慧市政和智慧城市在城市照明业务方面的落地。智慧多功能杆通过集成传感器采集城市信息，将产生智慧城市所需的各种数据，上传到云端形成大数据。这些数据可与政府内部的交通管理系统、警务管理系统、财政管理系统和采购管理系统进行交互，为智慧城市大数据应用提供多种数据支撑。

2. 规划依据

智慧多功能杆专项规划主要依据的文件包括：法规与政策文件、国家与行业规范标准、相关规划，以及调研材料。

（1）法规与政策文件

《中华人民共和国城乡规划法》《中华人民共和国土地管理法》《中华人民共和国环境保护法》《城市规划编制办法》《城市、镇控制性详细规划编制审批办法》《中华人民共和国电信条例》等。

（2）国家与行业规范标准

GB/T 50853—2013《城市通信工程规划规范》、GB 50137—2011《城市用地分类与规划建设用地标准》、GB 8702—2014《电磁环境控制限值》、GB/T 40994—2021《智慧城市 智慧多功能杆 服务功能与运行管理规范》、DB 33/T 1238—2021《智慧灯杆技术标准》、GB/T 36333—2018《智慧城市 顶层设计指南》、GB 2894—2008《安全标志及其使用导则》、GB 14886—2016《道路交通信号灯设置与安装规范》、GB 14887—2011《道路交通信号灯》、

GB/T 23827—2021《道路交通标志板及支撑件》、GB/T 31446—2015《LED 主动发光道路交通标志》、GB 50462—2015《数据中心基础设施施工及验收规范》、CJJ 45—2015《城市道路照明设计标准》、CJ/T 527—2018《道路照明灯杆技术条件》、GA/T 484—2018《LED 道路交通诱导可变信息标志》、GB 50289—2016《城市工程管线综合规划规范》等。

（3）相关规划

《全国国土规划纲要（2016—2030 年）》《全国土地利用总体规划纲要（2006—2020 年）》《中华人民共和国国民经济和社会发展第十四个五年规划和 2035 年远景目标纲要》等。

（4）调研材料

当地社会经济发展状况资料、电信企业获取的相关基础数据及发展需求、编制期间相关部门召集的历次规划编制协调会精神及指导要求。

其他相关法律法规、政策文件、规范标准和规划文件。

3. 规划目标

以国土空间规划和中心城区控制性详细规划为依据，进一步加大新型信息通信基础设施建设力度，以 5G 智慧多功能杆建设为实际需求，加快构建高速、移动、安全、泛在的新一代信息基础设施，落实政府关于推动 5G 产业发展的文件精神，满足未来智慧生活、智慧社会、智慧工业等信息化需求，积极推动智慧多功能杆快速、合理、有序建设，实现 5G 网络全覆盖，助力建设新型数字智慧城市。

4. 规划范围

选择中心城区一定区域范围，综合考虑城市道路布置情况、人车流量分布情况等给出规划范围。

5. 规划期限

规划期限与“十四五”规划时限一致，为 2021—2025 年。其中，近期为 2021—2023 年，中期为 2023—2024 年，远期为 2024—2025 年。

8.1.2 现状分析

1. 路灯现状分析

道路照明：中心城区已有市政路灯约 6 万盏，存在部分路灯损坏及夜晚照明覆盖不足的问题，需要对照明亮度不够的地方进行盲点补充。

公园景观：西山公园、江滨广电公园、南山休闲公园、江滨湿地公园等辖区内，现有多种景观灯（庭院灯、草地灯、水底灯、埋地灯等），主园路宽度 6m，一般采用庭院灯照明，部分区域存在照明不足的情况。

视频监控：已接入感知视频共享管理信息平台，虽然已有众多视频监控点，但仍存在监控死角。

2. 建设与管理问题

目前，视频监控、路灯、充电桩、户外广告大屏、基站等系统各自独立部署，建设与管理主要存在以下 4 个问题。

① 各种杆件造型不统一，影响城市美观。占用大量空间资源，造成资源严重浪费。

② 各部门自行建设杆塔载体，造成重复建设。

③ 各系统相互独立，不同业务由不同部门管理，维护工作也由不同部门负责，维护工作量大，工作集成度低，操作麻烦，且缺乏便利统一的平台进行有效管理。

④ 传统路灯功能单一，通常可定时开启、关断控制，无法进行功率调节、单灯精细控制，且传统路灯采用高压钠灯，功率大、能耗高。

8.1.3 规划方案

依据本书所述的智慧多功能杆专项规划编制办法，编制智慧多功能杆专项规划。在该专项规划编制前，尚无编制完成的智慧多功能杆规划，智慧多功能杆规划是从无到有的全新规划，且规划期限为 2021—2025 年，规划时限相对较短，因此智慧多功能杆的近期规划以带状布局为主，保障中心城区主干路覆盖的连续性，到规划末期则结合空间规划和市政道路规划基本实现区域覆盖。

规划以主导功能需求组合为导向，确定智慧多功能杆规划布局，在无线通信基站的需求点位置落实在城市空间后，分析城市道路等级、周边建设条件、城市用地性质、城市密度分区等内容，筛选出本次规划布局智慧多功能杆的覆盖范围。智慧多功能杆覆盖范围主要考虑这些区域：中心城区的城市主干路、次干路、重点区域支路及一般道路；江滨区域、公园、医院、学校等重点单位门口。

1. 近期规划

智慧多功能杆布局近期规划根据业务需求确定智慧多功能杆布局位置，针对不同覆盖场景划分层次，结合 5G 网络覆盖能力、智慧城市管理进行全网融合站址规划布局。

综合分析智慧多功能杆的特点、国内外应用现状、5G 产业与典型应用领域、城市道路照明交通设施及供电、管线等设施，采用本书提出的规划流程实施规划。以主导功能需求组合为导向，确定智慧多功能杆规划布局，当无线通信基站的需求点位置落实在城市空间后，分析城市道路等级、周边建设条件、城市用地性质、城市密度分区等内容，规划布局智慧多功能杆的覆盖区域。

规划智慧多功能杆的路网主要包括中心城区（江北、吴宁、白云）的多条道路。除了沿道路线性布局规划，还应考虑部分点状智慧多功能杆布局与面状智慧多功能杆布局。点状布局主要位于城市地标区域，面状布局主要位于未来社区。未来社区是浙江省建设共同富裕示范区的引领性、战略性和标志性工程，智慧多功能杆近期规划对未来社区这类覆盖场景进行面状布局，主要集中布局在东阳中山社区、东阳猴塘社区、东阳蓝天社区、东阳恬里社区等未来社区区域。

近期规划从点、线、面这 3 个层次考虑，充分结合城市道路线性布局、公园广场点状布局、城市通信信息网络布局等，确保智慧多功能杆近期规划对城市重点道路形成全覆盖。结合智慧多功能杆所挂载 5G 基站设备的网络补盲、容量扩展、线性覆盖等功能，以间隔方式设置智慧多功能杆。智慧多功能杆站间距参考值见表 8-1。

表8–1　智慧多功能杆站间距参考值

区域类型	站间距 /m	标准灯杆间隔
密集城区	100 ～ 120	每 3 ～ 4 根杆设置 1 根智慧多功能杆
一般城区	120 ～ 150	每 4 ～ 5 根杆设置 1 根智慧多功能杆
郊区	150 ～ 180	每 5 ～ 6 根杆设置 1 根智慧多功能杆

智慧多功能杆在道路两侧按间距 100 米布设，满足线状覆盖需求，按照点状实际场景需求规划布设点状智慧多功能杆。另外，智慧多功能杆配置满足单根杆单家电信运营商天线挂设需求。根据以上原则进行规划，至 2023 年年末，在规划区内共规划布局智慧多功能杆 1458 根。智慧多功能杆近期规划数量见表 8-2。

表8-2　智慧多功能杆近期规划数量

规划区域	区域名称	区域类别	道路长度 /km	规划数量 / 根
白云	城南西路	主干路	4.1	100
白云	歌山路	主干路	2.3	74
白云	西一路	次干路	0.8	30
白云	蓝天未来社区	未来社区		44
吴宁	江滨南街	主干路	1.4	30
吴宁	艺海路	次干路	2.4	82
江北	中山北路	主干路	2.2	70
江北	市政府广场	广场		6
……	……	……	……	……
总计				1458

2. 中期规划

中期规划时间为 2023—2024 年，中期规划作为近期规划的延伸，对远期规划起到承上启下的作用。

基于道路现网及上述原则，结合 5G 对智慧多功能杆的发展要求，预估中期规划布局智慧多功能杆 876 根。其中，智慧多功能杆间距参照智慧多功能杆站间距参考值，针对不同道路采用双侧或单侧设置智慧多功能杆的方式，根据点状实际场景需求规划布设点状智慧多功能杆。另外，智慧多功能杆配置应满足单根杆单家电信运营商天线挂设需求。根据以上原则进行规划，智慧多功能杆中期规划数量见表 8-3。

表8-3　智慧多功能杆中期规划数量

规划区域	区域名称	区域类别	道路长度 /km	中期规划数量 / 根
白云	八华南路	快速路	1.6	28
白云	东义路	主干路	7.2	142
白云	世贸大道	主干路	5.0	56
白云	南田路	次干路	0.5	8
吴宁	博士路	主干路	2.5	36
江北	八华北路	快速路	1.6	36
江北	迎宾大道	快速路	6.9	76
江北	广福西街	主干路	4.4	78
江北	学士北路	次干路	1.9	24
……	……	……	……	……
总计				876

3. 远期规划

远期规划以 5G 作为通信发展制式的研究基础，以定量形式体现研究成果。规划时间为 2024—2025 年，规划末期实现全市主要快速路、主干路、次干路和人流密集区域支路的全覆盖，为推动全市建设新型智慧城市、实现万物互联提供基础。

智慧多功能杆间距参照智慧多功能杆站间距参考值，针对不同道路采用双侧或单侧设置智慧多功能杆方式，根据点状实际场景需求规划布设点状智慧多功能杆。另外，智慧多功能杆配置应满足单根杆单家电信运营商天线挂设需求。基于道路现网及上述原则，结合 5G 对智慧多功能杆的发展要求，预估远期规划布局智慧多功能杆 2368 根，规划末期共规划智慧多功能杆 4702 根。智慧多功能杆远期规划数量见表 8-4。

表8-4　智慧多功能杆远期规划数量

规划区域	区域名称	区域类别	道路长度 /km	远期规划数量 / 根
白云	环城南路	快速路	5.9	52
白云	江滨南街	主干路	5.58	106
白云	昆汗路	次干路	1.2	20
吴宁	人民路	主干路	3.4	74
吴宁	汉宁东路	次干路	4.6	76
江北	北五路	快速路	5.2	60
江北	北鹿西街	主干路	1.8	32
江北	甘溪西街	次干路	1.2	14
……	……	……	……	……
重点区域支路、一般道路及重点区域点状覆盖				646
总计				2368

4. 总体规划

综合考虑覆盖效果、经济效益及用地规划等因素进行规划布局。2023 年近期规划完成后，东阳市共规划 5G 智慧多功能杆 1458 根；2025 年中远期规划完成后，东阳市共规划 5G 智慧多功能杆 4702 根，其中，2023—2024 年中期规划 5G 智慧多功能杆 876 根，2024—2025 年远期规划 5G 智慧多功能杆 2368 根。智慧多功能杆总体规划数量见表 8-5。规划末期基本实现中心城区主要城市道路全覆盖，满足服务于 5G 和智慧城市布局的要求。

表8–5　智慧多功能杆总体规划数量

规划区域	近期规划数量 / 根	中期规划数量 / 根	远期规划数量 / 根	总规划数量 / 根
白云区	496	490	726	1712
吴宁区	286	36	1176	1498
江北区	676	350	466	1492
合计	1458	876	2368	4702

8.1.4　近期建设规划

推进重点地区主要道路智慧多功能杆整体建设，构建完整、系统的智慧多功能杆建设及管理体系，提高中心城区的智能化水平，在东阳市智慧多功能杆建设工作中起到示范带动作用。

近期建设规划的重点区域是指中心城区的人流密集区，这些地区城市建筑密集，以高层住宅和小高层住宅为主，具有人口密度大、5G 通信用户数量较多、对 5G 基站和智慧多功能杆的需求较为迫切的特点。此外，重点区域经济发展较快，拥有丰富的路灯杆及配套资源，有利于智慧多功能杆建设顺利开展。同时配合开展点状覆盖和面状覆盖，也对智慧多功能杆的建设工作起到示范作用，形成点线面结合的整体场景布局。

8.1.5　规划实施保障措施

1. 规划实施

① 遵守国家和省市规范制度及体系编制，加快制定并完善智慧多功能杆基础设施建设和运行管理等各环节的流程、技术架构、跨部门信息协同等方面的标准和规范，加快规范基础设施建设和融合应用领域法规制度建设，减少技术和流程障碍带来的资源浪费和信息壁垒。

② 做好智慧多功能杆专项规划同城市总体规划、控制性详细规划的衔接，将智慧多功能杆建设规划纳入国土空间规划及控制性详细规划中。各区县在规划建设市政道路、公园景区、住宅小区时，主体工程应同步规划设计智慧多功能杆及相关配套设施，预留电源、管道等空间，后期根据实际需要分期建设。

③ 在规划执行过程中，各部门要带头维护规划的权威性和严肃性，任何单位和个人都不能任意干预规划，不能违背规划搞建设。要严格实施责任追究制度，建立规划行政执法责任制度和行政问责制度，对违反规定调整规划、违反规划审批用地的，要坚决予以纠正，

并依法追究相关责任人的行政责任和法律责任。

2. 政策建议

① 建议"5G移动通信基础设施建设推进领导小组办公室"与规划、住建、城管等相关职能部门共同编制规划，完善规划实施机制、优化调整，推进智慧多功能杆建设工作。

② 建议开放公共资源。除了法律法规另有规定，无偿开放政府机关、事业单位、国有企业、交通站场等物业；针对公共物业，建议制订免费开放计划，为信息基础设施建设提供便利条件。

③ 建议加大财政支持力度。完善相关扶持政策，在税收返还、贷款、政府奖励贴补等方面予以支持，对掘路、占地及园林绿化补贴等方面的相关配套设施予以适当减免，对相关配套设施建设投入较大的企业进行交叉补贴等。统筹相关专项资金支持智慧多功能杆建设、技术创新、产业发展与示范应用。在智慧多功能杆规划建设过程中，对市场配置难以解决的、需政府提供公共服务的关键环节给予重点扶持，引导鼓励社会资本投资基础设施建设。

④ 建议加强用地用电保障。依法及时办理智慧多功能杆用地确权登记发证手续，引导供电企业简化用电申请流程和报装资料，在用电申请、电力增容和改造上为智慧多功能杆建设提供最大便利。

⑤ 建议提高审批效率。结合智慧多功能杆发展趋势，对智慧多功能杆站址及配套设施统一报建资料文档格式，简化申报、审批流程和操作性手续，为智慧多功能杆建设提供便利。推行建设项目环境影响评价分类管理和智慧多功能杆项目环境影响登记备案管理。

⑥ 建议加大共建共享力度。深入贯彻落实科学发展观和建设资源节约型、环境友好型社会的要求，节约土地、能源和原材料消耗，保护自然环境和景观，减少重复建设，构建统一信息平台，推进铁塔基站、路灯、监控、交通指示、广播电视等各类杆塔资源集约建设和一杆多用改造。

8.2 建设实施案例

本节以杭州市、上海市、广州市、武汉市等实际工程为例，通过方案设计、杆体建设、基础建设和线路建设等内容，对智慧多功能杆建设展开介绍。

8.2.1 建设流程与管理要点

智慧多功能杆工程建设流程包括：前期准备工作、确定承包方式、签订合同、组建项目团队、设计阶段、采购阶段、施工阶段、试运行阶段、竣工验收、保修期服务和项目管理收尾。

① 前期准备工作。与发包人进行充分的沟通和交流，了解发包人对项目的需求和要求，根据收集到的项目信息开展可行性研究，初步制订项目的整体计划和相关预算。

② 确定承包方式。根据发包人对智慧多功能杆项目的需求和要求，确定项目适合的总承包方式，例如设计—施工总承包（D-B）、设计—采购—施工总承包（EPC）、设计—采购—施工—运营总承包（EPC+O）等。

③ 签订合同。与发包人签订智慧多功能杆项目总承包合同，明确双方的权利和义务，以及项目的时间表和预算等相关内容。

④ 组建项目团队。根据项目需求和合同约定，组建专业的智慧多功能杆项目团队，并成立总承包项目部，包括项目经理、设计总负责人、技术负责人、预算员、安全员、资料员等。其中，项目经理需要具备丰富的智慧多功能杆项目管理经验和相关技能，包括领导能力、组织能力、协调能力等。项目部需要制订项目计划，明确工程目标、任务、进度、预算等。

⑤ 设计阶段。在合同约定的时间内完成项目设计，包括方案设计、基础施工图、杆体施工图、管道施工图、电气施工图、光缆施工图、信息化设计、智能化设计和设备选型等，同时编制施工图预算和进度计划。

设计管理在智慧多功能杆工程中，重点体现在方案审核和设计变更管理。设计方案需要根据发包人的要求及道路多专业的要求进行整合优化，在满足各权属部门需求的同时，确保设计方案的合理性和合规性。设计变更通常伴随在整个智慧多功能杆项目施工过程，由于市政道路的特殊性，时常会发生平面方案点位位置的变更、基础类型和尺寸的变更、杆件使用功能和结构形式的变更、管道方案的变更、挂载设备的变更、电气方案的变更等，在设计变更的管理过程中，需要执行严格的跟踪、管理和控制。

⑥ 采购阶段。根据合同要求，结合设计成果及技术规范书等文件，采购设备和材料。采购是智慧多功能杆项目实施的重要环节之一。采购管理包括供应商的选择、采购计划的

制订、采购过程的监控等。需要重点关注基础预埋件的采购计划、杆件的生产周期和到货时间、综合设备舱的生产周期和到货时间等。

⑦ 施工阶段。在完成相关设计工作后则进入施工阶段。施工是智慧多功能杆项目实施的核心环节，需要进行全面的管理和控制，包括土建施工、杆件安装、综合设备舱安装、设备迁改、原杆件拆除、线缆敷设等。施工管理包括施工计划的制订、施工过程的监控、施工质量的控制及分包单位的管理等。需要重点关注点位放样、隐蔽工程验收、安全文明施工管理等方面。

需要制订合理的进度计划并实施管理，进度管理包括项目进度的制订、进度变更的管理等。智慧多功能杆工程的建设场地主要以市政道路为主，有新建道路和改造道路两种情况。新建道路的进度管理主要依附于道路主体施工进度；改造道路需要结合道路实际情况，有针对性地制订进度计划。

此外，施工阶段应重点关注劳资发放。施工单位应在工程项目部配备劳资专管员，对劳动用工实施监督管理，掌握施工现场用工、考勤、工资支付等情况，编制农民工工资支付表，并建立用工管理台账。开设和使用农民工工资专用账户，有关资料应当由施工单位妥善保存备查。

⑧ 试运行阶段。在工程施工完成后，应试运行和调试设备，确保满足合同要求。

⑨ 竣工验收。在试运行完成后，进行工程的竣工验收，确保工程质量和安全符合标准。同时进行获取合同目标考核证书、办理结算手续、获取履约证书等合同收尾工作。

⑩ 保修期服务。在项目竣工验收后，应提供保修服务，对工程出现的问题及时维修和处理。

⑪ 项目管理收尾。资料归档、项目总结、项目部人员考核等。

8.2.2 工程实施流程

智慧多功能杆建设实施流程主要涉及需求收集、方案设计、职能部门审核、施工图设计、施工、安装和验收等方面，其中，需求收集、方案设计、职能部门审核等内容详见本书第 3 章，杆体设计、施工和验收等内容详见本书第 4 章，基础设计、施工和验收等内容详见本书第 5 章，线路设计、施工和验收等内容详见本书第 6 章。智慧多功能杆建设流程如图 8-1 所示。

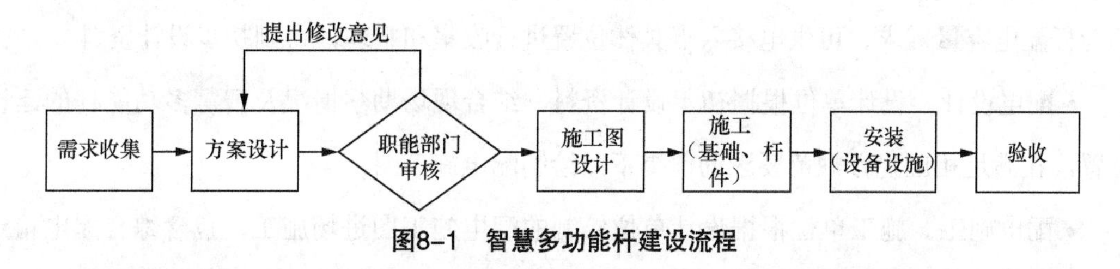

图8-1　智慧多功能杆建设流程

其中方案设计流程、杆体建设流程、基础建设流程和线路建设流程可细化为以下过程。

（1）方案设计流程

智慧多功能杆方案设计阶段的主要任务是多杆合一，方案设计流程包括采用智慧多功能杆整合照明、交通、监控、通信等多类杆件和设备，同时对各类机箱、配套管线、电力和监控设施等进行集约化设置。在有效解决城市杆件过多问题的同时，可节约城市空间和土地等资源，改善城市整体形象，实现共建共享、互联互通。因此，智慧多功能杆方案设计阶段应重点关注需求整合、设备设置的规范性要求，以及杆件集约化设置的后期预留等方面。各要点的详细要求见本书第 3 章。

（2）杆体建设流程

智慧多功能杆杆体建设流程包括杆体的生产加工、杆体的运输、杆体的现场拼装及吊装等。本节结合实施过程中的图片资料，对杆体建设过程各工序进行分析阐述，以便读者对杆体建设流程有直观了解。

（3）基础建设流程

智慧多功能杆基础建设流程包括数据收集、基础设计和基础施工。

① 数据收集。建设单位委托勘察单位对智慧多功能杆建设区域进行地质勘探和地下管线探测，收集并出具相应报告。

② 基础设计。设计单位根据岩土工程勘察报告、杆体反力数据进行基础设计，并出具基础施工图。

③ 基础施工。施工单位根据设计单位出具的基础施工图进场施工，施工关键工序包括基础定位、开挖、钢筋绑预埋件固定、管道预埋、接地同步施工、混凝土浇筑、养护回填等。

（4）线路建设流程

智慧多功能杆线路建设主要包括电力建设、光缆建设和管道建设。

① 电力建设包含电力需求收集、配电设计和配电施工。

- 电力需求收集。设计单位根据智慧多功能杆建设区域的建设规划及目标，对智慧多功能杆配电容量需求、可供电接入点具体位置进行收集和整理，得到初步设计资料。

• 配电设计。设计单位根据初步设计资料，结合现场勘察情况及智慧多功能杆的建设位置，在满足相应现行规范要求的前提下，绘制配电施工图。

• 配电施工。施工单位根据设计单位绘制的配电施工图进场施工，包含综合配电箱定位、保护管预埋、电缆的布放、接续、防雷及接地处理、配电回路试通等。

② 光缆建设包含光缆设计和光缆施工验收等。

• 光缆设计。根据现场勘察，结合杆载设备的光纤承载需求，合理进行光缆交接数量配置、光缆交接位置确定，合理选择光缆交接箱容量、光缆型号，配置光缆纤芯芯数及光缆条数等。

• 光缆施工验收。施工单位根据设计方案进行光缆的布放、接续、成端，最后按照规范要求进行工程质量验收。

③ 管道建设包含管道设计、管道报建、管道施工和管道验收等。

• 管道设计。设计单位根据现场勘察，并结合智慧多功能杆的位置、路由走向、管孔需求及相关规范要求综合考量，设计出智慧多功能杆管道方案。

• 管道报建。新建管道路由向规划部门进行规划审批，向公路部门进行施工报建，向市政主管部门、公安部门和交通运输部门进行报批。

• 管道施工。包含施工测量、开挖、沟底清理、基础处理、铺设管道、砌人（手）孔、回填压实、清理场地、管道试通、完工报告等。

• 管道验收。施工单位提交竣工文件，现场组织初步验收、初验问题整改、竣工验收、工程移交和结算等。

8.2.3 实施案例

本节以智慧多功能杆实际工程为例，介绍建设实施的主要环节，在各环节中穿插介绍工程中出现的难点、易错点及特殊工程处理方案。

1. 项目概况

某城市主干路与支路交叉口原有各类杆件林立，导致城市景观杂乱，应城市管理部门要求，在该交叉口进行智慧多功能杆试点建设，以满足智慧城市各设施建设及美化城市道路景观的需求。杆件方案设计应满足集成化、模块化、标准化、可扩容和多功能的技术要求。原交叉口杆件布设情况如图 8-2 所示，杆件信息汇总见表 8-6。

图8-2　原交叉口杆件布设情况

表8-6　杆件信息汇总

站点编号	LM-001					
杆件编号	1 号	2 号	3 号	4 号	5 号	6 号
待合内容	路灯杆 灯具 ×4	监控杆 球形监控 摄像机 ×2 辅助标志 ×1	信号灯杆 机动车信号灯 ×1 非机动车信号灯 ×1 指路标志 ×1 禁令标志 ×2	路名牌杆 路名牌 ×1	路名牌杆 路名牌 ×1	控杆（废弃） 警告标志 ×1 辅助标志 ×1 禁令标志 ×1
具体位置	×× 路 ×× 路口					
合杆数量	六合一					
合杆位置	原 3 号信号灯杆附近					

该项目包含智慧多功能杆杆体、基础、综合机箱及相关配套线缆、设备采购及迁改，以及原始杆件拆除等。工程总承包范围包括工程的施工图设计、预算编制、施工图设计所需的全部勘探、测绘等辅助工作，以及所有工程材料设备的采购、工程施工、验收、移交、保修服务等工作。

2. 建设原则与建设思路

（1）建设原则

① 统一规划。统一规划设计、分步实施，打造智慧多功能杆标准，美化市容市貌。

② 统一建设。智慧多功能杆实现多杆合一，避免重复建设，一次投资供多部门共享使用。

③ 统一运营。降低照明能耗，提升站址运营、能源运营、广告运营和数据运营等效率。

④ 统一运维。由原来的分部门和分班组巡检改为统一运维组值班，通过智慧系统报警提升运维效率。

⑤ 统一标准。统一技术标准、法规规范、制度规则，依据统一、开放、安全和可用的建设标准体系和安全标准体系，指导和规范智慧多功能杆工程建设，有计划、分层次地协调推进智慧多功能杆工程建设。

（2）建设思路

按照统一规划，依托通信基站布置，对市政路灯杆、信号灯杆、监控杆和标志标牌杆等进行物理整合，配合管道的系统化和集成化云平台管理，集成多种智慧化应用，实现集约化、共享化、高效化和智慧化城市建设，有效提高社会资源利用率和城市管理效率。智慧多功能杆主要分为路口建设与路段建设，本实施案例为路口建设。

① 路口建设。以路口合杆治理与通信基站规划为主要建设目标，建设内容包含路灯杆、信号灯杆、监控杆、标志标牌杆等杆件合杆，通信基站站址规划，其他智慧应用挂载预留等；拟建智慧多功能杆的杆体高度为15m、12m和10m等。

② 路段建设。以通信基站规划为主要建设目标，智慧多功能杆规划间距与通信基站规划间距相同，约150～200m；建设内容包含通信基站站址规划、杆件合杆、其他智慧应用挂载预留等；根据合杆需求及道路限高要求，拟建智慧多功能杆杆体高度可根据合杆方案适当调整，原则上应与道路现状路灯高度保持一致，以保证道路照明整体美观、协调和均匀。

本项目由总承包单位负责智慧多功能杆杆体、基础及相关配套（管道、手井、综合机箱及电缆）设施的建设，设备采购及设备搬迁由设备权属部门负责，各权属部门若有新挂载需求，需要在智慧多功能杆方案审查时提出。路段通信基站间距建议以120～140m为宜，每4根杆设置1个通信杆塔。单运营商以“之”字形排列，中国电信和中国联通为一组，中国移动和中国广电为一组。

本工程按照总承包项目施工流程建设，智慧多功能杆总承包施工流程主要包括交底、基础施工、管道施工、杆件安装、设备舱安装、线缆敷设、设备迁改、拆除工程、设备调试、交付验收。工程实施流程如图8-3所示。

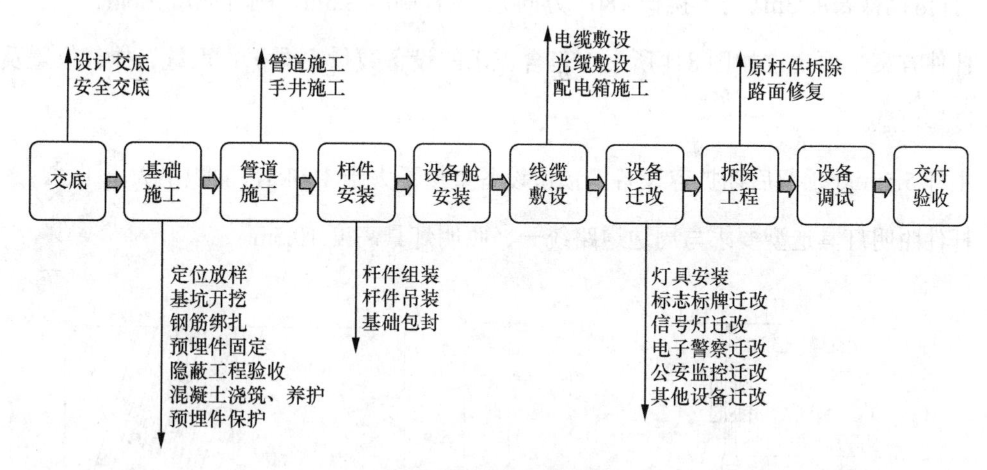

图8-3　工程实施流程

3. 需求收集

通过摸排现有设备和收集远期规划相关需求，确定杆件挂载需求。杆件信息汇总见表 8-6，与交警、公安、管委会及相关单位对接后，杆件需求汇总见表 8-7。

表8-7　杆件需求汇总

子项	子系统	备注
拟装场景应用	LED 路灯照明系统	中杆灯，灯具 ×4
	监控系统	车流量、人流量、视频监控
	5G 应用	5G 通信基站
	人脸识别	公安应用
	环境传感监测系统	温度、湿度、风向、风速、大气压力感应、雨量、PM2.5、PM10
	网络音柱	公共广播
	网络多媒体信息发布系统	LED 显示屏（默认为灯头背面侧）预留，后期安装
周边其他需求	物联网设备预留	杆身预留挑臂，主杆预留 1m^2，100kg
职能部门需求	智能交通	交通信号灯（机动车信号灯及非机动车信号灯）
	交通安全设施	交通指示标志标牌
	城管路名管理	交叉口路名牌

4. 方案设计

对收集的杆件需求进行整合，并依据本书第 3 章所述相关设备设施的规范性要求进行初步方案设计，确定以下主要内容。

智慧多功能杆杆件高度 10.5m、主挑臂长度 3.5m、副挑臂长度 5m（与主挑臂 90° 方向）、预留挑臂长度 3m（与主挑臂 180° 方向）、主杆高度 8.5m、副杆高度 2.0m。

杆件方案平面定位如图 8-4 所示，包含需求的设备数量、面积、重量、挂载位置及挂载高度等信息。

主杆 5.5m 处预留后期扩容设备，预留设备重量不大于 100kg，面积不大于 1m^2。

杆件照明灯具造型要求与周边道路统一、照明灯具高度 10.5m。

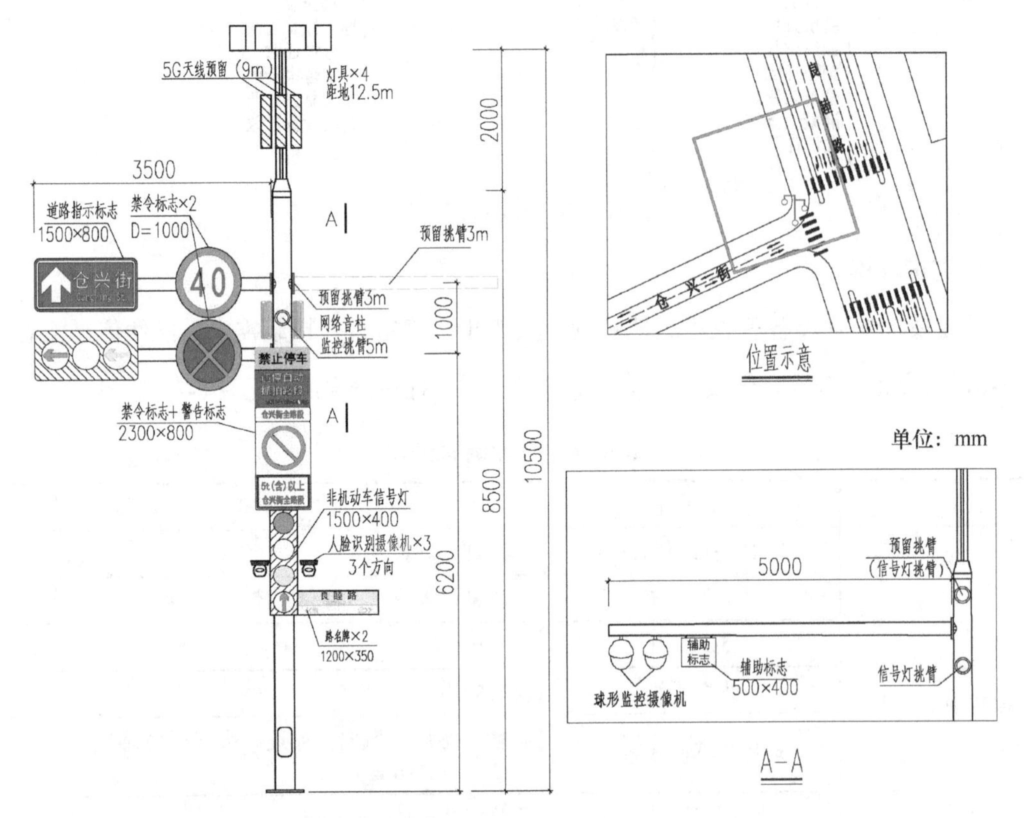

注：相关设备重量在杆件计算阶段需明确。

图8-4 杆件方案平面定位

5. 职能部门审核

方案设计完成后，需要将其提交给对应的职能部门（例如公安、交警等职能部门）进行审核，根据审核意见对方案进行修改，并形成最终方案，根据批复通过的最终方案进行施工图设计。

本项目设计时根据交警部门反馈的审核意见，取消了禁停标志的布设，交叉口路名牌标志变更了位置。公安部门对公安监控的布设位置进行现场复核，确保监控的覆盖范围满足公安部门要求。经职能部门审核后修改的杆件方案如图 8-5 所示。

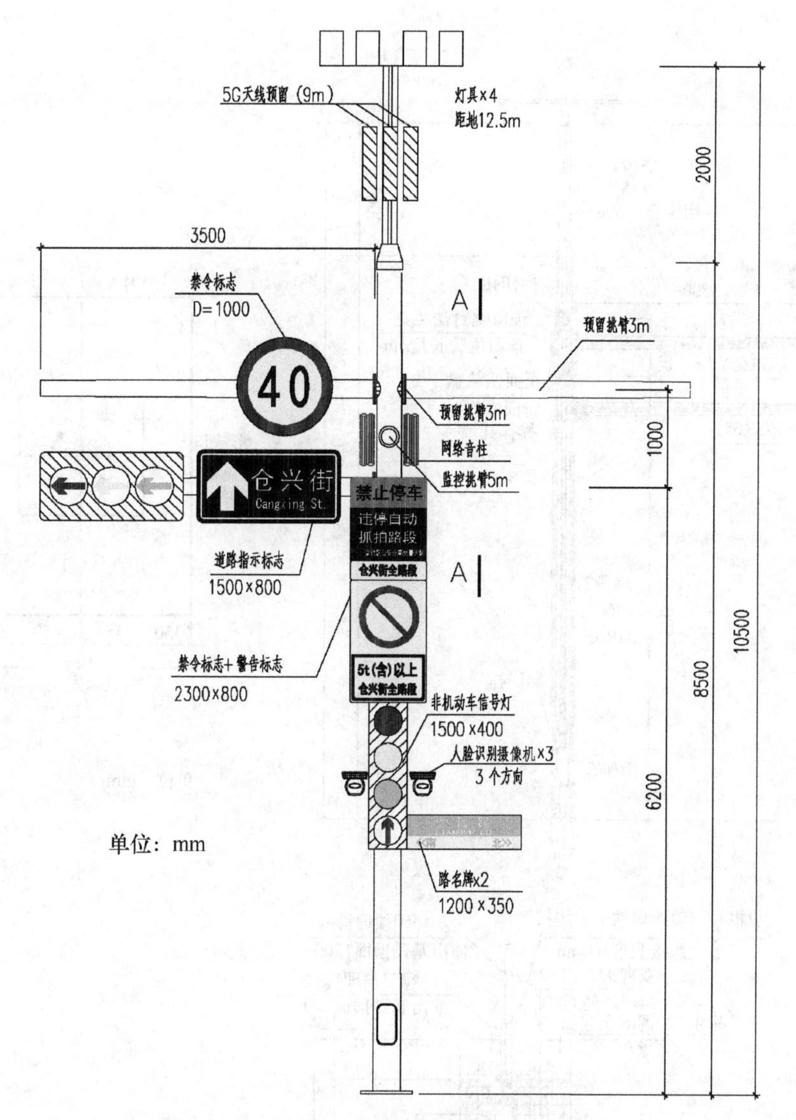

图8-5　经职能部门审核后修改的杆件方案

6. 施工图设计

施工图设计主要包含杆身、基础、安装构件、电力、光缆和管道等。

（1）杆身与基础

智慧多功能杆杆身及基础结构应结合相关规范和现场情况因地制宜地设计，杆身与基础设计施工图示例如图 8-6 所示。

（2）安装构件

为满足智慧多功能杆模块化、标准化和可扩容的要求，将设备挂载方式设计为标准化连接件。标准化连接件示意如图 8-7 所示。

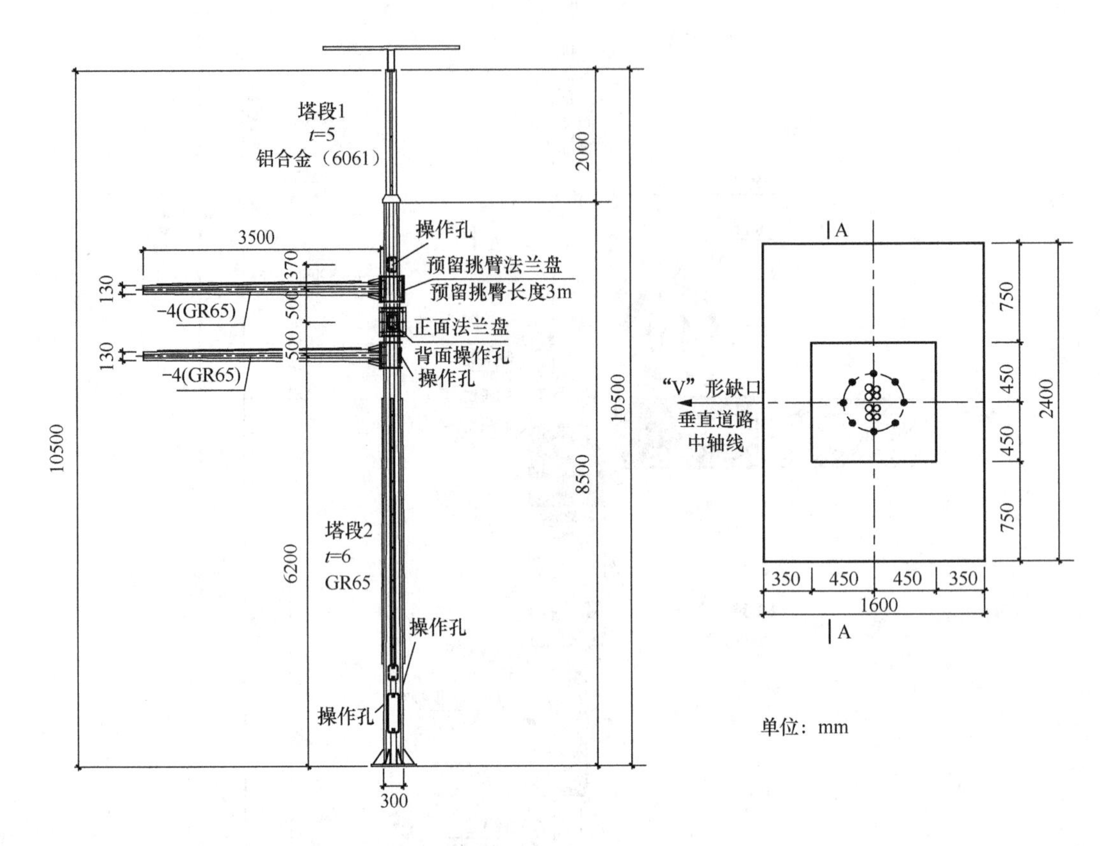

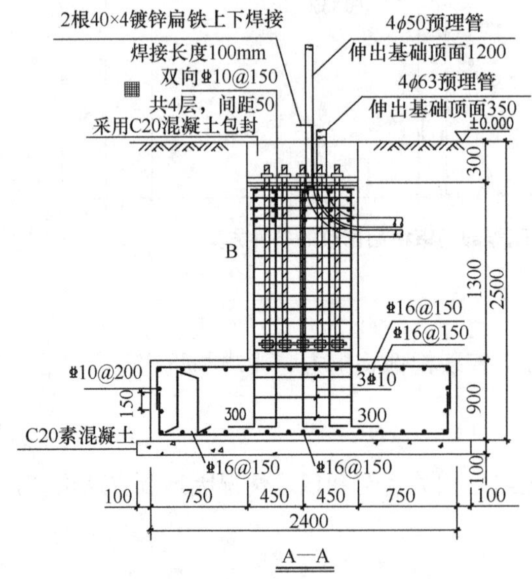

图8-6　杆身与基础设计施工图示例

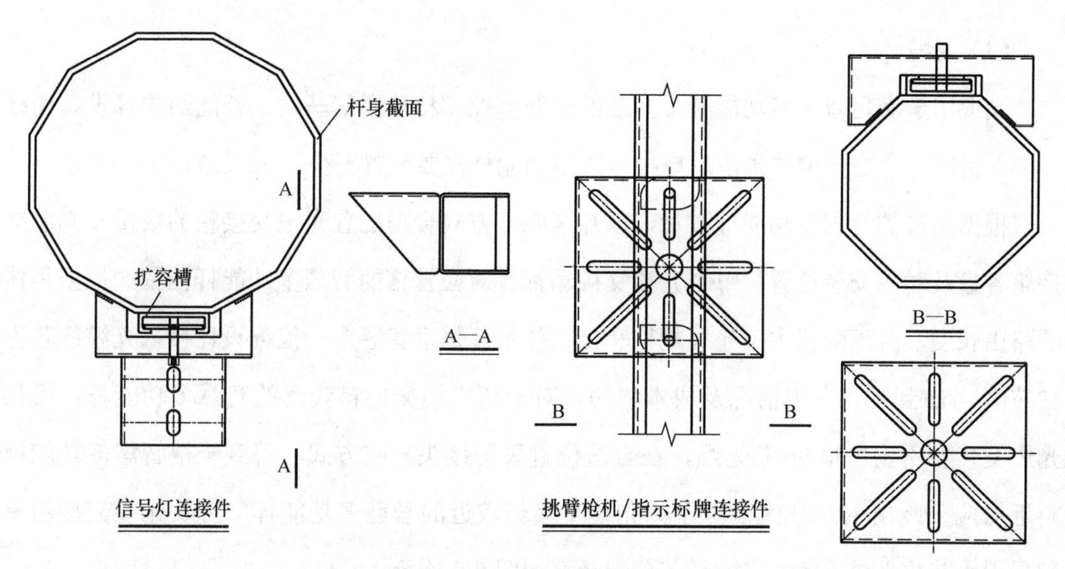

图8-7　标准化连接件示意

（3）电力

明确智慧多功能杆电力需求后，结合现场勘察情况及智慧多功能杆的建设位置进行电力设计，能实现智慧多功能杆配电的可靠性、先进性、节能性及安全性。因此，综合配电箱应尽量接近供电接入点且靠近负荷中心，配电回路应尽量做到三相平衡，电缆截面面积不应过大或过小，供电半径不应超过 500m，配电线路电压损耗不应大于 5%，配电线路应尽量做到走直线、少迂回，配电系统及各设备应做好防雷与接地保护。配电平面示意如图 8-8 所示。

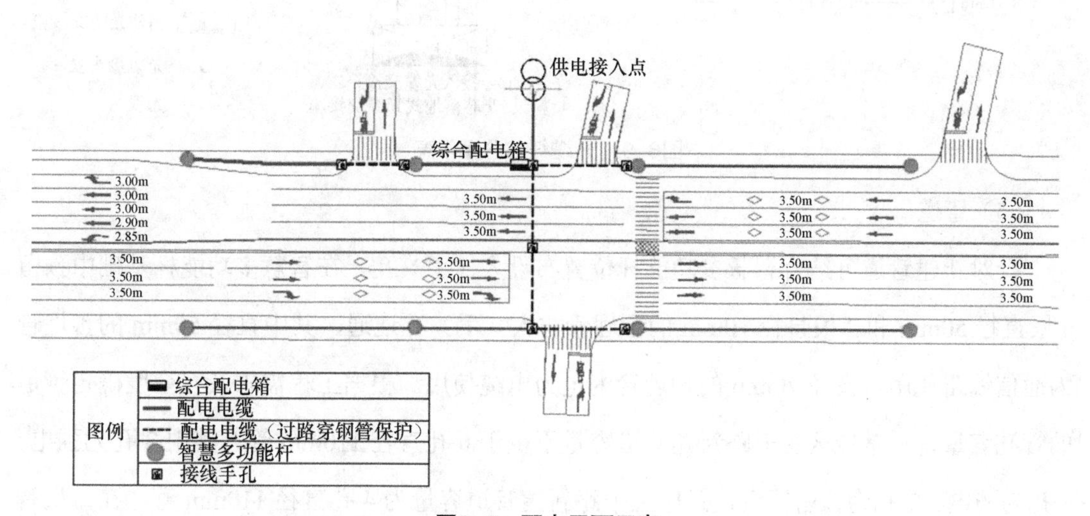

图8-8　配电平面示意

（4）光缆

光缆用于满足智慧多功能杆上安装的安防监控、移动通信基站、智能网关等设备的纤芯接入需求，考虑一定的预留后单根智慧多功能杆需要配置不少于 12 芯的光纤资源。

根据路段的智慧多功能杆数量，以片区归并方式合理配置光缆交接箱的数量、光缆交接箱容量及对应安装位置，每个光缆交接箱都有对应管辖的智慧多功能杆范围。根据具体的路由长度，合理配置主干光缆规格和接头位置。每根智慧多功能杆设计接入光缆纤芯为 12 芯，考虑到管孔占用情况及成本集约，对于离光缆交接箱较远的智慧多功能杆，可从光缆交接箱引出单根 96 芯光缆，在合适位置采用接头分歧方式，每到一根智慧多功能杆附近对应分歧出 12 芯光缆；对于离光缆交接箱较近的智慧多功能杆，可从光缆交接箱单独采用小芯数光缆引接。光缆纤芯分配示意如图 8-9 所示。

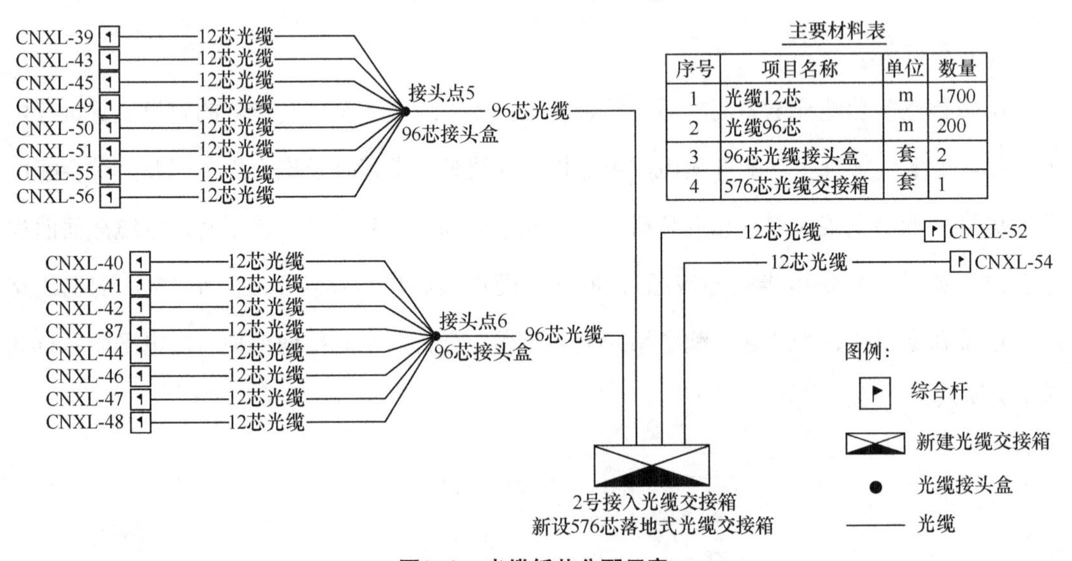

主要材料表

序号	项目名称	单位	数量
1	光缆12芯	m	1700
2	光缆96芯	m	200
3	96芯光缆接头盒	套	2
4	576芯光缆交接箱	套	1

图8–9 光缆纤芯分配示意

（5）管道

针对新建管道可结合智慧多功能杆位置布设人（手）孔，在智慧多功能杆基础中预留 6 根直径 50mm 和 2 根直径 70mm 的预埋管与人（手）孔连通，其中直径 50mm 的预埋管为通信线路使用，直径 70mm 的预埋管为电力电缆使用。根据工程需求及冗余度确定管道的管孔容量，通常城区主干路新建管道容量不少于 6 孔直径 110mm 管，其中 2 孔为强电、2 孔为弱电、2 孔为预留冗余，郊区主干路新建管道容量为 4 孔直径 110mm 管。在每根智慧多功能杆对应位置都新建一个手孔井，在十字路口的管道按环形连通，穿越道路时管道采用钢管保护，在交叉口与附近原有管道进行衔接。新建管道示意如图 8-10 所示。

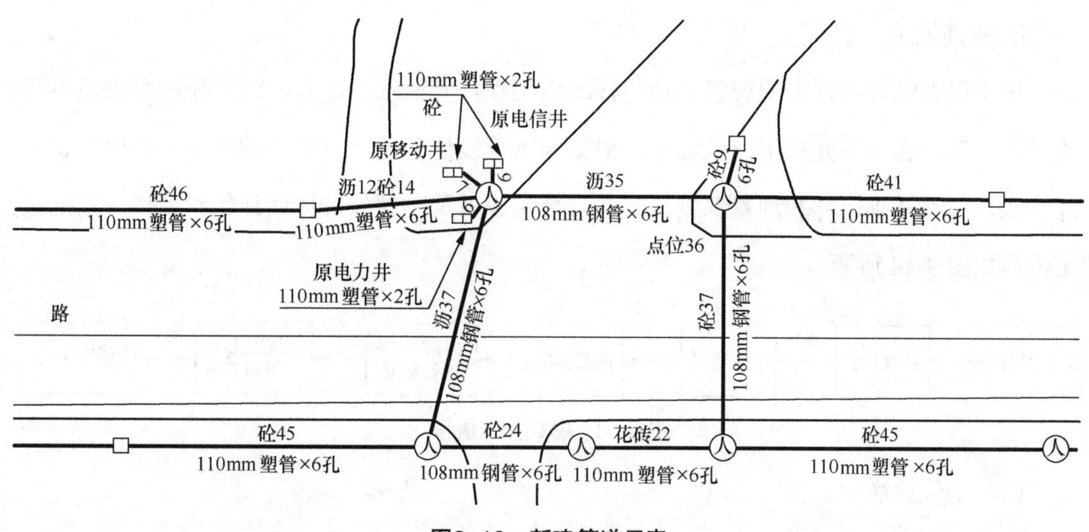

图8-10　新建管道示意

7. 杆件加工与运输

本项目杆件委托当地有相关资质的生产厂家进行加工，杆体由杆件厂家根据杆件结构施工图在工厂进行加工，生产加工过程中，需要注意对杆件的原材料及成品构件、焊接工程、零件和构件的加工、防腐工程、喷涂等关键工序及环节进行质量控制。智慧多功能杆在出厂前需要经过出厂合格检验及预拼装试验，以确保各部件的加工质量及部件间能够顺利拼装。杆件加工如图 8-11 所示，构件加工如图 8-12 所示。

由于智慧多功能杆不同杆件的材质、加工工艺及标准存在差异，一般按部件进行分类批量化生产和运输。杆件在工厂和安装现场均应满足要求，应着重关注安全性和杆件保护措施，杆件厂内堆放如图 8-13 所示。杆件运输时应在装车前对各部件进行包装保护和编号，一方面避免运输过程中颠簸导致部件之间碰撞损坏；另一方面便于在杆件到场后快速分类卸货。

图8-11　杆件加工

图8-12　构件加工

图8-13　杆件厂内堆放

8. 基础施工

该工程为既有道路上的智慧多功能杆改造工程，天然气、电力、雨水和污水等地下管线错综复杂，在基础开挖实施过程中，根据现场管线情况及时复核基础尺寸，因地制宜避开管线，调整基础尺寸和埋置深度，杆件安装完成后及时做好杆体底部包封工作。基础施工流程如图 8-14 所示。

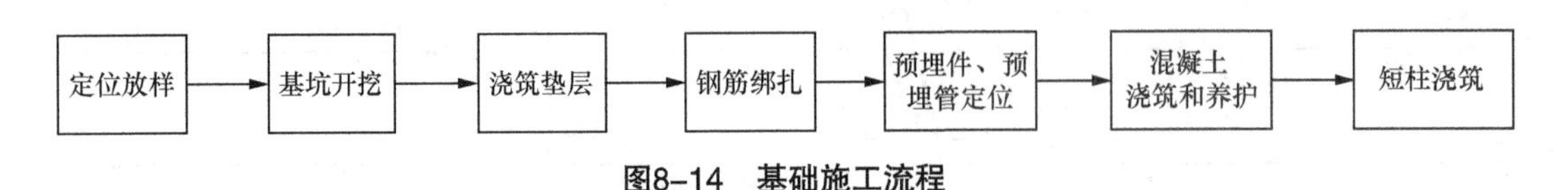

图8–14　基础施工流程

（1）定位放样

根据方案平面图纸和道路相关图纸复核点位位置，判断作业面下方是否有管线，旁边是否有树木或其他杆件等遮挡，上方是否有高压线等不利于施工的情况；判断挂载设备是否满足其使用功能（例如，电子警察要满足距停止线距离，治安监控要满足探照目标无遮挡，点位间距要满足照度要求，多种功能结合的点位要同时满足各功能使用要求等）；做好标记并确定初步的施工方案。定位放样如图 8-15 所示。

（2）基坑开挖

基坑开挖应重点关注的内容：在人行道上开挖时，要注意留出道砖铺设的厚度；在绿化带中开挖时，注意绿化覆土的情况和绿化种植形式，确保基础顶面不高出绿化覆土；在行车路面开挖时，预留沥青或水泥路面的敷设厚度；当地下水位高时，需要及时降水；新建道路一般在道路水稳层结束时进场开挖，道路水稳层结构不稳定、标高较低，需要采取相应的支护支撑措施；余土需要及时清理外运；如果不能及时浇筑回填，需要做好围挡和相应的警示措施。基坑开挖如图 8-16 所示。

图8–15　定位放样

图8–16　基坑开挖

（3）钢筋绑扎

钢筋绑扎应严格按图施工，注意预留混凝土保护层的厚度，若基础设计中无素混凝土垫层，钢筋保护层的厚度需要满足规范及设计要求。钢筋笼通常有基坑内绑扎和基坑外绑扎两种方式，可根据基坑开挖情况和施工水平确定。此外，应注意接地扁铁伸出基础的预留长度不能太短。钢筋绑扎如图 8-17 所示。

（4）预埋件、预埋管定位

组装预埋件需要注意螺杆伸出定位板的长度，应满足图纸要求，基础外露螺栓一般采用塑料胶带缠绕保护，固定预埋件要注意水平度、高度和“V 形”口的朝向。预埋件组装和固定如图 8-18 所示。

图8–17　钢筋绑扎

图8–18　预埋件组装和固定

（5）混凝土浇筑和养护

浇筑过程中需要充分振捣，浇筑完成后基础顶面需要人工抹平，浇筑完成后用水平尺测量预埋件水平度，如果不达标应及时调整，养护时间需要根据不同的季节和温度采取相应措施。混凝土浇筑和养护如图 8-19 所示。

图8–19　混凝土浇筑和养护

9. 线路施工

在完成施工前期准备工作后，可依据施工图纸进行线路施工，线路施工包含管道施工、光缆施工与电缆施工。

（1）管道施工

管道施工主要包括人（手）孔和管道沟两部分。

人（手）孔的施工顺序为：放线、挖沟槽、清理、做垫层、砌井、安装井内铁件、井外墙装修、井内墙装修、回填、夯实、吊装上覆、安装井圈、安装井盖和清运余土。

管道沟的施工顺序为：放线、挖沟槽、清理、做垫层、包封、回填、夯实和清运余土。

挖掘管道沟时，必须按线开挖，注意开挖高度、人井和沟槽深度、沟槽的底宽和人井底部的长宽，沟底应平整，无砾石、砖块等坚硬物。管道埋置深度应符合规范要求，人行道不少于 0.7m，车行道不少于 0.8m，钢管过路不少于 0.6m。应根据实际的土质情况选择管道基础，管道铺设时管材的接头应交错排列，接头处应做包封，接头包封长度以 0.6m 为宜。管道铺设如图 8-20 所示。

管道在施工前要做好器材检验，管道工程所用的器材规格和型号，应满足设计文件的要求，并应由施工单位会同建设单位、监理单位在使用前组织进场检验，质量合格方能投入使用。管道施工应符合施工规范及设计要求，同时做好安全生产防护工作。施工前应依据设计图纸和现场交底的控制桩点，进行管道沟及人（手）孔位置的复测。如果遇到无法开挖的路面，可采用顶管施工方式。人（手）孔墙体砌筑应采用标准机制的红砖，砌墙体及填层使用的砂浆标号应不低于 M10。人（手）孔砌筑如图 8-21 所示。

图8-20　管道铺设

图8-21　人（手）孔砌筑

（2）光缆施工

光缆施工前需要先进行光缆单盘的检验，检验合格后方可投入使用。穿放光缆时，孔位选择应从下而上、从两侧往中间、逐层使用。光缆在各相邻管道段所占用的孔位应相对一致，当需要改变孔位时，变动范围不宜过大，并应避免由管群的一侧转移到另一侧。

在管孔内敷设光缆时，应一次性敷设数根塑料子管，塑料子管敷设完成后应按设计要求封堵管口。塑料子管不得跨人(手)孔敷设，塑料子管在管孔内不得有接头。塑料子管在人(手)孔内伸出长度宜为200～400mm，当期工程不用的管孔和子管管孔应按设计要求封堵。人(手)

孔内的光缆应固定牢靠，光缆宜用塑料软管保护。光缆在人（手）孔内布放如图 8-22 所示。光缆在人（手）孔内预留长度及固定方式应符合设计要求，且每根光缆都应有识别标志或标牌。

光缆接续时，线序应按规定的色谱正确接续，光缆接续应测量光纤接头损耗，光纤接头损耗应符合规范要求。光纤熔接接头衰减值应符合设计规定。光纤预留在接头箱内的光纤盘上时，其曲率半径不应小于 30mm，且盘绕方向应一致，无挤压和松动。光缆在人（手）孔内接头如图 8-23 所示。

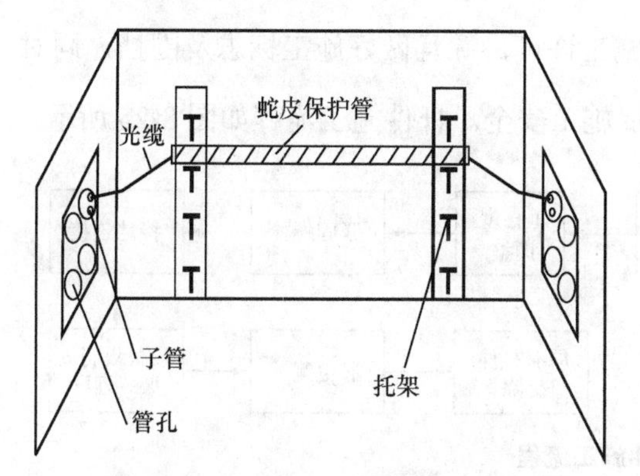

图8-22　光缆在人（手）孔内布放

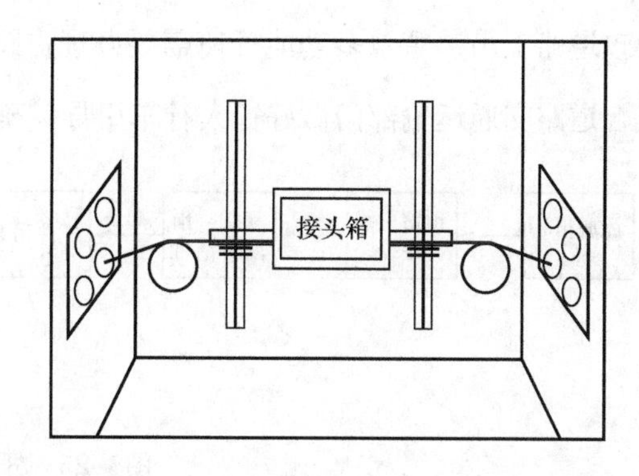

图8-23　光缆在人（手）孔内接头

（3）电缆施工

电缆施工应符合施工规范及设计要求，同时做好安全生产防护工作。电缆施工流程如图 8-24 所示。

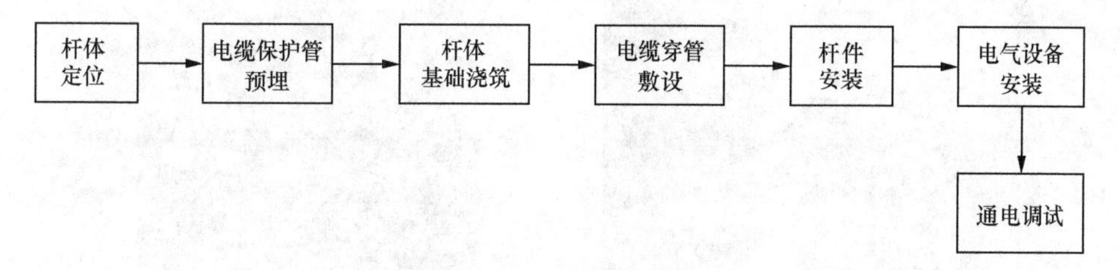

图8-24　电缆施工流程

电缆施工时，首先需要结合施工图纸及现场实际情况，确定智慧多功能杆位置，若该位置遇交叉口、交通设施或行道树时可作适当调整，但不宜与图纸上所示位置相差过大。杆体定位后便可依次完成电缆保护管预埋、杆体基础浇筑、电缆穿管敷设、杆件安装、电气设备安装及通电调试等施工工作。在施工过程中，电缆保护管预埋环节通常在管道施工过程中完成，因此在电缆施工时，不需要单独进行电缆保护管的预埋。

电缆敷设前，应进行电气性能试验，合格后方可施工。电缆敷设应根据施工图纸上的走向、规格合理安排次序，不应出现交叉的情况。电缆接入电气设备、接线盒等处时应有护管帽，穿线前应有预防外物落入的方法。电气设备应严格按照图纸标高、定位进行安装。电气设备接地、各系统保护接地及工作接地应能满足配电系统运行要求，并在故障时保证人员和电气装置的安全，接地电阻应符合规范要求。电缆施工各环节完成后需要进行检验，确认无误后进行分项调试并记录，各分项调试完成后，可进行系统调试、联动调试及试运行。

10. 杆件安装

在基础工程、手井和管道工程等配套工程完成并验收合格后，开始杆件吊装工作。在市政道路上吊装智慧多功能杆前需要办理占路施工许可，并且做好施工标志及围挡，同时配合道路交通运输部门做好行人行车引导，确保施工安全。杆件施工流程如图 8-25 所示。

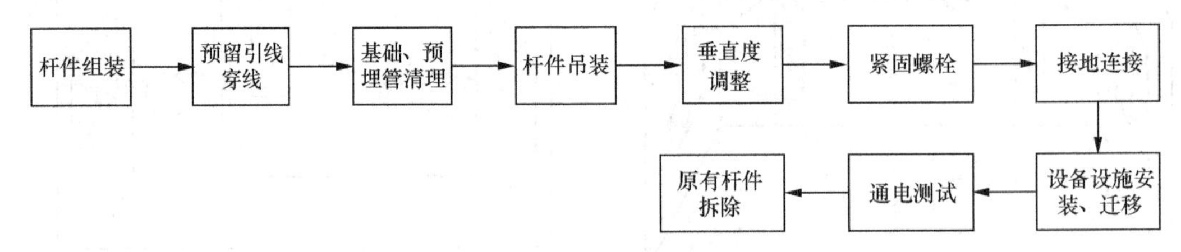

图8-25　杆件施工流程

完成杆件生产后，可将智慧多功能杆运输到工程现场，再由施工单位负责杆件组装和吊装工作。安全警示标牌设置如图 8-26 所示，杆件运输进场如图 8-27 所示。

图8-26　安全警示标牌设置

图8-27　杆件运输进场

智慧多功能杆的吊装通常采用整体组装、一次吊装的施工方法，首先将杆件各构件在地面上组装完成，再由起重机械整体吊装至基础预埋地脚螺栓位置进行固定安装。由于智慧多功能杆挑臂及灯臂的安装具有明确的方向要求，因此在杆体吊装过程中，需要地面人员进行控制，以确保杆件安装方位与设计图纸一致。在杆件吊装完成后还应对杆件的垂直度进行观测及调整。杆件组装如图 8-28 所示，杆件吊装如图 8-29 所示。

图8-28　杆件组装

图8-29　杆件吊装

智慧多功能杆杆件施工过程应从以下 10 个方面进行管控。

① 杆件到场报验，提供第三方质检报告。

② 安装时做好交通疏导和安全警示，并安排专人负责。

③ 杆件到场卸货，堆放在枕木上，堆放整齐，不得堆叠放置，避免影响道路正常交通。

④ 到场杆件与施工图核对无误后方可进行下一步操作。

⑤ 吊装前对杆体基础预埋件处进行清理，露出定位模板，切割多余预埋管，达到螺母紧固要求。

⑥ 杆体组装时做好杆件保护措施，避免杆件漆面磕碰。穿线和设备安装应同步实施，不能同步实施时，应预留穿线导线。

⑦ 杆件吊装时应合理确定起吊点位置，严禁绑扎在副杆段进行起吊，杆件挑臂位置必须做好牵引，防止吊装过程中发生较大旋转。

⑧ 杆件竖起后预紧地脚螺栓，对杆身垂直度进行调整，满足验收规范要求，垂直度调整完成后紧固螺栓，要求每根螺杆两母一垫。

⑨ 接地扁钢应与杆件有效接触。

⑩ 现场安全措施：施工人员持证上岗、正确佩戴安全帽和安全带、检查吊具保险装置、检查施工设备安全、摆放安全警示标牌等；提前向交警等相关单位报备；注意周边高压线，保持安全施工距离。

此外，针对需要拆除原杆件的情况，应先迁改杆件设备。拆除后按要求运输放置，并登记相关手续，签署接收单。

11. 设备迁改与安装

（1）设备迁改

设备迁改是对原有道路杆件上的设备进行拆除并安装在新建杆件上的工作，通常包括对原杆件上的照明灯具、信号灯、电子警察、各类监控、道路指示标牌、电子显示屏及其他需要继续使用的设备进行迁改。在设备迁改前需要根据不同的设备和权属部门进行事前沟通，制定详细的迁改方案，并按照迁改方案拆卸、运输和安装设备。设备迁改工作需要由具备相关经验的施工队施工，部分设备可能需要权属部门指定的维护单位来配合或施工，迁改过程中需要确保设备完好无损，避免出现损坏或丢失的情况。设备迁改工作完成后需要对设备进行调试，确认设备可以正常使用后需要设备权属部门签署接收单或验收单。设备迁改如图 8-30 所示。

（2）设备安装

设备安装包括原有杆件上迁移的设备、新采购的设备和后期权属部门自行安装的设备等。杆件的所有设备需要按照杆件设计的安装位置和连接方式进行安装，为确保设备安装后杆件的美观性和连接的牢固性，需要使用专用的连接件，避免直接用抱箍安装。设备安装施工前需要制定登高作业专项方案和占道施工专项方案。在设备安装过程中，必须严格遵守施工现场的安全规定，施工人员需要戴安全帽、穿防滑鞋等防护用品，使用安全绳等安全设备，做好道路上的安全警示和引导措施，确保施工现场的安全环境，避免发生意外事故。对于后期权属部门自行安装设备的情况，需要明确安装要求，例如设备的尺寸、重量、颜色、安装高度、安装位置和连接方式等，确保满足设计要求和相关规范规定。设备安装如图 8-31 所示。

图8-30 设备迁改

图8-31 设备安装

12. 工程验收

智慧多功能杆工程验收内容见表 8-8，各项内容应验收合格。项目完工实景如图 8-32 所示。

表8-8　智慧多功能杆工程验收内容

序号	分部工程	分项工程
1	智慧多功能杆	杆体、杆体综合舱、综合箱（综合配电箱、综合配网箱）
2	隐蔽工程	基础、管道、接地
3	线缆工程	配电线缆、信号线缆
4	电气工程	电气设备、管线敷设、防雷、接地

图8-32　项目完工实景

13. 资料归档

智慧多功能杆实施过程中应注意资料归档，可采用三级文件夹，具体包括道路名称、点位编号、过程节点。其中，过程节点包括定位放样、基坑开挖、钢筋绑扎及接地、隐蔽工程验收、预埋件固定、混凝土浇筑、混凝土养护、预埋件保护罩、杆体根部包封、拆改工程等，各过程采用“照片 + 水印”的形式记录。

14. 特殊问题处理

智慧多功能杆基础施工具有复杂性，本书根据收集到的基础建设资料，总结了基础问题处理流程和特殊案例。

（1）基础问题处理流程

由于城市现有地下管线、地下建（构）筑物等的影响，智慧多功能杆基础在建设过程中通常会遇到各种不利于工程实施的情况，例如，智慧多功能杆基础实施区域内有市政管线；智慧多功能杆基础实施区域属于城市地下综合管廊保护范围；智慧多功能杆基础实施区域属于城市地下轨道交通保护范围；智慧多功能杆基础实施区域属于城市原水保护范围等。针对不同情况，智慧多功能杆建设参与单位在工程的勘察、设计、施工和验收等环节，应根据所在城市对现有地下设施保护的管理办法或要求，有针对性地设计及制定具体的保护措施。

一般情况下，智慧多功能杆基础实施问题的处理流程如下。

① 勘察单位对智慧多功能杆建设范围进行现有地下管线情况勘察，出具相应的勘察报告和物探报告，探明地下管线类型、直径、材质和埋置深度等相关信息。

② 设计单位根据勘察报告和物探报告出具相应的基础设计方案及计算文件。

③ 向地下管线管理部门或地下轨道交通管理部门进行技术方案征询。

④ 施工单位编制专项施工方案、保护方案及应急管理预案。

⑤ 施工过程做好相应施工监测和施工过程保护。

（2）基础特殊案例

某城市道路计划实施智慧多功能杆项目，拟对现状道路普通路灯杆、监控杆、标志标牌杆等市政设施杆件进行“多杆合一”及“提档升级”。该项目道路地下设施资料显示，项目实施区域内部分路段存在地下引水管渠。根据项目建设要求，需要针对该特殊情况提出具有针对性的设计方案和施工方案。经查明，地下引水管渠保护范围内的路段长度约450m，地下引水管渠类型为钢筋混凝土矩形渠道，渠道顶面埋置深度距离路面为2.5m，地下引水管渠位于道路北侧人行道及部分非机动车道下方，各类道路市政实施杆件（路灯杆、监控杆、标志标牌杆等）位于非机动车道。“地下引水管渠保护办法”规定：钢筋混凝土渠道的保护范围为渠道及其外缘两侧各10m内的区域，地下引水管渠控制范围为保护范围两侧各40m内的区域。结合地下引水管渠保护规定制定的基础建设方案如下。

① 结合现状道路市政杆件设置情况进行智慧多功能杆设计，新建智慧多功能杆选址建设在现状机非分隔带中。保护范围内共计有14根智慧多功能杆，需要新增14项智慧多功能杆基础。智慧多功能杆布置断面如图8-33所示。

② 为避免施工对地下引水管渠的影响，新建杆体位置尽量靠近现状杆件设施位置，杆体基础采用浅埋钢筋混凝土扩大基础方案。基础埋置深度按 1.5m 设计，通过扩大基础底板长宽的方式满足基础的抗倾覆要求，同时减小基础底面附加应力，基础方案样图示意如图 8-34 所示。对智慧多功能杆基础附加应力扩散至地下引水管渠顶面和侧面进行受力分析，编制专项设计方案。智慧多功能杆基础底面附加应力对渠道影响范围如图 8-35 所示。

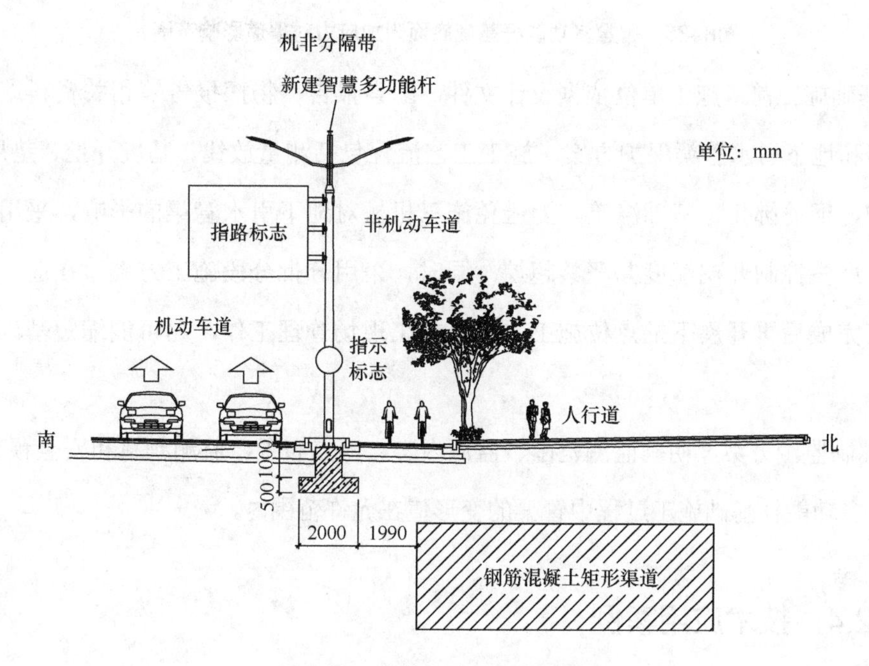

图8-33　智慧多功能杆布置断面

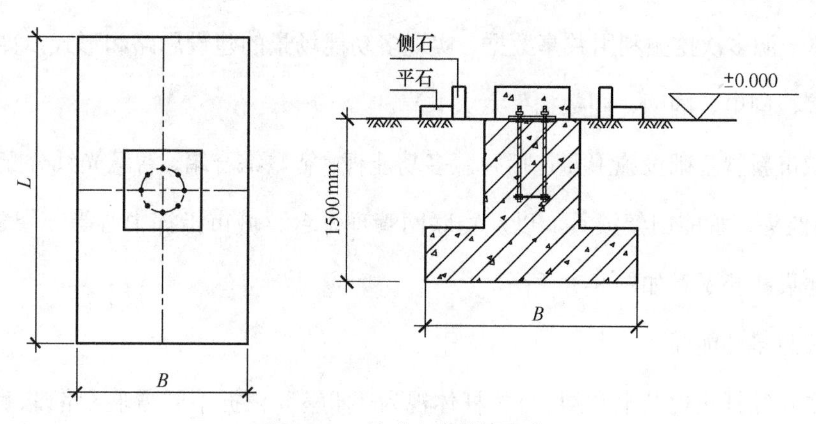

图8-34　基础方案样图示意

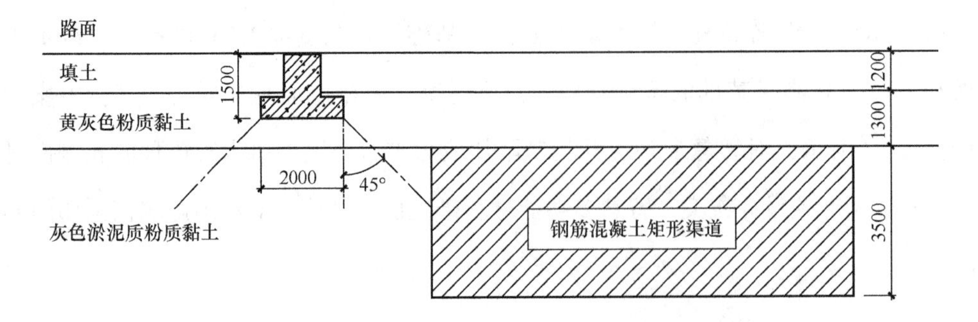

图8-35　智慧多功能杆基础底面附加应力对渠道影响范围

③ 基础施工前，施工单位依据设计文件、勘察报告、物探报告等相关资料编制专项施工方案和地下引水管渠保护方案。施工工艺流程包括测量放线、基坑开挖、垫层浇筑、模板支护、钢筋绑扎、基础浇筑。为避免施工机械对地下引水管渠的影响，采用人工开挖土方，严格控制开挖深度并严禁超挖。同时，采用分批分段施工方案，在前一批点位基础施工完成后再开展下批点位施工。做好施工现场管理工作，尽可能缩短基础的施工周期。

④ 编制监测方案，明确监测范围、监测内容、测点布置、监测频率和安全预警值等，确保智慧多功能杆基础施工过程中管渠的变形值在允许范围内。

8.2.4　技术应用案例

1. 智慧城市新型基础设施及应用技术

智慧城市新型基础设施集成解决方案通过采取低维护成本、低建设成本、轻度挂载、免巡检、单一源多次挖掘利用共享数据、实现多功能场景的建设思路和形式，实现“同杆、同箱、同管、同电、同网、同数据”六大共享。

智慧城市新型基础设施主要包括智慧多功能杆、智慧综合箱、智慧光纤分配管理系统、前端AI摄像头、智能门禁锁具，以及物联网管理平台、城市指挥中心等。智慧城市新型基础设施建设拓扑示意如图8-36所示。

（1）智慧多功能杆

智慧多功能杆实现共电共网，可将杆体视为“插座”，依据不同需求（路口、路段、场景、环境等），设计不同的杆型，搭载不同的设备。智慧多功能杆如图8-37所示。

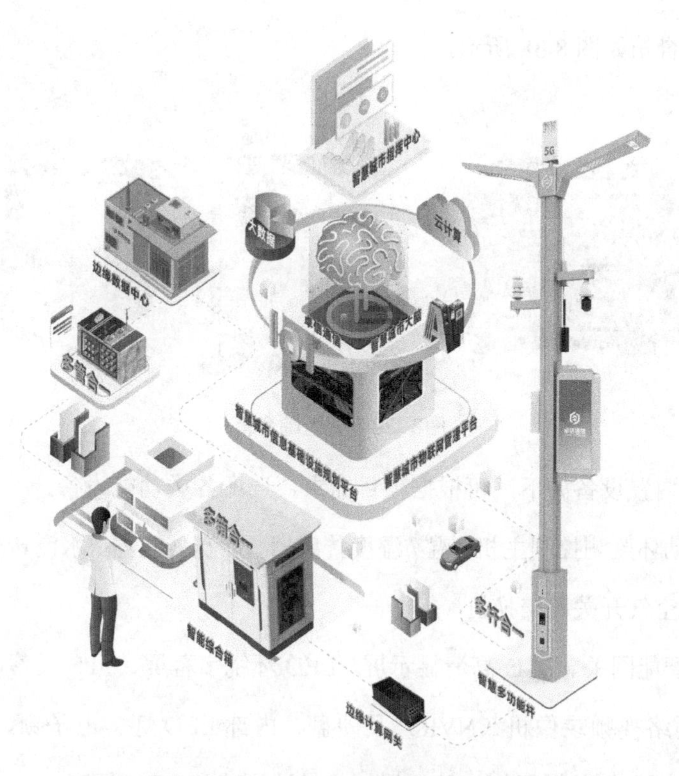

图8–36 智慧城市新型基础设施建设拓扑示意

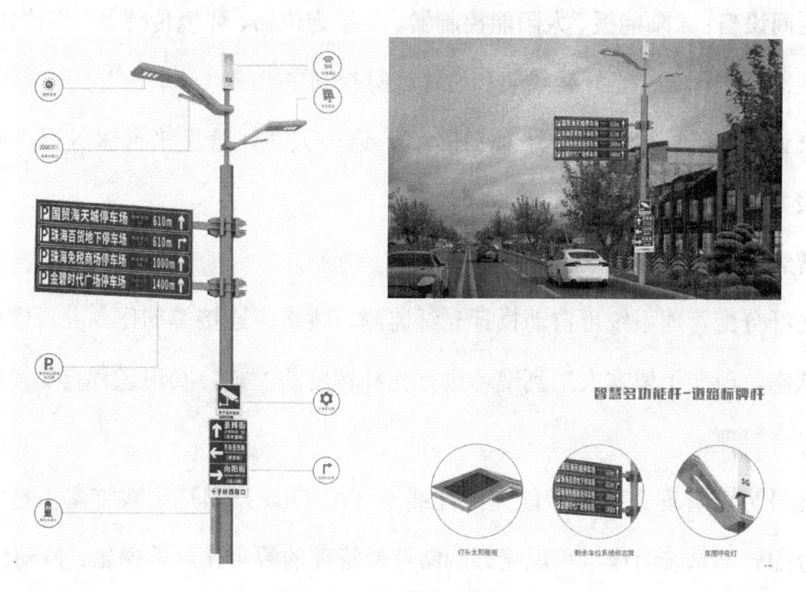

图8–37 智慧多功能杆

（2）智能综合箱

“多箱合一”的智能综合箱将多种控制箱功能集于一体，并设计了动环监测远程控制功能，实现了城市空间集约利用，以及集中供电供网、智能化远程监测运维管理等城市物联功能。智能综合箱如图 8-38 所示。

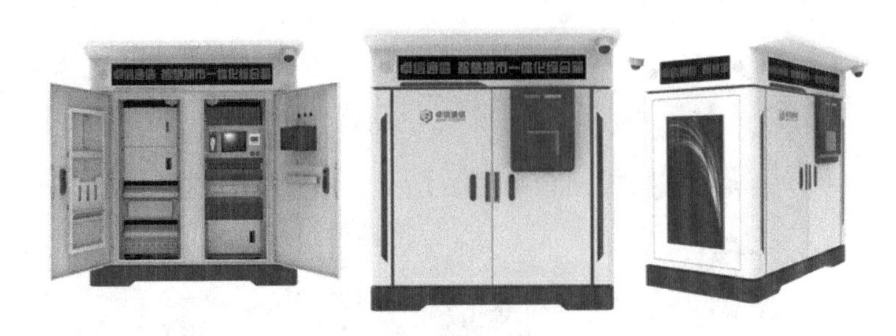

图8–38　智能综合箱

智能综合箱内置设备如下，可根据项目需求，选配各类功能设备。

核心设备：动环监测控制主机、温 / 湿度传感器、烟雾传感器、水浸传感器、油机接口、工业电源、智慧空气开关和交换机。

选配设备：智能网关、LCD 高清显示屏、LED 环绕字幕屏、UPS 及蓄电池、箱外（内）监控摄像头、网络视频录像机（NVR）及硬盘、内部 LED 灯、电子锁、人脸识别门禁、IP 电话、机柜空调、红蓝爆闪灯、防雷器、电量监测仪和 PDU 插座。

预留空间设备：太阳能板、太阳能控制器、卫星定位器、环境传感器、零信任安全网关、光纤振动预警主机、智能光纤配线架和边缘计算控制主机。

可扩展设备：燃油发电机、外部 LED 灯、通信天线、管理平台服务器、磁带库及磁带和算力服务器。

（3）智慧光纤分配管理系统

智慧光纤分配管理系统可自动执行光纤监测、跳接、连接等动作，并反馈执行结果和自身运行状态，改变了依靠人工到现场进行光纤调度的模式，实现远程自动操控、在线监测及资源综合管理。

智慧光纤分配管理系统由智能光纤配线架（AI-ODF）和基于数字孪生技术的可视化智慧光纤分配管理系统组成，实现光纤网络资源管理的数字化、可视化、自动化、智能化。

智慧光纤分配管理系统支持多级中心结构，在城域网体系中可对应汇聚和接入两级中心，各级中心的功能组成和模块配置相似，可按需进行不同的功能授权。主要功能模块包括：系统和网络管理模块、ODN 资源调度与管理模块、测试管理与数据分析模块、对外接口服务模块。

AI-ODF 属于前端控制执行层，可通过有线网络或 4G/5G 无线网络组网，直接由后台的智慧光纤分配管理系统进行管理与维护。智慧光纤分配管理系统如图 8-39 所示。

图8-39 智慧光纤分配管理系统

自动化跳纤：实现远程光纤业务自动跳接及开通，改变运维人员传统的下站开通业务工作模式，业务开通耗时从“天”级降到“小时”级；服务等级从“小时”级提升到“分钟”级，大幅降低了业务作业时间和成本。

可视化管理：提供图形化、数据化的展示窗口，端到端呈现光纤资源的使用状况。

智能化运维：基于数学领域的“空间异面直线防缠绕算法”，实现海量线缆路径智能管理、线缆高效自动跳接，实现了任意两根光纤交叉跳接不缠绕、任意次数的跳纤不缠绕；通过集成的测试模块，实现随时测试或例行定期的测试任务。

（4）前端 AI 摄像头

前端 AI 摄像头可提供环境感知、信息采集、预警防控等功能，并通过系统算法实现多场景的应用需求。

前端 AI 摄像头实现单一数据源二次挖掘创新拓展。在路侧停车、路内停车、停车场反向寻车等场景，利用已有基础设施或基于算法，使用公用摄像头，组建“路侧停车场”，降低建设成本，减少前端设施冗余。路侧 / 路内停车识别如图 8-40 所示。

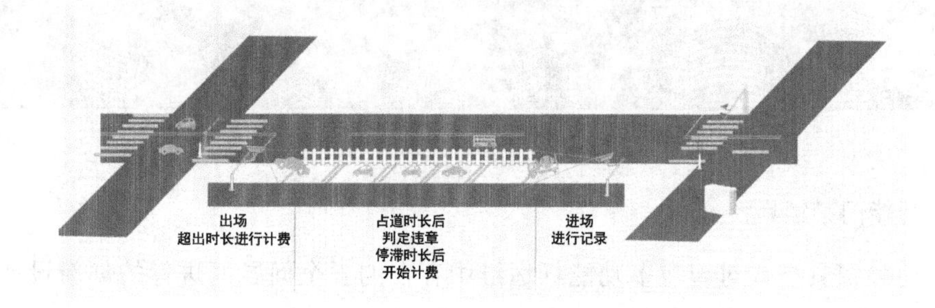

图8-40 路侧/路内停车识别

利用停车场路口已建设的AI摄像头加载车辆识别算法，借助后台对指定车辆轨迹的记录，配合小程序开发，实现停车场反向寻车。反向寻车如图8-41所示。

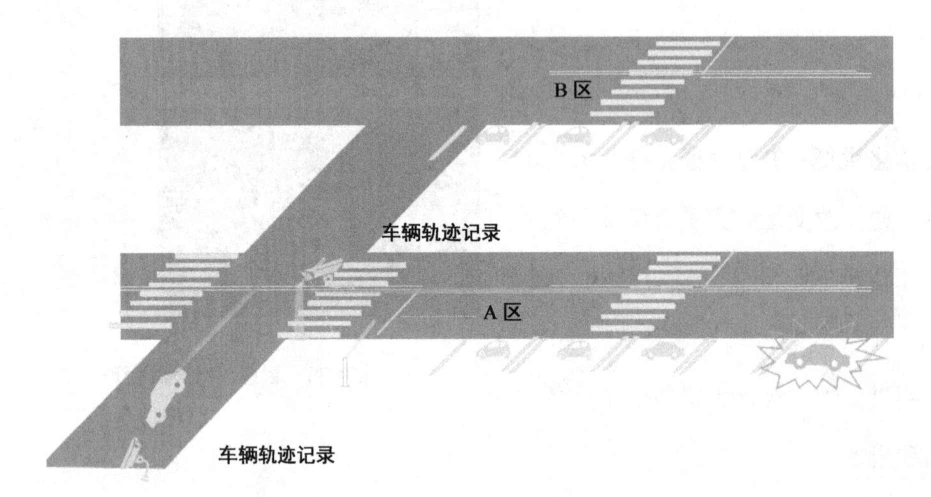

图8-41　反向寻车

前端AI摄像头微边缘拓展其他能力。面向全息雷视V2X、智慧交通、智慧路政的高端计算能力、ISP系统相机三维感知能力，实现对非机动车、机动车、人群的机非人态势的多目标识别能力。前端AI摄像头识别如图8-42所示。

图8-42　前端AI摄像头识别

（5）智能门禁锁具

智能门禁锁具是针对智慧多功能杆运维中存在的安全问题而进行的创新设计，由电子锁和电子钥匙组成。锁体采用不锈钢材质，具有良好的防水、防撬和防破坏等特性。

锁体外沿较大，可以适用于更多的原箱体锁。智能门禁锁具采用外部非接触供电，避免供电接口氧化失效。锁体由指示灯、开锁控制器等设备组成。智能门禁锁具如图 8-43 所示。

图8-43 智能门禁锁具

2. 杭州湖滨路步行街智慧路灯项目

杭州湖滨路步行街紧邻久负盛名的西湖，每日有成千上万的游客慕名而来。杭州湖滨路步行街的主干道为东坡路，南至解放路、北至长生路，中间贯穿 5 个支路，全长 2000 米，步行街实现智慧路灯全覆盖，共建设 150 余个智慧路灯，杆体上搭载了智慧照明、双面圆形户外 LED 显示屏、监控摄像头、公共广播、Wi-Fi 覆盖等功能，对整体提升城市智慧化管理水平有着显著效果。

（1）总体需求分析

本项目将智慧照明与信息基础设施相结合，实现杭州湖滨路步行街的监控全覆盖，做到 LED 显示屏与公共广播的动态发布，以及实时监测环境状况，减少了杆件数量，做到智慧化功能集约，打造有序、安全、智慧、美观的高品质步行街环境，提升步行街精细化管理水平。

（2）功能需求分析

智慧路灯不仅是灯，也是智能感知和网络服务的节点。它像道路的神经网络一样，是整个空间的触角，智慧化功能需求如下。

建设以节能照明为理念的亮化工程。杭州湖滨路步行街全部采用 LED 路灯，实现 LED 路灯的智能调光、统一管理、节能照明，为整个步行街照明建设节省开支。

建设信息发布系统。通过集成在智慧路灯上的 LED 显示屏，湖滨路管理委员会能够实现在线宣传相关政策及即时消息推送等，使前来观光旅游的游客了解城市及景区的最新资讯，享受智慧出行带来的各种便利。

建设安防监控系统。通过监控摄像头实现人与车的安防监控，助力智慧景区的建设。

建设智慧化信息采集平台。通过物联网设备、摄像头采集道路公共设施和道路运行情况，各类传感器采集道路环境信息，集中控制器采集所有智慧路灯的运行状况。通过智慧路灯网络平台，可获取道路服务区管理、环境管理的数据，实现服务区的信息化建设。

智慧路灯上的 Wi-Fi 热点，可实现杭州湖滨路步行街的无线网络覆盖，以及“无线区域”“网上区域”的建设。

（3）项目设计

上海三思电子工程有限公司（以下简称上海三思）在设计杭州市地标性地点的智慧路灯时，充分研究了当地的风韵人文，结合城市风貌，量身定制了“三潭印月”外形的灯杆，将航船、城廓、建筑、园林、拱桥等要素融入设计中，形成西湖、白堤、湖滨路及路灯和谐而又素雅的景致，彰显江南风格；独特的配光设计和强大的智能控制系统，兼具了美观性与实用性，为湖滨路的道路照明提供保障；通过整合智慧监控实现无死角全覆盖，人脸识别系统可实时统计区域内的人流数量，实现提前疏导；公共广播定点播报、公益信息发布、一键求助等技术，实现整个区域内的全面智慧管理。“三潭印月”外形的灯杆如图 8-44 所示。

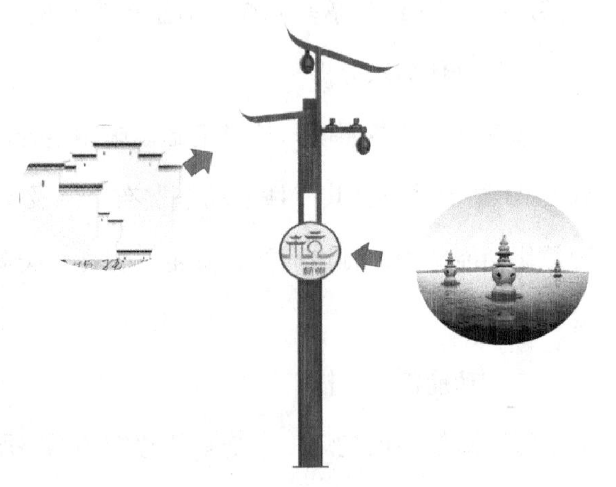
图8–44　“三潭印月”外形的灯杆

（4）项目建设

智慧路灯解决方案融合部署 LED 显示屏、LED 路灯、公共广播和信息化采集设备，以及提供 Wi-Fi 服务，从而实现硬软件系统集成。

照明方面，本项目采用特定的光学透镜，满足照度均匀度标准的同时，提高亮度均匀度，保证特定道路的照明布光需求；支持多种智能调光方式，实现二次节能减排；支持 PLC 电力载波路灯控制方案，实现远程控制、远程维护；采用新式陶瓷散热主体，芯片可直接贴于陶瓷表面，无印制电路板（PCB），传热快，散热更理想；采用蜂窝状散热结构，自对流，近端散热结构可保证最快的热传递，确保灯具的使用寿命，同时大幅减轻灯具的重量；采用镂空结构，减小风阻，灯具使用安全可靠；模组可现场更换，不需要拆下整灯，方便组装与维修。

照明节能实施方面，模块化路灯凭借高光效、低光衰等优势被广泛应用于道路照明领域，能耗较传统光源可减少 50% 以上。模块化路灯采用大功率 LED 照明单元，标准模块搭配独特的光学透镜设计，可广泛应用于主干路、次干路和快速路。模块化路灯防护等级高，运行稳定可靠，LED 光源部件模块化，便于灯具的规模化生产，安装维修更简便，有效降低了后期维护成本。除了光学、电气优势，本项目配合照明物联网系统还实现了 LED 路灯的多级调光，以及远程监控等智能化管理，这使杭州湖滨路景区道路的照明节能最大化。

本项目还集成了智能感知设备，包括传感器（用于监测智能配电盒工作状态）和摄像头；利用地理优势，解决了景区感知层设备的供电与载体问题，实现了点（智慧路灯）—线（道路）—面（景区步行街）的三级监控，以及对灯、屏的远程监测和维护。智慧路灯采用全星形环网规划方式，保证所有监控及设备稳定可控，经过两次汇聚，回传到湖滨路管理委员会控制中心。

本项目一并交付了智慧路灯的软件平台、垂直管理平台，将智慧照明系统、信息发布系统、公共广播系统、紧急呼叫系统等各个子系统进行统一接入智慧路灯管理平台，利用统一的入口、统一的标准、统一的视角进行智能管理，提高数据采集、分析的准确性和高效性，提高管理效率。

决策层。关注智慧路灯的可视化数据（包括设备情况、运行情况、传感器信息数据等）、展示区能耗、费用。通过智慧路灯可视化界面，指挥设计整体的技术架构，同时考虑设计整体的技术模型来规范软件、接口、体系标准等关键要素。

管理层。公安、城市管理部门可以根据智慧路灯上集成的摄像头前端人流量、车流量识别功能，通过智慧路灯上的信息发布系统（LED 显示屏和公共广播系统），进行及时预警和管理，避免踩踏、交通事故等紧急事件的发生。

执行层。对突发事件第一时间做出反应，确保城市更安全。

（5）项目运营和效益分析

① 照明收益。

本项目采用更小功率的 LED 路灯替换原有的高功率的高压钠灯，根据现有的技术水平，在保持原有路面照明条件的前提下，实现了 LED 路灯的功率下降到原有高压钠灯功率的一半以下。

除了功率下降，电费开支也下降，还可以避免电能浪费：一是通过自动跟踪本地日出日落来合理设置开关灯的时间，避免电能浪费；二是通过 LED 路灯的集中管控平台，可以根据照度及各处电路供电情况自动调整照明电压，实现节电节能。

由于本项目采用单灯控制，能够灵活控制各杆的灯光源功率，因此能在不明显影响总体照度的前提下有效节能，或者在用电量大致相同的情况下，明显提高道路照明效果。总体来说，LED 光源加单灯控制可以节能 50% 以上。此外可以保证线路在白天持续给杆件加载设备供电。以 200 盏 250W LED 路灯为例，通过是否配备智能控制系统进行测算，综合测算节能效果对比见表 8-9。

表8-9　综合测算节能效果对比

控制方式	灯具功率 /W	灯具数量 / 盏	每天耗电 / kW · h	每年耗电 / kW · h	节电 / kW · h	节电比	节约费用 / 元
无	250	200	600	219000	0	0	0
智能控制	250	200	412.5	150562.5	68437	31.25%	68437

② 社会收益。

本项目建设的 150 多个智慧路灯，全部集成了双面圆形户外 LED 屏，在杭州湖滨路步行街形成很好的广告效应，通过平台建设的户外公告屏，可以实现远程广告投放、广告信息监控和管理、与传感设备自动联动发布等独特功能。

3. 浙江大学医学院附属第一医院良渚分院直流供电智慧照明管理系统建设项目

浙江大学医学院附属第一医院是按照国家三级医院标准建设的现代化智慧型综合医院。该院区为整体迁建，2022 年 9 月完成竣工验收。

（1）项目建设内容

本项目主要包括院区楼体景观照明、院区内道路智慧路灯、绿化照明灯具及智能直流悬浮集中供电设备的建设与安装，涉及的主要系统有：智能直流供电系统、智能照明系统、信息发布系统、视频监控系统、环境监测系统、音乐广播系统、预留拓展等。

（2）项目需求及目标

面向智慧院区基础设施，本项目实现院区整体照明的智能管理，构建道路服务能力，提供由智慧多功能杆承载的“信息发布 + 视频监控 + 智能分析”，以及资源监测的能力。通过统一智慧多功能杆的承载与服务方式，实现智慧院区物联网体系的建设。

院区信息化照明管理平台，以节能照明为基础，进行院区亮化工程建设，实现院区供电、照明智能控制管理。通过智慧多功能杆（本应用案例中的智慧多功能杆包含智慧路灯、智慧庭院灯）上的LED显示屏与网络音柱，实现相关信息的推送与发布。通过视频监控及物联网信息采集设备，采集视频图像及环境数据等信息，并通过不同的算法分析数据资源，实现院区的智能化。

院区所有新建智慧路灯、智慧庭院灯全部采用改建及新建的LED路灯，实现LED路灯的智能调光、统一管理、节能照明，为整个院区照明建设节省开支。

（3）项目设计原则

本项目立足于道路照明灯杆的本体功能，有条件地开放一些公益应用和便民功能，通过示范工程，积累经验，形成规范，推进安全照明、绿色照明、智慧照明，促进院区智慧应用的发展。项目设计遵循以下原则。

公共性。智慧多功能杆作为公共基础设施，主要为院区服务，让所有资源得到有效应用，实现全面开放，以提高公共服务的效益。

安全性。智慧多功能杆作为公共基础设施的安全性是极为重要的，必须考虑用电的安全性。要求设备的功耗小于电源的载荷容量，充分考虑设备（漏电保护）、材料、施工符合安全用电要求，还应关注智慧多功能杆运行安全。避免因为智慧多功能杆的实施造成照明系统的运行出现故障，确保灯具运行按时开启和关闭，确保照明系统符合运行要求。

可控性。智慧多功能杆的实施将不断提升照明系统和灯杆的信息化管理水平，必须实施远程监测和远程控制。

经济性。智慧多功能杆在完成基本照明功能的同时应承担其他公共服务功能，实现“一杆多能、资源整合”，减少道路设施的公共经费投入。

扩展性。智慧多功能杆可根据发展需要进行模块化设计，实现功能叠加、扩展、升级，可分阶段建设实施。

（4）系统布局

智能直流供电系统布置。医院大楼的外墙景观亮化，采用直流供电方式，共有6栋建筑物，每栋配置一台智能直流供电柜，部署在各栋建筑物屋顶上。根据每栋楼体的LED路灯总功率来计算智能直流供电柜的功率，供电线路从楼顶沿着楼体走线，安全可靠。地面照明主要包括草坪灯、智慧庭院灯和智慧路灯，直流供电190～280V，覆盖半径1500m左右，在医院南北方向各部署一台智能直流供电柜。智能直流供电系统布置示意如

图 8-45 所示。

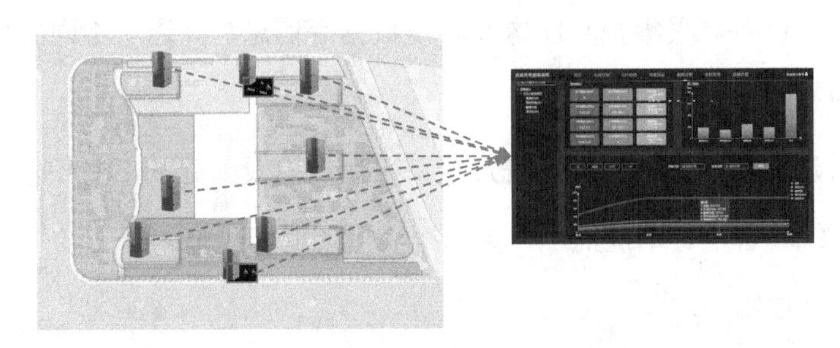

图8-45 智能直流供电系统布置示意

LED 显示屏系统布置。LED 显示屏是信息发布的重要平台，也是院区路线引导平台。因此，LED 显示屏应配置在人流量较大的场所，以及需要交通疏导的地方。

摄像头布置。院区道路上每隔一定间距布置摄像头，保证不到现场就能了解整个院区的户外运行状况。根据需要在特殊场合再增加不同功能的摄像头，例如人脸识别、车牌识别抓拍等。

气象监测系统布置。气象监测系统可监测最多 10 种气象要素：温度、湿度、照度、风速、风向、噪声、PM2.5 浓度、PM10 浓度、雨量、紫外线，了解当前环境的各种监测指标。整个院区可部署一个气象监测传感器，进行局部环境数据采集，挂载在智慧多功能杆杆体上。

音乐广播系统布置。音乐广播系统是信息发布与治安管理的重要平台，可以单独播放音乐，在紧急情况下作为喊话广播系统，也可以与 LED 显示屏内容联动播放声音。音乐广播系统应布置在人流量较大的场所，或需要交通疏导的地方。

传感器拓展。物联网监控设备可拓展到更多物联网场景，包括智慧井盖、智慧消防栓、智慧垃圾桶、水位监测、智慧停车等。

（5）主要基础设施及技术应用

① 智慧路灯。

智慧路灯具有智能控制、远程控制、远程维护等优点；承载了 LED 显示屏，可作为信息发布平台；集成传感器、摄像头等感知设备；利用智慧路灯的地理优势，解决了智慧城市感知层设备的供电与搭载问题；内嵌智慧路灯核心网关；将 LED 显示屏控制、信息采集和信息传输集成在一个控制器，并具有一定的本地数据处理能力；配套智慧路灯控制系统；依托本地平台，实现点（智慧路灯）—线（道路）—面（院区）的三级监控，实现对灯、屏的远程监测和维护。智慧路灯应用框架如图 8-46 所示。

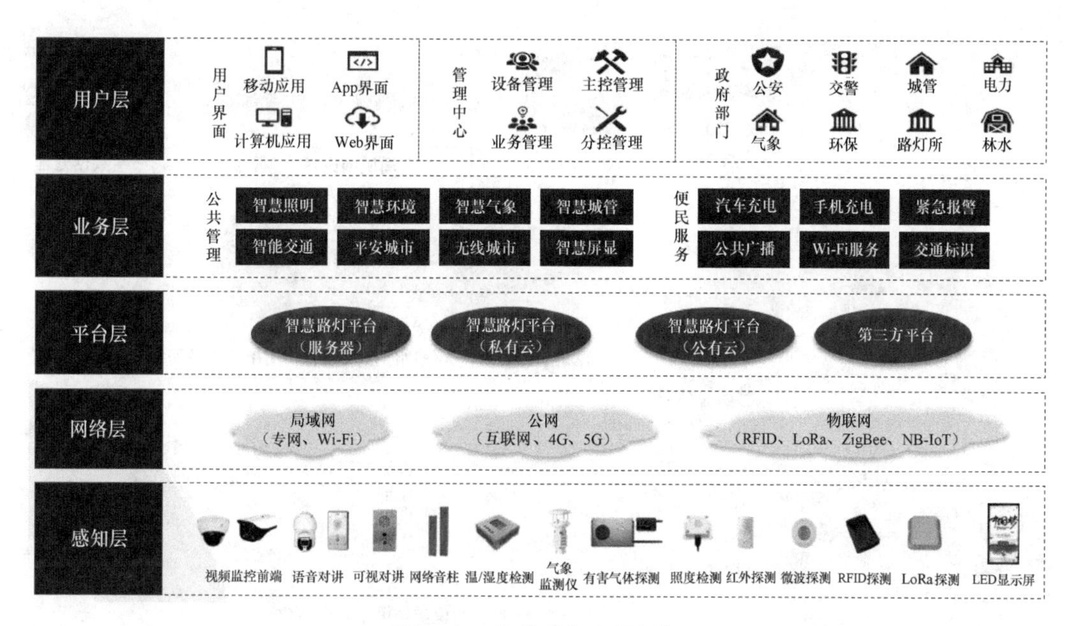

图8–46　智慧路灯应用框架

智慧路灯系统不仅拥有基本的智能照明模块，还集信息发布模块、信息采集模块、信息传输和控制模块、应急电源模块等于一体，通过配备的户外小间距 LED 显示屏、摄像头、Wi-Fi 及充电桩，可实现 LED 路灯照明、LED 显示屏显示、通信与控制、视频监控、RFID 人 / 物监测、环境传感监测、电动车充电桩和紧急呼叫等应用，具有极高的实际应用价值。智慧路灯既可以全面提升和改善社会效益，又可以作为智慧城市的信息感知终端，支撑起城市物联网的全范围覆盖。

② 供电系统。

本次项目户外灯具供电采用智能直流供电系统。智能直流供电系统是直流供电在景观、路灯等照明领域的应用，实现了路灯供电及数字智能化管理一体化，相较于交流供配电及智能管理系统，该系统更节能环保和稳定可靠；它由直流供配电系统、智慧控制系统构成，可以很好地接入多种智能设备和信息平台，具有多路通信接口和通信规约，为融入、拓展智慧城市提供了方便。

本项目智能直流供电系统主要由智能直流电源柜、两芯供电电缆、驱动控制电源、LED 路灯等部分组成，智能直流电源柜本地接入统一管理平台，智能直流电源柜与驱动控制电源采用电力载波通信，从而实现 LED 路灯的开光调光和电流电压检测功能。直流供电系统的架构如图 8-47 所示。

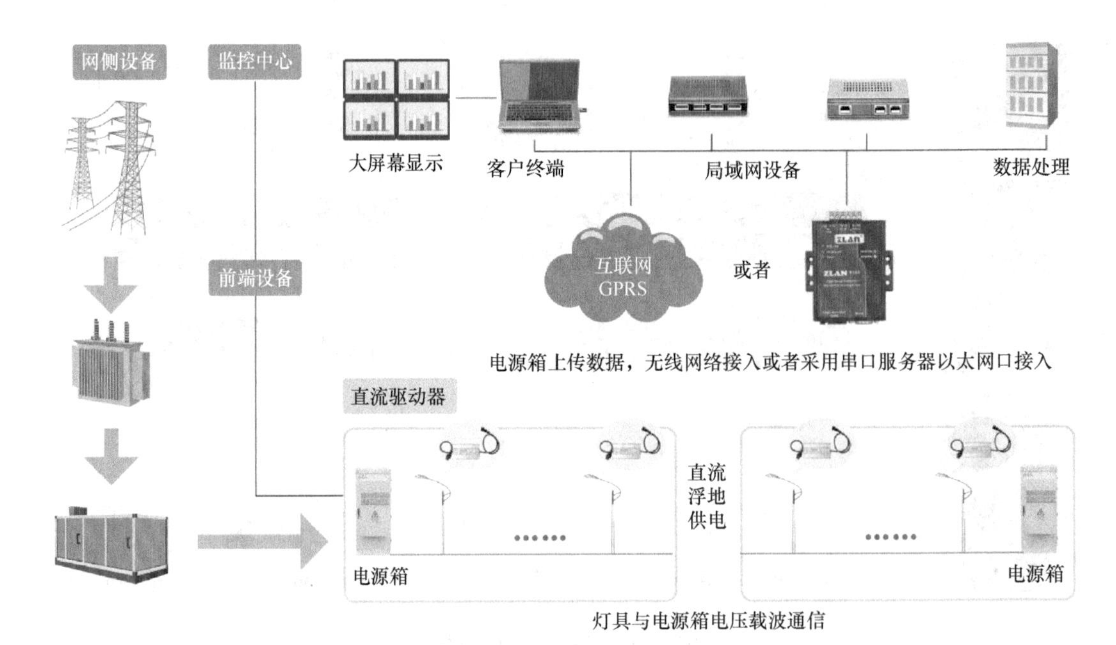

图8-47　直流供电系统的架构

③ LED 照明及灯杆。

智慧路灯、智慧庭院灯、草坪灯如图 8-48 所示。杆件整体造型采用方形外观，以白色调为主，与良渚医院建筑风格融为一体。主杆结构开模定制内凹槽杆体，具备良好的结构强度和扩展性，满足设备挂载应用。

④ LED 显示屏。

智慧多功能杆上承载的 LED 显示屏可作为信息发布平台，可显示商业广告、公益宣传、公共信息发布、紧急情况警告、区域地图、周边环境空气污染状况等信息，文字图片和视频可按需切换。LED 显示屏如图 8-49 所示。

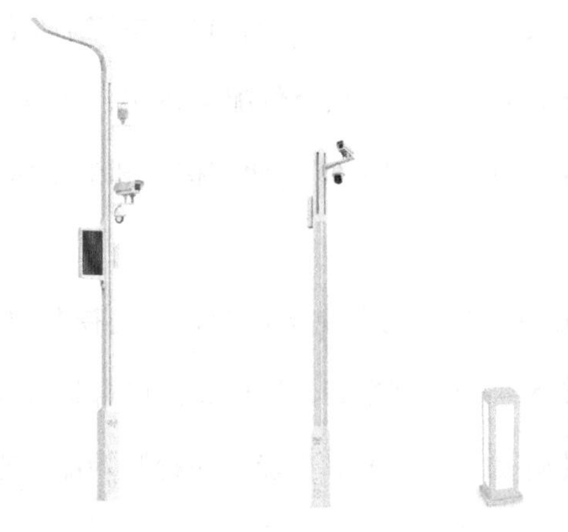

图8-48　智慧路灯、智慧庭院灯、草坪灯

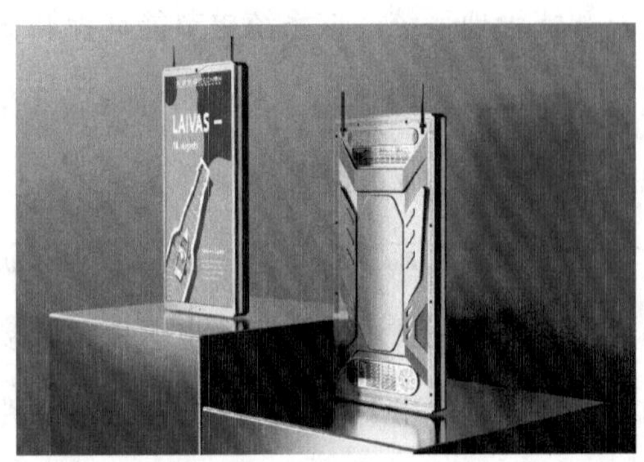

图8-49　LED显示屏

⑤ 视频监控系统。

智慧多功能杆配备的视频监控功能可以对周围的人流量、车流量，以及某些特定的安全情况进行监控。摄像头将采集到的视频、图像信息将直接传送至服务器。

⑥ 智慧多功能杆物联网网关。

边缘数据网关可用于智慧多功能杆设备数据整体传输，可以采用光纤网络进行通信。

⑦ 多功能智能电源。

多功能智能电源是应用于智慧多功能杆集中供电计量的专业电源，具有多路输出控制、多路电压电流采样功能。输出端可设定过欠压、过流、过功率门限值，用于实时反馈用电线路上用电设备的状态，且触发门限后能做到自动上报的效果，用于监控用电设备是否健康。当输出端发生故障时，除了远程平台能接收到故障信息，本地也有相应的指示灯指示故障点，易于检修。

⑧ 传感器拓展。

智能井盖管理监控系统是一个基于物联网的监控指挥中心，以巡检、告警、施工维护的作业流程为基础，结合大数据技术，实现对流程、人员、设备的全方位管理，是打造“安全城管”“智慧城市”的重要组成部分。

智能消防栓监控系统采用物联网技术和无线通信技术，通过智能消火栓监测器对消火栓用水、撞倒、水压、漏损进行监控，将消火栓状态、用水情况等数据通过 GSM/NB-IoT 实时发送给监控中心，监控中心再通知巡查人员进行现场取证、制止、恢复。管理单位也可以通过监控中心的专用数学模型对信息进行统计、分析，结合现场取证的资料对取水人员进行分类，通过得到的取水人员类型及其用水量采取相应措施，从而减少供水企业的综合产销差，并消除因违章用水给消火栓带来的安全隐患。

智能垃圾桶报警系统采用传感器检测垃圾桶存储状况，并将之传送到垃圾处理中心，及时掌握垃圾桶存储状况。首先，垃圾桶中的智能传感器将检测垃圾桶的存储状况，如果垃圾桶已经装满，将通过无线智能模块将垃圾桶的存储状况发送到垃圾处理中心，垃圾处理中心再根据情况及时派出人员处理垃圾，做到实时准确，节省人力物力。

在线水位监测预警系统由实时在线监测系统、数据显示分析系统、预警控制系统、无线传输系统、后台数据处理系统及信息监控管理平台组成。在线监测系统可以集成水位、水温、雨量、环境温 / 湿度及风速风向的监测等多种功能；数据平台是一个互联网架构的网络平台，具有对监测站的监控功能及对数据的报警处理、记录、查询、统计、报表输出等多种功能。该系统还可与各种外置报警装置连接，以达到自动预警的目的。

智慧停车场管理系统旨在帮助城市管理者科学管理停车位，让使用者更加方便快捷高效地解决找车位、停车难问题，合理分配车位资源，减少能源浪费，提高群众满意度。

⑨ 智慧灯杆平台。

本项目面向智慧城市管理业务需求，完成智慧多功能杆的汇聚和处理，基于 Linux，服务按需运行，支持多种设备类型接入。云平台如图 8-50 所示。

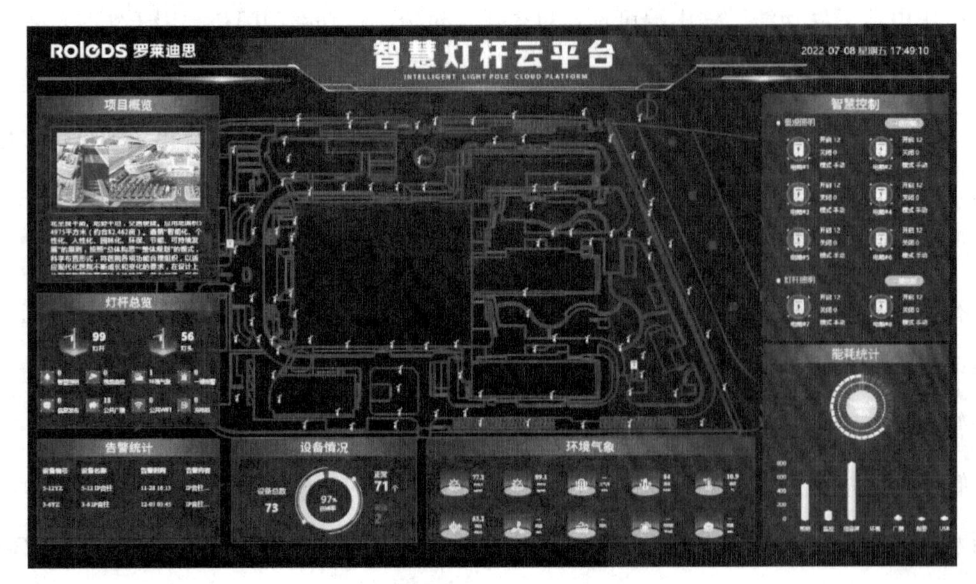

图8–50　云平台

（6）项目意义

院区内智慧路灯、智慧庭院灯、草坪灯、建筑外立面景观灯均采用直流系统供电，提升了供电安全性，减少了配电箱数量及线缆使用量，提升了能源利用率。

院区智慧多功能杆集成智慧照明、LED 显示屏、视频监控、网络音柱、环境监测、预留通信基站等功能，将本需立杆 150 根减少到 99 根，提升了医院的整体形象。同时采用扩展性极佳的内凹槽杆件，方便后期进一步扩展功能。智慧照明系统利用新一代信息技术，对路灯照明控制进行智能化管理和优化，以实现节能、环保、舒适、安全的照明环境；信息发布系统提供院内引导、政策宣传，方便患者就医；背景音乐广播系统缓解患者情绪，营造舒适的就医环境，同时兼顾紧急广播功能，以保障公众的生命安全和财产安全。

后端采用统一平台管理，在原有智慧多功能杆平台上进行功能定制，接入直流供电系统控制，将智慧多功能杆照明管理、信息发布、广播系统、监控系统、环境监测纳入一个平台系统，减少后端管理界面，提高工作效率。同时实现前端设备运行状态实时监测和多系统联动响应，大幅降低运维成本，提升系统效率。

4. 智慧云盒技术在智慧路灯中的应用

智慧路灯作为智慧城市的重要组成部分，既可美化城市形象、为城市添彩，还可为民众提供更加舒适、安全的生活环境。智慧路灯的核心组件——智慧云盒，凭借其强大的计算能力，将智慧路灯纳入系统，成为城市管理的智能媒介。

（1）智慧云盒技术

恒展智城 LINUX 云盒，采用 RK3568 作为主芯片，22nm 制程工艺，2.0GHz 主频，集成四核 64 位 Cortex-A55 处理器、Mali G52 2EE 图形处理器和独立的网络处理器（NPU），拥有 1TOPS 算力，可用于轻量级人工智能应用，板载 2GB LPDDR4 内存。此款智能网关，历经多次更新升级，信号更加稳定，集成度、实时性更高。所有设备数据采用同一处理器进行算法分析，做到实时互动和优先级区分。同时，它能驱动并兼容 LCD/LED 显示屏的信号输出，集成室外音柱、一键求助等功能，并可接入多种传感器和设备，利用光纤通信和以太网为用户提供长距离大数据传输功能，连接上云，控制供电输出。其边缘计算能力强，预留接口以备二次开发，可广泛用于自助终端行业、智能电网、智能交通、供应链自动化、工业自动化、智能建筑、消防、环境保护、智慧医疗、智能照明和智能农业等场景，构建智慧互联的世界。LINUX 云盒如图 8-51 所示。

图8–51 LINUX云盒

RK3568 芯片采用四核 64 位 Cortex-A55 处理器，最大支持 8G 内存，支持 Wi-Fi 6、4G/5G 等无线网络通信。它拥有丰富的接口扩展，支持多种视频输入 / 输出接口，可适用于智能 NVR、云终端、物联网网关、工业控制等场景。

内部的 H.264 解码器支持 4K@30fps，H.264/H.265 编码器支持 1080p@60fps 及更高质量的 JPEG 编解码。RK3568 芯片嵌入式 3D GPU 完全兼容 OpenGL ES 1.1/2.0/3.2、OpenCL 2.0 和 Vulkan 1.1，特殊的 2D 硬件引擎使显示性能最大化，并能够流畅运行。

由于兼容性强，基于 TensorFlow/MXNet/PyTorch/Caffe 等一系列框架的网络模型也可以轻松转换。RK3568 芯片有高性能的外部存储器接口，保证系统能够高容量、高稳定地运行内存带宽，支持 DDR3、DDR3L、LPDDR3、DDR4、LPDDR4、LPDDR4X 等多种内存型号。

RK3568 芯片内置两路路灯控制模块，支持高频高精度的脉冲宽度调制（PWM）调光，由网络远程集中控制，支持两路电压电流采集电路，监控路灯状态，采集完成的数据将通过高速网络上传至智慧路灯管理平台，管理平台可接入用户计算机、手机等智能终端，实时推送信息，通过网络时钟和本地时钟，实现控制策略的下发。

通过摄像头、RS485 和 GPIO 接口可接入多种传感器，获取设备附近的环境数据，采集到的数据经智慧路灯管理平台处理，可将信息即时推送至远端用户。

RK3568 芯片内置独立 NPU，可用于轻量级人工智能应用。智慧路灯作为智慧城市重要的“神经元”和“神经末梢”，在杆体上搭载对应设备，透过落地成熟的 AI 模型，可对摄像头、麦克风采集实时数据，进行智能场景分析，并将分析结果通过设备的音 / 视频接口上报管理平台。RK3568 芯片的边缘计算能力，有望使智慧路灯提供更多的服务，为人们创造美好的环境。RK3568 芯片如图 8-52 所示。

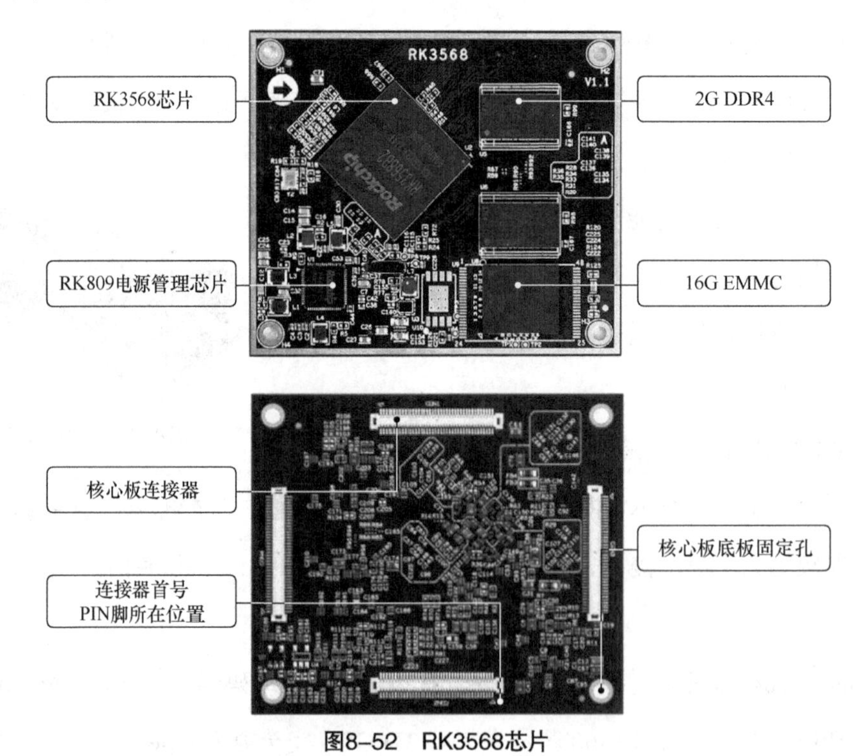

图8-52　RK3568芯片

（2）智慧路灯应用项目

某区站西大道道路提升工程智慧路灯项目，采用 LINUX 云盒技术。站西大道全长约

740 米，道路照明为双侧对称布置，灯具为 10 米 /8 米高低双挑式，光源为 LED 灯，项目计划新建 48 根智慧路灯。本项目的整体应用功能配置如下。

① 道路照明：配置智能照明系统，采用有线通信方式的单灯及回路控制技术，实现智慧路灯联网监控和管理。

② 交通管理：配置挂载交通设施的位置及接口，实现交通状态信息的传递。

③ 视频采集：配置球形监控摄像机，实现视频监控随时接入。

④ 公共信息发布：配置 LED 显示屏，实现天气预警、公益广告、环境情况等信息发布功能。

⑤ 环境监测：配置环境监测设备的位置和接口，实现接入环境监测信息。站西大道现场如图 8-53 所示。

图8-53 站西大道现场

智慧路灯的应用以 LINUX 云盒为核心，通过数据采集、远程控制，实现城市照明的智能化和信息化。智慧路灯将有力推进智慧城市建设，进一步提升道路品质，打造品质城市，点亮城市之光。本项目在站西大道上整合了路灯杆、交通杆、监控杆等杆件，运用集成思维，实现智能照明、通信、治安监控、交通控制、市民服务等功能，以杆件整合、基础整合、多箱整合的模式实现基础设施共建、共享、共治的集约发展。

参考文献

[1] GB/T 40994—2021 智慧城市 智慧多功能杆 服务功能与运行管理规范[S]. 北京：中国质检出版社，2021.

[2] GB/T 51328—2018 城市综合交通体系规划标准[S]. 北京：中国建筑工业出版社，2019.

[3] GB/T 51334—2018 城市综合交通调查技术标准[S]. 北京：中国建筑工业出版社，2018.

[4] GB/T 50853—2013 城市通信工程规划规范[S]. 北京：中国建筑工业出版社，2013.

[5] TD/T 1065—2021 国土空间规划城市设计指南[S]. 北京：地质出版社，2021.

[6] CJJ/T 307—2019 城市照明建设规划标准[S]. 北京：中国建筑工业出版社，2019.

[7] GB 50647—2011 城市道路交叉口规划规范[S]. 北京：中国计划出版社，2011.

[8] GB 51038—2015 城市道路交通标志和标线设置规范[S]. 北京：中国计划出版社，2015.

[9] GB 50688—2011 城市道路交通设施设计规范（2019年版）[S]. 北京：中国计划出版社，2019.

[10] GB 55011—2021 城市道路交通工程项目规范[S]. 北京：中国建筑工业出版社，2021.

[11] CJJ 37—2012 城市道路工程设计规范（2016年版）[S]. 北京：中国建筑工业出版社，2016.

[12] CJJ 193—2012 城市道路线设计规范[S]. 北京：中国建筑工业出版社，2012.

[13] CJJ 152—2010 城市道路交叉口设计规程[S]. 北京：中国建筑工业出版社，2010.

[14] GB 50135—2019 高耸结构设计标准[S]. 北京：中国计划出版社，2019.

[15] YD/T 5131—2019 移动通信工程钢塔桅结构设计规范[S]. 北京：北京邮电大学出版社，2020.

[16] GB/T 39972—2021 国土空间规划“一张图”实施监督信息系统技术规范[S]. 北京：中国标准出版社，2021.

[17] GB 50613—2010 城市配电网规划设计规范[S]. 北京：中国计划出版社，2011.

[18] GB 50052—2009 供配电系统设计规范[S]. 北京：中国计划出版社，2011.

[19] CJJ 45—2015 城市道路照明设计标准[S]. 北京：中国建筑工业出版社，2016.

[20] GB 50053—2013 20kV及以下变电所设计规范[S]. 北京：中国计划出版社，2014.

[21] GB 50217—2018 电力工程电缆设计标准[S]. 北京：中国计划出版社，2018.

[22] GB 50838—2015 城市综合管廊工程技术规范[S]. 北京：中国计划出版社，2015.

［23］ GB 50289—2016 城市工程管线综合规划规范[S]. 北京：中国建筑工业出版社，2016.

［24］ GB 50054—2011 低压配电设计规范[S]. 北京：中国计划出版社，2012.

［25］ TD/T 1062—2021 社区生活圈规划技术指南[S]. 北京：地质出版社，2021.

［26］ GB/T 20269—2006 信息安全技术 信息系统安全管理要求[S]. 北京：中国标准出版社，2006.

［27］ GB/T 20282—2006 信息安全技术 信息系统安全工程管理要求[S]. 北京：中国标准出版社，2006.

［28］ GB/T 20270—2006 信息安全技术 网络基础安全技术要求[S]. 北京：中国标准出版社，2006.

［29］ 吴志强，李德华. 城市规划原理[M]. 北京：中国建筑工业出版社，2010.

［30］ 杜静，刘艺航，李德智. 智慧城市建设的公众关注热点研究——基于社交媒体信息的分析[J].现代城市研究，2022，（5）：40-45+63.

［31］ 桂兴刚.福州市滨海新城核心区智慧城市规划[J]. 规划师，2021，37（14）：78-84.

［32］ 杨保军，杨滔，冯振华，等. 数字规划平台：服务未来城市规划设计的新模式[J]. 城市规划，2022，46（9）：7-12.

［33］ 林勇军，周丹，邹海翔，等. 深圳智慧规划信息平台功能框架与应用探讨[J]. 规划师，2022，38（8）：126-131.

［34］ 王磊，吴啸，周勃. 数字化转型背景下的武汉市智慧规划信息平台建设研究[J]. 规划师，2022，38（8）：121-125.

［35］ 卓健. 城乡交通与市政基础设施[J]. 城市规划学刊，2022（4）：120-122.

［36］ 自然资源和规划局，华信咨询设计研究院有限公司. 5G智慧多功能杆布局专项规划[Z]. 2022.

［37］ 王一睿，周庆华，杨晓丹，等. 基于感知体验的城市空间类型探讨[J]. 规划师，2022，38（7）：135-140.